这些成语竟然在聊建筑！

柏梦妮 著

邱 祎 绘

姚洪峰 审校

漓江出版社

·桂林·

图书在版编目（CIP）数据

这些成语竟然在聊建筑！ / 柏梦妮著；邱祎绘. -- 桂林：漓江出版社，2025. 8. -- ISBN 978-7-5801-0363-5

Ⅰ. TU-092.2

中国国家版本馆 CIP 数据核字第 20253SQ957 号

这些成语竟然在聊建筑！

ZHE XIE CHENGYU JINGRAN ZAI LIAO JIANZHU!

柏梦妮　著
邱　祎　绘

出 版 人　梁　志
策划编辑　杨　静
责任编辑　林培秋
装帧设计　周泽云
责任监印　黄菲菲

出版发行　漓江出版社有限公司
社　　址　广西桂林市南环路 22 号
邮　　编　541002
发行电话　010-85891290　0773-2582200
邮购热线　0773-2582200
网　　址　www.lijiangbooks.com
微信公众号　lijiangpress

印　　制　北京博海升彩色印刷有限公司
开　　本　787 mm × 1092 mm　1/16
印　　张　14.25
字　　数　160 千字
版　　次　2025 年 8 月第 1 版
印　　次　2025 年 8 月第 1 次印刷
书　　号　ISBN 978-7-5801-0363-5
定　　价　56.00 元

推荐序

在中华文明的长河中，传统古建筑宛如一颗颗璀璨的明珠，承载着历史的记忆、文化的底蕴和民族的精神。五千年的文化历史，沉淀在古建筑的一砖一瓦上，令每一个构件都熠熠生辉。我从事历史建筑保护工程专业几十年，深知保护古建筑不仅仅是保护那些古老的建筑实体，更是保护与之相关的文化内涵。然而，古建筑与现代社会之间的确存在一定的隔阂，这使得许多人在面对这些历史遗迹时，往往只能感受到其表面的恢宏，而无法深入领悟其内在的精髓。

审校《这些成语竟然在聊建筑！》一书时，我不禁感到十分欣喜。这本书以含有古建筑元素的成语、俗语作为切入点，让那些原本可能只存在于历史典籍或考古遗址中的建筑，鲜活地走进了大众的认知领域。

以“钩心斗角”为例，这个成语往往会让我们想到古装剧里的明争暗斗。但实际上，这个成语一开始是用来形容宫室建筑结构的交错和精巧的。杜牧在《阿房宫赋》中写道：“五步一楼，十步一阁；廊腰缦回，檐牙高啄；各抱地势，钩心斗角。”在古代宫殿建筑中，飞檐斗栱层层相叠，各个部件相互连接、依托又彼此制约，宛如一场精妙绝伦的空间与力学的艺术舞蹈。这一成语不仅描述了古建筑复杂而有序的结构，也从侧面反映出当时建筑工艺的高超水准。

再比如书中提到的“不撞南墙不回头”，这个俗语耳熟能详，但若问起“南墙”在哪儿，恐怕没有几个人能回答得上来。墙在古代建筑中承担着划分空间、防御保护等多种功能，是建筑整体的重要组成部分。这本书详细讲解了这个俗语中的“南墙”并不是南边的墙，而是指影壁，也就是中国传统建筑中用于遮挡视线的墙壁。中国人盖房子喜欢坐北朝南，所以古建筑的大门一般都是朝南开的，而南墙一般正对大门而建，开门即是南墙，所以出了门如果没有向左或向右行，直走则必撞南墙。当我们深入了解这一俗语背后的建筑元素时，无疑会对古建筑文化产生更加深刻的认识与感悟。

这些成语、俗语中的古建筑元素，不仅为古建筑文化的传承提供了独特的路径，更成为一种无形的保护力量。它们以其独特的魅力与影响力，唤起了人们对古建筑文化的情感共鸣与关注。当我们通过这些耳熟能详的成语与俗语去重新审视这些历史遗迹时，会发现它们不仅仅是冰冷的石头与木材的堆砌，更是承载着数千年历史文化与民族记忆的瑰宝。

因此，我衷心希望每一位读者都能沿着这条由成语、俗语铺就的文化之路，走进古建筑的神秘而迷人的世界。在那里，我们将领略到千年传承的建筑智慧与文化魅力，感受到古人对美好生活的追求与向往。同时，我也呼吁大家共同关注古建筑文化的保护与传承，让这些珍贵的文化遗产得以世代相传、永葆生机。

姚洪峰

（福建理工大学历史建筑保护工程专业教授）

自序

在成语、俗语中，看懂中国古建筑。

大约4000年前，仓颉造字。自此，我们开始通过汉字认识世界，感知美好与诗意。大约2000年前，成语在春秋战国的诸子百家作品中渐露雏形。而从河姆渡时期巢居时代发迹的中国建筑史，远胜于此，中国的文字本身就记录了中国建筑的发展。我们可以从一草一木开始说起，去探寻什么是中国建筑里“天人合一”的哲学；从斗栱、飞檐说起，去揭秘古代中国人发明的黑科技——榫卯结构；从一段粉墙黛瓦中，找到唐诗宋词中描绘的“江南”。让我们通过成语和俗语，解码传统中国建筑。

为什么中国的古建筑大多使用木头？

为什么用木头建造的千年古塔能经受200多次的地震冲击？

为什么在古代不用水泥也不用钉子，就可以盖起一座宫殿？

让我们通过传统中国建筑，去感受无形的、富有生命力的中国文化。

都说中国古建筑很高深，
想看懂它，其实不难，
通过这些成语和俗语，
一口气搞懂古建筑的
基本构件。

盛糖

时间旅行者、古建达人

妙呀，

这些成语竟然

都在聊建筑！

呼呼

爱学习爱瞌睡的猫猫

目录

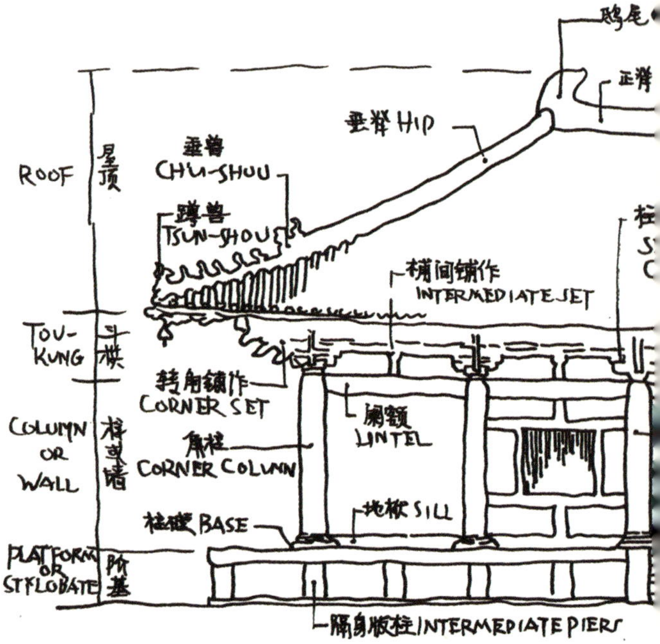

鸱尾
正脊
垂脊 HIP
ROOF 屋顶
垂兽 CHI-SHOU
蹲兽 TSUN-SHOU
补间铺作 INTERMEDIATE SET
TOU-KUNG 斗栱
转角铺作 CORNER SET
阑额 LINTEL
COLUMN OR WALL 柱或墙
角柱 CORNER COLUMN
地栿 SILL
柱础 BASE
PLATFORM OR STYLOBATE 阶基
隔身版柱 INTERMEDIATE PIERS

第六章　门

第七章　宁&影壁

第八章　庭

第九章　堂

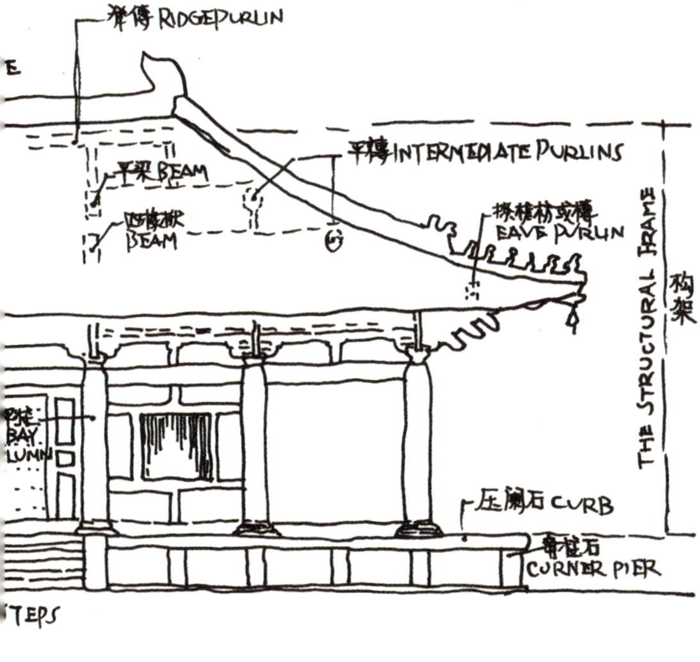

第十章　建筑&色彩

第一章　材料

内蒙古自治区呼伦贝尔市额尔古纳市
莫尔道嘎国家森林公园

中国古代建筑的最大特点是：
木结构体系。
我们可以先从木头开始了解。

木头有什么
好了解的？

木头就像古建筑里
最基础的“字母”，
了解了它，你才能看懂
梁、柱、椽、檐
檩、枋、斗、栱
这些字是啥意思。
收好下面4个成语/俗语，
让你成为最懂木头的
小行家。

一棵树是如何变成盖房子的材料的？
你们人类总说的“不是那材料”，
是不是和古建筑有关系？

不是那材料

01

释义

歇后语“鞭杆做大梁——不是那材料”中，鞭杆是赶牛马用的小竹竿，大小刚好可以握在手上当鞭子用；而大梁是架在屋架上面的横梁，一般都是粗大结实的木料，至少有海碗粗。试想一下，如果用鞭杆般粗细的木头来做一间房子的大梁，这房子估计风一吹就倒了，可不就“不是那材料”嘛。这句歇后语后来引申到了人身上，用来比喻某人难堪大任，不是从事某事的人才。

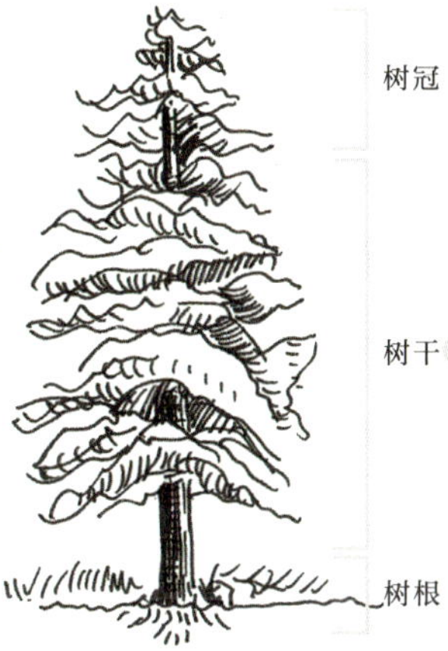

所有的故事从我开始。

伐树为材，树冠、树干、树根，每一个部分都不会浪费，木料变身为木作，全被古人安排得明明白白。木作是木工作业，也就是木工活的统称，木作按木工工艺的不同，分为大木作和小木作。

粗壮的树干既可以拿来做支撑房屋结构的大木作，也可以用来制作材质硬度要求很高的门窗和家具等小木作。

树冠也不会浪费，可以制成受力要求不高的瓦、椽等。

大木作： 在古代中国木建筑中起承重作用的木构件，例如柱、梁、枋、檩、椽、斗栱等。

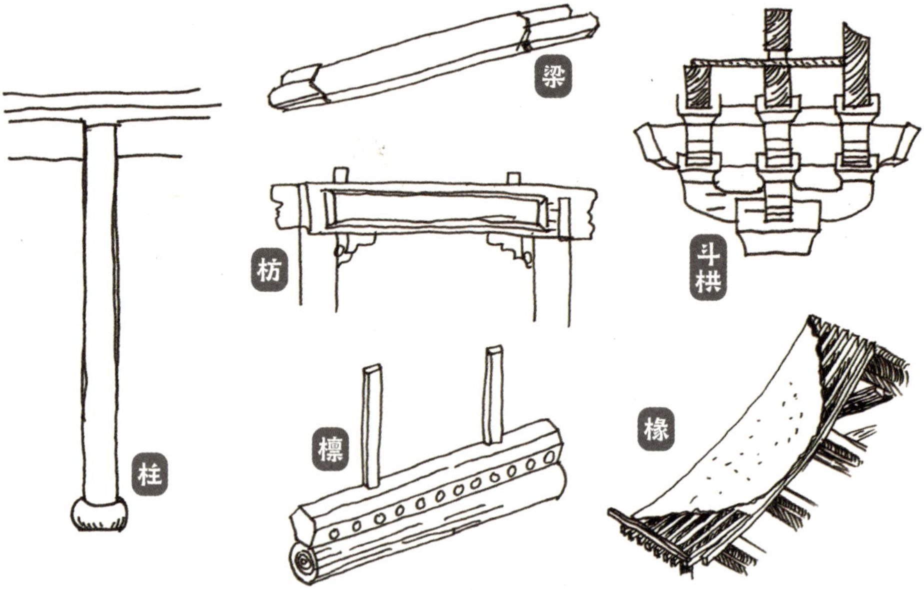

小木作： 在古代木建筑中不起结构作用的木构件，例如门、窗、天花板、楼梯等。

古人盖房子的材料都是从哪里来的？
有什么就用什么，就地取材不行吗？
我就不挑，纸箱、抽屉都喜欢！

就地取材

02

释义

为什么中国人会选择用木头来建造自己的家园？有一种说法是，古代黄河流域林木森郁，分布着大量的原始森林。古人盖房子多用当地最常见的东西，木材正好是当时最丰富、最便于获取的资源，于是“就地取材”，建造家园。这个成语也意在强调做人做事不依靠外力，充分发挥自己本身的潜力，既做能思想的工匠，也做能动手的思想家。

呼呼，你还真蒙对了，材料中的“材”是最早的古建筑名词之一，本义是木料，后泛指一切原料或资源。

在古代，没有铁路和公路，交通运输是个很大的问题，古人很难远程取得建筑材料。

普通百姓盖房子通常使用当地盛产的东西，最常用的建筑材料主要是：石头、木材、土壤等。

以下几个，都是既符合当地的地理条件、气候和风俗习惯，又可以最大限度地利用当地资源的建筑。

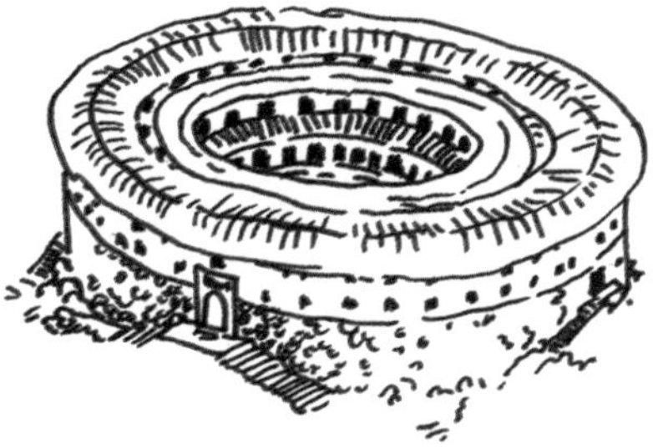

福建永定、南靖、华安的土楼

云南西双版纳的傣家竹楼

陕北黄土高坡的窑洞

如果是皇宫这种重大建筑工程，则通常在全国选择最好的材料。

唐朝杜牧在《阿房宫赋》中就写道：“蜀山兀，阿房出。”意思是：阿房宫建成了，蜀山也秃了，为了建造宫殿大树都快被砍完了。阿房宫在陕西，蜀山在四川，可以猜想，当年搭建宫殿的千年巨木大都是由四川千里迢迢运去陕西的。

歪个楼，补充一下，《阿房宫赋》主要是给唐敬宗李湛敲敲警钟，虽然是我写的，但毕竟是秦朝的事，我没亲眼看见，也是听说的。

既然木建筑的
主要材料是树，
那树不是越大越好吗？
“材大难用”又是啥意思？
我想知道木料的使用规则
是谁制定的？

03

材大难用

释义

中国传统木建筑是由很多精巧的零件组成，材料太大或太小，都会造成浪费。在几千年的时间里，中国人总结了一套高超完善的技术，把木头这种材料运用到了极致，无论材料大小，都能物尽其用。“材大难用”出自庄子的《逍遥游》，指的是“材大有用，但难用”。后来引申为怀才不遇，即一个人的能力很强，难以用在解决小事上。

木料的使用规则是我制定的，但又不仅仅是我。唐宋时期，木建筑技术渐趋成熟，并走向规范化。

从唐代开始，出现了专门掌握用绳墨绘制图样，并在现场指挥施工的都料匠，他们一般通过经验来估算要使用的木料数量，用以控制工程总成本。

《营造法式》

北宋时期，我——《营造法式》隆重登场。我是北宋李诫在工匠喻皓《木经》的基础上编撰而成的，是中国古代最完整的建筑技术书，也是一本宋代建筑的国家级“标准和规范”。书中以“斗栱的栱的断面”尺寸为标准，制定了一个影响后世的计算制度：材分制。从此，“材”代表着建筑构件的长度标准。

清雍正十二年（1734 年），清工部《工程做法则例》诞生了，是继我之后官方颁布的又一部较为系统全面的建筑工程专书。

大树越砍越少，大材小用肯定也不环保，材分制出现后，应该能让每根木头的作用发挥到最大了吧？

大材小用

04

释义

“将军让才子边让当小小令史，就像用可以煮一头牛的大鼎煮了一只鸡呀。”东汉时期，文坛大佬蔡邕在给大将军何进的推荐信里用牛和鸡打了个“大器小用”的比方，委婉地示意何进用人不当。后来，何进采纳了蔡邕的建议，提拔边让做了九江太守。“大器小用”“大材小用”说的就是才能很高的人屈就于较低的职位，比喻用人不当、浪费人才。

都说“十年树木”，中国虽然有丰富的森林资源，但巨型木材从古到今都是稀缺之物，宋代以后大树越砍越少，大材小用就是极大的浪费。

中国的木构建筑体系是一个模数化、可以快速大量复制的体系。《营造法式》将“材”共分为八个等级，一等最高，八等最低，适用于不同规模的建筑，确立了模数化的设计制度。

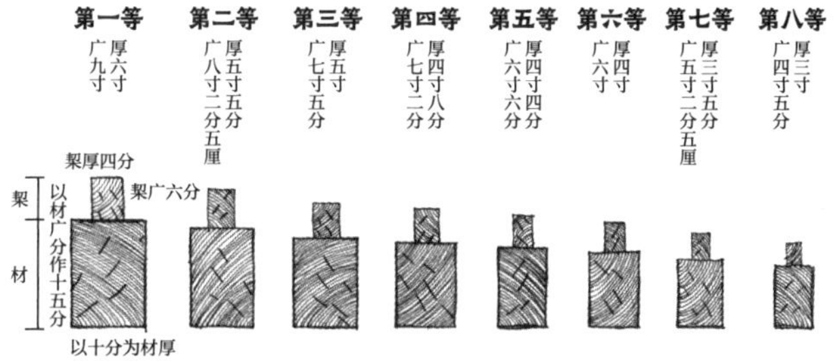

八等材栔表

有点深奥，

你展开讲讲呗。

好吧，你只要记住，材分制最主要的关键词：标准化。大约 1000 年前中国建筑就有了标准件，《营造法式》是官方颁布的建造规范，是政府对重大工程进行验收和建造施工的建筑规范文件，这样做好处有三个：

第一，节约用材，更环保。

标准件零件坏了可以随时更换，还能旧房利用，把坏了的大零件更改为小零件。

第二，建筑不但能搬家，还能根据材料放大缩小。

盖房子的灵活性变大了，同一式样的建筑图纸可以按比例缩小和放大；还可以实现将盖好的建筑整体搬迁，比如把大殿从开封搬到北京，从洛阳搬到长安，这可是西方建筑做不到的。

第三，盖房子的效率非常高，节约了大量建造时间。

所有建筑零件都可以提前制作，现场安装，也可以同时施工多座房屋。比如建造紫禁城使用的斗栱、梁柱，便是提前许多年预先做好的，所以这样庞大的工程所耗费的时间却并不长。

来，举几个例子，给你们对比一下我的出现为建造节约了多少时间：

中国	前202~前200年	【汉】长乐宫	2年
	662年	【唐】改建大明宫	1年
	1406 ~ 1420年	【明】紫禁城	14年
国外	1506 ~ 1626年	罗马圣彼得大教堂	120年
	1675 ~ 1710年	伦敦圣保罗大教堂	35年

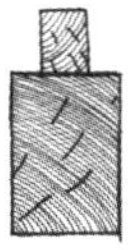

材分制

关于木头的
4个成语/俗语讲完了哦，
猫猫我要课间
休息一下。

第二章　梁&柱

南京市栖霞寺抄经堂

呼呼，快起来！
下面给你讲讲
木建筑的结构
——梁、柱。
梁、柱，甚合喵意，
一个适合俯瞰我的地盘，
一个适合磨快我的爪爪。

本喵有一个小疑问：顶梁柱到底是哪一根啊？为什么古建筑没有承重墙，却可以“墙倒而屋不塌”？

顶梁柱

05

释义

顶梁柱是从建筑中衍生的俗语，使用广泛。梁、柱都是古建筑的主要受力构件，屋顶的重量通过椽、梁，传到木头圆柱，最后到达地面。在体量较小的建筑中，梁是直接放在柱子上的，柱子负责把整个梁架和屋顶托举起来，这些承重的柱子就叫作顶梁柱，如果缺少了其中任何一根，整个建筑就会倾塌。因此，顶梁柱用来比喻起主要作用的骨干力量，代指起非常重要作用的人或事物。

“墙倒而屋不塌”基本上是中国古代木建筑所独有的。

古人在盖房子的时候，制定了“屋有三分”的规则。啥意思呢？简单来说就是，他们将整个建筑结构分为台基、屋身、屋顶三个部分。

墙在现代建筑中起承重作用，但在古代木建筑中，墙的主要作用是遮风挡雨、保温隔热等，并不用来承重。

屋有三分

假如掀开一个古建筑的外壳，你可以看见一个重要的结构，就是屋架。

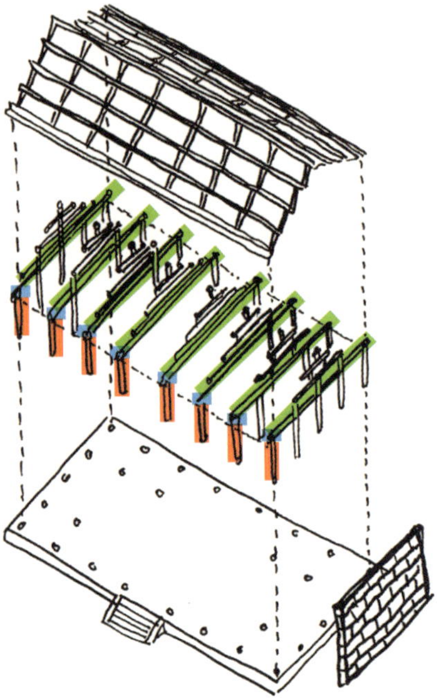

与山墙水平的是梁，主要承担梁上的所有构件和屋顶的重量。

竖向立在地上的是柱子，它与横向的构件梁、檩、枋等相组合。“墙倒而屋不塌”，其实支撑屋架的功臣就是它。

构件之间使用榫卯连接，所有木结构通过榫卯紧紧咬合在一起（斗栱也是榫卯的一种），构成了柔性结构，可以抵御风雨，减少地震波对上部建筑的冲击。

所以，只要梁柱不倒，即使墙面坍塌，屋子的整个框架也还在，就可以做到“墙倒而屋不塌”。

柱子是承重的主力成员，按所在位置有不同名称：

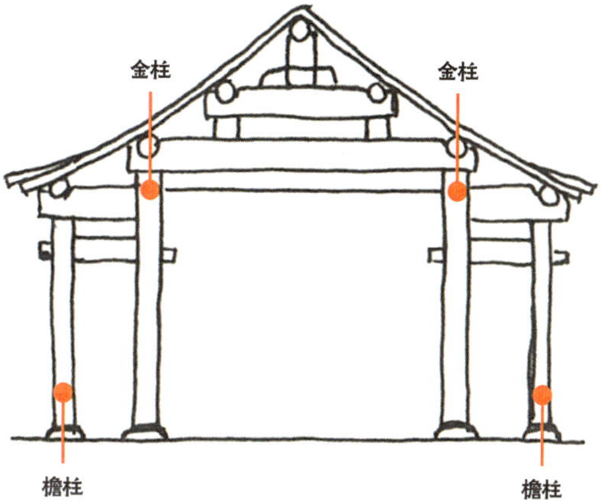

在房屋最外圈的柱子顶着屋檐的叫檐柱，通常最华丽，盘龙卧凤的就是它。

檐柱以内，支撑墙内空间的除了中轴线上的都称金柱。金柱通常高于檐柱，选材多为粗大的木头。

果然凡事不能只看表面，原来古建筑骨子里悄悄给力的是梁、柱呀，难怪“脊梁”“顶梁柱”“扛大梁”这些词都有骨干、责任、支撑的含义。

柱子的形式有很多，按照截面形状来看，

常见的有圆柱、方柱、八角柱、梭柱、瓜楞柱、异形柱。

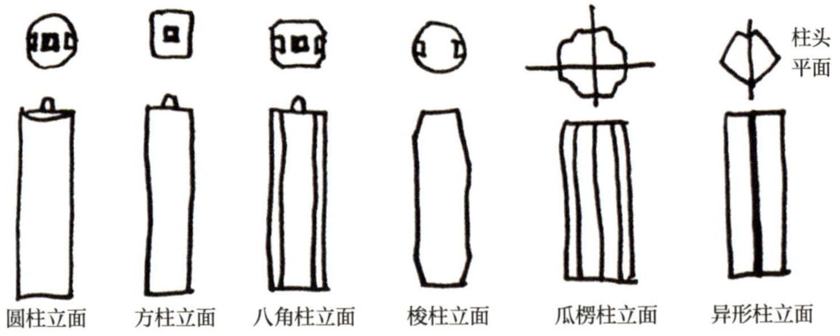

柱子还和描述古建筑体量的单位——开间——有关。

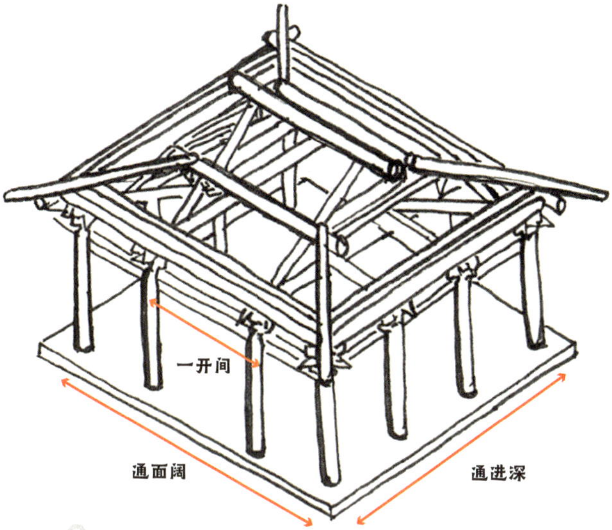

开间是木建筑的基础单位。

一般将四根柱子中所围的面积称为“开间”。建筑正面总宽度称为“通面阔”，侧面总长度称为“通进深”。从正面看，相邻两柱之间为“一开间”。

中国木建筑的等级是根据“开间 / 间”的数量而定。不知道你有没有发现，古人在盖房子的时候正面柱子数量多半为 2、4、6、8 等偶数，其实是为了让门能正好开在中间，所以建筑面阔间数一般为奇数。

呼呼，再告诉你一个判断古建筑级别的小技巧：数一数建筑正面的柱子。清朝《大清会典事例》中记载了各个阶层古建筑的开间尺寸、用材等级。

十一间，中国木建筑的最高等级，现存北京太庙和太和殿。

九间，皇家建筑，数字九是皇家专用，显示“皇威”。

七间，皇族宗亲和封公封侯的重臣。

五间，朝廷官员可以使用。

三间，普通老百姓，即便再有钱，也不能超过三开间。

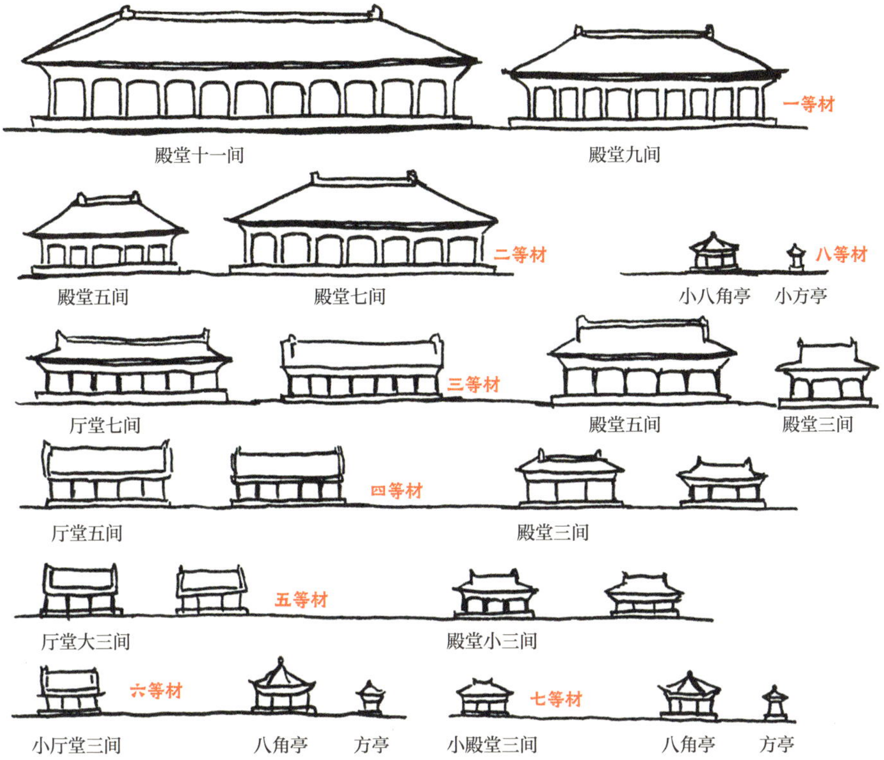

朕还是很感谢这些柱子的，它们救过朕的命。上一回，荆轲当面献上“燕督亢地图”时，图穷匕见，那厮举刀就刺，当时朕害怕极了，赶紧绕着柱子逃命。要不是柱子够大够多，朕差点就一命呜呼了。

华表也算是柱子的一种吧？为什么说北京天安门广场上的华表是中国的象征？

鹤归华表

06

释义

鹤归华表是一个形象生动的成语，“鹤”指的是白鹤，高雅、纯洁，在中国传统文化中有着重要的象征意义；“华表”庄严、雄伟，指的是古代宫殿或庙宇前方的巨大的柱子。《搜神后记》记载：“丁令威，本辽东人，学道于灵虚山。后化鹤归辽，集城门华表柱……”这个传说表达了对时光流逝、人事变迁的感慨。“鹤归华表”通过仙鹤与华表的意象结合，构建出时空交错的诗意空间，既承载着对故土变迁的怅惘，也蕴含着对超脱生死的哲学思考。

华表是古代设在桥梁、宫殿、城垣或陵墓等前起装饰用的巨大柱子。

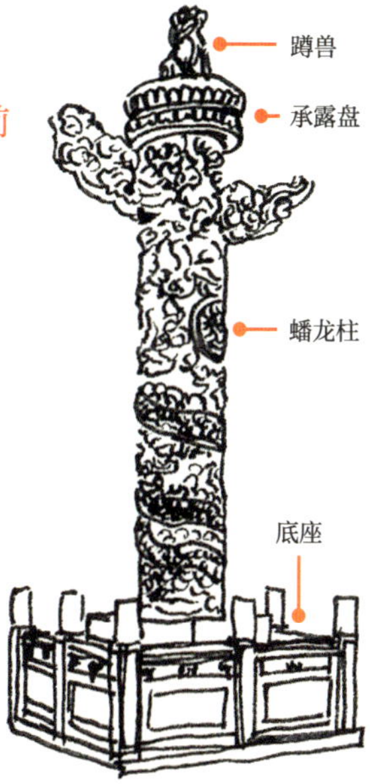

华表缘起部落时代的图腾，一般由底座、蟠龙柱、承露盘和蹲兽组成，柱身雕有纹饰。

相传华表最早叫“诽谤木”，诽谤在这里是提意见的意思。传说尧、舜二帝为了纳谏，在交通要道和朝堂上竖立木柱，让人在上面书写谏言。

北京天安门前后的两对华表雕刻精美，是华表中的杰作。

犼

华表上的蹲兽“犼”，是龙的九子之一，有守望的习惯，将其立于华表之上是为了监督皇帝。

天安门前的犼，头向宫外，叫“望君出”，希望皇帝经常出去体察民情。

天安门后的犼，头向宫内，叫“望君归”，代表要皇帝及时归来，料理政事。

屋架对我来说有点复杂，
每次抬头看到的
全是交错的木头，
刺股悬梁的梁到底是
其中的哪一根啊？

刺股悬梁

07

释义

读书对少年而言犹如盘古开天地，知识能让混沌的大脑逐渐清晰，教会人如何主宰自己的命运。尤其是历史上那些出身寒门的名人，刻苦读书是他们改变自己、影响世界的第一步。“刺股悬梁”这则成语说的就是两个年轻人废寝忘食刻苦学习的故事。“头悬梁”记录的是大学士孙敬挑灯夜读的信念。“锥刺股”讲的是战国著名谋略家苏秦励精图治的蛰伏。

其实，当时我只是随机找了一条离书桌最近的梁。

梁在屋架中可不止一根，它是承受屋顶重量的水平大木，多指与山墙平行，按进深方向，连贯两柱间的横木。

梁的截面通常是圆形的，也有矩形的，我的经验是：圆形的梁绑绳子更方便。

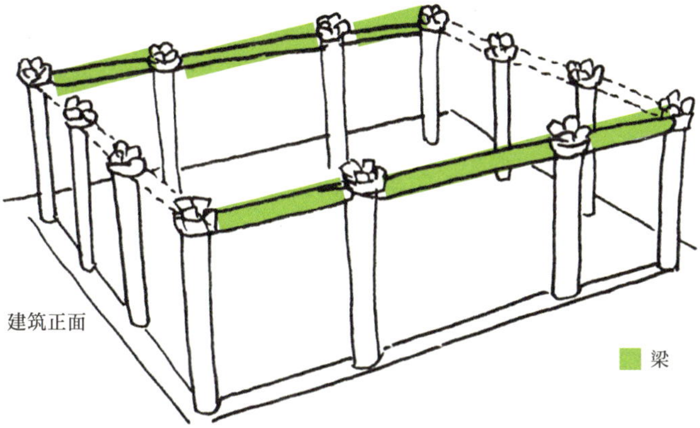

我就比较喜欢矩形的，比圆的好睡，而且我敢确定，孙敬的书房肯定没有吊顶。

呼呼，我也猜你不喜欢吊顶。中国古建筑的内部少有天花板吊顶，大多是“素面朝天”，屋顶梁架结构完全暴露在外，让人抬头可见，叫作“彻上明造”。这可不是工匠们偷懒，而是一种对材料和工艺的自信。

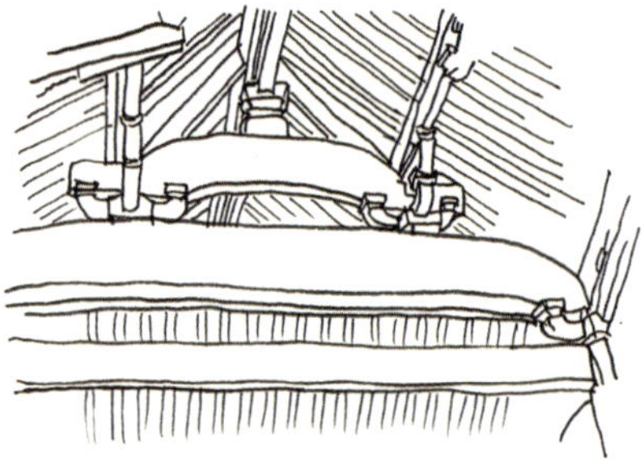

栿也是梁的意思。

在唐宋时期，工艺潦草、被天花板遮蔽而无法看见的梁，被称为草栿。

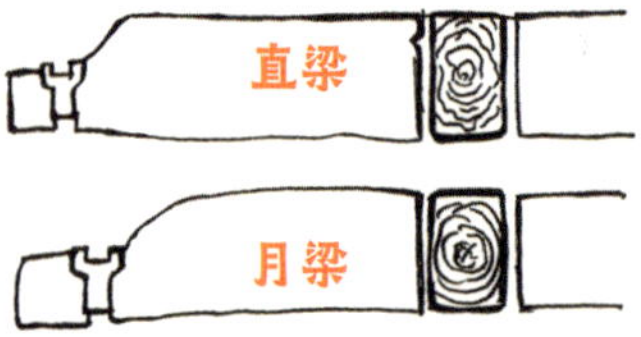

显露在外，一抬头就能看见的梁，被称为明栿，通常工艺比较精致。明栿中又有直梁和月梁的区别。

嗯，我爱明栿，猫咪最幸福的事就是趴在房梁上睡觉了。睡醒还有“绕梁饥鼠”这种午后小点心。

其实，房梁上的精彩
与你们人类也有关，
我就知道一个梁上君子的故事，
听完让你秒懂
古建筑的梁架结构。

梁上君子

08

释义

汉末魏晋时期门阀士族崛起，颍川陈氏是当时最为显赫的世家大族。陈氏家族的兴起源于东汉名臣陈寔，其以品德高洁名满天下，为此后三百年的陈氏家族繁荣打下了坚实的基础。梁上君子的典故源自陈寔对小偷的教化，他以诚心、宽厚感化了窃贼，县城在他的治理下从此窃盗绝迹。梁上君子成了小偷的代称，也比喻悬在空中脱离实际的人。

小偷

我本是东汉时期的一个贫民，因家乡闹了饥荒被迫去当小偷。有一天，我躲到了陈大人家的房梁上，准备等人都睡了以后偷点东西去卖，谁知陈大人早就发现了我，但他并没有拉我去报官，而是借由教育孩子给我上了一课。我羞愧难当，发誓从此改邪归正。

呼呼，听到这里你是不是很好奇，古人房子的房梁上真的能藏小偷吗？

在古代，建筑的屋顶梁架结构复杂，住宅的单层净高一般在 4 米以上，完全有藏小偷的空间。我来给你介绍一下古建筑最常见的三种梁架结构吧：抬梁式、穿斗式、井干式。

我是抬梁式构架：抬梁式就是在立柱上架梁，在梁上又抬梁。

好在哪儿?

我的特点是跨度大、用柱少，可以营造出开阔的大空间，体现建筑内部雄伟壮丽的气势。

用在哪儿?

在宫殿、庙宇、寺院等大型建筑中普遍采用，更是皇家建筑群的首选形式。

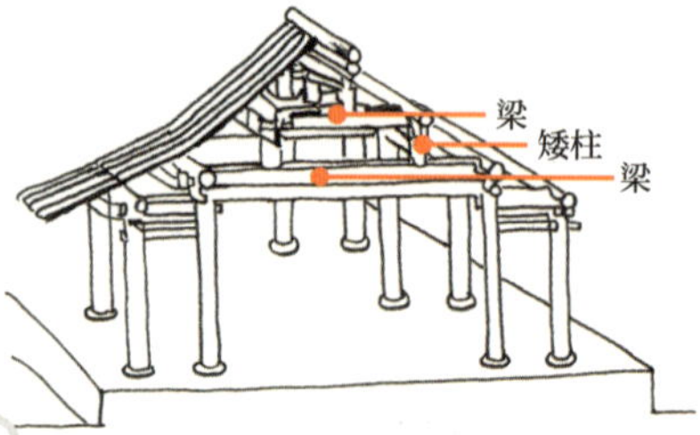

抬梁式

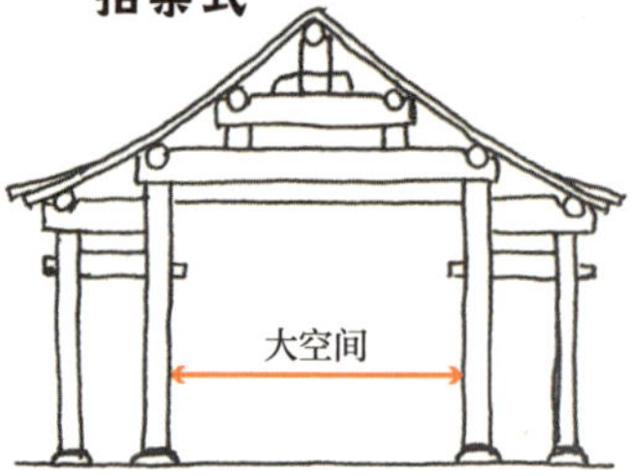

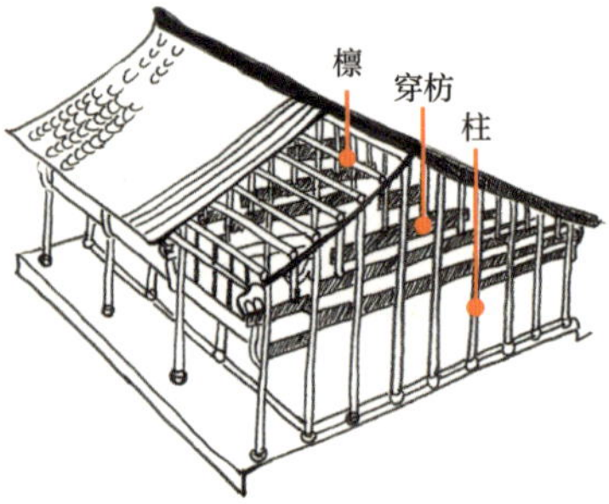

穿斗式

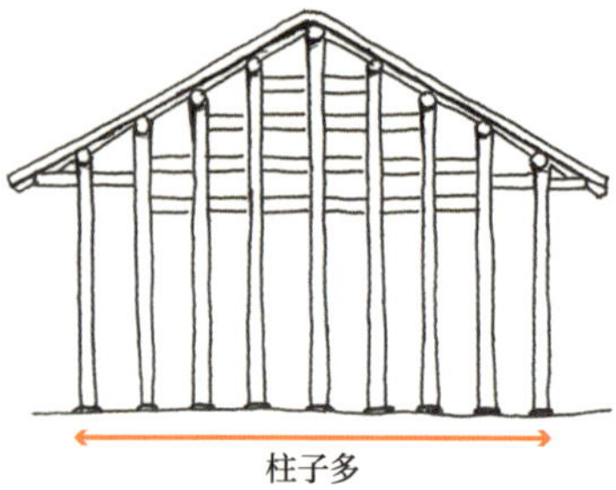

我是穿斗式构架：用穿枋将柱子编织起来，形成一个网状的房架。

好在哪儿?

我的特点是能用较小的材料建造较大的房屋，不过因为柱、枋较多，室内不能形成连通的大空间。

用在哪儿?

多用于明清时代的民居，集中在中国南方长江中下游各省。

我是井干式构架：用整根的木头重叠交叉而成，是一种不用立柱和大梁的中国房屋结构。

"井"字甲骨文

好在哪儿?

我的特点是结构简单、建造容易，但需要耗费大量木材。因形式与古代的水井护墙与栏杆形式相同而得名。

用在哪儿?

中国目前在东北林区、西南山区尚有，北欧、北美、韩国、日本等有类似建筑。

局部

河姆渡水井复原

上梁不正下梁歪

09

释义

古人居住的房屋大多由掌握建房技能的木工师傅建造。木结构房屋具有很精妙的力学原理，非普通人可以掌握。普通百姓认为一旦上梁安放不正，就会影响整个房屋结构，下梁自然也会歪斜。上梁在这里代指上级或长辈，“上梁不正下梁歪”这句话比喻上面的人行为不正，下面的人也就跟着学坏。

古代木建筑的房梁可不止一根。梁和桁（檩）交叉立于柱头上，层层叠叠。

在房架中，开间方向是桁（檩），由下方的梁承托着。

每一道梁上承托的桁（檩）数目不同，多为奇数，如3、5、7、9。

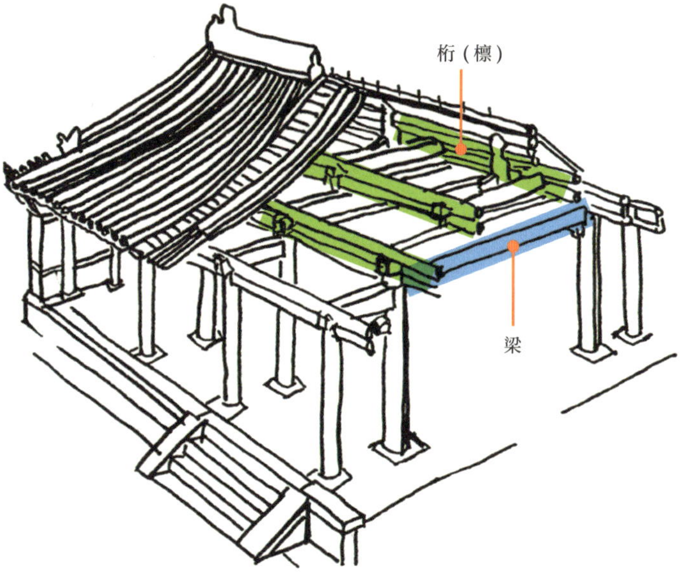

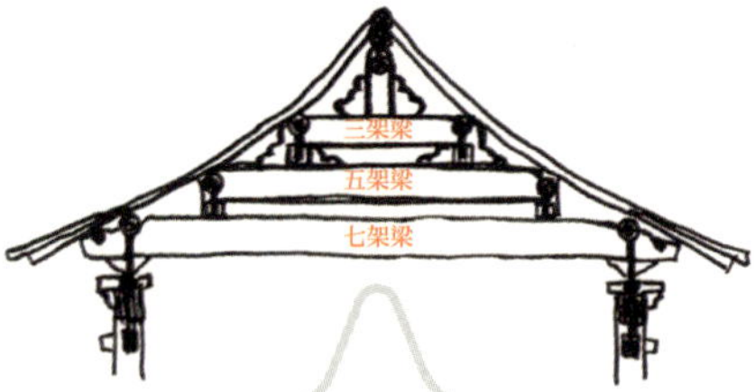

来，来，来，让我转个身子让你们看得更清楚些。大家都知道，三角形最具有稳定性。剖开一个中国屋顶来看，梁架基本呈现一个大三角形的架构。上方的梁，起着承载屋脊重量的作用。下方的梁，其作用在于稳固。关于下面提到的“椽”，我们在后面的章节会再讲。

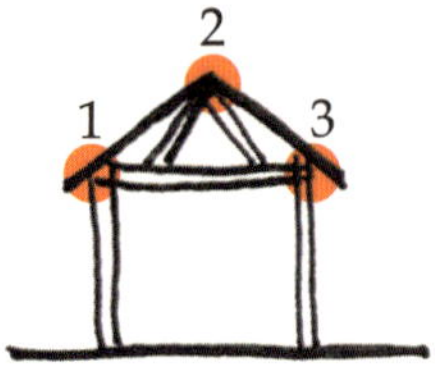

三架梁

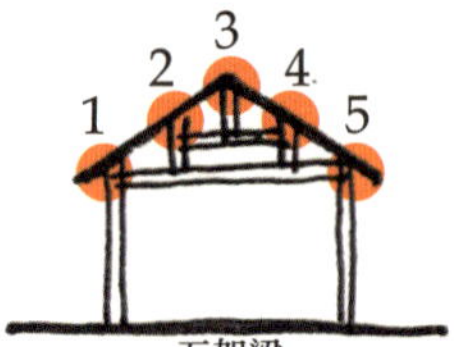

五架梁

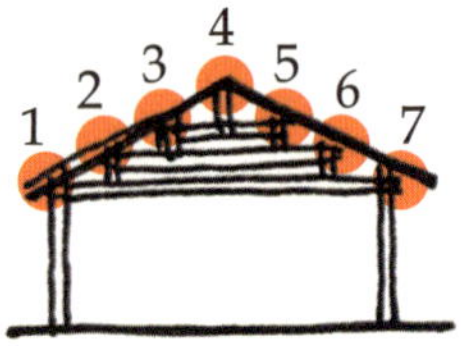

七架梁

承托三条檩的梁
清代称为“三架梁”
宋代称为“平梁”

承托五条檩的梁
清代称为“五架梁”
宋代称为“四椽栿”

承托七条檩的梁
清代称为“七架梁”
宋代称为“六椽栿”

虽然人们常说“上梁不正下梁歪”，但在实际建造中，梁架的搭造顺序却是自下而上的，先放下梁，最后再放上梁，施工时只可能出现“下梁不正上梁歪”的现象。

真相只有一个，
原来我们这么多年来
一直错怪了上梁。
“上梁不正下梁歪”
其实是指房屋年久失修之后，
上梁的变化引起了
下梁的歪斜呀。

有些木建筑存在了上千年，
要是有些零件坏了可怎么办呢？
听说“偷梁换柱”就是
解决这个问题的诀窍？

偷梁换柱

10

释义

《三十六计》中，偷梁换柱是第二十五计，意为暗中玩弄手法，以假代真，以劣代优。其实它也是一种古建筑行业的技巧和术语。古代建筑多用木头，木头有个缺点就是容易腐烂，所以从古到今，木建筑都是需要定期维修的。那如何与腐烂做斗争呢？偷梁换柱就是我们的祖先想出的修缮技法，在不动整体建筑结构的情况下，更换大梁和柱子。

你知道吗？在绝大多数的中式传统木建筑里，木构件都是可以拆解、修复和替换的，坏了一个零件并不会影响整体。即便是梁、柱这种木建筑的核心大构件，古人更换起来也是驾轻就熟。

在长期的建筑工程实践中，古代工匠逐渐形成了较为系统的“偷梁换柱”方法。而所谓偷梁换柱，其实是“托梁换柱”的戏称，是一种古建筑的维修技巧哟。

猫猫我不理解但是大吃一惊，
偷梁换柱具体是怎么实现的，
仔细和我说说呗。

偷梁：1. 先准备好新的梁架。2. 搭好承重的架子，把旧梁放在承重架子上。3. 用千斤顶等工具把旧梁上面的构件和与梁有关的构件全部都支顶牢固。4. 把破损的旧梁水平抽出，更换新梁。

换柱：用木杆将柱子周边的梁架顶起来，卸掉柱子的重量，然后把新柱子换上。

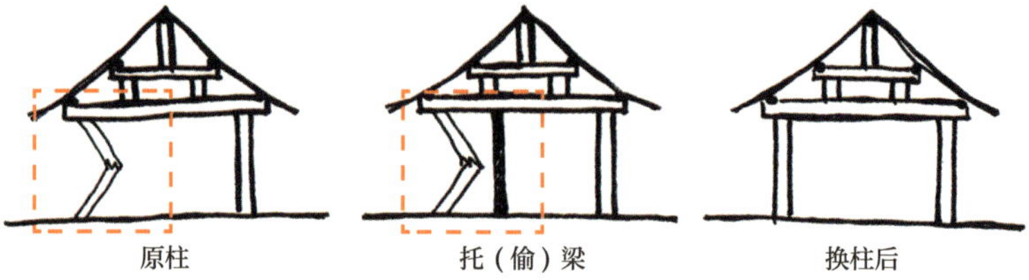

我是山西芮城永乐宫的三清殿，目前已知最早关于“偷梁换柱”的记载即见于三清殿的角柱，上面留有元代“偷梁换柱”的题记。

如果有一天你来看我，一定要好好看看永乐宫壁画，真正的中国瑰宝，不仅是我国绘画史上的重要杰作，在世界绘画史上也是罕见的巨制。

都说画梁雕栋，
为什么古人喜欢
在梁架上作画？
那些梁架上的彩画，
都画了些什么内容呢？

画梁雕栋

11

释义

画梁雕栋，是古建筑从实用主义到建筑美学的转变。古人刚开始只是在梁枋上涂些黑漆桐油，用来保护木头防腐防虫蛀。但爱美之心人皆有之，为了让居住的房子更好看，他们开始在梁枋上作画。随着阶级的出现，梁枋彩画又跟礼制等级挂钩，产生了各种各样作画的规矩。从此，在梁枋上作画对部位、彩画的内容等都有一定的硬性要求。

彩画是画在梁枋等建筑构件上的图案装饰，我们现在看到的建筑上的彩画，多以明清时期为主。一幅梁枋彩画大致可分成箍头、盒子、找头和方心四部分。

箍头：檩枋尽端处的彩绘线，有“箍在枋的两头”之意。

盒子：两箍头之内的方形区域。

找头：通常左右对称，在箍头和方心之间的位置找补的意思。

方心：彩画的中间位置。

清代彩画按等级从高到低，分别是：

和玺彩画、旋子彩画和苏式彩画。

北京故宫的太和殿梁枋上的绘画便是金龙和玺彩画，象征着至高无上的皇权。

和玺彩画

什么级别?

最早出现于明晚期，是彩画的最高等级。

怎么辨认?

图案上有形似横“W”的，就是和玺彩画。通常以龙纹为主要装饰元素，有纯龙纹的金龙和玺，“龙+凤”的龙凤和玺，“龙+花草”的龙草和玺。

用在哪儿?

一般用在皇帝理政、居住的殿宇或皇家敕建庙宇。

旋子彩画

什么级别？

最早出现于元代，等级仅次于和玺彩画。

怎么辨认？

叫旋子是因为使用了有卷涡纹的花瓣，宝剑头形状的方心也是其最大的特点。

用在哪儿？

明清官式建筑中运用得最为广泛，多用于皇家建筑中的次要殿宇、门庑。

苏式彩画

什么级别?

明永乐年间修北京宫殿时，由江南工匠传入北方。比和玺彩画和旋子彩画等级要低，是官式彩画中的一个重要品种。

怎么辨认?

画面多为山水、人物故事、花鸟鱼虫等。

用在哪儿?

多见于园林的亭台廊榭或者垂花门的额枋上。

颐和园御猫

北京颐和园中有一条 728 米的长廊，包含了 14000 多幅彩画，是世界上苏式彩画最为集中的地方。

第三章　椽&檐

南京市阅江楼

讲完梁柱结构，

我们讲讲屋顶结构，

来认识一下：椽、檐。

每一个屋顶上，

至少都有

一只猫在晒太阳。

束椽为柱，生动说明了大木作与小木作用料的区别有多大。
但是我更想知道：一根小小的椽子，是如何承托起屋面的？

束椽为柱

12

释义

束椽为柱，意为把椽子捆扎起来当柱子用，比喻小材大用。椽和柱的大小差别能有多大呢？在中国古建筑选料的过程中，柱和梁是建筑物中起支撑作用的构件，属于大木作，往往会在可用木料中选用最大、最粗的。枋、斗栱、檩等构件会按比例选较小的木料。而椽是屋顶上的斜木，用料较细，属于小木作，选料就更小了。这么说吧，椽子的直径一般仅为檩的三分之一，了解这个比例，你就知道椽、柱的差距有多大了吧？

什么是椽子?

找一个古代木建筑的屋顶，揭开屋顶的瓦片，就能看见一排像鱼骨一样布局的骨架，这些密集排列的木条，就是椽，俗称“椽子”。

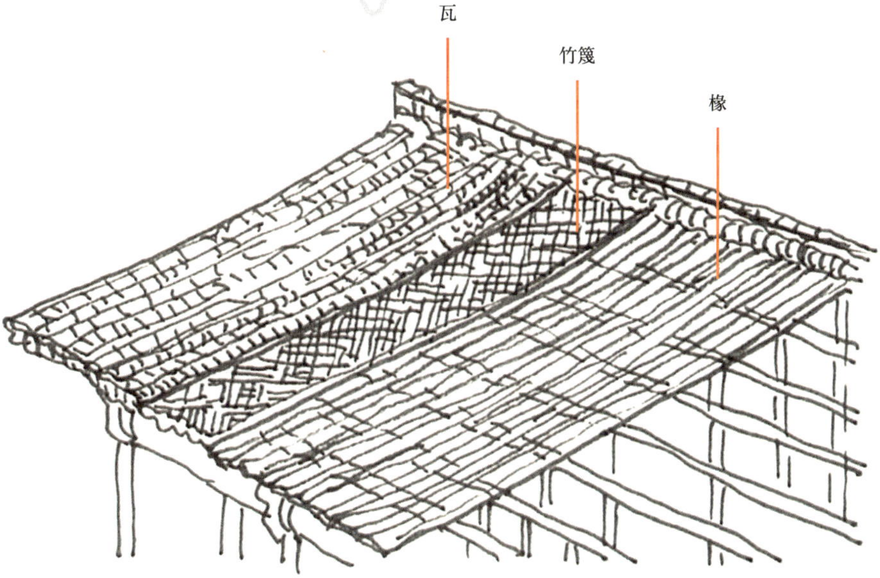

屋顶

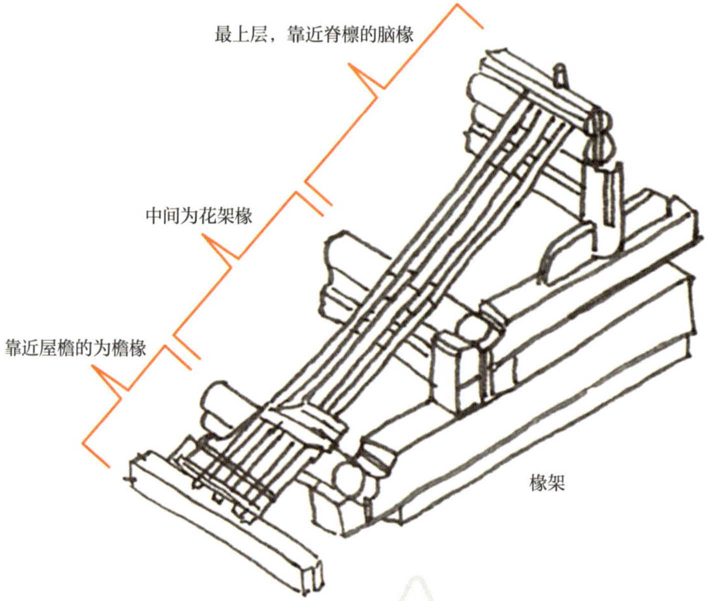

椽子用在哪里？它的作用是什么？

在传统木建筑中，椽子的位置是在枋、檩之上，由上至下沿着屋顶的坡面铺设，是用来托举屋顶、承载瓦片的。

椽子并不是一整根木头，因位置不同名称也不同，从屋脊至檐口依次有脑椽、花架椽、檐椽等。

椽作为支承屋面的构件，很早就出现了，我们从汉代的石阙、石室上都能看到排列均匀的椽头形象。

在建筑领域，椽是小木作，与承重的大木作柱子相比，用料要细小很多。因为如果单个椽的直径过大，那么密集排列时会大大增加整体屋顶的重量，导致柱子的承重出现问题。

在文化领域，椽却有大的含义。相传，《伯远帖》的作者，东晋书法名家王珣，曾在梦中遇到一位仙人送给他一支像椽子般巨大的笔，如椽大笔从此有了大手笔、大作家的含义。

其实《伯远帖》是我写给友人的一封书信，没想到后来会与王羲之的《快雪时晴帖》、王献之的《中秋帖》齐名，被清朝乾隆皇帝收藏在了御书房三希堂里，成了三希堂的镇堂之宝。

出头椽子

13

释义

它是脱胎于古建筑的成语，还衍生出了一句更广为人知的俗语“出头的椽子先烂”，比喻抢先出头的人先遭受挫折。在古建筑领域，“出头椽”是指露在房檐外面的“飞椽”，经常受到风吹雨打，是所有椽子中最容易遭到损坏的。这里就要说到什么是飞椽：为了增加屋檐挑出的深度，工匠会在原有圆形断面的檐椽外端，增加一截方形断面的椽子，这段方形断面的椽子就叫作飞椽，它的作用是保护主体屋架。

作为屋顶日光浴的VIP客人，我猜椽子之所以容易烂，是和它在建筑中的位置有关，不是有个顺口溜嘛：

柱上为梁，

梁上为檩，

檩上为椽，

椽上为瓦。

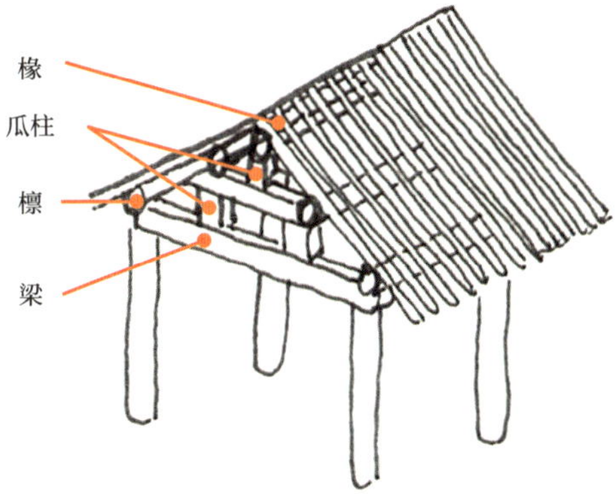

下雨天，房子最先被淋湿的就是屋顶啦。屋檐最外面一排的飞椽，因为常年暴露在雨水和潮气中，所以最容易先腐烂。

椽其实在古代建筑中还是一个计量单位。当我们在描述一座现代建筑的体量时，最常用的词语是面宽和进深；而古人在描述古建筑的体量时，最常用的是“间”和“椽”。建筑正面面阔用“间 / 开间”计数，而侧面进深则用“椽 / 架椽”来计数。

举个例子，如果有一天，我穿越回唐朝，想让工匠盖一座类似山西广仁王庙的房子，只需要告诉他 8 个字——面阔五间，进深四椽，他就完全明白要盖多大面积的房子了，是不是很神奇？

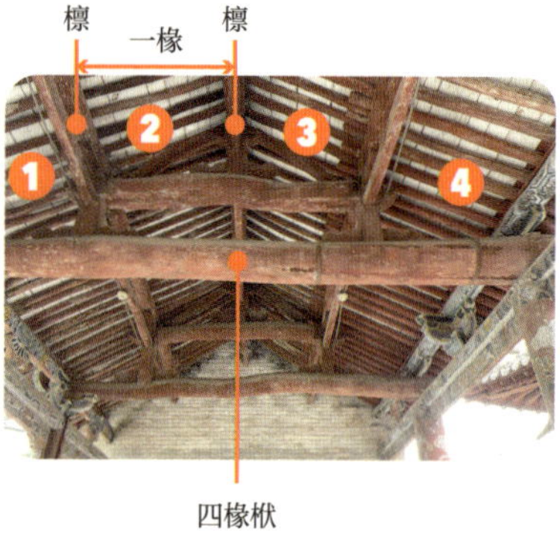

说起唐代木构建筑，中国境内目前仅存三座半，完整的三座唐代木构建筑可全在山西省哦。

1. 南禅寺，建于唐建中三年（公元782年），位于山西省五台县阳白乡李家庄。
2. 广仁王庙，建于唐大和五年（公元831年），位于山西省芮城县龙泉村。
3. 佛光寺，建于唐大中十一年（公元857年），位于山西省五台县豆村镇佛光村。

剩下半座我知道，是开元寺钟楼（下半部分是晚唐遗存，上半部分后世重修过），位于石家庄正定县。
我还知道四根唐柱：山西原平惠济寺始建于唐代，至今正殿仍然保留了四根唐代的柱子作为古寺年代的实证。

为什么古代的屋顶
四个角都会微微翘起？
这就是中国建筑独有的
飞檐反宇吗？

飞檐反宇

14

释义

飞檐反宇是中国古建筑所独有的。无论是在北方，还是在南方，中国古建筑的屋顶除了体量巨大以外，它们的屋面和屋檐都呈现流畅的曲线，屋檐微微翘起向外微伸，称为“反宇”。这种翼角上翘的做法约始于南北朝后期，四个檐角犹如飞翼伸向天空，越往南方弧度越大，飞檐的弧度也是判断南、北方古建筑的重要特征之一。

飞檐反宇，是中国建筑屋顶文化的典型特征。

和沉稳的西方石砌建筑不同，中国木建筑追求轻巧灵动之美，让建筑静中有动。

什么是飞檐？

飞，象形字，字形像小鸟张开翅膀的样子。檐，古代房顶伸出的部分即为檐。

飞檐是建立在斗栱基础之上的结构，最早为采光、排水、装饰而设计，后来成为一种中式美学象征。

飞檐形式多种多样，有的像鱼尾，有的像牛角，有的像翅膀——檐角向上翘起，如飞鸟展翅。

飞檐用在哪里？

飞檐常用在亭、台、楼、阁、宫殿、庙宇等建筑的屋顶转角处，四角翘伸，轻盈活泼，是中国古建筑最具代表性的风格元素。

北京先农坛

苏州留园

泉州开元寺

北方飞檐比较平直，飞檐增强了屋顶的雄伟感与庄严感。江南飞檐灵巧高翘，坡度明显，精致的雕刻形式多种多样。南方沿海地区的飞檐活泼俏丽，融合了浪花、海鱼等海洋元素。

为什么说飞檐斗栱是
中国建筑特有的形式？
飞檐给建筑带来了哪些好处？

飞檐斗栱

15

释义

“飞檐”和“斗栱”不仅是中国古建筑最有代表性的美学符号，还是两种建筑结构。飞檐的形式起源于汉代，全盛于宋代，它赋予了中国古建筑独有的灵动之美。斗栱是中式木建筑的关键部件，除了装饰性，在明清以前更重要的作用是承接和支撑屋架，把重力传递到柱子上。多数时候它们在古代木建筑中是一起存在的，所以合称为“飞檐斗栱”。

飞檐是中国屋顶的黑科技，解决了中国大屋顶的排水、采光和装饰的问题。

飞檐还提升了古建筑的颜值，中国的大屋顶往往体量很大，四边屋角翘伸的形态设计，仿佛托举着屋檐，让硕大的屋顶有一种灵动轻快的美感。

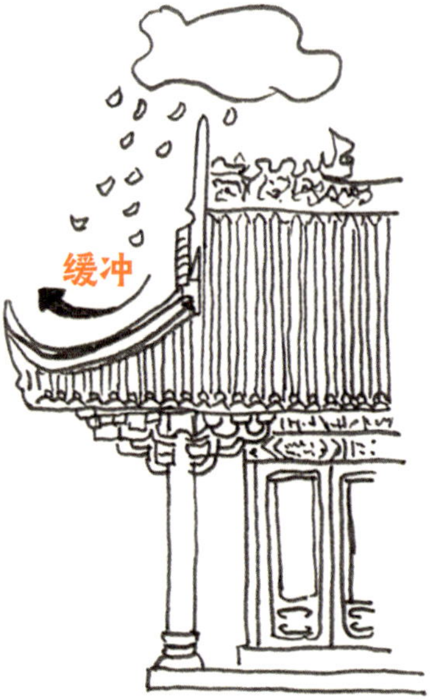

第一个要解决的问题：木头遇水容易腐烂。古人先将屋顶做大，像伞一样保护四周墙壁，防止下雨时内部空间受潮。然后又把屋顶做成悬挑出来向上反曲的弧线，类似三峡大坝扬沙的抛物线。水的缓冲，更有利于排泄屋面积水。

第二个问题也来了：如何让室内获得更多的光线。大屋檐虽然保护了墙身，但也遮挡了室内的光线。把屋顶的四角翘起来后，四周的采光面扩大了，室内可以引进更多的光线。

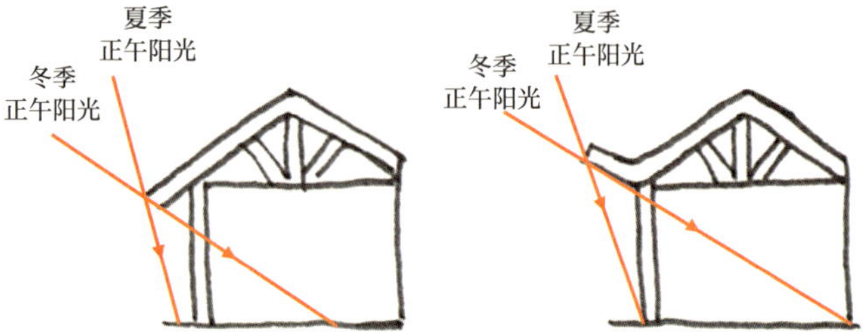

普通屋顶的光照原理　　飞檐屋顶的光照原理

想象一下，本喵站在屋顶，夕阳西下，建筑群中那层层叠叠的飞檐，多壮观，多美，真是中国古建筑独一份的特色。

中国屋顶的特点有哪些？寄人檐下为什么引申为依附于人的意思？

寄人檐下

16

释义

在飞檐没有发明出来、梁柱结构还很简陋单一的时代，古人的屋檐普遍低矮。较为原始的中国式屋顶，其侧面一般为人字形，称为“两坡顶”，博物馆里仿造原始人居住的草棚子就是两坡顶的雏形。“檐下”通常是人们活动的空间，但低矮的屋檐让人每次经过时不得不低下头来，由此引申出了依靠他人、在他人手下的意思。还有一句耳熟能详的俗语对此描写得更为生动：“人在矮檐下，怎敢不低头。”

总结一下，中国屋顶经过数千年的发展形成了四大特点：

流畅的曲线：屋面曲线流畅，呈一条凹形优美的曲线。

硕大的屋顶：这是中国古建筑屋顶外观上最显著的特点。

深远的出檐：大出檐既能够遮风雨，又能够更好地挡阳光。

上翘的翼角：屋檐的转角，结构向上翘起，舒展如鸟翼。

中国古建筑屋顶上的飞檐是怎么形成的呢？

首先，它不是自古就有，而是慢慢形成的。飞檐最早见于东汉，目前还未发现东汉之前有关飞檐的资料。

魏晋南北朝时期，已经持续300多年的民族、文化交融让建筑形式产生了巨变。这一时期的明器、墓阙、砖石、壁画中，举折屋面做法较为普遍。

隋唐时期，出现了成熟的飞檐形式。唐代的屋架举高较低，屋面曲线比较平缓。

宋代以后，飞檐开始明显起翘，飞檐的做法已经非常常见和规范了。

到了明清时期，南方建筑飞檐曲线更陡峭，也是我们在苏州园林中见得最多的。

汉 / 高颐阙
屋面平直，
无飞檐

隋 / 施釉陶屋
屋面有曲线，
飞檐出现了

唐 / 南禅寺
屋面曲线平缓，
飞檐成熟

中国建筑真是博大精深，光是一个
屋顶，内外之间都有这么多门道，
那屋子里面会不会有更多惊喜？

第四章　榫卯&斗拱

山西五台县佛光寺

古建筑的“关节”，
神奇的木结构，
两个巧夺天工的发明：
榫卯 & 斗栱。

听说它们两个是所有木头
能够变成房子的关键。

斗栱是由哪些部分组成的？
飞柳鸟踊中的“柳”与斗栱又有什么关系？

飞柳鸟踊

17

释义

斗栱最早出现在周朝的铜器上，是中式建筑最显著的装饰符号之一。近距离欣赏斗栱时，常会看到状如尖刺，斜下飞出的长构件，这种斜向构件就是“昂”。昂远看如飞鸟一般，有昂扬、抬举的意象。宋《营造法式》里，昂又名飞昂、斜脚，此成语中飞柳也是昂的意思。昂按做法还可分为真昂和假昂。起杠杆作用的被称为真昂，唐、宋、辽、金古建筑中很多都使用真昂。古人太喜欢它给建筑带来的美感了，到了明清时期，技术的进步让斗栱转变为装饰，但装饰华丽的假昂被保留了下来。

斗栱是我国木构架建筑所特有的结构构件，远看像一只“张开五指的手”，架在梁柱之间，向上撑起屋顶。它在建筑里负责承重，承上启下将屋顶的重量传导到柱子上。在斗栱的起承转合下，建筑整体松而不散，如太极般以柔克刚，是中国古建筑抗震能力的关键。

斗栱由方形的斗、升，矩形的栱以及斜的昂组成。它们是古建筑中用以连接柱、梁、桁、枋的一种独特构件。

根据斗栱的位置可将之分成三种：
柱头铺作（清代叫柱头科），位于柱子的顶上；
补间铺作（清代叫平身科），在两个柱头铺作之间；
转角铺作（清代叫角科），在建筑的转角部位。

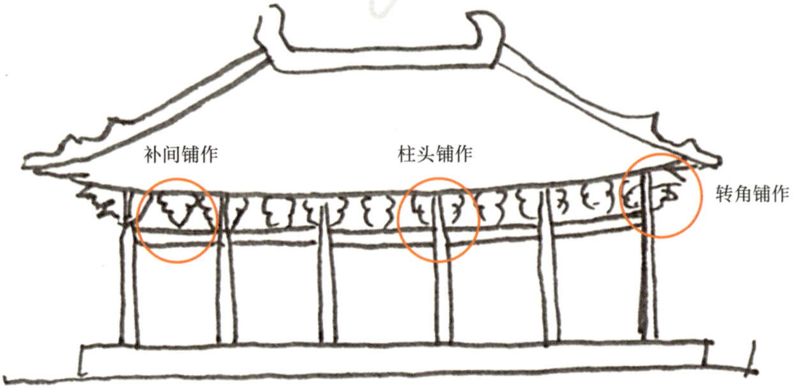

斗栱的构件很多，形制复杂，主要构件有：斗、栱、昂等。

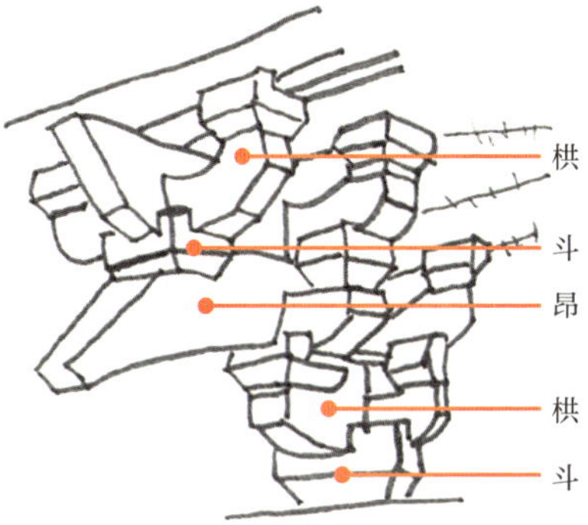

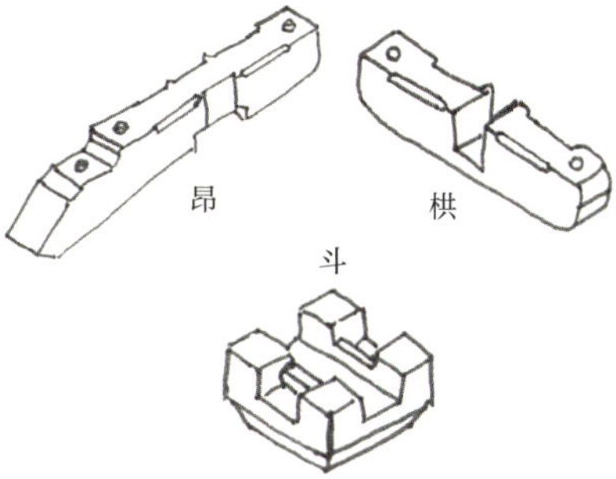

斗：造型像个米斗或者大碗，一般在该组斗栱最底部，昂、栱之下。

栱：一个弓形的悬挑构件，往往相交出现。栱的尺寸还是建筑尺度的衡量标准。

昂：一个斜向的构件，头常处理成尖的，作用类似杠杆，将屋檐或天花挑得更高。

批竹昂　　如意昂　　琴面昂

批竹昂：像劈开的竹子。　如意昂：类似如意。

琴面昂：切口为“◠”形。

没有水泥和钉子，
古人是怎么盖起一整座宫殿的？
“丁是丁，卯是卯”，
不是形容做事一板一眼吗？

丁是丁，卯是卯

18

释义

为什么中国古时候的木器能这么耐用？从河姆渡的榫卯开始，人们就在不断探索木头与木头之间的诗意连接。小到一个抽屉，大到房屋梁柱，木料相连处就是榫与卯，凸起的部分是丁，凹下去的部分是卯，榫穿进卯，用力一拍，几十年、几百年，甚至上千年都牢牢地接在一起，浑然天成，可见中国传统工艺之神奇。不过，榫与卯的大小与形状必须对应一致才能装配在一起，这就叫“丁是丁，卯是卯”。

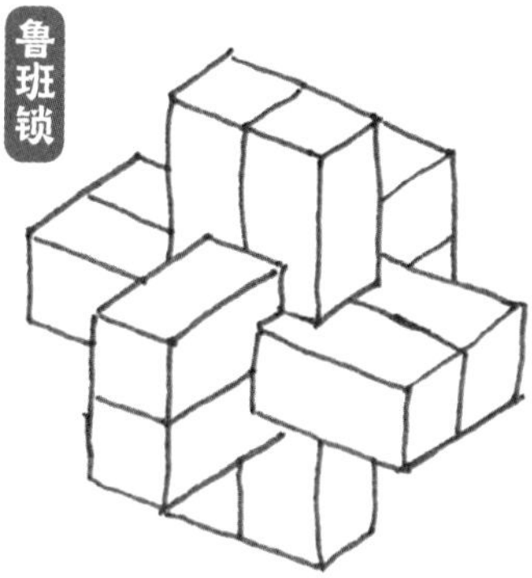

在没有胶水、钉子、绳子的情况下，你能将六根木条交叉牢牢地固定在一起吗？

传说两千多年前，鲁班发明了一种玩具，不使用外部零件，仅凭木头之间的咬合就可以达到摔打也不松散的效果，这就是鼎鼎大名的鲁班锁。从外观看是严丝合缝的十字立方体，内部的凹凸部分啮合，十分巧妙。它起源于中国古代建筑中的榫卯结构，这种咬合结构也被广泛运用在了后世的建筑、家具上面。

古代没有钢筋水泥，也没有钉子，那么古人是用什么东西把木头牢固地粘在一起，变成房子的呢？

这里就要说到一种精巧的发明——榫卯结构。

从距今约六七千年的河姆渡新石器时期起，中国人就已经开始熟练地使用榫卯结构。榫卯就像建筑师的针线、人体的关节，起到连接建筑的各个部件，支撑整体骨架的作用。

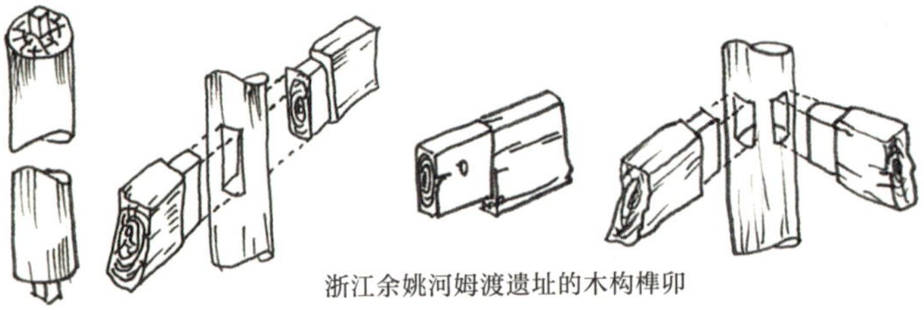

浙江余姚河姆渡遗址的木构榫卯

它能替代水泥和钉子，却比水泥更灵活，比钉子更稳固，还杜绝了铁钉生锈的隐患。

榫卯是用一种凹凸结合的方式连接两个木头构件，也可以叫丁卯。

凸起的部分叫作榫或丁，凹下去的部分叫作卯，

榫卯就像是隐藏在两块木头里的好朋友，当古代的工匠将多余的部分凿掉后，两块木头便紧紧地互相握着手，不再分开。

木头做的古建筑真的
能抗 10 级地震吗？
现实中有什么榫卯万年牢
实际的例子吗？

19

榫卯万年牢

释义

榫卯结构，是古代中国建筑、家具的主要结构方式。榫卯万年牢是指不用一颗铁钉，仅靠榫卯工艺，便可做到扣合严密，使用百年而依旧坚固美丽。除了在两个构件上采用凹凸部位相结合的一种连接方式，还有一种死卯，安上就会更显牢固。中国许多古建，如应县木塔，近千年来历经数十次地震而不倒，其中关键正是斗栱和榫卯。

我叫应县木塔，是世界建筑史上的奇迹。

我的大名也叫佛宫寺释迦塔，宋代遗存，已经快要一千岁了，经历过多次大地震、战争和炮火的洗礼，至今屹立不倒。许多人好奇我长寿的秘密到底是什么？

我身高 67.31 米，采用纯木搭建，总重达 7400 多吨。八角形结构，榫卯连接，斗栱出挑，全身没有用一根铁钉。完全依靠榫卯与斗栱的精巧咬合，这种独一无二的技术是现存木结构建设史上的经典案例。

应县木塔

斗栱与榫卯其实是两个不同但关系密切的概念，可以说斗栱是在建筑上集榫卯技术大成的组合结构。

斗栱≠榫卯：斗栱是榫卯交错而成的承重构件。它的作用是分散承重，使梁柱的受力更加合理。

榫卯＞斗栱：榫卯是木材构件接合的构造方式。它的作用是可以搭建出复杂的斗栱，也可以让不同材料之间的衔接更加稳固。

为什么由斗栱和榫卯组建起来的木建筑能减少地震波对其的冲击，奥秘到底在哪儿？

榫与卯结合成的木建筑从不锈蚀，起承转合都是活扣，推倒重来不伤零件，必要情况下还可拆卸修复，甚至做到整栋建筑物的搬迁。当建筑通过“斗栱＋榫卯”的模式咬合在一起时，不怕来自任何方向的挤压和拉伸，不但可以承受较大的压力，而且木材有湿胀干缩的“活性”，允许建筑产生一定的变形。

钩心斗角原来是与斗栱有关，
唐宋元明清的斗栱各有什么特点？

钩心斗角

20

释义

钩心斗角，也写作勾心斗角，出自《阿房宫赋》：“五步一楼，十步一阁；廊腰缦回，檐牙高啄；各抱地势，钩心斗角。”钩心斗角最早来源于建筑，是指宫室建筑的内外结构精巧工致。“勾”和“钩”的古音相同，意思是向心勾搭在一起，至于“钩”，则是后来的演绎，有勾连、钩住之意，指屋顶建筑构件之间相互牵引；“心”是建筑的中心；“斗”是碰撞、接触；“角”是指房屋的檐角。钩心斗角后来比喻人与人相互之间的明争暗斗。

在山东曲阜孔庙大成殿前的十三碑亭，你能看到古建筑中有关“钩心斗角”最生动的案例。为了在有限的面积里节省空间，最大限度地容纳皇帝御碑的数量，古人利用斗栱能让屋檐起翘的特点，挖空心思搭建了这样一组“钩心斗角”的建筑。

一个飞檐直插另一个飞檐的“心窝”，这便是“钩心”。

一个檐角与另一个檐角针锋相对，这是“斗角”。

斗栱不但是古建筑中的重要结构，还可以根据斗栱与建筑之间的比例大小，来鉴定建筑物的年代。

西周至南北朝时期的斗栱：体量小，结构简单，基本无装饰。

代表建筑：均已无存，但可以在敦煌壁画、汉阙、明器中窥见一二。

山东临淄 / 战国漆盘

唐代至元代时期的斗栱：体量非常大，结构功能性强，少装饰及色彩。

代表建筑：[唐]佛光寺、南禅寺，[宋/辽/金]独乐寺、奉国寺、应县木塔、华严寺，[北宋]晋祠圣母殿、浙江宁波保国寺；[元]永乐宫（山西芮城）。

斗栱巨大，起承重作用

斗栱变小，功能由承重转向装饰

明代至清代时期的斗栱：体量越来越小，结构弱功能性越来越弱，装饰性强，色彩丰富。

代表性建筑：[明]智化寺（北京）、太庙，[清]故宫太和殿等北京建筑。

第五章　屋顶装饰

山西介休市后土庙

屋顶上的故事会，
来头不小、背景深厚的
屋顶瑞兽们。

集中介绍一下，屋顶上我那
让人眼花缭乱的小伙伴。

都说中国屋顶千变万化，你都见过几个？
“五脊六兽”的“五脊”到底在哪里呀？

五脊六兽

21

释义

五脊六兽是中国宫殿式建筑的独特构造，“五脊”一般是指屋顶上屋脊的数量，“六兽”泛指屋顶四角的跑兽。“五脊六兽”通常也代指达官显贵或皇家的建筑，原因如下：一是起脊的建筑需要主人的身份和权力；二是有五脊六兽的建筑造价高，一般老百姓家负担不起。在北方语境中，“五脊六兽”转变为民间俗语，意思是说闲着不知道该做什么好，百无聊赖，或者形容因有非分之想而忐忑不安。

什么是五脊?

五脊源自庑殿顶，房顶上的一条正脊（也称“大脊”）与四条垂脊即为五脊。中国古建筑屋顶的最高规格样式有两种：庑殿顶和歇山顶。庑殿顶是五条脊，歇山顶是九条脊，后统称为五脊，用来泛指中国古建筑中屋顶的样式。

什么是六兽?

有两种说法：1. 对应五脊，每条屋脊两端各有一只兽，统称“五脊六兽”。2. “六兽”是六个种类的跑兽：正脊端头的吻兽、鸱吻背面的背兽、戗脊端头的戗兽（也叫垂兽）、垂脊上的一排蹲兽（也叫跑兽、小跑）、仔角梁端头的套兽、围脊上的合角兽。

屋顶的等级：重檐 > 单檐，庑殿式 > 歇山式 > 攒尖式 > 悬山式 > 硬山式

重檐庑殿顶

庑殿顶（宋称四阿顶）：第一等级的屋顶式样，用于皇宫、庙宇中最主要的大殿，常见单檐，特别重要的用重檐。单檐有正脊和四角的垂脊，共五脊，所以又称为五脊殿。

单檐顶现存最早的实物是山西五台县佛光寺大殿，最典型的重檐顶是北京故宫的太和殿。

歇山顶（宋称九脊殿）：等级仅次于庑殿顶，一般用于宫殿中的次要建筑和住宅、园林建筑中。因由正脊、四条垂脊、四条戗脊组成，故也称九脊殿。歇山的山面有博风板、悬鱼等，最早的实物有山西五台山南禅寺大殿。

重檐歇山顶

攒尖顶（宋称斗尖）：多用于面积不太大的建筑屋顶，如塔、亭、阁等。一般用于正多边形或圆形建筑，顶部有一个集中点，叫宝顶。实物有北京天坛祈年殿。

悬山顶：是中国建筑中最常见的形式，中国最古老的一种屋顶样式。它的特点是屋檐两端悬伸在山墙以外，又称为挑山或出山。

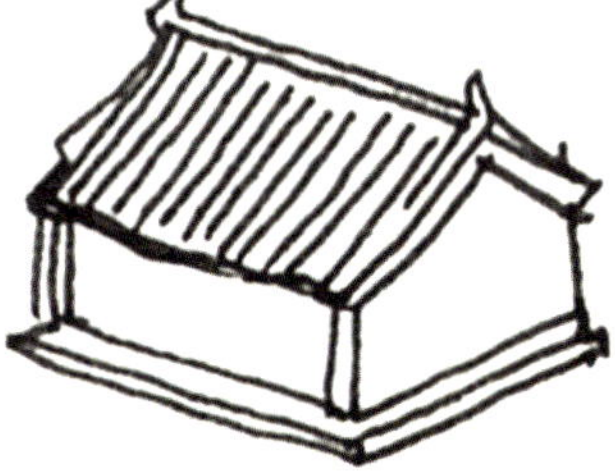

硬山顶：多用于北方的传统民居中，硬山是两坡顶的一种，但屋面不悬出山墙之外。

中国屋顶上的神兽天团为什么排在最前面的永远是仙人指路？

在中国古建筑屋顶的屋脊上，经常能看到形态各异的走兽，而走在最前面的是个骑着大鸟的仙官，好像引路人一般，带领着小兽一字排开。这个“仙人”是谁？为什么在檐角的最前端？为什么有的骑着凤凰，有的骑着鸡？其实它叫骑凤仙人，也叫骑鸡仙人，在未形成“仙人骑凤”这一造型之前，它是一个大长钉，最早的作用是固定垂脊下端的第一块瓦件。

脊兽个数代表的等级：9>7>5>3>1

脊兽：脊兽是中国古代汉族建筑屋顶的屋脊上所安放的瑞兽，小怪兽们按类别分为跑兽、套兽、戗兽及吻兽。

跑兽是数量最多的，有个顺口溜能帮你记跑兽："一龙二凤三狮子，海马天马六狎鱼，狻猊獬豸九斗牛，最后行什像个猴。"（海马和天马，狎鱼和狻猊，在不同的历史时期顺序可能不一样。）

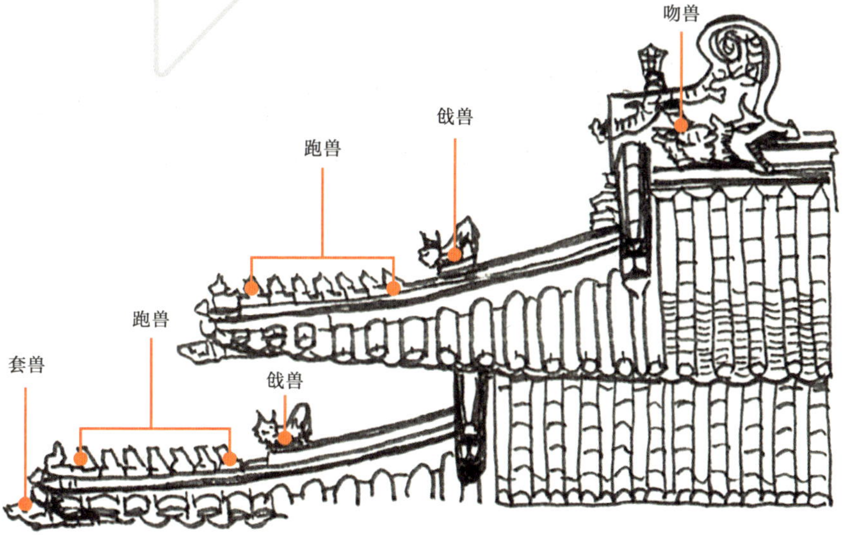

正脊上安放吻兽或望兽，垂脊上安放垂兽，戗脊上安放戗兽，另在屋脊边缘处安放仙人与套兽。

中国古建筑上的脊兽等级最高为 9 个。建筑级别越高，脊兽越多（通常为奇数），依次为 9、7、5、3 不等。但北京故宫的太和殿是特例，有 10 个兽，传说是返修时尺度失控，不得已加了一个行什，由下至上的顺序依次是：龙、凤、狮子、海马、天马、狎鱼、狻猊、獬豸、斗牛、行什。

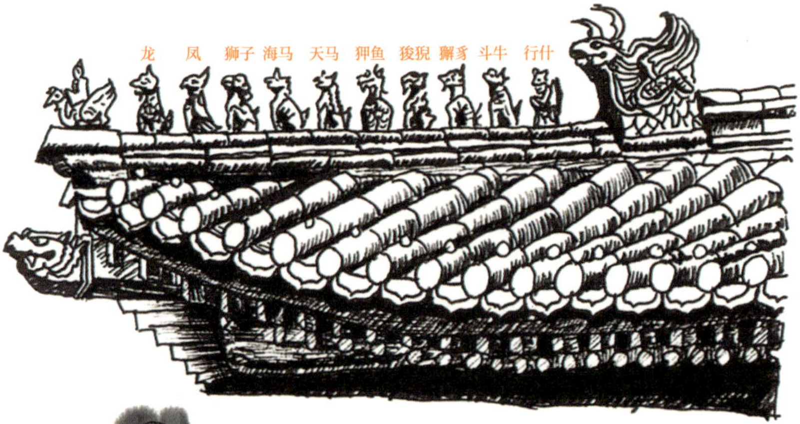

领头的是骑凤仙人：

也叫“仙人骑鸡”，它可不能算作脊兽，它的前身最早是大鹏金翅鸟。到了宋代，随着佛教兴起，大鹏金翅演变为佛教传说中人面鸟身的嫔伽，又称妙音鸟。

在明成祖朱棣时期，因为皇帝推崇道教，嫔伽逐渐变成了骑着凤鸟的道家仙人，彰显皇家至高无上的地位和权力，以凤来比喻圣德之人。

屋顶的瑞兽们各有各的象征：

骑凤仙人	龙	凤	狮子	天马
逢凶化吉	权力	祥瑞	勇猛	尊贵

海马	狻猊	押鱼	獬豸	斗牛	行什
吉祥	平安	护宅	智慧	辟邪	降魔

安放在正脊两端的吞兽叫鸱吻，又名螭吻、鸱尾。鸱尾的样式类似鱼尾巴，是鸱吻早期的样式与称呼。晚唐以后，鸱尾由原来的鱼尾逐渐演变成龙头，张大口吞着屋脊，尾部卷起上翘，这时吞兽的名称也由鸱尾改为鸱吻。鸱吻是一众“小怪兽”中的“大块头”，在雷电天气里，高出屋脊的鸱吻能率先接触电流，起到防火、避雷的作用。

鸱尾 唐 / 山西五台南禅寺

鸱吻 明 / 山西介休后土庙

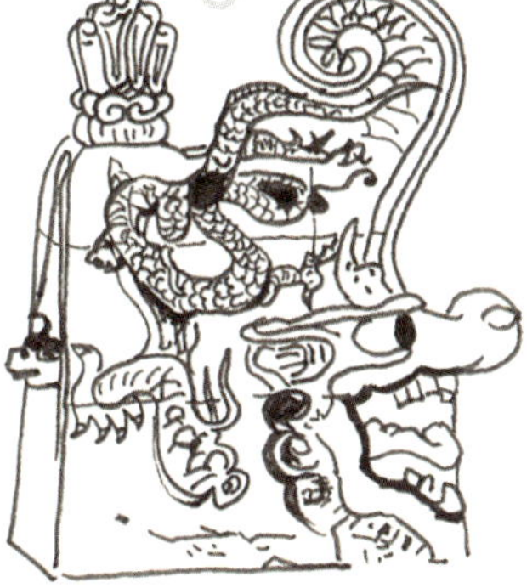

这可能是我最感兴趣的部位，听说羊续悬鱼这个古建筑屋顶上的装饰与咸鱼有关？

羊续悬鱼

22

释义

羊续，东汉灵帝时期官任南阳太守。他一生倡导清廉并以身作则，在东汉中后期外戚宦官干政、党锢之祸的历史大环境下尤为难得。关于羊续清正廉洁的事例有很多，但流传最广的还是“羊续悬鱼”的故事，羊续也因婉拒府丞赠鱼，把鱼悬挂于前庭警醒后人的做法而流芳百世，成为中国清官的代言人之一。更有意思的是，“悬鱼”这个元素被保留下来，演变为中国古建筑山墙上的经典装饰元素。

我就是当年在屋顶上挂咸鱼的人，那时我在南阳当太守，有位府丞从随从的口中得知我爱吃鱼，特地送来一条名贵的大鱼，我转身将鱼“悬于庭”。后来那位府丞又送鱼来，我指着庭院中的那条鱼说：“你上次送的鱼，我还没吃完，怎好再收？”从此，再也没人敢送礼了。后人说我是清官，称我为“悬鱼太守”，但那只是我的灵机一动罢了。

悬鱼

中国古建筑构件——悬鱼 & 惹草

悬鱼最早的官方记录出现在唐代。它是中国古建筑的一种装饰构件，位于悬山或歇山建筑两端侧面的博风板下，多为鱼造型，因此被称为“悬鱼”。

在宋代以前，悬鱼只被允许应用在高级官僚府邸及寺庙建筑中，百姓不允许使用。

悬鱼的主要作用是防雨，歇山顶和悬山顶的山墙面出露的结构，容易被雨水侵蚀；还可以用来装饰博风板合角处的缝隙，从结构上稳定博风板，保护檩条端头不受雨雪侵袭。

我们都知道木结构的房子最怕火，古人比较迷信，相信“水能克火”，因此会用象征水的元素放在屋顶上做镇宅之用。比如水中的鱼，还有水草、藻井等，都是表达远离火灾的一种愿望。

惹草

为什么中国的宫殿都是红墙黄瓦？
一块漂洋过海的琉璃，
居然与北京的地名有关？

万顷琉璃

23

释义

琉璃一词可能源于古印度语，指的是宝青色的宝石，制作工艺随佛教东传进入中国。早期琉璃有多珍贵，在明朝作家吴承恩的《西游记》中可见一斑：卷帘大将沙僧失手打破一只琉璃盏，结果被贬下天庭。琉璃瓦是中国古代建筑中屋顶的重要构件，除了用在皇家建筑还普遍用于寺庙。其中黄色琉璃瓦是皇家才有的殊荣，但孔子是例外。因为创立儒家思想，孔子被尊为“至圣先师”，所以全国各地祭祀孔子的孔庙、文庙都可以用红墙黄瓦，与皇家同级。

在古代，琉璃瓦造价高昂，清代对不同等级的建筑所用的琉璃瓦有严格的规定。琉璃瓦的颜色等级 黄色>绿色>青色>蓝色>黑色。

黄琉璃瓦：用于帝王宫殿、陵庙、孔庙、文庙，如北京故宫、明十三陵等。

绿琉璃瓦：用于王府、百官宅第。

青琉璃瓦：用于祭祀建筑，如天坛祈年殿，屋顶铺纯青琉璃瓦，象征青天。

蓝琉璃瓦：是代表天的颜色，只有在祭天的地方使用，如北京天坛。

黑琉璃瓦：紫琉璃瓦等多用于帝王园林中的亭台楼榭。

中国人可以自己生产琉璃是在隋朝时期 —— 一位名叫何稠的工匠，攻克了技术难关。琉璃在唐代普及。从南北朝时期开始，琉璃瓦件作为装饰物开始在建筑上使用。到了元代，皇宫建筑开始大规模使用琉璃瓦，并开设了官窑烧制琉璃瓦。明清两代设立了琉璃厂，专门督办琉璃瓦的烧造，琉璃厂成为朝廷工部的五大工厂之一。近代因为城市扩建，琉璃厂迁出，但名字被保留下来，就是今天北京和平门外的“琉璃厂大街”。

为什么有秦砖汉瓦的说法？
古代中国最早的砖
是秦朝时出现的吗？

秦砖汉瓦

24

释义

秦砖汉瓦并不是说秦朝时人们才开始用砖，实际上，用砖的历史可追溯到距今约 5000 年的仰韶文化时期。同样，汉瓦也不是指瓦到汉代才出现。在战国时期，瓦当的形式是半圆形；到秦代，瓦当由半圆发展为圆形。汉代的瓦当艺术达到鼎盛，古人屋顶之上必有瓦片，屋檐呈一条顺滑而连绵的波浪线。不过千万不要认错，不是所有的瓦片都叫瓦当，只有那个朝上圆形的才是“瓦当”，而朝下三角形的叫“滴水”。

瓦当与滴水

瓦当：防止雨水倒灌，有圆形和半圆形（半瓦当），半瓦当主要见于秦及秦以前。

滴水：引导雨水向下流，与瓦当一起保护屋檐、墙体不被雨水淋湿，不让椽子烂掉。

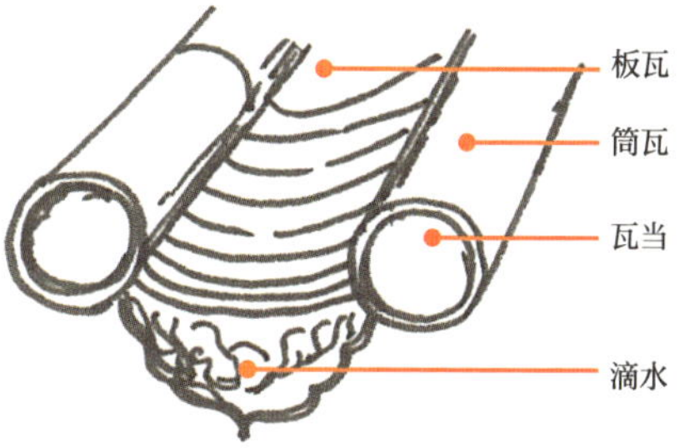

瓦当常见的四种类型：

四神纹瓦当：

有青龙、白虎、朱雀、玄武图案，对应东、西、南、北方位。

青龙

白虎

朱雀

玄武

卷云纹瓦当：圆形，装饰有云纹，变化较多。

动物纹瓦当：常见有鹿纹、鱼纹、燕纹等。

文字类瓦当：以千秋万岁、大吉富贵等吉祥语文字为装饰。

卷云纹瓦当

动物纹瓦当

文字类瓦当

一砖一瓦，皆是历史。

华夏第一瓦：我国最早的瓦，为距今约 4000 年，于宝鸡陈仓区桥镇遗址中发现的陶瓦。

中华第一砖：蓝田出土的 5 块残砖，被确认为中国最早的砖，距今已有大约 5000 年。

可以想象，当它们被工匠安放在精美的建筑之中的时候，是何等磅礴恢宏。

第六章　门

广东潮州市开元寺

建筑的面子，讲究的门。

在门外的猫想进去，
在门里的猫想出来。

“大门不出，二门不迈”，
没想到古人也这么“宅”。

大门不出，二门不迈 25

释义

这句俗语很好地展现了传统中国建筑围合式的布局。曾经，院子是中国人最普遍的居住形态。例如北京的四合院、紫禁城，山西的乔家大院、王家大院，都是以房屋围合院落，构成一个宁静、安全的封闭式空间，很有代表性。它们的空间是前后串联的，必须进入大门，通过前院才能到达后院，层层递进。这里的大门，是外门的意思，多指宅院的正门；二门，则是大门以内的门，多指垂花门。

不要以为“宅”是现代才有的，其实古人也很“宅”，
尤其古代的大家闺秀，是不能随便出门的。

垂头形式

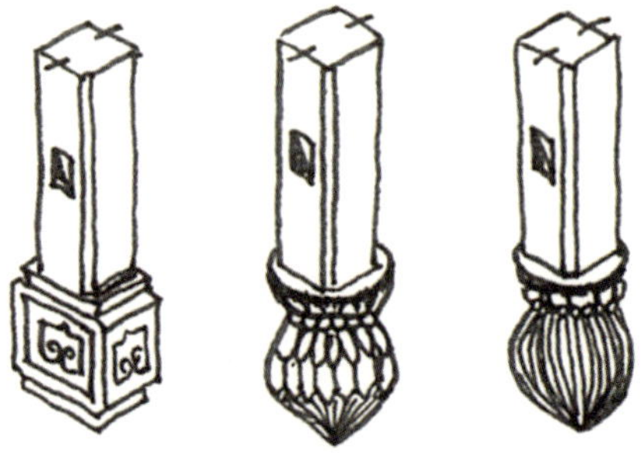

为什么叫垂花门？

朝向外院的一面门，有一对倒悬的短柱，柱头向下，酷似一对含苞待放的花蕾，因此被称为垂花门。

垂花门在什么位置?

垂花门实际上是内宅之门，位于整座宅院的中轴线上，是前院与内院的分界线，也是内宅与外宅（前院）的唯一通道。古礼中男女授受不亲，所以外院多用来接待客人，而内院则是自家人生活起居的地方，外人一般不得随便出入，宅内女眷也不可逾越此门。“大门不出，二门不迈”在过去主要是指女子几乎不出家门与外人接触。

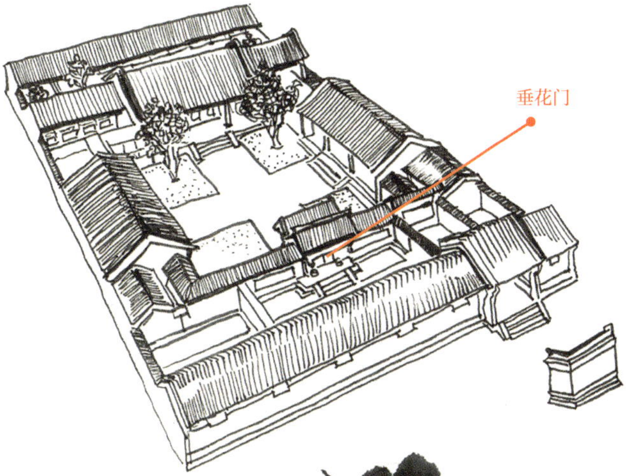

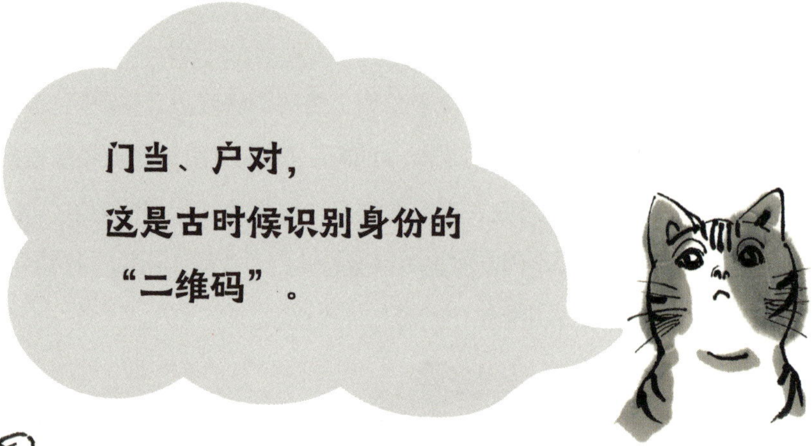

门当户对

26

释义

这个成语是衡量男女婚嫁条件的常用语，指男女双方家庭的社会地位和经济状况相当，适合结亲。“门当”和“户对”也有人分开理解为装饰大门的两个物件。实际上，在古建筑专业领域，并没有“门当”“户对”这两个词语。“门当”实际上是“门墩”，“户对”实际上是“门簪”。“门当”“户对”只是沿袭了大家的习惯性说法。

在古建筑中，有一个识别房屋主人身份的“识别码”，能不动声色地告诉你主人是文官还是武官，是百姓还是皇家，即门墩和门簪。只要隔着大老远往他家门口一看，你就能知道主人的官衔、地位。

“门墩”与“门簪”最初其实是指古代大门建筑中的两个重要组成部分。除了有镇宅装饰的作用，还是主人身份、地位、家境的重要标志。

圆形门墩

狮子形门墩

方形门墩

门墩，又叫抱鼓石。

它的位置在大门底部，起到支撑门框、门轴的作用。抱鼓石大致有三种：狮子形、圆形、方形。在等级森严的封建社会，只有官宦人家的宅门，才能安放抱鼓石，普通市民只能用木质方门墩或门枕石。

圆形门墩，武官打仗敲战鼓。

方形（箱形）门墩，文官写奏本用砚台。

狮子形门墩，含狮量越大级别越高，一般在高级官员和皇家宅院使用。

门簪，因为长得像女子用的簪子而得名。
它是四合院的大门顶部的构件，也起到装饰门框的作用，
通常是双数出现。

门簪有方形、长方形、菱形、六角形、八角形等样式。
门簪的图案以四季花卉为多见，图案间还常见吉祥如意、平安等字眼。

门还有眉毛？
在什么地方？
古建筑中的门楣
又有哪些寓意呢？

光耀门楣

27

释义

门楣叫挂笺，满族也叫它挂旗。民间有“门眉”的说法，因为门楣安在大门之上，就像眉毛长在眼睛上。门楣也有门庭、门第的意思。《全唐诗》中收录了一首《杨氏谣》：“男不封侯女作妃，君看女却是门楣”。据传，此歌谣兴起于唐玄宗宠爱杨贵妃时期，讽刺杨家因女儿得宠而门第显贵。门楣也是文化的载体，古人喜欢在门楣之上放置匾额，无论是在宫廷园林、亭台楼阁，还是民居商铺中都极为常见。

门楣，就是正门上方门框上部的横梁，是过年贴对联横批的地方，一般都用粗重实木雕刻而成。

古代按照建制，只有皇家和朝廷官吏所居府邸才能在正门之上标示门楣，一般平民百姓是不准有门楣的，哪怕是大户人家、富甲一方，若无官身也不能在宅门上标示门楣。

门楣

古人把升官称为“光耀门楣”，其实就是在表达对权力和财富的向往。门楣常常与户对配合使用，来彰显家族的身份、地位、荣耀。

你可能想不到，“光耀门楣”与“倒霉”也有点关系。“倒霉”其实也是“倒楣”。古代学子进京赶考前，会在自家门前竖一根旗杆。金榜题名了那就是光耀门楣；名落孙山就会把自家门前的旗杆放倒，叫作“倒霉”。

正所谓：“门楣上家国，梁柱间文脉。”朕御笔亲提的“正大光明”出自朱熹的《朱文公文集》，也是在影视剧清宫戏中出镜最多的。乾清宫的“正大光明”牌匾可是能左右大清江山的存在，从雍正帝开始，决定太子命运的建储匣就藏在它身后。

铺首衔环是中国独有的吗？
为什么有的门上有兽头，
而有的门却没有呢？

铺首衔环

28

释义

可以说，有门的地方就有铺首。无论是达官显贵，还是寻常百姓，宅门上都装有铺首，俗称门钹。老百姓的门钹是用金属制成的，一般为圆形或六边形，犹如倒扣着的圆碗，也叫门钱。达官显贵的门钹叫铺首，是门钹中最特别的一种，铺首所衔之环，有圆形，也有菱形。这个成语通常用来形容建筑物或器物等装饰华丽、精致，具有古朴典雅的风格。它虽是传统的中国建筑门饰，但并不为中国独有，始建于 1248 年的德国科隆大教堂里也能看到它的身影。

什么是铺首?

安装在大门上衔门环的一种底座。《国语辞典》中解释：“铺首，附着门上用以衔环的铜盘。”

明代以前，铺首被称为“金铺”或“铜铺”，多为怒目圆睁的铜质兽头。

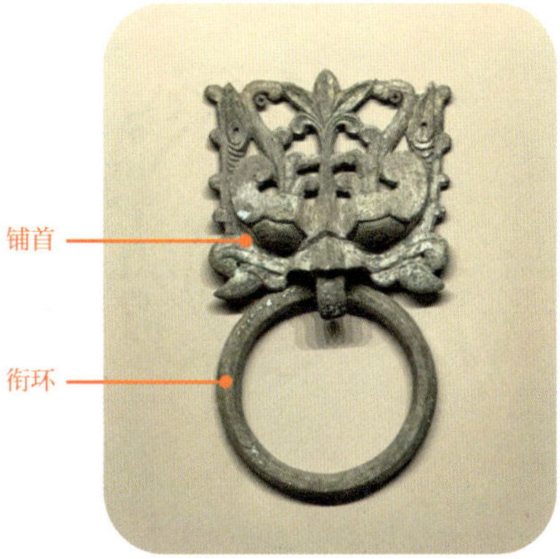

什么是衔环？

金属的门环，作拉门和叩门之用。

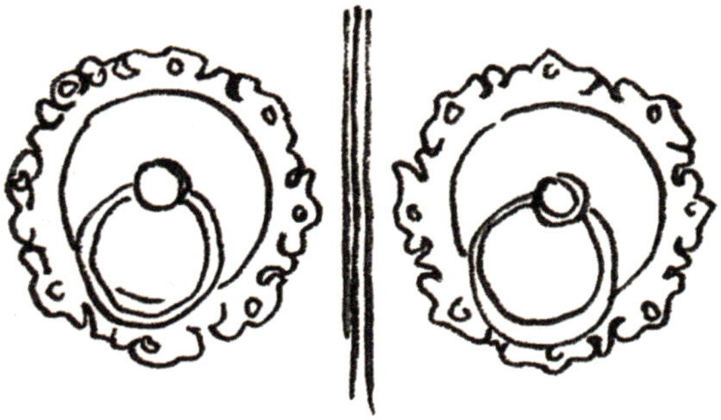

铺首衔环是何时出现的？

兽头底座和叩门的圆环一起，叫作铺首衔环。起源于商周时期，出土的汉代画像砖上已有这种门上装饰，汉代司马相如的《长门赋》中已有对铺首的描绘。

椒图

我是龙的第 9 个儿子，有人把我认作龙，也有人以为我是狮子。因为身体长得像螺蚌，遇到外敌侵犯喜欢紧闭壳口，有“紧闭”之意，所以古人选我当大门的守护神，负责阻挡妖魔鬼怪进门。

什么，“陛下”居然也是建筑用语？
还是指帝王宫殿大门前的台阶？

进身之阶

29

释义

在古代，门前的台阶也是大有讲究的。一般门要高于路，所以门前要有台阶，但这台阶可不能随便修，也要按照制度来建。六七品官员门前台阶不能高于二级，五品官门前台阶不能高于三级。随着官员晋升，门前台阶数目会慢慢增加，但台阶数目最高不能超过八级，九级台阶除了皇上谁也不能用。文人们经常谈的一个词“进身之阶”，其中“阶”就从这儿来的。

台阶，是现代人的叫法，宋代称之为踏道或踏跺。踏跺呈逐层上升的形式，称为“阶级”。它不仅有台阶的功能，而且有助于处理从人工建筑到自然环境之间的过渡。

皇帝所居宫殿的台基最高，所以殿前的台阶就叫作“陛”。臣子都称皇帝“陛下”，意思是说自己在台阶之下向皇帝禀报事情。

常见的踏跺有五种类型:

如意踏跺、云步踏跺、垂带踏跺、御路踏跺、礓𥔲。

如意踏跺:

最方便的台阶。每节台阶面积逐层缩小,人可沿左、中、右三个方向上下。

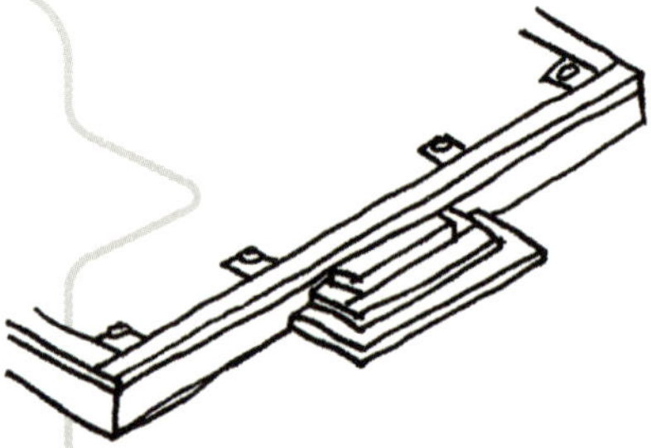

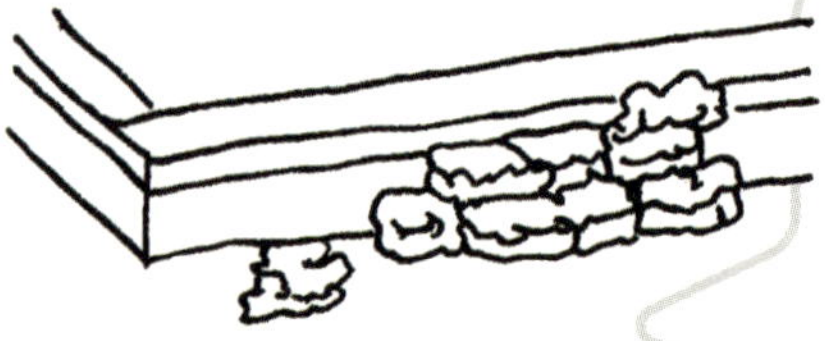

云步踏跺:

最野趣的台阶。常在园林建筑的台基之前,用天然石板材叠成,远看像一朵云。

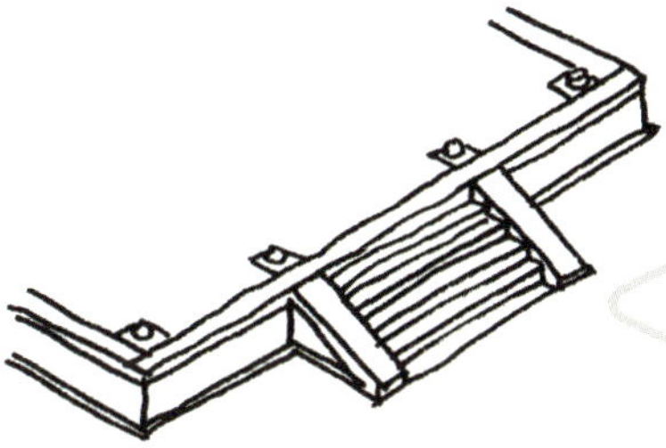

垂带踏跺:

最常见的台阶。台阶左右加了两条长长的“带子”，一般位于屋子正中的阶下。

御路踏跺:

最尊贵的台阶。中间带有龙凤云纹精美雕刻，故宫太和殿前的三联御路踏跺是最高等级。

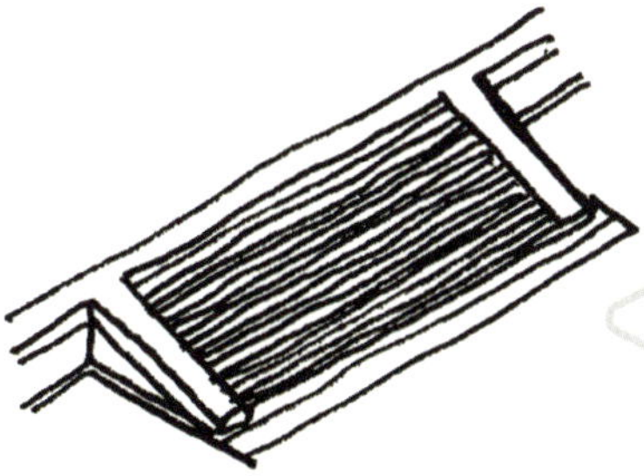

礓䃰:

最用心的台阶。表面呈锯齿状，虽然看上去丑，但能在车辆拉重物经过时起到防滑的作用。其实这是古人研究出来专供车马运输货物的。

第七章　宁&影壁

山西介休市后土庙

一段墙分出内外
开启中国建筑的空间序曲
宁&影壁。
古早的影壁，现在的玄关，
都是空间的休止符！

伫候佳音

30

释义

这个成语，字面意为“长久站立，等候好消息”，常用于书信或表达期待的场景，引申为对某事的殷切期盼。伫，古与“宁”（zhù）同音，表“储存”或引申为“停留”，有久立等待的意思。如果你在古代去拜访一个大户人家（明清以前可不是什么人家都能建造影壁的），看门的小厮大概率会让你站在大门口的“一堵墙”前面等一等。这堵墙就是“影壁”，这个你“伫立”的地方就是影壁和大门组成的第一个空间，是中国古代宅院空间秩序的起点。你看，古人考虑得多周到，连你等候的空间也提前预留了。

照壁，其实就是人们后来常说的“影壁”“萧墙”。中国古代影壁的建设有严格的等级划分，春秋《礼记》中记载：“天子外屏，诸侯内屏，大夫以帘，士以帷。”意思是，天子可以在门外建造影壁，诸侯可以在门内建造影壁，大夫可以用帘遮挡，而士则只能用布帷来遮挡。直到明清时期，普通百姓家才可以建造照壁。

“宁”在甲骨文中是象形字，像上下及两旁有立柱，中空可贮物的容器。其本义是积物，指贮藏东西的地方。

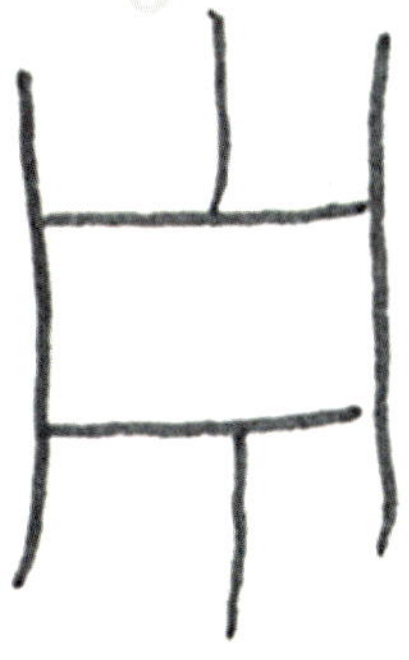

甲骨文“宁”

古代宫殿的门和屏之间、正门两侧屋之间都称为宁。

“俟我于著乎而，充耳以素乎而，尚之以琼华乎而”。诗经《国风·齐风·著》中收录了一首与这个空间有关的诗歌。古代贵族的住所，正门内有屏风，正门与屏风之间叫著。后来，“著”引申为古代群臣朝见君主之处，即殿上屏风与门之间的地方，影壁和影壁与门之间的地方都叫“著”。

“伫”，后来由贮藏引申出盛放、久远等义，再由久远引申出久立，后另造“伫”表示久立的意思。

西周皇宫宫殿复原图

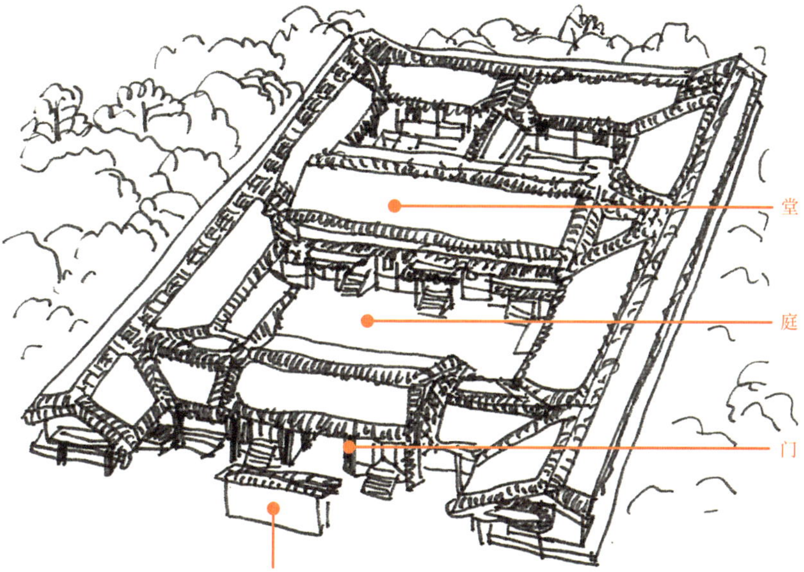
堂
庭
门
著

"萧墙"到底是个什么墙?
孔子说的祸兴萧墙
为什么是指内乱的意思?

祸起萧墙

31

释义

"祸起萧墙"讲的是鲁国的一位骄横的贵族季孙氏,他不是国君却把持鲁国的朝政。有一次,他为了扩充自己的地盘,随便找了一个借口就强占了已经归顺的附属国颛臾。孔子很反感他的做法,说了这么一句话:"吾恐季孙之忧,不在颛臾,而在萧墙之内也。"萧墙,意为古代宫室内当门的小墙。孔子借用这样一堵墙,把由内因引起的灾祸称作"萧墙之患"。

中国现存最早的影壁

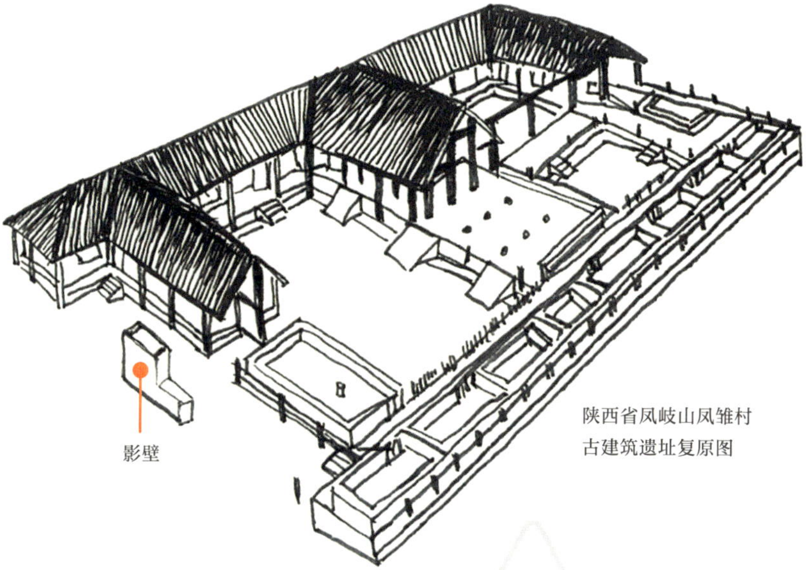

陕西省凤岐山凤雏村
古建筑遗址复原图

影壁，古称萧墙，也称照壁，起源于周代。

秦汉时期称它为“罘罳”，唐宋时期逐渐形成“影壁”的叫法。

影壁可位于大门内，也可位于大门外，前者称为内影壁，后者称为外影壁或外照壁。

萧墙，通常指位于古代宫门里面的内照壁，也叫塞门、屏等。

“萧”古通肃。建立萧墙，最早是出于礼制上的需要。古代臣子要见到君王，必须要绕过这道萧墙，走到萧墙处，意味着马上要见到君王了，所以臣子便肃然起敬，故得名“萧墙”。

由于进入皇宫内部首先要经过萧墙，所以萧墙之内指的就是宫内，“萧墙”又引申为内部的意思，“祸起萧墙”就比喻内部发生祸乱。

内影壁常见的形式：

“一”字形影壁：通常是一堵独立的墙壁。

座山影壁：与山墙连为一体，

在厢房的山墙上直接砌出来的。

不撞南墙不回头，
南墙真的在南边吗？

不撞南墙不回头 32

释义

如何形容一个人死心眼？相信你们一定听说过这个俗语："不撞南墙不回头"。这是讽刺那些认死理，一条道走到黑的人。不知道你在听这句俗语时，是否好奇过"南墙"到底指的是什么？其实，南墙一般指的是影壁，是中国传统建筑中用于遮挡视线的墙壁。如果没有这层遮挡，那么从门外就能一眼看到院落的情况，实在毫无私密性可言。

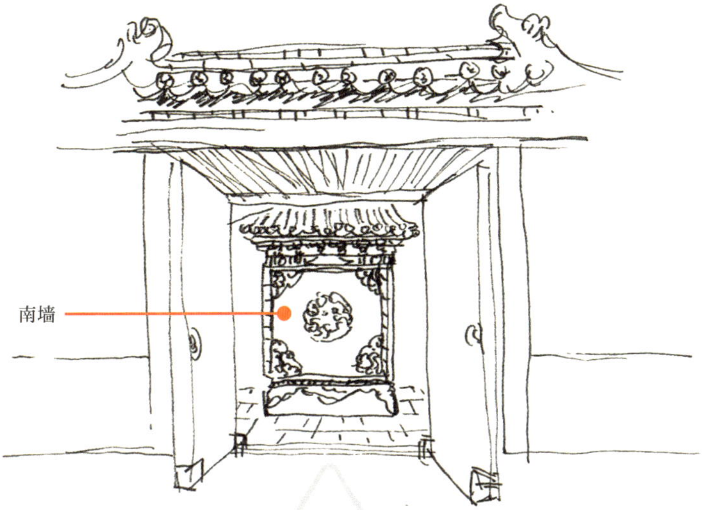

常说不撞南墙不回头，那么南墙在哪儿呢？为什么不撞东墙或者西墙，非得是“南墙”呢？

古时候有地位的人家，大门外都有外影壁，就立在大门外一两米的地方，因方位在南被称作南墙。

由于中国人盖房子喜欢坐北朝南，所以古建筑的大门一般都是朝南开的，而南墙一般正对大门而建，开门即是南墙，所以出了门如果没有向左或向右行，直走则必撞南墙。

外影壁常见的形式：

雁翅影壁，平面呈“冖”形状，

常建在胡同或街的对面正对宅门处。

位于大门两侧的撇山影壁，平面呈“八”字形状。

外影壁的作用在于遮挡视线，作为建筑组群前面的屏障，不但可以区别内外，还有延展大门空间的作用。

影壁与宫殿、王府或寺庙大门之间，还能围成一个临时的广场或庭院，类似停车位，成为古人停放车轿或上下马车的地方。

第八章　庭

苏州市艺圃

中国建筑中最能容纳
生活之美的空间——庭。
日常活动，没庭不行。

原来分庭抗礼是形容平等相待，
为什么在古代这是一种常见的礼仪？

分庭抗礼

33

释义

礼，在东方是烦琐的、讲究细节的。如果你生活在古代，要去拜访一位朋友，那么分庭抗礼就是一种常见的礼仪方式。抗，原作“伉”，意为对等、相当。分庭抗礼是指古时宾主相见，先分别在两侧庭院中等候，在双方正式进入堂室之前，在庭院两边相对行礼，表示彼此对等的身份和地位。如今的分庭抗礼，含义与之前大不相同了，保留了双方平起平坐的意思，但是有“相互抗衡或互相对立”，搞分裂、闹独立的新内涵。

中国建筑从平面上看，不管是院落式的民居，还是超级大的宫殿建筑群，或是寺庙衙署等，只要是“院落式建筑”，门、堂、廊这三个部分就是永远的标准配置。

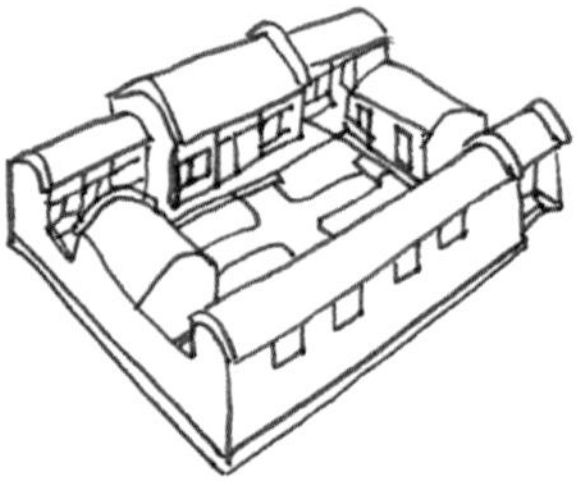

“口”为一进四合院

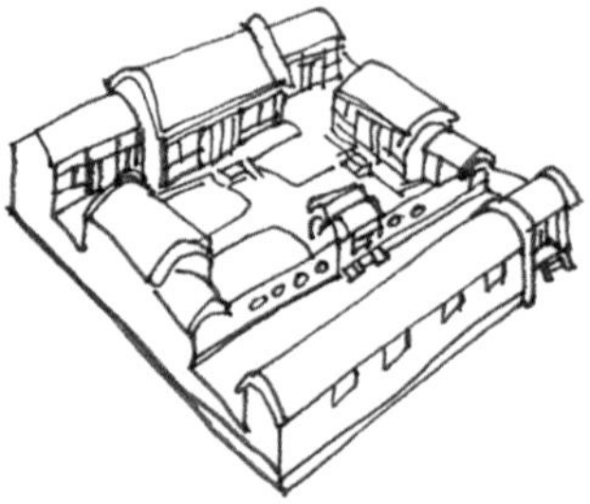

“日”为二进四合院

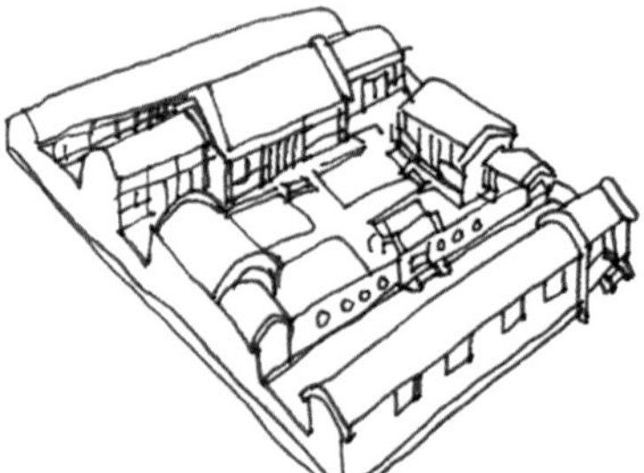

“目”为三进四合院

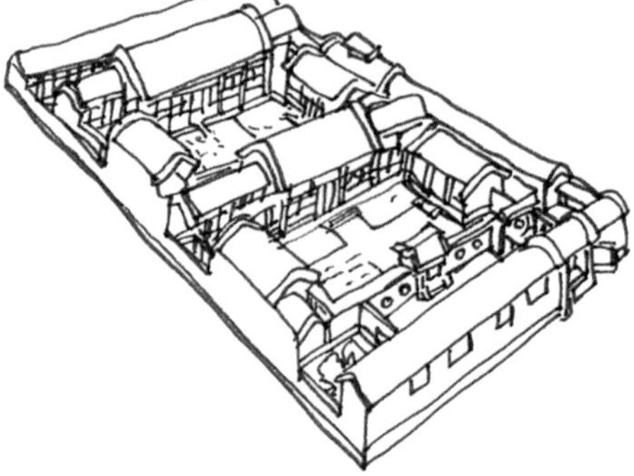

“目”为三进四合院

庭的本义是堂阶前的空间，是由建筑、围墙和大门围合起来的一个空间。

对住宅来说，最小的户外活动空间为庭，门和堂构成了庭院，每一堂一庭称“一进”。

为什么中国的建筑总是一眼望不到头？
大相径庭的“径”和“庭”在建筑空间中起了什么作用？

大相径庭

34

释义

中国建筑的传统布局喜欢采用合院式格局，三两间房屋围合成一个院落，又以院落为单元，形成了风格各异的群体建筑。“径”是小路的意思，“庭”多指院子。唐代诗人王建在院中赏月时写下了一首七言绝句《十五夜望月》，是唐代咏中秋的名篇：“中庭地白树栖鸦，冷露无声湿桂花。”刘禹锡也在《和乐天春词》中描绘了“行到中庭数花朵，蜻蜓飞上玉搔头”的场景。可见中庭曾是古人生活起居的主要场所。

中国建筑像一幅徐徐展开的长画卷，得一段段地欣赏，不会让你一下子看到全景。

庭院是空间的节点，由萧墙沿中轴线到堂前的开阔场地就是庭。

门是庭院的起点，作为入口，它是公共领域和私人空间的分界线。

中轴对称是中国古典建筑最大的特色之一。中国近代建筑之父梁思成说：“无论东方、西方，再没有一个民族对中轴对称线如此钟爱与恪守。”小到住宅大到宫殿，从城市规划到室内布局，无一例外。正院设置在中轴线上，以两侧对列的厢房或侧院，来突出中轴线的对称。

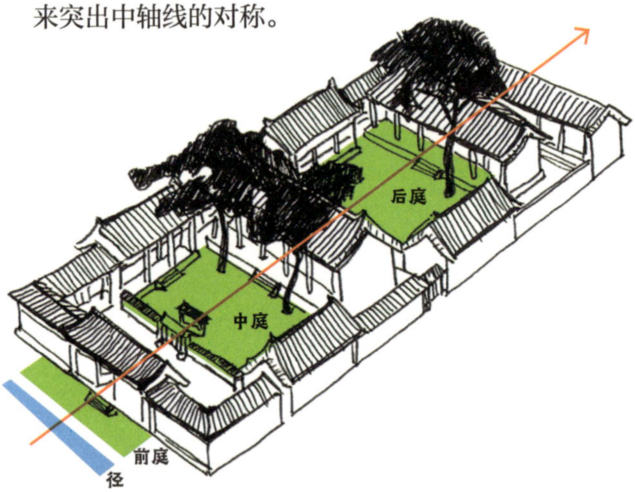

沿着中轴线，门外、堂前均有庭。庭依位置的不同，有前庭、中庭和后庭之分。“庭院深深”，指堂前的庭；而“门庭冷落”中的“庭”则是指门前的庭。径的本义是步行的小道，也指门外的路。另辟蹊径，就是另外开辟一条小路通往侧院。

由于“门外路”和“门内堂前的庭院”不是同类，相差太远，用来形容彼此相差悬殊或矛盾很大。

如此曲曲折折，
弯弯绕绕，
用来躲猫猫是一绝。

第九章　堂

苏州市留园揖峰轩

一堂课的“堂”
让你看看空间是如何
融入文化的。
快让我看看，
这“堂”到底有什么
“名堂”？

你不觉得古建筑的格局很奇妙吗？
什么是堂？什么是室？
为什么入室必先登堂？
为什么厅堂是“上”，厨房是“下”？

登堂入室

35

释义

从成语“登堂入室”可一窥中国古建筑的基本格局。一般的建筑，由外而内的次序是门、庭、堂、室。进了门是庭，庭后是堂，堂在高台上，堂前有阶梯。堂后是室，堂到室有户（即房室之门）相通，要入室必先登堂。而俗语“上得厅堂，下得厨房”则客观反映了二者地势上的高低。《论语·先进》记载了一个“登堂入室”的典故，孔子评价子路鼓瑟的技术“升堂矣，未入于室也”。因此，后人以“升堂入室”表示将得到要谛、真传。

中国古代的住宅多为堂室结构，升堂入室有三个层级：入门、升堂和入室。

前面朝南的正厅部分叫“堂”，开放而空阔，一般处于建筑中轴线上，是进院门之后最气派的空间，因此“堂”有端庄、大方、威严的含义，引申出仪表堂堂、冠冕堂皇、堂堂正正等词语。堂是古代房屋的正厅，通常不能住人，是举行婚丧嫁娶等重要仪式的地方，譬如拜堂、灵堂就是这个堂。

上厅堂、下厨房反映了古建筑的空间布局。

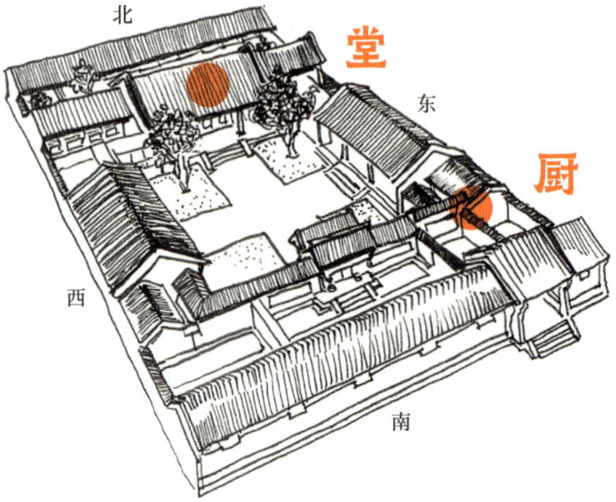

古代的厅堂都是有台阶的——它并不是直接建在平地上，而是用土先在平地上夯一个台子，再在台子上立柱子搭房子，所以无论是民间还是皇宫，进大门之后去厅堂，都得上台阶。

厨房往往建在堂下，位置较偏，要去厨房的确是要下去。

上厅堂、下厨房还和古人的尊卑观念有关。孟子提倡“君子远庖厨”。去厨房做饭被认为是又脏又累的，应该是侍者等社会地位低下的人做的事，因此称作“下厨房”。

我堂堂家猫，
不管是堂，还是室，
整个家都是我的地盘。

36

高堂广厦

释义

高堂与广厦都与建筑有关。堂，从诞生之日起拿的就是主角的剧本。由于古代传统家庭的格局里，正中是堂，堂后是室，两边为房，所以汉族亲属称谓命名便和堂、室、房有关，后来“高堂”演变为对父母的敬称。在重庆、湖南、湖北等地，还有“堂客”的俚语，即妻子的意思。广厦意为高大的房屋，最知名的演绎在诗圣杜甫的《茅屋为秋风所破歌》中：“安得广厦千万间，大庇天下寒士俱欢颜”。可见古人也同样为房子发愁。

中国建筑的核心是“堂”。

堂是一个家族接待、举行仪式，进行家族内部活动和对外活动的核心场所。

堂居正中，地位最高，是家庭的象征。结婚时“一拜天地二拜高堂”的“高堂”即指父母，旧时称呼别人的母亲为“令堂”“尊堂”。

在中国古代传统宅院的格局里，正中是堂，堂后是室，两边为房。

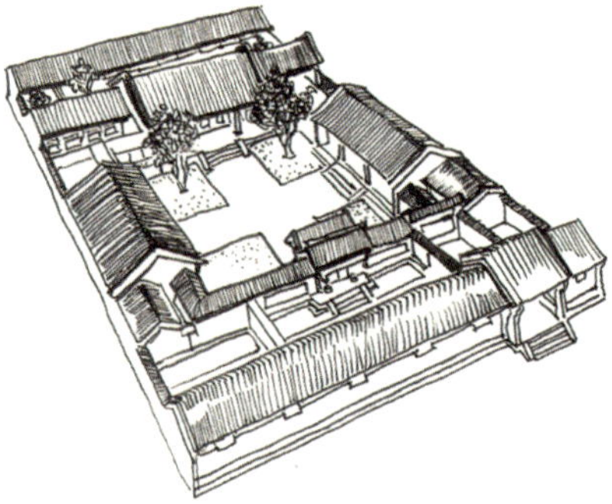

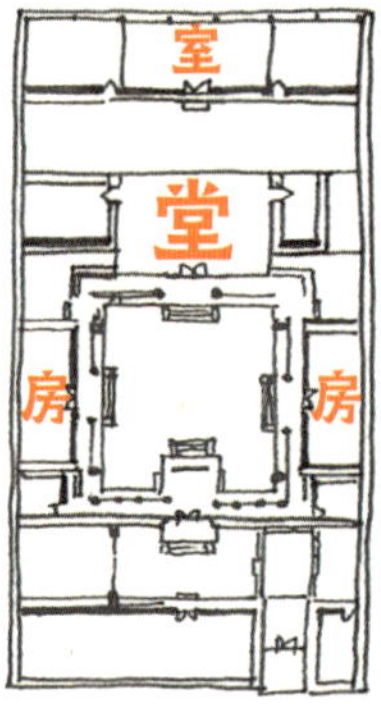

堂和室，也引申为亲属关系。堂多代表血缘关系："堂兄弟""堂姐妹"的"堂"就是血缘相近的象征，而四世同堂、儿孙满堂都被用来形容家族血脉的延续。

室位于堂的正后方，一般代表姻缘关系。妻子住室，所以老婆也叫"正室"，后来演变成复合词称妻室。还有家室、侧室等。

房在两侧，地位最低，东西厢房一般是子孙们的住房，所以长子称"长房"。

我喜欢穿堂风，
夏天找地儿就这么一躺，
别提多舒服了。

37

举一反三

释义

举一反三可能是在课堂上经常能听到的一个词，没想到这个成语还和建筑有些关系呢。课堂上，就算是孔子也怕遇见不动脑筋的笨学生啊。你看，他在《论语·述而》中说：“举一隅不以三隅反，则不复也。”古代称室内的四角为隅。孔子的这句话翻译成白话就是：“老师举出一个墙角，学生应该要能灵活地推想到另外三个墙角；如果做不到的话，我也不想再重复指点了。”

古人的仪式感总是奇奇怪怪，他们居然给室内的四角都起了专门的名字。

古时候的房间大多坐北朝南，所以阳光从门、窗入射进来时，室内北边暗南边亮。

在《尔雅·释宫》中记载，室的西南角叫奥，东南角叫窔（yào），西北角叫屋漏，东北角叫宧（yí）。杜甫在《茅屋为秋风所破歌》里写道：“床头屋漏无干处，雨脚如麻未断绝。”“屋漏”的本义，也可能是指房子的西北角。

堂奥

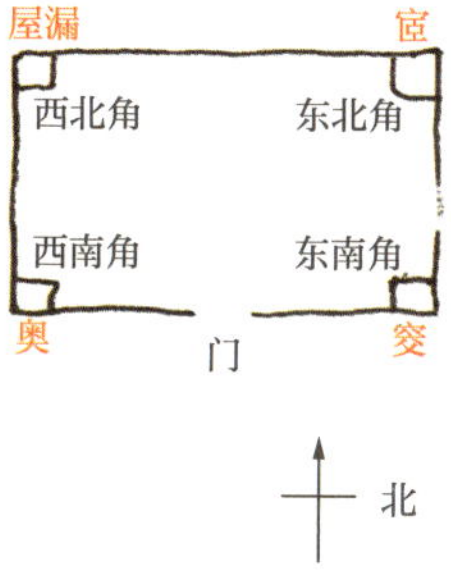

室的西南角为奥，古人要穿过堂屋进入室内后才能看见。由此“堂奥”引申作深奥的道理。古代文人治学略有门径，常谦称自己“未窥堂奥”，意思是刚入门，还未深入。这正好与“登堂入室”意思相反。

杜甫的茅草屋破破烂烂，
但“屋漏”的意思
让你大跌眼镜。

第十章　建筑&色彩

上海醉白池湘真榭

呼呼，你知道为什么
亭台楼阁中，亭排在第一位吗？

知道，因为结构，
亭是所有建筑的雏形，
台、楼、阁都包含了
亭的结构。

**为什么人们选择
在长亭送别，
而不选短亭呢？**

长亭短亭

38

释义

一说起“长亭”，就想到了“送别”。从字面上看，“亭”也谐音“停”，“长亭”即“长停”，有挽留远行者的意思。这个成语出自北周庾信的《哀江南赋》：“十里五里，长亭短亭。”长和短代表的是距离。长亭出现较早，秦汉时期的驿站路上，最开始是每十里修建的长亭，随后才出现每五里修建的短亭。长亭与杨柳、杯酒、明月、孤云、远帆、歧路等字眼经常出现在古人的送别诗词中，长亭更短亭，就是指送了一程又一程，难舍难分。

亭的历史?

亭的历史可上溯到商周，但直到魏晋之后才出现了供人游赏的功能。

隋唐时期，亭广泛应用在园林之中，成为中国园林景观中的点睛之笔。

亭的特点?

亭在建筑形态上的特征是有顶无墙。

亭被人们称作“园林之眼”，所谓“江山无限景，都取一亭中”。亭在景观与人之间缔造了一个充满遐想的空间。

亭建在哪儿?

山顶、水涯、湖心、松荫、竹丛、花间都是筑亭的绝佳地点。

亭顶的形式？

多为攒尖式的，常见的有三角亭、四角亭、六角亭、八角亭等。

也有歇山顶、重檐等多种形状。

三角亭

方亭

六角亭

重檐亭

圆亭

半亭

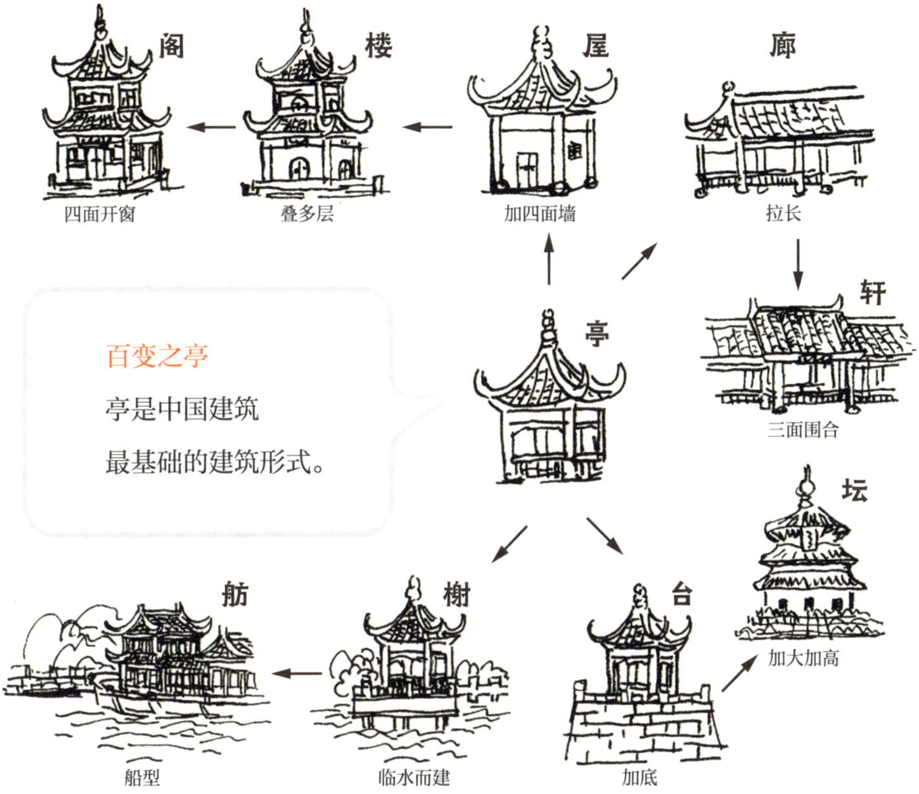

理解了亭，
也就看懂了中国建筑。

亭台楼阁

39

释义

滕王阁、岳阳楼、黄鹤楼是鼎鼎有名的江南三大名楼。有名胜的地方就有名人和名文：“黄鹤一去不复返，白云千载空悠悠”，唐朝崔颢的名句与黄鹤楼相得益彰；北宋名臣范仲淹的《岳阳楼记》中的“先天下之忧而忧，后天下之乐而乐”让岳阳楼名垂青史；滕王阁也同样因为《滕王阁序》而声名鹊起，即便后世重修了 29 次，依然在历史上占有一席之地。虽然它们在历史上名气差不多，但是，你知道为什么三大名楼有的叫楼，而有的叫阁呢？

其实现代建筑已经不分楼与阁了，但在中国古代，楼与阁的意思是有区别的。

建在平地上，双层以上的叫作“楼”。
底部架空，四面有窗是“阁”。

滕王阁和岳阳楼一对比，其中的差别立现。

什么是楼?

楼在战国时就已出现，在古代城市或建筑群中是有功能性的建筑。

比如岳阳城的城楼，以及黄鹤楼、边靖楼、鹳雀楼都是守望瞭敌，具有重要军事价值的楼。

还有箭楼、钟楼、鼓楼，供登临远眺的望江楼、烟雨楼，供演戏的戏楼等。

谁可以建?

普通百姓和地方政府都可以建楼。

什么是阁?

阁大多为主要建筑，如天津市蓟州区独乐寺的观音阁，北京故宫内的体仁阁、宏义阁等。

阁也常用在建筑群中轴线的尽头，有暗示终止的意思，比如在寺院中常见的、位于最北端的藏经阁。

阁也可指古代女子的卧房，女子出嫁被称为“出阁”。

谁可以建?

只有皇室贵族才有资格建，滕王是唐高祖李渊的小儿子李元婴，因此将此阁称为滕王阁。

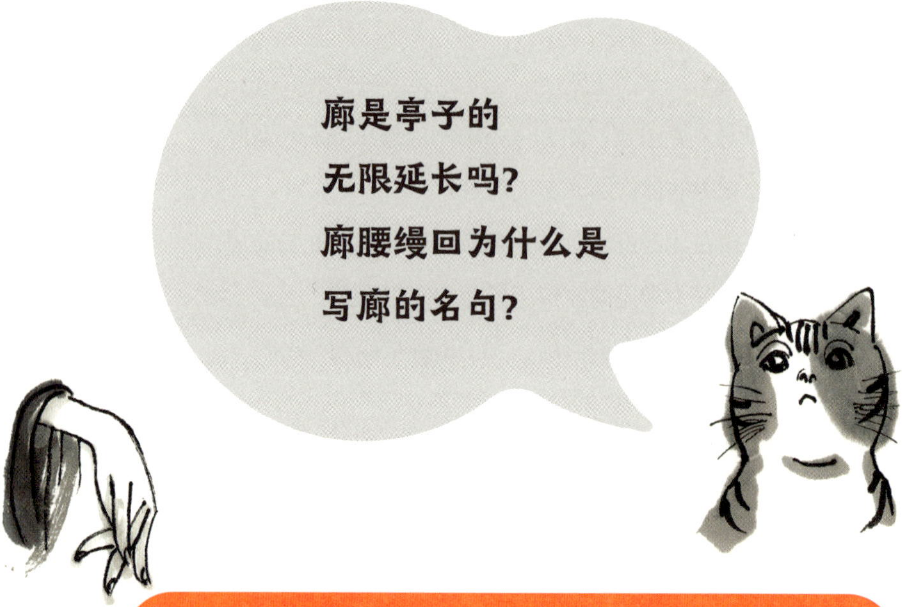

廊腰缦回

40

释义

廊的历史悠久，在河南偃师商城的宫殿遗址中，整个宫殿四周有回廊围成院落，主殿的檐下和周边都有廊的遗迹。廊是连接两个建筑物之间的通道，可长、可短、可折、可曲。大唐诗人杜牧在《阿房宫赋》中写下名句“廊腰缦回，檐牙高啄”，描写的是秦代建筑中的廊。廊腰，如腰的连廊，两个高大建筑之间的矮廊，好比腰部。缦回，萦绕曲折，长长的走廊犹如缦带随风飘动时的曲折回环。这样简单四个字就把“廊”描写得生动而优美。

把亭往两边无限延长，就是“廊”。

上有顶棚，以柱支撑，用以遮阳、挡雨，便于人们一边游走，一边赏景。几种常见的廊：

园林中的曲廊，为园林中常用的一种样式，其形式曲折多变。

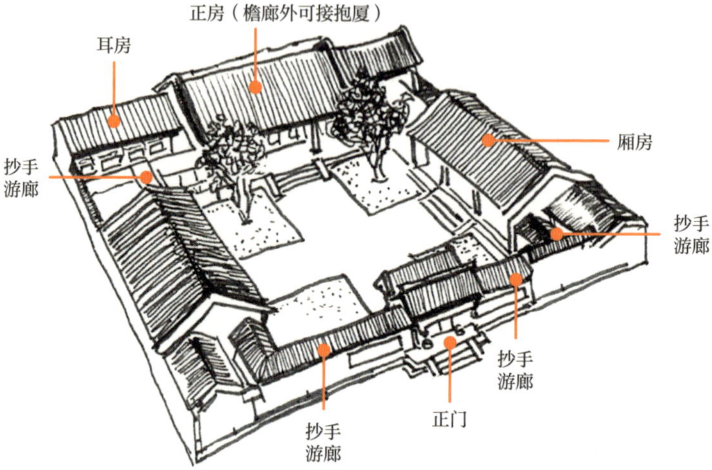

四合院的抄手廊，形犹如同时往前伸出而略呈环抱状的两只手，故名。

与楼相连的双层廊，即上下两层的廊，也叫“楼廊”。

建在水边或水上的水廊，观赏水景的绝佳位置。

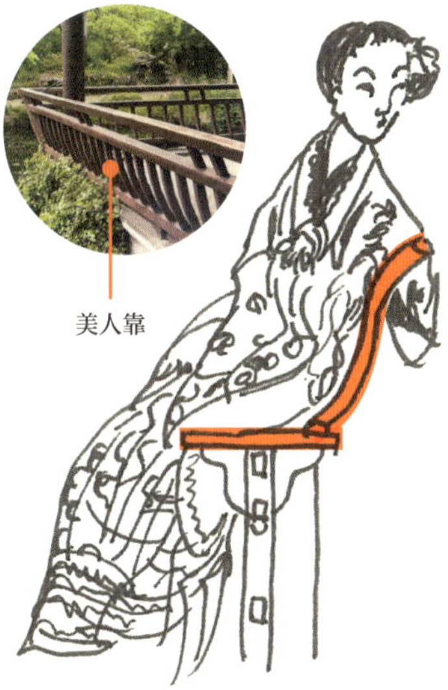

美人靠（鹅项椅）：

“蛾眉凭间凭蛾眉，美人靠上靠美人”。相传春秋时，吴王夫差为西施设美人靠，专供休息所用。美人靠与几何纹样的栏杆、挂落、彩画等都能经常在“廊”里寻见。

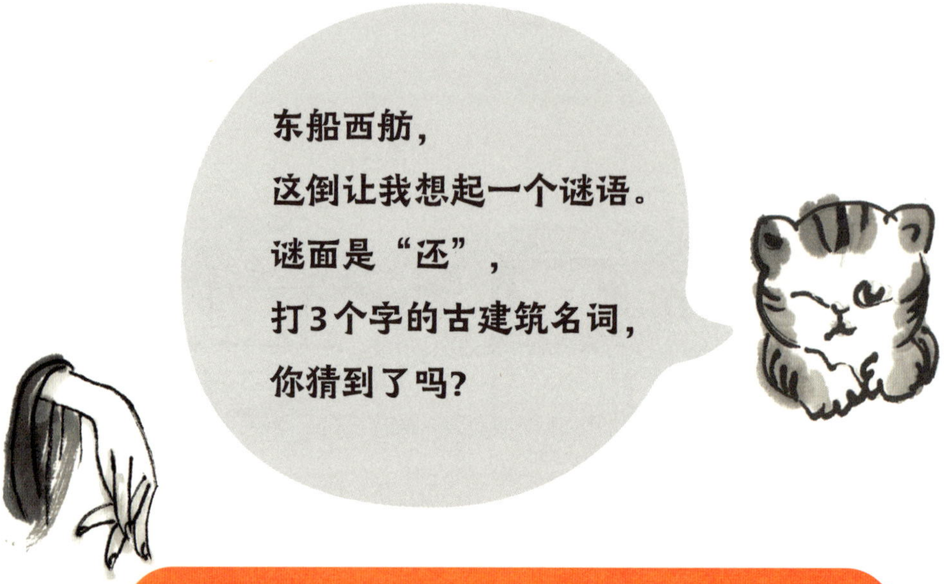

东船西舫

41

释义

这个成语出自唐代白居易的《琵琶行》：“东船西舫悄无言，唯见江心秋月白。”船是古代江南的主要交通工具，自从庄子说了“无能者无所求，饱食而敖游，泛若不系之舟”之后，舫就成了古代文人隐逸江湖的象征。古建筑中常见的舫通常在园林里，如苏州拙政园的“香洲”、北京颐和园的“清晏舫”等。“舫”是长得和船很像的一种建筑物，通常建造在园林的水面上，登上有荡漾于水中身临其境之感，能使人沉浸式体验水景之美。

谜底是“不系舟”吧？似船而不能划动。

什么是舫？

亭子+水面，仿照船型而造的一种建筑，大多三面临水，一面与陆地相连。一般靠在水边，看着像船，本质上仍是建筑，多见于园林，是园林中供人游玩设宴、观赏水景的场所。

中国最出名的舫，当然是我——颐和园里的清晏舫。我位于万寿山西麓岸边，建于清乾隆二十年（1755），取“河清海晏”之意。乾隆皇帝建“舫”的初衷，是借用了古训中的“水能载舟，亦能覆舟”的典故来告诫后人，并喻示清王朝坚如磐石。后来，这里成了慈禧太后品茗、欣赏雨景的地方。

清晏舫

听说楼台也是诗词中的常客，
近水楼台就是源自
一首只有两句的诗。

近水楼台

42

释义

宋代文人俞文豹在《清夜录》中记录了一段关于北宋名臣范仲淹在杭州做知府时的官场趣事。传闻范仲淹非常善于选拔人才，但手下有一个叫苏麟的巡检官，因为人低调始终未引起他的注意。苏麟终于忍不住写了两句诗献给范仲淹：“近水楼台先得月，向阳花木易为春。”苏麟借诗委婉地表达了自己“英雄无用武之地”的感慨。范仲淹读后哈哈大笑，心领神会，把他推荐到了一个更合适的职位。久而久之，这两句诗又化用为一个成语：近水楼台。

什么是台？

高大建筑物的泛称，古代的宫殿建筑多建于高台之上。

高台建筑起源于商周，盛行于春秋战国时期，是最古老的建筑形式之一。

其上可以没有建筑，仅供人们休息、观望、娱乐之用；

也可以修建建筑，以台为基础的建筑显得雄伟高大。

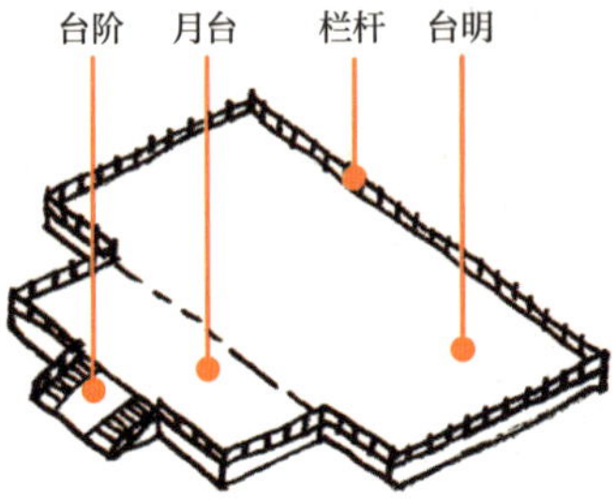

最常见的台：月台或露台，古时建在厅堂之前，用于观赏景色。

最重要的台：烽火台，军事防卫，长城就是由无数个烽火台组成。

最科学的台：天文台，建在山顶，例如观测星象的紫金山天文台。

最隆重的台：礼台，用于祭祀或纪念，例如南京雨花台。规模更大更高的叫坛，如北京天坛和地坛。

古代的文人们是真喜欢登上高台叩问天地呀！
杜甫在夔（kuí）州高台上写下“万里悲秋常作客，百年多病独登台”的千古绝句。
李白在金陵凤凰台上思索与天空的对话：“凤凰台上凤凰游，凤去台空江自流。”
但是我觉得最有代表性的是陈子昂的《登幽州台歌》。

幽州台，本是燕国时期燕昭王所建的黄金台。因燕昭王将黄金置于其上招纳贤才而得名。但它能够为今人所知，是因为我写了一首关于幽州台的诗《登幽州台歌》：“前不见古人，后不见来者。念天地之悠悠，独怆然而涕下。”
后人说我开创了“初唐四杰”刚健的诗风，影响了后世的李白、杜甫，开启了盛唐诗歌辉煌的大门。

亭台轩榭

43

释义

中国人对于居住空间的审美，从来不是基于功能，而是基于情趣。叶圣陶曾在《苏州园林》一文中提道：“我国的建筑，从古代的宫殿到近代的一般住房，绝大部分是对称的……苏州园林可绝不讲究对称，好像故意避免似的。”你看亭台轩榭散落在山水草木之间，讲究的就是自然之趣。轩与榭也是这一生活美学下的产物。水榭在宋朝特别流行，文人雅士喜欢在水榭里吟诗作对，把酒当歌。轩也是诗词中的常客，孟浩然有“开轩面场圃，把酒话桑麻”，杜甫也曾写过“戎马关山北，凭轩涕泗流”。

什么是轩?

轩，有窗的长廊或小屋。

内设简单的桌椅与摆设，可供人观景小歇或夏季纳凉。

与亭相似，但亭只有四根柱子，而轩四周有墙壁或门窗，类似于阳台不封窗的感觉。

苏州拙政园与谁同坐轩

苏州拙政园中的“与谁同坐轩”，取自苏轼《点绛唇 · 闲倚胡床》——“与谁同坐。明月清风我。”如有机会前往，可以小坐片刻好好体会一番“今人不见古时月，今月曾经照古人”。

什么是榭?

榭，是指建在台上的房屋。

一面在水上，一面靠岸，像深入水中的亭子，临水的一面特别开敞。

榭四周只有楹柱和花窗，没有墙壁，柱间设栏杆或美人靠。

苏州拙政园中的芙蓉榭是标准的水榭，一半建在岸上，一半伸向水面。它位于大荷花池东边的尽头，是夏日赏荷的好地方。芙蓉榭的名字源自江南四大才子之一的文徵明。

苏州拙政园芙蓉榭

中国古建筑
到底有多少种色彩？
来看飞阁流丹与天才少年
的一篇奇文。

飞阁流丹

44

释义

一眼望去，中国建筑的颜色极为丰富：金黄的琉璃瓦，玉白的栏杆，朱红墙柱和多彩的梁架。飞阁流丹也是中国建筑色彩中的一种，说的是凌空建造的阁道涂有鲜艳欲流的丹漆。“飞阁流丹”出自唐代王勃的《滕王阁序》：“层峦耸翠，上出重霄，飞阁流丹，下临无地。”其实历史上滕王阁共有 3 处，都为李元婴所建。至于为什么南昌的滕王阁名气最大呢？这得从初唐四杰中的一位天才少年说起。

中国传统建筑色彩的发展见证了中华民族几千年的巨变。

本色时期：原始时期的建筑为“茅茨土阶”，建筑多为草、木、土等建筑材料的本色。

色彩初现：春秋战国时期，由于阶级的产生，人工开始赋予建筑丰富的色彩。

独尊黑色：秦始皇统一后，黑色为主色的时代从此开始。

红色登场：汉代文献出现了大量“丹楹、朱阙、丹墀”的记载，表示当时宫殿建筑盛行红色。

崇高黄色：魏晋南北朝后，黄色琉璃瓦在屋顶上出现，黄色有了至高无上的地位。

多彩时期：由于工艺的进步，盛唐时期的建筑色彩更为丰富，有彤轩紫柱（红栏杆紫柱子）、丹墀缥壁（紫柱红梁）等众多变化。

彩绘兴起：宋元以后，梁架彩画迅速成为宫殿最火的装饰艺术。

等级森严：彩画艺术在明清达到全盛，建筑色彩等级更加严格，成为建筑礼制中的一部分。

南昌 滕王阁

上元二年（675 年），我在南下看望父亲的途中，受邀参加南昌洪州都督阎伯屿重修滕王阁的盛宴。席间，主人邀请大家写文章助兴，我就上去即兴写了一篇骈文《滕王阁序》，全篇 773 个字，我一口气写了 40 个成语，其中“落霞与孤鹜齐飞，秋水共长天一色”被后人评为千古名句。

呼呼，我一口气讲了这么多
有关中国古建筑的小故事，
最后总结陈词就交给你啦。
盛糖

让我来浅浅总结一下：

中国古建看木构，艺术藏在细节里，
房子建在台基上，用来抬高和防潮，
墙体负责挡风雨，承重还得看梁柱，
精美绝伦大屋顶，庑殿歇山最高贵，
四角飞檐往上翘，斗栱榫卯是功臣，
屋顶装饰实在多，琉璃之上有脊兽，
朱墙黄瓦紫禁城，油饰彩绘明清盛，
理解掌握亭结构，楼台轩榭谁都懂。

参考书目

《中国建筑史》　梁思成　著

《极简中国古代建筑史》　楼庆西　著

《屋顶》　楼庆西　著

《建筑小学——柱子》　楼庆西　著

《不止中国木建筑》　赵广超　著

《中国建筑文化讲座》　汉宝德　著

《明清建筑二论：斗栱的起源与发展》　汉宝德　著

《中国建筑图解词典》　王其钧　著

《华夏意匠》　李允鉌　著

《中国传统建筑木作知识入门》　汤崇平　著

《中国古代建筑概说》　傅熹年　著

《斗栱》　潘德华、潘叶祥　著

成语/俗语小贴纸

顶梁柱	飞檐斗栱	画梁雕栋	铺首衔环
五脊六兽	进身之阶	飞檐反宇	刺股悬梁
梁上君子	羊续悬鱼	偷梁换柱	钩心斗角

↑用于游戏页

趣味贴纸随心贴

非卖品

本书承“部省合建”优势学科群——海南大学“文化旅游”学科群建设经费资助

生态民法学

宁清同 著

法律出版社
LAW PRESS · CHINA
——北 京——

图书在版编目(CIP)数据

生态民法学 / 宁清同著. -- 北京 : 法律出版社,
2021
ISBN 978-7-5197-5834-9

Ⅰ. ①生… Ⅱ. ①宁… Ⅲ. ①环境保护法-研究②民法-法学-研究 Ⅳ. ①D922.680.4②D923.01

中国版本图书馆 CIP 数据核字(2021)第 162645 号

生态民法学
SHENGTAI MINFAXUE

宁清同 著

责任编辑 陈 慧 宋丽娜
装帧设计 凌点工作室

出版发行 法律出版社
编辑统筹 法律教育出版分社
责任校对 王晓萍
责任印制 胡晓雅
经 销 新华书店

开本 A5
印张 13.625 字数 400 千
版本 2021 年 9 月第 1 版
印次 2021 年 9 月第 1 次印刷
印刷 唐山玺诚印务有限公司

地址:北京市丰台区莲花池西里 7 号(100073)
网址:www.lawpress.com.cn
投稿邮箱:info@lawpress.com.cn
举报盗版邮箱:jbwq@lawpress.com.cn
销售电话:010-83938349
客服电话:010-83938350
咨询电话:010-63939796

书号:ISBN 978-7-5197-5834-9
定价:39.00 元
凡购买本社图书,如有印装错误,我社负责退换。电话:010-83938349

目　录

绪论　生态民法学的时代背景

生态民法学作为一个新兴的交叉学科理论，作为生态文明与法治文明的结合体，得以在21世纪产生，是由特定的社会条件所决定的，是生态文明的时代发展和法律生态化的必然趋势。

社会背景：人类进入生态文明时代

人类社会发展至今，经历了原始文明、农业文明和工业文明。工业文明时期，人类征服自然改造自然的能力空前强大，由此创造了巨大的物质财富。然而工业文明也给人类带来了严重的全球性的环境污染和生态危机。

一、工业文明时代的世界环境公害

资产阶级产业革命以后，随着大规模机器生产和世界市场的形成，人类开发、利用环境资源的规模和力度越来越大，各资本主义国家相继出现了严重的自然资源破坏和区域环境污染问题，即所谓的环境公害事件。例如，1873年、1880年、1891年，英国伦敦发生3次因燃煤造成的霉雾事件，死亡上千人。

20世纪初至20世纪80年代后，西方工业化国家的环境公害进一步加剧和泛滥，工业污染向城市污染和农业污染发展；点源污染向面源污染发展；局部污染正迈向区域性和全球性污染。

这一时期发生了震惊世界的九大环境公害事件。

1930年12月比利时马斯河事件：工业有害废气导致1周内近60人

死亡,心脏病,肺病的死亡率增高,家畜死亡率也大大增高。

1940～1960 年美国洛杉矶光化学烟雾事件:大量汽车尾气产生光化学烟雾,导致许多人眼睛红肿,患上咽炎、呼吸道疾病、肺水肿,甚至思维紊乱。

1948 年 12 月美国多诺拉镇事件:冬季燃煤引起煤烟性烟雾在 4 天内导致 4000 多人死亡,2 个月后又有 8000 多人死亡。

1953 年日本水俣病事件:因食用富含汞污染物的鱼虾和贝类等水生物,近万人患上了中枢神经疾病,60 余人死亡。

1955 年日本富山镉米中毒事件:因食用镉污染的饮用水、大米等,导致多人患痛痛病(又称疼痛病、骨痛病),骨质疏松、肾功能衰竭,关节和脊骨极度痛楚,死亡 207 人。

1961 年日本四日市废气事件:石油冶炼和工业燃油废气导致居民呼吸道疾病剧增,哮喘病发病率大大提高。

1963 年日本爱知县米糠油事件:多氯联苯污染物混入米糠油,13,000 多人中毒,数十万只鸡死亡。

1984 年印度博帕尔惨案:美国联合碳化物公司印度分公司的地下储罐 45 吨杀虫剂的基本原料异氰甲酯泄漏,20 万人受害,5 天内 2000 余人死亡,另有 2000 余人中毒得病。

1986 年苏联切尔诺贝利核电站事故:1986 年 4 月 26 日,4 号机组反应堆发生强烈爆炸,堆芯熔毁,石墨砌体燃烧,大量放射性物质泄漏,31 人死亡,13.5 万人被迫撤离,经济损失 20 亿卢布。

严重的环境污染和公害引发了公众的不满,社会产生了控制污染和管理环境的客观要求,执政者不得不顺应民意。另外,工业化的负面影响、环境污染和生态破坏的危害性得到充分显现,人类能够形成更加清醒、全面、深刻的认识。

二、当代世界的环境问题

狭义上的环境问题,是指由于人类自身的活动包括生产、生活等而造成的,严重威胁人类生存发展的生态系统污染或破坏现象。广义上的环境问题还包括因为自然力量引起生态平衡破坏,最后直接或间接影响人类生存和发展的客观现象。目前世界性的环境问题主要有:

1. 全球气候变暖。近百年来，地球气候正经历一次以全球变暖为主要特征的显著变化，进入 20 世纪 80 年代后，全球气温明显上升。全球变暖既危害自然生态系统的平衡，更威胁人类的食物供应和居住环境。自工业革命以来，大气中二氧化碳含量增加了 25%，近 50 年气候变暖主要是人类使用化石燃料燃烧排放的大量二氧化碳的增温效应造成的。

2. 臭氧层破坏。在离地球表面约 20～30 千米处聚集了大量的无色、活泼的气体——臭氧，其中在约离地表 25 千米处，臭氧浓度最大，形成了厚度约 3 毫米的臭氧集中层，我们称为臭氧层。它能吸收太阳光中的紫外线，充当地球的保护伞，以保护地球上的生命免遭紫外线的伤害；同时将能量贮存在上层大气，起到调节气候的重要作用。自 20 世纪 70 年代以来，全球臭氧总量明显减少，南极附近臭氧量减少尤为严重。臭氧层遭受严重破坏将对人类健康和生态系统产生明显的负面影响。

3. 水资源危机与水体污染。水是众生之灵，没有水就没有生命。随着人口的增长，经济的发展，全球淡水需求量与水资源不足之间矛盾日益尖锐。在过去的 3 个世纪里，人类摄取的淡水资源量增加了 35 倍，全世界有 100 多个国家存在不同程度的缺水，发展中国家至少有 3/4 的农村人口和 1/5 的城市人口，常年得不到安全卫生的饮用水，17 亿人没有足够的饮用水。水体污染是指一定量的污水、废水、固体废弃物等污染物质进入水域，超出了水体的自净和纳污能力，从而导致水体及其底泥的物理、化学性质和生物群落组成发生不良变化，破坏了水中固有的生态系统和水体的功能，从而降低水体使用价值的现象。水体污染进一步加剧了水资源短缺。

4. 酸雨蔓延。“酸雨”通常是指大气降水中的 PH 小于 5.6 的雨、雪或其他形式的降水。酸雨形成的主要原因是人类在煤和石油燃烧、金属冶炼中造成的二氧化硫和二氧化氮等酸性氧化物。酸雨妨碍水中鱼虾生长，以致鱼虾减少或灭迹；导致土壤酸化、贫瘠，破坏土壤营养，危害植物生长；严重腐蚀建筑物、文物古迹。

5. 土地荒漠化。1994 年 6 月 17 日《联合国关于发生严重干旱或荒漠化国家（特别是非洲）防治荒漠化公约》正式通过。1995 年起，每年 6 月 17 日为“全球防治荒漠化和干旱日”。土地荒漠化是指由于气候变异和人类活动等因素造成的干旱、半干旱和亚湿润干旱地区的土地退化，包括盐渍化、草场退化、水土流失、土壤沙化或沙漠化、植被荒漠化、沙丘前移入侵等。荒漠化将导致可利用土地减少、土地生产力下降、农牧业减产，相应带来巨大的经济损失和一系列社会恶果，甚至会产生大量生态难民。

6. 生物多样性急速减少。野生生物是自然资源，也是社会资源，它给人类提供食物、衣服、燃料、医药和其他生活必需品，还可为人类提供娱乐及丰富多彩的旅游文化生活。每年野生物种及种内遗传变异性对工、农、医药的贡献可高达数百亿美元。但是，由于人类过度的不合理的开发利用，以及环境污染和生态破坏导致生物栖息地丧失，对各种生物及其生态系统产生了极大冲击，生物物种灭绝或濒于灭绝的速度越来越快。生物多样性急剧减少，可能威胁到整个生态系统的平衡，也使人类可以利用的自然资源种类下降。

7. 森林锐减。森林是地球的绿色屏障，构成人类生存环境的重要部分。人类赖以生存的食物和生产资料大量来自森林，对维持陆地生态系统的服务功能、生物多样性和生态平衡极为重要。但是，由于大量砍伐森林或者森林大火、毁林开荒，森林面积急剧减少。其危害包括异常气候、二氧化碳含量升高、物种灭绝和生物多样性减少、水土流失和洪涝灾害。

8. 能源短缺。能源是发展国民经济和提高人民生活水平的物质基础。但是传统的煤和石油等化石能源是不可再生资源，随着各国经济的迅速发展、人口的增加，越来越少。能源短缺不仅直接影响各国的经济发展和生产活动，威胁居民的日常生活，还可能导致国家之间因争夺能源而爆发战争。而且化石能源对生态环境的破坏较为严重。各国正在积极开发新的清洁能源，但是尚不足以满足人类生产和生活需求。

9. 海洋污染及其生态破坏。海洋污染是指人类活动向海洋排放的各种有害物质导致海洋环境质量的恶化。海洋生态破坏是指因人类活动导致海洋生态系统发生不利于人类生存的改变，包括生态平衡的丧失、生物多样性减少等。海洋污染及其生态破坏，将导致局部海域水体富营养化；海洋的生物多样性急剧下降，近海鱼虾锐减；海洋生态系统平衡受到破坏，生态服务功能被削弱；被污染的海洋生物通过食物链毒害人体；海滨旅游景区生态质量下降，其应有价值减损。

10. 固体废物污染。固体废物按来源大致可分为生活垃圾、一般工业固体废物、农业固体废物、建筑废料和危险废物等。随着生产的发展和人民生活水平的提高,各种垃圾和危险性废物的排放量与日俱增,处置费用越来越高。固体废物如不加妥善收集、利用和处理处置将会污染大气、水体和土壤,危害人体健康。

11. 有毒有害化学物污染。有毒有害化学物主要来自工厂废物、废气和废水的排放以及大量使用化学品、化肥和农药等。据统计,对人体健康和生态环境有危害的约有3.5万种,可致癌、致畸、致突变的化学品有500余种。

三、世界各国对工业文明的反思及应对

面对严重的环境公害、资源枯竭等生态问题,先行工业化的国家不得不对工业文明的发展模式进行反思。各国越来越重视防治环境污染和环境资源保护的立法,也开始从根本上探索经济与生态环境协调发展的可持续发展模式。

1. 1972年《联合国人类环境会议宣言》。1972年6月5～16日,在斯德哥尔摩举行了联合国人类环境会议,来自113个国家的约1200名代表参加了会议。这是世界各国政府共同讨论当代环境问题、探讨保护全球环境战略的第一次国际会议,对现代环境法的发展影响深远。会议通过了《联合国人类环境会议宣言》(又称《斯德哥尔摩宣言》,以下简称《人类环境宣言》)。该宣言郑重宣布了会议提出和总结的7个共同观点,并依据共同观点提出了26项共同原则。

2. 1987年《布伦特兰报告》。1987年,世界环境与发展委员会发表了著名的《布伦特兰报告》,即《我们共同的未来》,该报告提出:可持续发展是既满足当代人需求而又不妨碍后代人满足其需求能力的发展。经过一段时间的研究、筹划和推广,“可持续发展”逐渐被许多国际组织和国家采纳和实施。许多国家的政党或国际政党联盟将可持续发展纳入党纲或党的宣言。这标志着绿色社会的来临。

3. 1992年《里约环境与发展宣言》等5项国际文件。1992年6月,在巴西里约热内卢召开的联合国环境与发展会议,通过、签署了《里约环境与发展宣言》、《21世纪议程》、《气候变化框架公约》、《生物多样性公

约》和《关于森林问题的原则声明》共5个体现可持续发展新思想、贯彻可持续发展战略的文件。这次大会标志着世界各国向“可持续发展”的重大转变。会后，许多国际组织和国家纷纷制定、贯彻可持续发展的战略、环境基本法、国际法律政策文件和行动计划，掀起了一场可持续发展的社会变革运动，世界开始进入“可持续发展时期”。

《人类环境宣言》《我们共同的未来》《里约环境与发展宣言》等，正式开启了人类探索和构建新的文明形式即生态文明的序幕。

四、我国生态文明建设的简要历程

改革开放以来，随着经济的高速发展和人们生活水平的提高，我国的环境污染和生态破坏渐呈加剧之势，环境问题成为我国经济和社会发展的一大难题。我国生态保护虽然取得了不少成绩，但形势仍然非常严峻，大气污染、水污染、土壤污染、海洋污染都十分严重。究其原因，根本上源于早期的一些重大战略失误，也有客观因素的影响。

2007年，党的十七大报告全面阐述了科学发展观思想：“坚持以人为本，树立全面、协调、可持续的发展观，促进经济社会和人的全面发展”，按照“统筹城乡发展、统筹区域发展、统筹经济社会发展、统筹人与自然和谐发展、统筹国内发展和对外开放”的要求推进各项事业的改革和发展。

2012年，党的十八大报告首次提出了“经济建设、政治建设、文化建设、社会建设、生态文明建设五位一体总体布局”。这标志着我国全面进入生态文明建设时代。2017年《环境保护法》首次规定了“保护优先”即生态优先的基本原则。2018年《宪法修正案》第32条规定：宪法序言第7自然段修改为“推动物质文明、政治文明、精神文明、社会文明、生态文明协调发展”。生态文明正式进入我国宪法。

生态文明是人类对工业文明进行深刻反思之后的理性选择。生态文明深刻地、全方位地影响着当代社会的政治、经济、文化、消费等。生态文明以环境正义、代际公平等为价值目标，以实现人类可持续发展为根本宗旨，以生态优先为基本原则。生态文明的理念、原则、发展模式等已经或正在并且还将继续对人类社会产生深远、广泛的影响。各国的政治、经济、文化、伦理、生产，以及居民的生活、消费等各个方面、各个领域，都在生态文明理念、原则、思想的熏陶下发生着深刻的变革，即社会在生态化，人类开始迈入生态文明时代。

法治背景：生态文明时代的法律生态化

当代社会生态化的重要表现和内容之一就是法律的生态化。生态文明的理念、原则、思想以前所未有的深度和广度，向国际公约、条约以及各国宪法、部门法渗透，无论是立法、执法还是司法，法律运行的全过程都受到生态文明的影响。生态文明时代的法律正在发生着一场巨大的变革。法律的生态化是生态文明与法治文明相互结合而孕育和诞生的必然产物，目前在各国正处方兴未艾之势。法律生态化最早由环境资源法学者提出和倡导，现已得到其他各部门法和法学学科的赞同和响应。

一、法律生态化的内涵及特征

（一）法律生态化的基本内涵

法律生态化是法治文明与生态文明相互结合的必然产物。法律生态化的概念首先由环境资源法学者提出，金瑞林教授是我国最早阐述法律生态化观点的学者。法律生态化，通常是指运用生态文明理念和生态学原理方法指导我国法律体系的发展与健全，使法律的制定、执行和实施能正确反映生态规律，积极适应生态环境保护需要，更好地实现生态文明建设的目标。但是何谓“法律生态化”？学者们尚未形成一致观点。主要包括以下几种观点：

1. 立法生态化。金瑞林教授指出：20 世纪 70 年代各国环境法走向完备的特点之一是，法律“生态化”观念在国家立法中受到重视并向其他部门法渗透，各部门法开始制定符合环境保护要求的新法律规范。马骧聪教授认为法律生态化是指对自然环境的保护，不仅需要制定自然保护专门法，还需要其他部门法从各自角度对生态保护作出相应规定，即整个法律体系都应保护自然环境。王树义教授直接提出了“立法生态化”的概念,即各法律部门都应当适应保护环境的要求,制定相应法律规范对生态社会关系进行调整。

2. 生态伦理观法律化。曹明德教授指出,法律生态化趋势是生态伦理观在法律上的反映,即现代法律应当反映生态伦理观的基本内容。

3. 调整方法和机制生态化。蔡守秋教授指出,生态化的调整方法和机制系环境资源法特有,其本质内涵就是“对传统法律目的、法律价值、法律调整方法、法律关系、法律主体、法律客体、法律原则和法律责任的绿化或生态化”,即以保护生态利益为任务、保障生态价值为目标、修复和恢复生态容量、生态服务功能为手段。

整体而言,法律生态化,是指宪法及各部门法全面反映和贯彻环境正义、代际公平、生态优先等生态文明理念、原则,并据此改进和完善法律的制定、实施,以实现保障生态系统服务功能与生态价值,维护社会成员生态利益和生态权利,促进可持续发展和生态文明建设之目的。纵向看,包括立法、执法和司法的全过程生态化;横向看,包括宪法和各部门法的全方位生态化。

(二)法律生态化的主要特征

1. 法律原则和理念的生态化。宪法和各部门法的立法原则、理念、目的主动适应生态利益保护的需要,尽可能反映和体现环境正义、代际公平、生态优先等生态文明的内容。

2. 权利与法益的生态化。承认和保护自然人等主体的生态权利,将生态利益作为法律保护的对象,即生态权利是人的基本权利,生态利益是与人身、财产并列的三大法益之一。

3. 法律规范的生态化。宪法和各部门法从各自的调整范围、对象、目标和任务出发,运用各自的调整手段和方法,建立健全有利于保护各类主体之生态权利、生态利益的法律规范体系。

4. 法律客体的生态化。明确将生态系统及其生态因子纳入法律关系的调整范围,作为不同于人身、财产的法律关系客体,将生态系统之生态价值、生态服务功能纳入法律保护的对象。

5. 法律责任的生态化。对于损害生态利益、污染和破坏生态系统的违法行为,依法追究法律责任。建立健全最有利于保护生态利益的法律责任形式、追责程序和其他相关机制。

二、法律生态化的主要表现

（一）生态保护进入宪法

宪法确认生态权，即在宪法中规定个人所享有的清洁、健康的环境的一般性权利，将其作为一项基本人权。据统计，目前共有61个国家在宪法中确认了环境权；19个国家在宪法中加入了保护后代人生态利益的条款。

宪法将环境保护作为国家的政策目标与行为义务，即将环境保护作为“基本国策”、国家发展的指导方针以及国家机关的义务和目标。105个国家的宪法明确将环境保护作为国家目标或义务，较为典型的国家有德国、印度。

我国2018年《宪法修正案》第32条增加了“生态文明”和“美丽”中国的规定，具有重要意义。《宪法》第9、10条明确了自然资源所有权归属，也规定了禁止侵占、破坏和合理利用自然资源的义务。《宪法》第26条确立了国家保护生态环境的基本政策、原则，即国家保护和改善生活环境和生态环境，防治污染和其他公害。

（二）刑法的生态化

生态法益成为刑法保护的法益之一。我国《刑法修正案（八）》将《刑法》第338条修改为：“违反国家规定，排放、倾倒或者处置有放射性的废物、含传染病病原体的废物、有毒物质或者其他有害物质，严重污染环境的，处三年以下有期徒刑或者拘役，并处或者单处罚金；后果特别严重的，处三年以上七年以下有期徒刑，并处罚金。”不再以财产重大损失或人身伤亡为要件，只要“严重污染环境”即可入罪。

1. 犯罪构成要件生态化。一是承认环境犯罪中的危险犯。以美国环境刑法为例，违反保护生态法益的行政性规定，或违反法律、行政法规或许可证规定条件，排放污染物，因而对环境构成现实的损害威胁的行为，可构成犯罪。二是实行严格责任。美国法院基于保护环境的现实需要，适用公共福利犯罪原则，免除了控方的一些证明责任，从而使环境犯罪演变为严格责任犯罪，即对犯罪的某个或某几个行为要素不要求检控机关证明行为人有过错。

2. 刑事责任的生态化。为了实现生态效益与刑罚效益的整体最大化,美国、欧洲多国的法院和检察院早已开始了将生态修复责任以某种形式作为环境犯罪的刑事责任一部分的实践。我国司法机关在一些环境犯罪中,也开始普遍适用生态修复责任。

3. 扩大生态利益的刑法保护范围。以我国刑法为例,涉及生态保护的犯罪种类不断增加,2020 年 12 月 26 日第十三届全国人大常委会通过的《刑法修正案(十一)》中,第 38 ~43 条均为环境资源犯罪,内容包括人类遗传资源保护,人体或动物基因管理,饮用水水源保护区、国家重要江河湖泊、永久基本农田的保护,野生动物保护、自然保护地保护、外来入侵物种防范等诸多方面。

(三)司法的生态化

司法生态化集中体现在 20 世纪 70 年代各国出现的环境司法专门化,即审判的机构、队伍、工作机制和程序、审判理论等的专门化。目前我国司法的生态化主要表现以下方面:

1. 审判机构的生态化。2007 年我国贵州省清镇市人民法院成立了第一家环保法庭;2014 年最高人民法院设立环境资源审判庭。目前各省、自治区、直辖市一般均设立了环境保护法庭、合议庭或者巡回法庭,在环境资源专门化审判方面积累了有益经验。

2. 审判机制的生态化。主要体现在我国正式确立了环境公益诉讼制度,包括民事环境公益诉讼和行政环境公益诉讼。2012 年修订的《民事诉讼法》增加了公益诉讼制度;2014 年修订的《环境保护法》第 58 条规定了环境公益诉讼制度。最高人民法院于 2014 年 12 月颁布的《关于适用〈中华人民共和国民事诉讼法〉的解释》规定了提起公益诉讼的受理条件;2015 年以来先后颁布了《关于审理环境民事公益诉讼案件适用法律若干问题的解释》《关于审理环境侵权责任纠纷案件适用法律若干问题的解释》《人民法院审理人民检察院提起公益诉讼案件试点工作实施办法》等司法解释和规范性文件。2015 年 12 月 16 日最高人民检察院颁布了《检察机关提起公益诉讼改革试点方案》,正式启动了检察机关提起公益诉讼的诉讼制度改革。

3. 判决的生态化。我国司法机关依据和运用恢复性司法理念创造性地将生态修复应用于环境资源犯罪案件，直接推动了法院判决的生态化变革。许多环保法庭进行了生态修复责任创新，包括：将停止侵害、消除危险、恢复原状等民事责任具体化和程序化；在刑事案件中适用生态修复行为罚，如滥伐、盗伐林木案的“补植树苗”责任，固废污染案的异地“补植公益林”责任，非法占用农地案的“复耕复绿”责任，在未成年人犯罪中的“环保宣传”“环保监督”等社区矫正责任。福建等多省法院在审理环境资源犯罪案件中责令被告人“复植补种”“异地造林”，同时适用缓刑。

（四）行政法的生态化

1. 党政领导干部考核及责任生态化，包括：对各级政府及其负责人的生态保护政绩进行考核；对党政领导干部实行生态环境损害终身追责制。2015 年印发的《党政领导干部生态环境损害责任追究办法（试行）》规定的环境损害责任形式有：诫勉、责令公开道歉；组织处理包括调离岗位、引咎辞职、责令辞职、免职、降职等；党纪政纪处分。

2. 环境执法机构得到强化。2016 年实施的《关于省以下环保机构监测监察执法垂直管理制度改革试点工作的指导意见》，标志着环保垂直管理改革正式启动实施。环境保护行政主管部门将得到强化，权力有所扩大，职责进一步增加。2016 年发布的《关于全面推行河长制的意见》，开始了跨区域生态保护机构的尝试。

3. 宏观调控法生态化。其一为绿色税收法律制度，我国于 2016 年通过《环境保护税法》，这是我国第一部专门体现“绿色税制”、推进生态文明建设的单行税法，进一步完善了我国“绿色税收”体系。其二为绿色财政与金融法律制度，包括对新能源、低碳环保、节能降耗、生态保护与治理等技术开发与推广应用，以及对清洁生产、循环经济、生态产业的发展等，加大财政扶持力度，提供优惠贷款；加大对生态补偿、生态保护的预算投入。其三为绿色国民经济核算，原国家环境保护总局和国家统计局于 2004 年 3 月联合启动了“中国绿色国民经济核算（简称绿色 GDP 核算）研究”项目，2005 年开展了全国 10 个省市的绿色国民经济核算和污染损失调查评估试点，2015 年原环境保护部确定在安徽、海南、四川、云南、深圳、昆明、六安7地开展绿色国民经济核算试点。

(五)国际法的生态化

1. 国际环境法成为国际法的重要分支。1972年在瑞典斯德哥尔摩通过的《人类环境宣言》是国际环境法诞生的标志,宣言列举了在环境保护领域内国际和国内活动所应遵循的26项原则,构成了国际环境法的基础。随着环境问题的日益国际化、全球化,关于污染治理、生态和资源保护的国际条约、公约越来越多,按其内容主要可归类为综合性保护、国际河流保护、国际海域保护、大气和宇宙空间保护、生物资源保护等几个方面。

2. 国际贸易法生态化。这在不少国际公约中得到了反应,如《与保护臭氧层有关的国际环保公约》《控制危险废物越境公约》《濒危野生动植物物种国际贸易公约》《生物多样性公约》《生物安全议定书》《卡特赫纳生物安全议定书》《联合国气候变化框架公约》。其共同特点是:对不利于环境资源保护的一些国际贸易加以限制,甚至禁止。

(六)民法的生态化

正是在生态文明和法律生态化的时代背景下,古老的民法也开始了生态化的变革。不少国家民法典开始确认民事主体的生态权利和生态义务,强化对自然资源的保护,将动物区别于普通物实行特别保护等。我国《民法典》规定了绿色原则,并基于此原则确立了民事主体的一些生态保护义务。例如,《民法典》第286条规定:业主应当遵守法律、法规以及管理规约,相关行为应当符合节约资源、保护生态环境的要求;业主大会或者业主委员会,对任意弃置垃圾、排放污染物或者噪声、违反规定饲养动物、违章搭建、侵占通道、拒付物业费等损害他人合法权益的行为,有权依照法律、法规以及管理规约,请求行为人停止侵害、排除妨碍、消除危险、恢复原状、赔偿损失。

生态民法学由此开始孕育、萌芽,并应运而生。

第一章　生态民法学概述

生态民法学是传统民法与新兴的生态法相互结合的产物。传统民法是指调整平等主体之间的人身关系、财产关系的法律规范体系。现代民法则将平等主体之间的生态关系纳入了自己的调整范围。生态法是调整自然人、社会组织等主体之间的生态关系的法律规范体系。所谓生态关系应当是指在自然人或社会组织在利用、开发、保护生态系统过程中形成、变更或终止的社会关系。

第一节　生态民法学的内涵与特征

一、生态民法学的内涵

生态民法学是介于生态法与民法之交叉领域,专门研究生态民事法律规范和生态民事法律关系产生、发展之现象、规律和趋势,包括其应然性、实然性与必然性的新兴法学理论体系。

国内不少学者指出,生态法是一个综合性概念,涵盖了传统的环境法以及后来的自然资源法、国土法以及其他法律部门中的生态法律规范。[1] 在生态法中,最能体现生态法特色而传统环境法又不能包容的内容是关于生态系统及其生态因子保护的法律,如自然保护区法、生物多样性法、野生动植物保护法等。有人甚至主张,生态法是与私法、公法、社会法并列的第四大法域。[2]

---

〔1〕 郑少华:《生态主义法哲学》,法律出版社 2002 年版,第 27 页。

〔2〕 郑少华:《生态主义法哲学》,法律出版社 2002 年版,第 27 页。

从结构上分析，生态民法学主要探讨生态民事主体之生态权利、生态义务和生态法律责任，包括各自的主要内容和体系构成，及其历史、现状及未来。

从动态的角度分析，生态民法学主要探索生态民事主体享有生态权利、履行生态义务以及承担生态民事责任的理论基础和正当性，以及生态权利、生态义务与生态民事责任之产生、演变及其内在逻辑，务求正确揭示其基本发展规律，包括产生的社会原因、发展动力、发展趋势等。

二、生态民法学的基本特征

1. 学科交叉性。这是科学发展的新趋势，通过学科之间的交叉与融合，最终产生创新甚至形成新的学科，如法社会学、法经济学、生态经济学等。生态民法学的研究领域是生态法学（环境资源法学）与民法学共同关注的对象，如自然资源物权制度、环境人格权制度、环境合同制度、环境侵权责任制度等。

2. 公私融合性。公益与私益的融合，生态利益既是关系社会全体成员和民族、国家甚至整个人类的公共利益，同时还是与民事主体的人身、财产利益密不可分的私人利益。公权与私权的融合，生态权利固然具有公权的性质和内容，但又有私权的属性和内容。公法与私法的融合，民法是典型的私法，而生态法整体上属于公法。

3. 权利义务同等性。与传统民法以民事权利为本位有所不同，生态民法既重视民事主体的生态权利，同时也突出民事主体的生态义务，二者应当具有同等的重要性。

4. 生态规律性。无论是生态权利和生态义务的设置，还是生态法律责任的确立与承担，都应当尊重生态系统的客观规律，即尊重自然。超越生态规律所能允许的权利是不合理的，也无法得到法律的保障；背离生态规律的义务是不必要的，也难以履行；违背生态规律的法律责任是不现实的、没有实际意义的。

第二节　生态民法学的产生

生态法与传统民法的相互交叉、融合、渗透是孕育生态民法学的直接动力，也有人称为生态法与民法的对话、对接等。促成生态民法学孕育、产生的主要原因就是民法的生态化和生态法的私法化。

一、民法的生态化

所谓民法生态化，是指民法为了顺应 21 世纪生态文明建设时代的要求，按照生态保护的理念、目标和任务、生态法的基本原则和要求等，对现行民法的研究方法、价值理念以及制度设计等进行全方位的反思、调整、改进或创新，使民事法律行为既能充分发挥人的主观能动性，也更符合生态规律的要求，使民事法律制度能够更好地服务于生态文明建设，并成为调整生态权利义务关系的基本手段。

（一）传统民法在生态文明时代面临诸多挑战

当代世界普遍存在的环境资源问题对传统民法产生了较大冲击，民事主体的民事权益日益受到环境资源状况的影响，然而依据传统民法之原理和规范难以妥善应对民法在世界性生态危机中面临的挑战。主要表现在：

1. 民法是否应当保护生态利益。生态利益与传统的人身利益、财产利益存在不可分割的联系，彼此之间相互依存、相互促进。但是生态利益毕竟是一种全新的利益，同时也是所有的自然人和社会组织不可缺少的利益，是生存和发展的前提条件。因此传统民法必须回答和解决这一问题，即民法是否应当保护民事主体的生态利益需求？

2. 民法是否应当调整民事主体之间因环境资源而产生的社会关系。民事主体不仅需要享受生态利益，而且在分享生态利益的过程中会形成许多新型的社会关系。如果其客体为生态系统，主体之间只能共享而不能独占生态利益，这些特征明显有别于传统民事法律关系。那么民法是否应当将上述社会关系纳入调整的范围?

3. 受特别保护的动植物是否应当作为民事主体。由于生态保护的需要,现代各国通常会制定法律保护野生的动物和植物,但在传统民法中野生动物和植物就是一般的物。如今受到特别保护的野生动植物在民法中究竟属于何种性质?应当居于什么地位?《德国民法典》新增第90条规定:"动物不是物。它们由特别法加以保护。除另有其他规定外,对动物准用有关物的规定。"很多国家民法典均有类似规定。此类规定是否足以证明:动物在民法上就享有了主体地位?

4. 生态权是否应当纳入民事权利体系。民事主体在客观上需要享受生态利益,而且此为生存与发展的必要条件,故民法必须保护之。而民事主体的生态利益受到法律保护就必然产生相关的权利,即生态权利。生态权利与传统民法的人身权、财产权也有着诸多本质上的差异,但又系民事主体所不可缺少,那么民法是否应当规定生态权利?如果规定,它与人身权、财产权又是何种逻辑关系?

5. 生态义务是否应当纳入民事义务体系。由于生态利益具有典型的共享性和整体性,为了保证每一个民事主体都能享受到优质的生态利益,就需要每一个民事主体为了保护生态系统及其生态服务功能履行必要的义务。此为生态义务。如同生态权利一样,这也是显著区别于传统民事义务的新生事物,那么生态义务可否以及应否纳入民事义务体系?它与传统民事义务属于何种关系?

6. 民事主体损害生态利益是否应当承担民事责任。与生态权利、生态义务密不可分的问题是生态民事责任。当民事主体的违法行为仅仅损害了生态利益而不足以构成对人身或财产权益的损害时,民事主体是否应当承当民事责任?如果应当,那么传统民法的民事责任形式是否足以有效弥补对生态利益的损害?

(二)生态化是传统民法的必然趋势

为了应对生态危机、促进生态文明建设,民法必须生态化。因此,民法生态化的直接动力和主要原因源于现实社会的实际需求。另外,民法生态化是积极应对上述挑战的理性选择和必由之路,也是传统民法试图介入和助力解决生态危机的结果,民事活动生态化对于生态文明建设具有重要意义。

当然,民法的生态化也给古老的民法带来了一次创新和发展的机遇。在生态化已然成为各国法律和各个法律部门的大势所趋甚至成为普遍现实时,民法的生态化事实上也是不可阻挡的潮流。

二、生态法的私法化

所谓生态法的私法化,是指在生态法的立法、执法和司法进程中,积极吸收和运用民法的理念、民事手段、民事法律制度等,以更好地促进和实现生态保护之目的的法律现象和趋势。

我国生态法(环境资源法)自问世以来就是以公法为根本,即生态保护的手段主要依赖公法,尤其是行政手段。这既表现在我国环境资源法的立法内容以公法为主导,也表现在环境资源法的实施一直以行政执法为核心,以环境行政诉讼和环境刑事诉讼为主要司法手段。所以其法律性质本质上属于公法体系。主要原因可能是:第一,生态利益是公共利益,国家机关保护公共利益天经地义,这是当然的职责所在;第二,我国政治和法律深受传统的官本位思想的影响,行政力量很容易在各种手段中占据主导地位;第三,我国尚处发展阶段,居民对生态保护的意识和愿意还不是特别强烈,热心环保公益的人相对较少。

然而随着生态保护任务的日益迫切和普遍,生态文明建设的不断深入,生态法私法化已经十分普遍,而且还在继续发展。促成生态法私法化的直接动力和原因主要有几个方面。

(一)现代社会公法与私法相互交融的趋势

私法与公法的划分,是西方法学理论的一种研究方法,其不同的原则和理念也深刻影响着相关领域的立法、执法和司法活动。在以往的法律发展史上,公法与私法之间的界限比较清楚,也不能随意逾越。例如,近代民法上突出私权本位、私法自治,反对公权、公法对私权的干预,甚至提出私人财产所有权神圣不可侵犯,排斥公法对私权的任何干预。

但是进入现代社会后,私法与公法之间的界限开始变得模糊起来,相互的区别也不再绝对化,如私人财产所有权、契约自由等开始受到一定的限制,公权力在一定程度上介入了传统的私法领域。与此同时,私法也开始渗入了公法的领域，如在行政法律关系中的行政合同、税收契约化等。这一趋势为生态法的私法化提供了良好的契机和基础。

（二）以公法为唯一手段的生态保护体制存在严重的先天不足

公法虽然是生态保护必不可少的手段甚至是主要手段，但是仅有公法是远远不够的，因为公法在生态保护中存在明显的先天性的不足。主要如下：

1. 公法无法克制生态保护中的政府失灵。如果政府在生态保护中享有完全的决定权，那么政府就可能由于官商勾结、权力寻租等腐败现象，或者重大决策失误等原因，优先照顾和保护了部门利益、地方利益、集团利益甚至个人利益，却忽视甚至牺牲了生态利益。虽然公法也可以规定公众的环境信息知情权、重大环境决策参与权、环境违法的举报权等，也可以通过信息公开、决策民主、防腐反腐等机制制约政府的权力，但是在公法体制下政府始终处于主导地位，行政法律关系本质上就是不平等的，更何况众多的行政法规、规章就是由政府制定和实施的，即便是权力机关颁布的法律或地方性法规，也是由政府具体执行的，政府拥有极大的自由裁量的空间。因此仅仅依靠公法自身，不可能从根本上防止政府在生态保护中的各种有意或无意的失灵现象。

在法律上明确赋予公众对生态系统的权利，对于减少和避免生态保护中的政府失灵现象，可以发挥相当显著的作用。

2. 公法无法对生态利益提供全方位、全天候的保护。环境污染、生态破坏等生态违法行为，以及由于自然原因导致的破坏或污染，随时随地可能发生，然而政府受人力、财力、物力等限制，客观上不可能对所有的生态违法行为和自然发生的环境问题都能及时发现并采取有效措施制止。如果全部的生态问题都完全依赖政府的公权力保护，那么政府必然只能疲于应付、不堪重负，最终难以有效保护生态利益。

相反，民事主体数量众多、分布极其广泛，如果在法律上明确规定其在民事活动中负有生态保护之义务，那么既可以因此大量减少环境污染或生态破坏的发生，同时也能够弥补政府公权力在生态保护中之不足。如能够及时发现环境问题并举报，有时甚至可以直接将可能发生的环境问题防患于未然，或者将环境问题消除于萌芽状态。

3. 公法无法充分调动公众参与生态保护的积极性。公法手段固然有其优势,如高效,因为在行政法律关系中行政机关可以直接强制、命令相对人履行某种义务。但是相对人始终处于被动地位,其履行义务的积极性通常不会太高。

在生态保护中,如果公众与生态利益缺乏任何法律上的权利义务关系,自然也就缺少了参与的动力。相反,如果明确了公众对生态利益的权利和相关的保护义务,自然能够最大限度地调动公众参与生态保护的积极性。

4. 公法无法及时、有效地保护公众的生态权益。如果生态保护完全依赖政府及其公权力,公众的生态权益不能在法律上确认,而客观上生态利益又与每一个民事主体密切相关,那么公众的生态利益受到损害就只能求助于政府救济,甚至只能消极地等待政府解决。然而在行政法律关系中政府能否及时、充分地保护公众的生态利益,确实值得怀疑。因为,保护生态利益虽然本就是政府的职责,然公众生态利益受损往往正是因为政府存在失职甚至有更严重的违法行为。

相反,如果明确规定民事主体的生态权,那么当公众的生态权益受到损害时,就可以请求司法救济。众所周知,司法机关负有监督政府行政行为的职责,司法救济也是公众权益保护的最有力手段。如果公众的生态权益得不到司法救济,这本身就是不公平的,也必然是现代法治的重大缺憾。

(三)私法手段在生态保护中的必要性

私法对于生态保护具有不可或缺、不可替代的特殊意义。或者说,民法具有独特的生态功能。所谓民法的生态功能,是指民法对于保护生态平衡和生物多样性、防治环境污染、促进资源和能源可持续利用所能发挥的积极作用。正是由于与生俱来的强大、全方位且其他部门法不可替代的生态保护功能,才使民法的生态化具有极大的可行性和现实性。民法之生态保护功能主要表现在:

1. 培育符合生态文明建设要求的民事主体。培养具有良好的生态意识和生态习惯的民事主体,是实现生态文明建设的基础和关键。人始终都是最重要的因素和力量,生态文明亦不例外。民法通过设定民事主体的生态权利及其在民事活动中的生态义务,并保障其得到切实的履行,可以将传统民法中的“理性经济人”主体培育成为具有强烈生态法律意识和正确生态伦理观的新型民事主体,即生态化的民事主体。有人称为“生态民事人”“生态人”或“生态理性人”。

生态化的民事主体,是指在实施民事法律行为时,包括设立、变更或终止民事法律关系,行使民事权利或履行民事义务等,能够自觉遵守生态规律,主动履行生态义务,尊重他人生态权利,维护生态利益的自然人或社会组织。

2. 确认民事生态权利可以调动民事主体自觉保护生态环境的积极性。民事主体对生态利益拥有正当的、必要的需求,即从生态系统获取必需的物质、能量和信息,这是民事主体得以生存和发展的前提。而确认和保障民事主体的生态权则是维护民事主体之生态利益的关键。

私法上的生态权是指民事主体依法享用或开发利用生态系统,以满足其生态利益需要的权利。如果能够依法赋予民事主体生态权,那么作为生态系统的权利人,即环境资源的权利人,民事主体就先天具有了保护生态系统的动机和动力。因为,损害生态系统就是损害其自身的生态利益,进而也就威胁甚至损害其自身的生态权。这正是民事手段或者说市场机制能够保护生态环境的根本原因所在。所以,党的十八大报告提出,应当“建立反映市场供求和资源稀缺程度、体现生态价值和代际补偿的资源有偿使用制度和生态补偿制度”。

3. 明确民事生态义务有利于促使民事主体保护生态环境。现代民法已经由过去的权利本位、个人本位向社会本位适度转型,这就意味着民事主体的私权可以因为公共利益之需要而受到一定限制。具体而言,民事主体在享有和行使民事权利的同时,须承担和履行旨在维护公共利益、公序良俗的义务。生态利益也是一种公共利益,故民事主体为维护生态利益而负担必要的生态义务,是必要的、合理的。

因此,明确民事主体负有生态义务并将其具体化,主要是为了保护生态环境,细化民事主体在民事活动应当为的行为、禁止为的行为。显然,民事主体履行生态义务的过程就是保护生态环境的过程。

4. 规定生态民事法律责任有助于遏制生态损害行为。传统民法仅对损害他人人身权或财产权的行为追究民事法律责任,面对环境污染或生态破坏的违法行为,也必须是在此种违法行为损害了他人人身或财产利益时,才追究行为人的环境侵权责任。

然而,生态利益关乎每一个民事主体的人身、财产方面的权利和利益,民事主体享受生态利益之权利理应得到保护,故当行为人的违法行为仅仅损害了生态利益即生态系统为人们提供生态服务的功能时,行为人也应当承担必要的民事法律责任,如生态修复、生态损害赔偿等。追究生态损害行为的生态民事责任在相关司法解释和司法实践中早已在实施,目前《民法典》中也有了明确规定。

不言而喻,对实施生态损害行为的行为人追究生态民事责任,无论是生态修复还是生态损害赔偿,对于已经或可能发生的生态损害行为都会产生明显的震慑作用,对生态系统修复也具有显著意义。生态修复责任可以直接修复受损害的生态系统;生态损害赔偿责任可以间接促进生态系统服务功能的修复。

(四)外国民法在生态保护中得到普遍适用

外国民法在生态保护中的适用主要体现在以下方面:

1. 肯定了民事主体的生态权。自 1972 年《人类环境宣言》肯定生态权以来,很多国家开始在国内法中明确承认生态权,但是各国将应然性的生态权上升为法定权利的路径不尽相同,主要有三种模式:

(1)通过宪法加以规定,目前较多国家采用。据不完全统计,"已有 53 个国家在宪法中确认了"生态权。美国联邦宪法虽未规定,但很多州宪法规定了类似内容。[1] 南斯拉夫是世界上最早通过宪法确认生态权的国家,该国宪法第 192 条规定:"人有得到健康的生活环境的权利。社会共同体为行使这一权利保证条件。"很多国家紧随其后,纷纷将生态权纳入本国宪法。

(2)在生态环境基本法中加以规定。通过生态环境基本法确认生态权的立法模式,以美国最为典型。1969 年通过的《美国国家环境政策法》第 1 篇第 3 条规定:"每个人都享有健康的环境,同时每个人也有责任对维护和改善环境作出贡献。"《美国国家环境政策法》还赋予了公民

---

[1] 吴卫星:《环境权研究——公法学的视角》,法律出版社 2007 年版,第 58 页。

环境事务参与权和环境信息知情权,即联邦行政机关在重大环境决策前,应向社会公开环境影响报告书,充分听取公众意见,且环境信息以全部公开为原则。

(3)宪法和相关部门法分别从不同角度规定。例如,1980 年《韩国宪法》第 33 条规定:"国民有生活于清洁环境之权利,国家及国民,均负有保护环境的义务",而 1993 年修正的《韩国环境政策基本法》第 6 条规定:"所有国民都享有在健康而舒适的环境中生活的权利,并应协助国家及地方自治团体的环境保全对策的实施,也应为环境保全而努力"。通常部门法是对宪法中的生态权规范的具体化。

2. 明确了民事主体的生态义务。许多国家的民法典明确规定,民事主体在享有和行使民事权利的同时,也应当履行必要的生态义务。例如,于 2001 年 8 月 8 日通过、2003 年 1 月生效的《巴西民法典》第 1228 条第 1 款规定:"所有权的行使应符合其经济和社会目的,并且还应根据特别法的规定以保存动植物群、自然美、生态平衡以及历史和艺术遗产的方式行使,同时应避免污染空气和水。"[1]《阿根廷民法典》第 2618 条规定:因活动的开展导致烟雾、热度、气味、亮度、噪声、振动或类似损害产生,从而对邻人不动产造成的损害,在虑及当地条件后,即使已经取得行政许可,也不应超过正常的能忍受的程度。法官可以根据具体情况,命令赔偿损害或停止此类妨害。[2]《德国民法典》第 906 条亦有类似规定。

3. 建立了生态损害行为的民事责任体制。环境问题首先在西方工业发达国家产生并恶化,这些国家也早已尝试通过追究加害人的民事责任实现保护生态权和生态系统之目的。在法国,通常以"生态损害"或"近邻损害"称谓因环境污染或生态破坏所造成之损害,其民事救济方式主要是损害赔偿,包括诸如生态乐趣的剥夺等精神上的损害;也可以要求加害人恢复原状,如判令其采取必要措施控制、减轻污染,若仍然无效,可判令其停止相关活动。日本学者提出了"忍受限度"理论,加害人对其造成环境公害之行为承担无过错责任,法院通常会依据"忍受限

---

〔1〕《巴西新民法典》,齐云译,徐国栋审校,中国法制出版社 2009 年版,第 183~184 页。

〔2〕《最新阿根廷共和国民法典》,徐涤宇译,法律出版社 2007 年版,第 556~557 页。

度”理论来衡量是否判令加害人排除侵害,包括采取防治污染措施、变更作业方法、缩短作业时间甚至部分或全部停业。1980 年颁布的《美国综合性环境反应、赔偿与责任法案》设立了一种新民事责任机制即“超级基金”,以解决有害物质治理问题,据此政府有权要求“潜在的责任人”缴纳生态修复费用。“潜在的责任人”包括被污染场所当前的所有者、污染时的所有者,废物处理设施的所有者或营运人,产生废物的作业者,废物运输者等。[1]

4. 确认了民事主体提起环境民事公益诉讼的权利。以美国为代表的西方发达国家在确认了民事主体享有生态权的基础上,进一步肯定了民事主体(包括自然人和社会组织)提起环境民事公益诉讼的权利。

5. 为了生态保护限制合同自由。美国法院在格兰德河鲦鱼诉美国垦务局局长约翰·W. 基斯案中创下了因生态保护之需要限制合同自由的判例。该案以格兰德河鲦鱼为共同原告提起诉讼,法院最后判决,垦务局为了保护鲦鱼有权单方面修改合同。[2]

生态民法学也许目前还在萌芽、孕育阶段,但雏形已经具备,其产生不仅是必然的,而且指日可待,甚至呼之欲出。

第三节　生态民法学的依据和价值

生态民法学的产生,无论是民法的生态化还是生态法的私法化,都符合现代社会发展的客观需求,同时也具有充分的依据。

一、生态民法学的依据

(一)宪法依据

生态文明时代的各国宪法都会明确规定生态环境保护是国家的基

〔1〕叶知年等:《环境民法要论》,法律出版社 2014 年版,第 17～22 页。
〔2〕汪劲等编译:《环境正义:丧钟为谁而鸣　美国联邦法院环境诉讼经典判例选》,北京大学出版社 2006 年版,第 206～208 页。

本国策、任务和目标，以彰显对生态环境保护的高度重视。宪法中关于生态环境保护的规范自然是生态民法学的最高法律依据。

首先，许多国家宪法直接确认了公民的生态权，亦称环境权。许多国家在宪法中规定个人享有清洁、健康的生态环境的一般性权利，将其作为一项基本人权。例如，《韩国宪法》第35条规定："全体国民均享有在健康、舒适环境中生活的权利"；《西班牙宪法》第45条规定："所有人有权利享有适于人发展的环境，并有义务保护环境"。

各国宪法对于生态权的规定，多表述为公民拥有健康（healthy）、清洁（clean）、良好（favorable）的生态环境之权利。

一些国家的宪法不仅规定了公民享有生态权，同时还明确规定了公民对环境信息的知情权和相应的司法救济权利，使宪法环境权成为一个完整的"权利束"。其代表国家是俄罗斯。1993年颁布的《俄罗斯宪法》第36条规定："每个人都有享受良好环境、被通报关于环境状况的可靠信息的权利，都有要求赔偿因生态破坏所导致的公民健康损害和财产损失的权利。"如此一来，公民不仅享有良好环境的权利，同时还享有获得关于环境状况的可靠信息的权利（环境知情权）和请求赔偿因生态破坏所导致的公民健康损害和财产损失的权利（司法救济权），从而为公民环境权提供了全方位的法律保障。

19个国家在宪法中加入了保护后代人生态利益的条款。例如，《南非宪法》第24条规定："每个人有权：……b. 为了现在和未来世代的利益，采取适当的立法和其他措施保护环境。"《巴西宪法》第225条规定："政府和公众有义务为当代和未来世代的人保护环境。"《波兰宪法》第74(1)条规定："政府机关应追求能保障当代人与未来世代人生态安全的政策。"

个别国家甚至规定了后代人的生态权。例如，《挪威宪法》第110b条规定，自然资源的利用应对在全面和长远计划的基础上展开。这样未来世代人的此项权利也可得到保障。伊朗、莫桑比克等国宪法亦然。

其次，宪法规定环境保护是国家的政策目标与行为义务，即将环境保护作为"基本国策"、国家发展的指导方针以及国家机关的义务和目标。较为典型的国家有德国、印度。1976年《印度宪法》第4篇"国家政策的指导原则"第48－A条规定："国家应尽力保护和改善环境，保护国家森林和野生生物。”德国1992年修改其基本法，加入第20a条：“国家在合宪秩序的范围内，透过立法，并依据法律与法透过行政与司法，保护自然的生命基础并同时向未来的世代负责”。

据统计，有105个国家的宪法明确将环境保护作为国家目标或义务。其中，阿根廷、巴西、哥伦比亚、保加利亚、南非、韩国、葡萄牙等41个国家宪法既确认了生态权，也规定了环境保护的国家目标或义务。

我国《宪法》与生态环境保护有关的规定主要有：2018年《宪法修正案》第32条规定：宪法序言第7自然段中“推动物质文明、政治文明和精神文明协调发展，把我国建设成为富强、民主、文明的社会主义国家”修改为“推动物质文明、政治文明、精神文明、社会文明、生态文明协调发展，把我国建设成为富强民主文明和谐美丽的社会主义现代化强国，实现中华民族伟大复兴”。《宪法修正案》增加“生态文明”和“美丽”中国的规定，具有重要意义。《宪法》第9条规定：“矿藏、水流、森林、山岭、草原、荒地、滩涂等自然资源，属于国家所有，即全民所有；由法律规定属于集体所有的森林和山岭、草原、荒地、滩涂除外。国家保障自然资源的合理利用，保护珍贵的动物和植物。禁止任何组织和个人利用任何手段侵占或者破坏自然资源”；第10条第5款规定：“一切使用土地的组织和个人必须合理利用土地”；第26条第1款规定：“国家保护和改善生活环境和生态环境，防治污染和其他公害”。

上述规定确立了国家保护生态环境的基本政策、原则，明确了自然资源所有权归属，也规定了禁止侵占、破坏自然资源和合理利用自然资源的义务，为生态民法学奠定了宪法上的基础，也提供了宪法上的依据和指导。

（二）民法依据

《民法典》第1条开宗明义地规定：“为了保护民事主体的合法权益，调整民事关系，维护社会和经济秩序，适应中国特色社会主义发展要求，弘扬社会主义核心价值观，根据宪法，制定本法。”该法第3条规定：“民事主体的人身权利、财产权利以及其他合法权益受法律保护，任何组织或者个人不得侵犯。”

保护民事主体的合法权益、适应中国特色社会主义发展要求，乃是我国民法的根本宗旨和任务。而民事主体的合法权益当然应当包括其对生态利益的权利和对生态系统的正当利益需求。中国特色社会主义发展要求理应包括生态文明建设的要求,因为生态文明建设是我国五位一体总体布局的重要内容。因此,民法生态化也是实现民法自身宗旨和任务的需要。

《民法典》第9条规定:“民事主体从事民事活动,应当有利于节约资源、保护生态环境。”由此确立了绿色原则。

因此,民法也是生态保护的法律依据,私法手段也是保护生态的重要、不可或缺的手段,生态法应当积极、大胆地运用民事手段实现生态保护之目的。故生态法私法化有其必要性和合理性。

(三)环境基本法依据

2014年修订的《环境保护法》是我国环境资源保护领域的基本法。该法第4条规定,“保护环境是国家的基本国策。国家采取有利于节约和循环利用资源、保护和改善环境、促进人与自然和谐的经济、技术政策和措施,使经济社会发展与环境保护相协调。”

该法第6条规定:“一切单位和个人都有保护环境的义务”;“企业事业单位和其他生产经营者应当防止、减少环境污染和生态破坏,对所造成的损害依法承担责任”;“公民应当增强环境保护意识,采取低碳、节俭的生活方式,自觉履行环境保护义务”。

既然《环境保护法》规定,一切单位和个人皆须承担保护环境之义务,保护生态环境是我国的基本国策,据此足以认定,民事主体亦须承担生态义务。这就为民法与生态法的交叉、渗透、融合提供了直接的法律依据。

(四)国际法依据

1972年通过的《人类环境宣言》首次明确规定:人人都有在良好的环境里享受自由、平等和适当生活条件的基本权利(环境权),同时也有为当今和后代保护和改善环境的神圣职责。

1987年,世界环境与发展委员会发表的《布伦特兰报告》提出:可持续发展是既满足当代人需求而又不妨碍后代人满足其需求能力的发展。

环境权和可持续发展原则得到了许多国际公约和条约的肯定。例如,1982 年在肯尼亚内罗毕发表的《内罗毕宣言》,1992 年在巴西里约热内卢发表的《关于环境与发展的里约热内卢宣言》《21 世纪议程》《关于森林问题的原则声明》《联合国气候变化框架公约》等。

环境权和可持续发展原则是生态民法在国际法上最基本的依据。一方面,为了履行我国在上述国际公约中承担的义务,民法需要规定民事主体的生态权利和生态义务;另一方面,生态法也应当借助生态权的私权化、生态义务的民事化,以更好地完成生态保护的根本任务。

二、生态民法学的价值

生态民法学的产生和发展,无论是对民法这一传统学科还是对生态法(环境资源法)这一新型学科,都具有明显的积极意义;对相关法律制度的建立与完善也能够发挥重要的促进作用。其法学和法律价值主要体现在:

1. 研究方法和原则的相互借鉴。生态民法学是生态法学和民法学相互交融而产生的,因而同时汇集了生态法学和民法学的一些特点、优势和研究方法。通过生态民法学的交叉式研究,无论是生态法学还是民法学,都可以从中学习、借鉴和使用另一学科的一些研究方法,这对于促进自身学科的发展和创新显然具有积极意义。

一方面,民法学在研究民事主体的生态权利、生态义务和生态民事责任等问题时,不宜完全套用传统民法的研究方法,而是需要大胆借鉴和使用生态法学常用的一些研究方法和原则,如掌握和运用生态学的原理和常识,遵循生态伦理学的基本原则,认识并尊重生态规律等。另一方面,生态法学在研究上述二个学科交叉、重合领域的现象和问题时,自然也应当合理运用民法学的一些研究方法和原则,如私法自治、法无禁止即自由、权利本位等。

2. 研究领域和理论的渗透与创新。生态民法学的主要内容,包括基本原则、生态权利和生态义务、生态法律关系主体、生态法律关系客体、生态民事法律责任等,是民法学和生态法学共同关注和研究的领域,同时对于民法学和生态法学来说都是新问题、新挑战和新机遇。探索这一领域的法律现象和法学理论,对民法学和生态法学都会产生法学理论上的重要创新,如绿色原则对民法、生态损害赔偿对生态法等。

3. 法律制度的变革与进步。生态民法学通过对基本原则、生态权利和生态义务、生态民事法律关系主体、生态民事法律关系客体、生态民事法律责任等问题的深入研究,可以促进相关法律制度的变革与进步。首先,在民事立法中将逐渐确立一些关于民事主体生态权利、生态义务和生态法律责任的制度,如我国《民法典》规定了绿色原则,未来还极有可能在民法典中规定民事主体的生态权、生态修复责任、生态损害赔偿责任等。外国民法典普遍已经规定了动物的特殊地位等。其次,在生态立法中将更多地规定以民事手段保护生态的内容,如《环境保护法》已经规定的一切单位和个人皆有保护生态之义务,此外还需要进一步明确的自然资源权属制度、排污权交易、环境污染和生态修复的第三方治理制度等。

第四节　生态民事法律关系

生态民事法律关系在性质上既是生态法律关系,也是一种民事法律关系。

一、生态民事法律关系的界定

1. 生态法律关系的内涵。生态法律关系是指生态法律主体之间依法形成、变更或终止的权利(权力)义务关系,也是法律纳入调整范围的生态关系。在学理上生态法律关系应当包括两类:生态行政法律关系和生态民事法律关系。

生态行政法律关系,即行政机关在生态管理过程中与相对人之间依法形成、变更或终止的权利义务关系,此为公法关系、不平等的生态法律关系。

2. 生态民事法律关系的内涵。生态民事法律关系是指民事主体之间依法形成、变更或终止的生态权利义务关系,此为私法关系、平等的生态法律关系。

导致生态民事法律关系产生、变更或终止的主要法律事实是生态法律行为。所谓生态民事法律行为,是指设立、变更或终止生态权利义务关系之行为,即能够产生生态法律效果的行为。

二、生态民事法律关系的要素

生态民事法律关系如同其他法律关系一样,包括主体、内容和客体三个要素。

(一)生态民事主体

生态民事法律关系主体,又可称为生态人,是指在生态民事法律关系中享有生态权利、承担生态义务的人。

生态民事主体包括哪些,学术界颇有争议,在理论上可以包含以下几类:一是自然人,即在生态民事法律关系中享有生态权利、承担生态义务的自然人;二是法人,即在生态法律关系中享有生态权利、承担生态义务的具有法人资格的社会组织,如生态协会、生态公司、生态乡镇、生态县市、生态省等;三是非法人组织,即在生态法律关系中享有生态权利、承担生态义务但不具有法人资格的社会组织,如生态社区;四是国家,对其管辖范围内的自然资源、生态系统享有民事权利,如自然资源所有权等。

值得探讨的观点有:人类可否为生态民事主体?后代人可否为生态民事主体?此外,有人主张,非人类的生命体甚至所有的自然物都是权利的享有者,即动物甚至其他自然物也是生态民事主体,即生态权利的享有者。但是赞成者极少。

(二)生态民事法律关系的内容

生态民事法律关系的内容包括生态民事主体享有的生态权利,以及依法承担的生态义务。

从某种意义上来说,生态法治建设的根本目的就是保障和实现自然人、法人和非法人组织的生态权利。因此在法律上确认生态权利,并对生态权利的性质、特征、分类、基本内容、权利的主体和客体等加以界定,是生态法治建设的首要前提,是生态文明建设最直接和最重要的法律依据。

生态权不仅要保障生态人基于生存需要利用、开发生态系统之正当利益,还要保障其基于精神需要或追求生存发展最佳状态而对生态系统享有的正当利益，如保护、优化、改善生态系统平衡、稳定及其生态因子的品质等。

所以，生态权应当是指生态人基于生存发展需要依法享用、开发利用以及保护、优化、修复生态系统及其生态因子的权利。通俗地说，是民事主体依法从生态系统获取或享用生存所需的物质、能量和信息的权利。生态权是每一个生态人即所有社会成员都必须享有的权利，是应然之权利。因为，生态利益是社会成员生存、发展的基本前提。生态权也是一个权利体系，大体上可分为人身生态权、精神生态权、资源生态权三类。

所谓生态义务，是指生态人依法承担的维持、保护、改善生态系统及其生态因子的生态品质即生态服务功能，使之适合人类生存发展需要的强制性约束。通俗地说，生态义务就是民事主体为了保护生态应当做什么，不得做什么。生态义务是实现生态权利的前提条件，可以说，生态义务是为了生态权利而设置的。"后代人权利的实现，需要当代人承担地球保全之义务；人类环境权之实现，需要人们承担保护自然之义务；作为'社会权'或'私权'的环境权之实现，需要义务人承担防治污染之义务；自然资源物权之实现，有赖于义务人不破坏自然资源义务之履行。"〔1〕

广义上的生态义务既可以是公法上的义务，也可以是私法上的义务。但生态民法上的生态义务仅指民事主体之生态义务，即私法上的义务。

如果说生态利益是生态文明建设的目标，那么生态权利是实现生态利益的基础和手段，生态义务和生态责任是实现生态利益的保障。如果有人不履行生态义务却无须承担任何法律责任，那就没有人愿意履行生态义务；如果每个主体都只享有生态权利而不履行生态义务，那么最终任何主体的生态权利和生态利益都无法保障和实现。因为公共性和共享性是生态利益的基本属性。

（三）生态民事客体

生态民事客体，是指生态民事主体所追求的生态利益的载体，也是生态权利和生态义务所针对的对象。因此，只有合理规范生态民事客

---

〔1〕 郑少华：《生态主义法哲学》，法律出版社2002年版，第185~186页。

体，生态主体才能顺利实现其生态利益，生态法的根本宗旨才能最终得以实现。无论是公法上的生态法律关系还是私法上的生态法律关系，其拥有的客体是共同的。

生态民事客体，是指生态系统及其生态因子。生态系统一般是指生物之间、生物与其环境之间相互影响、相互作用、相互依存、相互促进而形成的有机整体，如森林、草原、海洋等生态系统。生态因子是指生态系统包含的组成部分，或者说是组成生态系统的各种要素。

三、生态民事法律关系的类型

按照生态权利和生态义务的不同法律性质、主要目的等，似可分为以下类型：

1. 人身性生态民事法律关系，即以生命健康生态权利、生态义务为内容的生态民事法律关系。例如，自然人享有清洁空气权、清洁水权等维持生命健康所必需的生态权，而其他任何人皆有不妨碍之义务。义务人系不特定的多数人。

2. 精神性生态民事法律关系，即以精神生态权利、生态义务为内容的生态民事法律关系。例如，自然人享有安宁权、景观游览权等获得心理愉悦、快乐等精神享受所必需的生态权，而其他任何人皆有不妨碍之义务。义务人系不特定的多数人。

3. 资源性生态民事法律关系，即以资源生态权利、生态义务为内容的生态民事法律关系，也可称为财产性生态民事法律关系。生态人依法可以直接享用生态系统的资源，如野生植物采集权；或者依法取得了开发利用生态系统资源之权利，如采矿权，则其他任何人皆有不得妨碍、损害之义务。义务人系不特定的多数人。

4. 生态损害民事法律关系，即因行为人造成生态损害而产生的以生态修复、生态赔偿等生态民事责任为内容的法律关系。它以保障实体性生态权利与生态义务为目的，属程序性生态民事法律关系。任何人非法损害或可能损害生态系统或其生态因子，且依法须承担民事法律责任时，违法行为人就会与受害人、生态系统权利人产生相应的法律关系，如生态损害修复关系、生态损害赔偿关系等。

第五节 生态民法学的体系

所谓体系，是指整体结构，即所包含的组成要素以及要素之间的逻辑关系。生态民法学的体系，是指生态民法学的整体结构，即生态民法学包含哪些组成部分，以及各部分之间的逻辑联系，通过何种方式组合为一个有机整体。生态民法学主要由以下几个部分组成。

1. 生态民法学基础理论。生态民法学的基础理论主要包括如下内容：(1)生态民法学的概念与基本特征、生态民法学的产生、生态民法学的依据和价值、生态民事法律关系理论、生态民法学的体系。(2)生态民法的基本原则，主要包括生态公正原则、绿色原则、权利义务责任相一致原则、遵守生态规律原则。

2. 生态民事主体。包括生态民事主体的内涵，以及自然人、法人、国家、人类、后代人与动物等主体地位问题。

3. 生态民事权利。主要包括生态民事权利的界定、基本属性、私权化路径、权利定位、生态民事权利体系、生态民事权利保护等，以及生态民事权利的类型。生态民事权利体系主要由人身生态权、精神生态权、资源生态权等构成。

4. 生态民事义务。主要包括生态民事义务的界定，生态民事义务的性质、功能、依据，生态民事义务的类型等。生态民事义务的内容主要包括节约资源义务、预防生态风险义务、改善生态系统义务。

5. 生态民事客体。主要包括生态民事客体的内涵与特征、生态系统及生态因子的界定、生态系统的要素与功能、生态价值与生态利益、生态系统管理等。

6. 生态民事责任。主要包括生态民事责任的界定、构成要件，生态民事责任的追究程序与免除条件，生态民事责任的承担方式，生态民事责任的保障制度。最主要的生态民事责任形式是修复生态环境和生态损害赔偿。

第二章　生态民法基本原则

生态民法基本原则是调整生态民事法律关系的根本性准则，因而既是制定生态民事法律规范的依据，也是执行、实施生态民事法律的指导，更是研究生态民法学的基础。

第一节　生态民法基本原则的标准

一、法律基本原则的一般属性

通常认为，作为法律的基本原则应当具有两个基本属性：

1. 基本原则应当是根本性规则。即基本原则具有根本性效力，在所属法律部门中能够约束全部或多数法律规范。具体法律规范须遵守之，不得违反之。例如，通常认为，民法基本原则即是民事立法、民事行为与民事司法应当遵行的基本准则。[1]

2. 基本原则应当是普遍性规则。即基本原则应当普遍适用于所属法律部门的全部或多数法律规范、法律关系、法律行为、法律过程等，而非仅仅适用于某一部分。有学者认为，民法基本原则是效力贯穿民法始终的民法根本规则，是对作为民法主要调整对象的商品经济关系的本质和规律以及立法者在民事领域所行政策的集中反映，是克服法律局限性的工具。[2]

---

〔1〕 魏振瀛主编：《民法》（第6版），北京大学出版社、高等教育出版社2016年版，第19页。

〔2〕 徐国栋：《民法基本原则解释——成文法局限性之克服》（增订本），中国政法大学出版社2001年版，第8页。

因此,法律基本原则虽然具有非规范性,即不是严格意义上的法律规范,没有规定具体的权利和义务;也具有相对的不确定性,即其内容可能并非十分确定且有相当的模糊性,但是基本原则仍然具有法律上的约束力,即法律效力。

二、确定生态民法基本原则的主要依据

1. 以民法和环境资源法的基本原则为基础。生态民法是民法与环境资源法两个部门法交叉、渗透而产生的,也是两个部门法的重合领域,故确定生态民法的基本原则应当以民法、环境资源法的基本原则为基础和依据。

2. 具有显著的生态保护功能。民法的基本原则对于生态民法自然都是适用的。因为生态民事法律关系本质上也属于民事法律关系。但是这并非就可以将全部的民法基本原则照搬为生态民法的基本原则,应当考虑民法基本原则与生态保护相互联系的紧密度。与生态保护存在最紧密联系,能普遍、直接地服务于生态民法之生态保护宗旨的民法基本原则,方能作为生态民法的基本原则。

据此,在我国《民法典》规定的民法基本原则中,平等、公平、诚信、公序良俗等原则虽可适用于生态民法,但并无直接、普遍的生态保护功能,故不宜作为生态民法的原则。《民法典》第9条规定的绿色原则是专门为了生态保护而设置的,自然具有强大、显著的生态保护功能,应当作为生态民法之基本原则。

3. 普遍适用于规范生态民事关系。生态民法本质上是调整民事主体之间的生态关系,因此生态民法的基本原则必须能够直接规范民事主体之间的生态关系,而且具有普遍适用的必要性和可行性。所以,环境资源法的有些基本原则不适宜作为生态民法的基本原则。因为,环境资源法以公法规范为主,其调整对象主要是环境资源管理关系。此种关系在性质上属于不平等的行政管理关系。环境资源法的多数基本原则如生态优先、预防为主、综合治理等也是为此而设立的,其难以适用于平等的法律关系。

结合法律基本原则的一般属性和确认生态民法基本原则的主要依据,在此提出以下生态民法的基本原则:生态公正原则、绿色原则、权利

义务责任相一致原则、遵守生态规律原则。

第二节　生态公正原则

一、生态公正原则的界定

关于生态公正原则，目前学术界对其称谓很多，如“环境公平”“环境正义”“环境公正”“生态公平”等；对其内涵的理解也并非完全一致。上述称谓的主要差异在于：公平、正义或者公正？生态还是环境？

（一）公平、正义与公正的内涵

1. 公平

公平本质上是指不同主体之间在规则、权利和利益的配置上相对均衡、一视同仁、不偏不倚。《辞源》对公平的解释很简洁：“不偏袒”。公平带有明显的“工具性”，它强调的是同一个标准、“同一个尺度”，即使用同一个尺度、标准对待所有的人或事，如法律面前人人平等，以防止因人而异、因事而异的差异化待遇甚至歧视。至于所运用的尺度、标准是否正当、衡量的结果是否合理，则不在公平内涵之内，如按劳分配、禁止垄断、追尾全责等。公平的核心含义是均等、衡平、无差异，即在规则、机会、程序上的一视同仁、无差别待遇。

2. 正义

正义是人类社会普遍认为的崇高的价值，是指具有正当性、合理性的观点、行为、活动、思想和制度等。正义是一个相对的概念，不同社会、不同时代、不同阶层，对“正义”有着不同的理解。

“正义”一词，在中国最早见于《荀子》：“不学问，无正义，以富利为隆，是俗人者也。”《辞源》中的公正即正义：“不偏私，正直”；而正直则是“不偏不曲，端正刚直”。“正义”本是伦理学、政治学的基本范畴，后来也演变为法学的基本范畴。《辞海》对正义的解释是：对政治、法律、道德等领域中的是非、善恶作出的肯定判断。

柏拉图认为，城邦统治者、辅助者和一般劳动者必须以分工为基础，各司其职,他们“在国家里各做各的事而不相互干扰时,便有了正义,从而也就使一个国家成为正义的国家了”。[1] 即“各尽其职就是正义”。乌尔比安认为:“正义就是给每个人以应有权利的稳定的永恒的意义。”凯尔森认为:“正义是一种主观的价值判断。”基督教伦理学认为,肉体应当归顺于灵魂就是正义。

伦理学上的正义侧重于个人行为,通常是指人们按一定的道德标准做应当做的事,即为当为之事。它体现了一种道德评价和导向。作为道德范畴,正义与“公正”同义,常常通用,主要是指符合一定社会道德规范的行为。其判断标准就是:每个人是否得到了应有的权利,是否履行了应尽的义务。

政治学上的正义是一种社会正义,是指“给每个人他(她)所应得”。它具有明显的“价值取向”,并且突出其正当性。因此社会正义充分体现了集体对个体差异的适当矫正和弥补,以缩小个体差异,从而使个体结局趋于基本相同,即“大同”。例如,女性福利、残疾人福利、中小企业福利、所得税等。《正义论》的作者美国哈佛大学教授约翰·罗尔斯(John Bordley Rawls)提出了正义的两个原则:一是平等的自由原则,目的是保障所有人的基本自由和权利;二是差别原则,主张收入和财富的分配必须适合于“最少受惠者”的最大利益。“所有的社会基本善——自由和机会、收入和财富及自尊的基础——都应被平等地分配,除非对一些或所有社会基本善的一种不平等的分配有利于最不利者。”[2]

法学上的正义应当是指法律所追求和捍卫的价值目标,即法律上的权利、义务与责任的正当性、合理性和必要性。概括而言:享当享之权利,尽该尽之义务,担应担之责任。

正义是法律追求的最高目标,是法律的根本追求与最终归宿,是区别良法与恶法的标准,是法律进化的精神驱动力。法律也是实现正义的基本途径、捍卫正义的重要手段。“正义是社会制度的首要价值。”[3]

法律上的正义应当包括制度正义、形式正义和程序正义。制度正义

---

〔1〕 林聚贤、刘玉安主编:《社会科学研究方法》,山东人民出版社 2005 年版,第 338 页。

〔2〕 王浦劬:《政治学基础》,北京大学出版社 2005 年版,第 303 页。

〔3〕 王浦劬:《政治学基础》,北京大学出版社 2005 年版,第 3 页。

指权利、义务和责任等法律制度在内容上的正当性、合理性。形式正义是法律制度实施的合理性和正当性,如一致、普遍、稳定。程序正义是指保证制度正义和形式正义实现的步骤和方法的合理性、有效性。

综上所述,可以将正义的基本含义通俗地概括为:各司其职,各取其值;为应为之事,获当获之益,担该担之责。正义的宗旨在于保障合理性、正当性。

3. 公正

公正是古今中外人类社会孜孜不倦的价值追求,是对现实的社会行为和社会制度是否合理和正当的道德判断,是中国特色社会主义核心价值观之一。公正必须以平等和自由为前提,以法治为保障。亚里士多德说:“公正是德性之首,比星辰更让人崇敬。”

公正有时与正义通用,故有人认为正义包含了公平。但是严格地说,公正应当是公平与正义的统称、简称,即公正包含公平与正义两个方面。公平与正义之间存在十分密切的联系,但是各有其独特的意义和内涵。

在语义上,公平与正义的内涵有所区别、有所侧重。据《说文解字》记载:“公,平分也”,“正,是也。”在语义上,“公”与“私”相对;“正”与偏、倚、歪、斜等相对。

公平的核心在于规则、机会和程序上的均等、衡平、无差异。公平是实现和保障正义的基本手段和工具,公平能够保障形式上的正义,公平在大多数情况下最终也能产生实质上的正义。但是,公平并不必然就是正义,有时公平可能导致实质上的不正义。只突出公平而不守住正义,极有可能走向两极分化。例如,按劳分配的规则对所有人都同样适用,但绝对的按劳分配通常会导致贫富分化。公平相对正义而言,更具有可操作性,更容易规则化。

正义的核心在于保障合理性、正当性。正义是对公平的必要制约和补充,正义也是公平所追求的目的。但是,正义更侧重于道德伦理的指导、约束,无具体可行的规则,故正义难以成为可操作的法律规则。如果只强调正义而忽视公平,有可能导致平均主义,甚至以正义之名劫富济贫,走向绝对平均主义。唯有建立在公平之上的正义才可能具有最强有力的制度保障。

因此,公平与正义之间是相互依赖的,二者之间不能相互替代。仅仅突出公平或者正义一个方面，是不科学的，长此以往将威胁和损害社会的根本利益。应当将公平与正义结合起来作为一个整体，才是最佳的选择。

法律上的公正主要是指规则的公正。规则包括权利、义务、责任、程序等规则，以及对结果进行必要调整、控制、矫正的规则。权利公正，是指社会成员同等享有和行使法律上的权利，不因职业、职位、贫富、性别、宗教信仰等差别而有所不同，并受到同等的法律保护。机会公正即程序公正，是指社会成员享有同等参与相同社会活动的可能性和条件，即资格；而且参与经济政治和社会等各项活动的过程公开透明，不允许某些人通过对过程的控制而谋取不当利益。义务公正，是指社会成员平等地承担和履行法律义务，不因职业、职位、贫富、性别、宗教信仰等差别而有所不同。责任公正，是指社会成员如果实施了违法行为，就应当同等地承担法律责任，不因职业、职位、贫富、性别、宗教信仰等差别而有所不同。结果公正，是指应当建立健全适当的调控机制，保证社会成员能够普遍地参与经济和社会活动，合理地分享各种社会利益，避免差异悬殊甚至两极分化，实现社会和谐、普遍就业、共同富裕、共同幸福。

（二）生态与环境

如前所述，在“公平”、“正义”与“公正”三个范畴之中，只有“公正”的内涵和外延能够最优化地涵盖和表达我们试图赋予的含义。因此，“环境公平”“环境正义”“生态公平”等称谓就可以排除在外了。

但是，我们还面临着另一个抉择，即“生态公正”与“环境公正”究竟哪一个更科学、更合理？因此，有必要对生态与环境两个概念进行简单的分析和比较，这是理性选择的前提。

1. 生态

生态通常是生态系统的简称。生态系统（ecosystem，ECO），是指“在一定的时间和空间内，由生物群落与其环境组成的一个整体，各组成要素间借助物种流动、能量流动、物质循环、信息传递，而相互联系、相互制约，并形成具有自调节功能的复合体”。[1] 生物与其环境之间既相互

〔1〕 戈峰：《现代生态学》（第2版），科学出版社2008年版，第352页。

联系、相互依赖，又相互作用、相互影响。

生态的内涵表明：首先，生态或生态系统是由生物与环境共同组成的；其次，生物之间以及生物与环境之间相互依存、相互作用；最后，生态是一个系统，即具有内在结构和特定功能的整体。

2. 环境

依据《环境保护法》第 2 条之规定，环境“是指影响人类生存和发展的各种天然的和经过人工改造的自然因素的总体，包括大气、水、海洋、土地、矿藏、森林、草原、湿地、野生生物、自然遗迹、人文遗迹、自然保护区、风景名胜区、城市和乡村等”。环境的内涵表明：首先，环境本质上是指各种自然因素；其次，环境是指影响人的生存和发展的各种自然因素。

比较生态与环境的本质含义可知，第一，生态或生态系统在逻辑上包含着环境，环境是生态的一部分。因此生态公正可以包含环境公正，反之，环境公正难以包容生态公正。第二，生态更强调自然因素之间因相互联系和相互作用而形成的自然整体，环境则更侧重于自然因素。因此，生态这一范畴具有以下比较优势：

(1)能够更正确地反映人与自然关系的真实状况。一方面，人与自然之间是相互联系、相互作用、相互依存的整体，人依赖于自然而存在、发展，因此人应当保护自然。另一方面，自然通常是作为一个整体反作用于人的，而非孤立地发挥作用。如果人类不能合理对待自然，那么自然若以整体之力对人实施惩罚和报复，人可能要面临毁灭性后果。

(2)能够更有利于人们科学地认识和揭示自然规律。首先，自然规律存在于各自然因素的相互联系和相互作用之中，而非孤立地存在。其次，不同的自然规律之间可能也是相互影响，交织而存。因此，应当善于从自然因素的相互联系和相互作用中发现自然规律。

(3)能够更有利于人们积极、主动地遵守和运用自然规律。在防治污染、保护生态系统时，充分利用生物之间、生物与环境之间的相互联系和相互作用，系统防治、综合治理，从而显著提高防治和保护的效率；如果孤立地对待自然因素，“头痛医头、脚痛医脚”，往往事倍功半，其效不彰。只有立足于生态系统这一整体中才能充分、有效地利用自然规律。

因此，在“生态公正”与“环境公正”之间，“生态公正”更为适当。

（三）生态公正原则的内涵

综合生态与公正的内涵可知，所谓生态公正原则，是指生态权利、生态义务、生态责任及相关程序的设置、分配应当维持公平、维护正义，即公允、公道、平衡、正当、合理。生态公正的宗旨在于维护和实现生态利益在社会各阶层、各地区、各群体等之间分配时的公平和正义。

通俗地说，生态公正原则，是指人们应当公平地分配享受生态系统所能提供的生态服务即生态利益；共同参与与生态保护相关的法律和政策的制定；合理分担经济和社会发展所导致的生态风险。

生态公正原则主要包括以下几个方面：

以性质为标准可分为：程序生态公正、地理生态公正和社会生态公正。程序生态公正强调生态法律规则面前人人平等、普遍适用，如对环境信息享有同等的知情权，对重大环境事务享有同等的参与权。地理生态公正强调一个区域生态保护上的付出与其获益应当基本相称，如容纳废物的区域应从产生废物的区域得到适当补偿。社会生态公正强调在整个社会，不同种族、民族、群体承受的生态风险应当大体上比例相当。

以时间空间为标准可分为：代内生态公正、代际生态公正。代内生态公正是指同一代人不同地域之间分配和享用生态资源上的公正，包括国家之间的国际生态公正、一国不同地区之间的生态公正。代际生态公正是指当代人与后代人之间在生态资源享用上的公正，主要是强调当代人在开发利用生态资源时，不能只关注当代人的需要，而应该适度、合理、可持续利用，以保证后代人享用生态资源的需要也能够得到满足。

还有人提出了所谓的“人地公正”，即人与自然之间应该保持的一种公正关系，人应当合理地控制利用和改造自然的程度、方式、方法等，维护生态系统的平衡与稳定，保护生物的多样性。

二、生态公正原则之由来

生态公正原则在内容上是对民法公平原则和环境资源法环境正义原则的概括和升华，但其产生的直接原因则是起源于20世纪80年代的美国环境正义运动，即一系列以社区为单位的抗议运动，抗议有色人种社区、弱势群体社区很不公平地被暴露在污染中，从而承担了更多的环境负担。环境正义运动始于1982年的沃伦抗议。

1.1982年沃伦抗议拉开了环境正义运动的序幕。沃伦（Warren County，也有译为瓦伦）是美国北卡罗来纳州的一个县，以非裔美国人和低收入白人为主要居民，同时它也是北卡罗来纳州的有毒工业垃圾的倾倒和填埋场所在地。1982年，生活在当地的非裔妇女和白人自发组成人墙封锁了运载有毒垃圾卡车行驶的通道，以表示强烈抗议。“沃伦抗议”（Warren County protest）首次把种族、贫困和工业废物的环境后果联系了一起，在社会上引起了强烈的反响。[1]

1987年，美国联合基督教会种族正义委员会发表了一篇题为《有毒废弃物与种族》的研究报告，进一步揭示了环境问题与种族因素、不公平环境政策的关系：环境非正义有时是有意分配的结果，长期隐藏于美国社会底层的环境正义问题被正式公之于光天化日之下。从此，环境保护的不公平现象在更大范围内引起社会的关注，许多由社会问题而引起的环境问题被进一步的调查和揭露，各种各样的争取环境正义的团体如雨后春笋般出现。同年，一本名为《必经之路：为环境正义而战》的小册子问世。它详细介绍了沃伦抗议的来龙去脉、前因后果，并首次使用了“环境正义”一词。“环境正义”这一概念由此诞生。

2.1991年美国有色人种环境领导峰会掀起了环境正义运动的高潮。1991年10月，美国“第一次全国有色人种环境领导峰会”在华盛顿召开，与会代表经过激烈辩论后，一致通过了17条“环境正义原则”，以此作为日后行动的宗旨。著名环境正义拥护者戴安娜·阿尔斯顿表示：“环境问题不能狭隘地予以解释。在我们眼中的环境是与整个社会的、种族的和经济的正义交织在一起的。在我们看来，环境就是我们生活、我们工作和我们玩耍的地方。”[2]至此，环境正义运动已由自发的草根运动，发展成为有共同宗旨和目标的、有组织的、正式或非正式的社会运动。当时通过的环境正义原则主要包含以下内容：

第一，尊重自然，合理开发利用自然。尊重我们赖以生存的地球、生

---

〔1〕王小文：《美国环境正义探析》，载《南京林业大学学报（人文社会科学版）》2007年第2期。

〔2〕侯文蕙：《雨雪霏霏看杨柳》，载《读书》2001年第6期。

态系统以及所有物种间之相互依存关系,不容有任何生态破坏。对土地及可再生资源进行合乎伦理道德以及平衡的、负责任的利用,以维持地球的可持续发展。

第二,人们享有平等的生态权。所有公共政策应以所有人类的互相尊重和平等为基础,不允许有任何歧视或差别待遇,所有人类在政治、经济、文化及环境上均享有基本的自主权。

第三,禁止生产有毒有害产品。停止生产有毒物质、放射物质及有害废弃物;呼吁全面反对核试验,反对生产任何危害空气、水、土地和食物的产品。

第四,劳动者享有在安全健康环境中工作的权利。所有劳动者均有权享受安全及健康的工作环境,并认为环境不正义是违反国际规范的行为,要保障环境不正义的受害者能够受到完全的赔偿、伤害的修缮以及良好的医疗服务。

第五,城乡生态平等。建立城市和乡村的生态政策,以净化并重建与自然和谐的城乡;尊重所有社区的纯洁文化,使所有人类都有平等地接近大自然的机会。

第六,普及生态教育。以文化多样性为基础,加强全民生态保护教育。

目前,环境正义理论已经得到广泛而深远的响应。从学科角度看,环境正义已经成为政治哲学和环境哲学、经济学、政治学、社会学和法学等学科共同关注的理论和实践问题;从地域范围看,环境正义理论很快跨越美国,在世界范围内产生了重大影响,英国、德国、法国、日本和澳大利亚等各国学者对环境正义问题进行了广泛、深入和持续的研究。

三、生态公正原则的哲学思考

主流环境保护主义主张,为了解决当代世界面临的生态危机问题,应当重新认识和处理人与自然的关系,即人应当与自然和谐相处,应当尊重自然、顺应自然、保护自然,应当平等地对待其他生物物种。解决生态危机的出路主要在于重塑人与自然的关系。但是生态公正理论对此提出了不同的观点。

1. 生态危机的根本原因在于人与人的社会关系。生态公正理论认为,人与人的社会关系才是生态危机产生的深层原因,单纯地、片面地从人与自然的关系出发，忽视从人与人之间的复杂社会关系，难以真正解决环境问题，这是治标不治本的方法。

首先，人与自然的关系不可能抽象、孤立地存在于人与人的社会关系之外，相反人与自然之关系总是与各种社会现象和社会问题紧密相连的，总是通过人与人之间的以利益为基础而构成的各种社会关系表现出来的。脱离社会关系的人与自然关系是不存在的，抛开人与人的社会关系探讨和解决人与自然的关系，那是不现实的。[1]

其次，当代社会的生态问题在形式上反映了人与自然关系的危机，但在本质上却反映了人与人的社会关系的危机。而人与人之社会关系的危机根本上源于当代社会普遍存在的不同种族、区域、国家之间不公平地分享生态系统资源和分配生态权利的制度。一部分人享有支配和主宰另一部分人生态权利和生态利益的权力，这一部分人为了在获取经济利益的同时又能保护自身所在的生态系统，不惜牺牲另一部分人赖以生存的生态系统及其自然资源，然而由于生态系统的整体性和生态利益的共享性，这种肆意支配、掠夺、污染、破坏他人生态系统及其资源的行为，不可能仅仅危害受害人的生态环境，从整体和长远看，最终必然导致并不断加剧整个人类的生态危机。

2. 缓解和消除生态危机的根本在于构建公正的生态社会关系。生态公正理论提出，如果要从根本上解决环境问题和生态危机，就应当从根本原因入手。既然人与人之间的社会关系才是生态危机的根本原因，那么构建人与人之间公平正义的生态社会关系才是预防和消除生态危机的根本之计。

构建公正的生态社会关系，即在人与人之间公正地分配生态资源、分享生态利益、分担生态风险和生态义务，使每一个人的生态权利、生态义务和生态责任能够协调、对称、一致，构建人与人之间的公平正义的环境资源社会关系。只有消除人与人之间在生态权益分配上的不公正，才可能最终形成人与自然的和谐关系，才可能拥有和享受安全、舒适、可持续的生态系统。

---

〔1〕 王超：《环境正义对环境问题的启示》，载《中南林业科技大学学报（社会科学版）》2009 年第 3 期。

生态公正原则以生态公正的界定为起点,以反思生态不正义为中介,以消除生态不正义、实现生态正义的路径为结论。这就是生态公正原则的逻辑轨迹。

3. 享受生态公正应当是人的基本权利。生态公正理论是从价值即"人的权利"出发,阐述和探讨生态危机、环境治理、生态保护等问题,并界定生态的公平与正义。因此,生态公正原则首先要求:应当保障每一个人都能切实拥有、享受良好生态服务、免受生态危害的权利。此为人的基本权利。

基于这一基本权利,或者说为了保障和实现此基本权利,居民应当有权平等参与影响生态环境品质之决策和立法,并且有权要求相关决策和立法的过程保持公平性和透明性;居民应当平等享有良好生态服务、免受生态危害之权利;环境利益和环境风险在不同阶级、不同民族、不同种族、不同性别和不同年龄社会成员之间应当平等分配的权利。生态公正需要一系列权利加以保障和体现。

4. 生态公正反对歧视待遇。在生态权益、生态风险等分配中,不平等地对待不同的种族、阶层、区域或国家,就是生态歧视,而生态歧视就是生态非正义。例如,将一些家庭、学校、社区和工厂长期置于有毒化学药品、杀虫剂及其他毒素的危害之下,将污染处理设施进行差异化设置,将某些个人和团体排除在生态决策过程之外等。

四、生态公正原则的基本要求

生态公正原则的基本要求包括以下方面:

1. 平等享有生态权益。法律应当一视同仁地将生态权利赋予和分配给每一个社会成员,保证其能够平等地享受生态利益,并且为每一个社会成员的生态权益提供平等的法律保护,如同等享受清洁环境而不遭受不利环境伤害。美国环境正义运动的目标就是,"保证人们共同享有生活在不受环境恶化和污染所带来的危险的环境之中的权利,争取人们可以平等的获取能维持生活和文化的自然资源的权利"。[1]

---

[1] Adamson, Joni, MeiMei Evans & Rachel Stein (eds.), *The Environmental Justice Reader: Politics, Poetics, and Pedagogy*, University of Arizona Press, 2002, p. 4.

2. 平等负担生态义务和生态风险。法律应当不偏不倚地将生态义务课予每一个社会成员，并要求每一个社会成员同等地承受和履行生态义务。美国环境正义运动爆发的初始原因就是，有色人种社区和穷人社区成为有毒废弃物的集中填埋地，因而过多地承担了生态义务，过度地承受了生态风险。

3. 平等地承担生态法律责任。在社会成员侵害他人生态权益或违反自身生态义务时，法律应当同等地追究每一个违法行为人的生态法律责任，包括处罚种类和程度、责任构成要件等各个方面都不能厚此薄彼。

4. 保障实质正义，即保障生态权利、生态义务和生态责任设置、分配结果的正义。公平侧重于法律形式，但有时可能导致实质上并不合理、正当的结果。因此，应当对明显失衡的设置、分配结果进行必要的调整、控制、矫正，以维护实质正义。例如，对弱势群体或区域的生态权益保护应当更加关注和重视。

五、我国目前有违生态公正的主要现象

（一）立法重生态义务轻生态权利

我国现行立法首先强调的是生态义务，而非生态权利。《环境保护法》规定了一切单位和个人保护生态环境的义务，但却没有明确自然人、社会组织的生态权利。《民法典》规定的绿色原则本质上就是生态义务原则，但同样缺乏对生态权之规定。我国现行生态法存在强烈的功利主义色彩，长期缺乏细致考量生态权利、生态利益与风险的合理分配，其正当性和合理性面临严峻挑战，在实践中往往也因遭遇重重困难而无法落实。其重要原因之一就是法律鲜有能深入剖析不同群体间的生态利益平衡，并围绕生态利益的确认、保障及救济建立细致而可行的制度。[1]

（二）区域不公正

由于地理位置和自然环境的差别，受工业布局的影响，我国的区域之间生态不公正现象较为突出。主要表现在：东西部地区在获取自然资

---

〔1〕 晋海：《美国环境正义运动及其对我国环境法学基础理论研究的启示》，载《海河大学学报（哲学社会科学版）》2008 年第 3 期。

源利益与承担生态保护义务上存在严重的不协调,西部地区的自然资源利益持续不断地输向东部地区后,但东部地区没有给予相应的补偿,而且西部地区还承受着因开发自然资源而产生的生态环境恶化的后果。

此外,发达地区对落后地区的生态补偿也普遍严重欠缺。目前很多落后地区因为保护生态环境的需要,经济发展受到诸多限制,当地居民为了生态保护作出了较大的牺牲,但是受益地区却没有给予相应的生态补偿,如长江上游与长三角地区之间。东部地区在产业转型升级的过程中,大多将环境污染、生态破坏较为严重的产业转移到了西部或中部。

(三)城乡不公平

我国城乡之间也存在严重的有失生态公正的现象。这主要表现在三个方面:

1. 生态保护的公共财政投资基本限于城市。城市生态保护所需投资,包括人、财、物等,完全由公共财政负担。但是目前对农村地区的生态保护,公共财政投资极少,多数农村地区在生态保护上基本上没有享受公共财政的阳光,如污水处理和排放、垃圾回收和处理等。

2. 城市污染普遍向农村转移。城市的污水向农村地区排放;生活垃圾、工业垃圾、建筑垃圾、其他有毒有害物在农村地区处理,包括焚烧、填埋等;城市的各种有毒有害气体向农村地区扩散;污染较重或超标的企业基本上都是选址在农村,或者由城市向农村搬迁。总之,城市的各种污染向农村地区转移,早已习以为常。

3. 城市对农村的生态补偿尚属空白。虽然广大的农村地区承接了大多数的城市污染,包括废水、废气和废物,但是农村地区及其居民却没有因此得到任何生态补偿。这显然是极其不公平的。

现行《环境保护法》虽然对农业和农村环境保护的规定有所增加和强化,但基本上都是一些弹性极大、缺乏强制约束力的条款。不得不承认,我国环境立法严重忽视了社会实际存在的环境不公平问题。[1]

---

〔1〕 李彩虹:《环境公平的实现——以环境法修改为契机》,载《环境保护》2007 年第 18 期。

(四)群体间不公平

近几十年来,中国社会的贫富分化比较突出,少数的富人群体占据了社会的大部分财富。这一群体在生产、消费中对生态系统造成的负面影响要远远大于贫困阶层。因为,一方面富人阶层在生活中消费的资源和能源、向生态系统排放的污染物远多于贫困人群;另一方面相当一部分的群体是依靠粗放式生产致富的,包括低水平的资源开发、高污染的生产等,即较多富人是以高污染、高消耗为条件而走向富裕的。

但是,富人并没有因此而对生态保护承担更大的义务;甚至环境污染和生态破坏的后果往往直接由贫困人群来承担。[1] 富人享受了较多的生态利益,却承担着相对较少的生态义务,其生态利益与生态义务极不相称、严重失衡。

(五)立法明显忽略政府生态义务与生态责任

我国的生态保护迄今为止仍然主要依赖于公法手段,即行政保护。行政机关是生态保护的主角,是生态法律法规的主要执行者,是享有和行使生态监管权的管理者。因此我国的生态保护立法总体上对行政相对人尤其企业的生态义务和生态法律责任较为重视,但对各级人民政府和行政机关的生态义务、生态法律责任明显忽略。其主要表现是:在环境立法中强调政府职权(权力)本位,突出政府环境权力立法,重政府环境管制,轻政府环境指导与服务;大多数环境法律没有对照有关政府环境权力,明确规定相应的政府环境义务;发挥运用政府权力的法律制度比较健全,规范政府服务的法律制度相对欠缺;政府权力的法律规定比较详细具体,政府义务、责任的法律规定比较原则。[2]

六、消除我国生态不公正现象的主要对策

(一)明确规定生态权

我国宪法、环境基本法和民法典等法律,以及其他相关单行法如大气法、水法等,应当从自己的任务、调整范围出发,相应地对生态权加以

---

〔1〕 洪大用:《环境公平:环境问题的社会学视点》,载《浙江学刊》2001 年第 4 期。

〔2〕 蔡守秋:《论政府环境责任的缺陷与健全》,载《河北法学》2008 年第 3 期。

明确规定。例如,宪法作生态权纳入公民基本权利;环境基本法主要规定公法意义上的生态权;民法典确认私法意义上的生态权;而单行法则规定具体的某一项生态权,如大气法可规定清洁空气权,水法可规定清洁水权等。

(二)建立中央和地方分享国有自然资源开发收益的机制

开发国有自然资源的收益主要是各种资源税费,应当由中央和资源所属地省级行政区分享,原则上可考虑各得50%。省级行政区所得部分还应当由省级人民政府与资源所属地县级人民政府分享。

国有自然资源虽然其所有权属于国家,在开发过程中所属地承受了因开发带来的生态损害后果,包括当地生态系统质量下降,甚至当地居民的人身健康也间接受到侵害。因此,国有资源所属地政府及其居民适当分享国有资源开发的收益,具有充分的正当性。

(三)健全区域间的生态补偿制度

首先是加大补偿力度,应当制定具体可行的评估规则和其他相关细则,用于计算补偿数额、确定补偿对象、选择补偿方式等。补偿费数额不应当只是象征性的。其次是扩大补偿范围或者说增加补偿类型,如城市对周边农村地区进行补偿、污染企业异地转移后对接受地进行补偿。

(四)构建城乡平等的生态权益机制

城乡平等,也可以说就是城乡一体化,城乡同等享受生态权益。主要应当包括:一是在生态保护的公共投资上农村与城市享有同等待遇,即农村地区生态保护所需要的人、财、物等,一视同仁地由政府承担。二是农村地区的自来水、污水和垃圾处理等应当与城市纳入统一的管网系统,适用同等标准等。三是逐步减少直至完全杜绝城市污染向农村地区转移,确需转移污染物,须严格依法处理并达到不会增加农村污染的程度。例如,城市污水确需向农村地区排放的,应严格按照要求进行净化处理并达到接受地的现有水质标准,或者虽然略低于当地水质标准但当地水体可通过自我净化不降低水质。四是城市与农村应当执行同等污染排放标准,不得城市严格农村宽松,如污染企业必须在经技术改造后污染排放达到城市企业标准后方可向农村转移。

（五）强化各级政府及其职能部门的生态义务和生态责任

我国环境基本法和相关单行法应当明确规定各级政府及其职能部门在所辖区域生态保护中的法定义务。例如，生态保护财政投入的最低比例，节能减排的具体义务，植树造林的义务，生态修复的义务，生态补偿的义务，生态教育的义务等。以上述生态义务为依据，再制定每一届政府及其职能部门应当完成的具体指标，任期结束时由同一级人大、环保组织、生态保护专家等组成考核机构进行专门的考核，并且应当公开考核程序、标准和结果。

同时，必须规定未能履行上述义务时应当承担的法律责任，主要是政务处分，包括撤职、降级等。而且应当尽可能规定各种处罚的具体适用条件，达到条件即应施以相应处罚。

（六）探索建立针对高消费群体的调控型生态义务

居民在生活中的消费方式对生态保护具有重要意义。生态化的消费方式可以尽可能少地消耗资源和能源，同时尽可能少地产生污染物；反之则会明显增加资源和能源消耗以及污染物数量。

因此在保障居民基本生活需要的前提下，对超出一定标准之上的消费者，可对其课以较重的生态义务，以引导和调控其消费行为，促进生态保护。例如，购买排量在3.0以上的汽车，购置税至少增加2倍以上；居民生活用水超过人均基本需要标准后，水费和水污染处理费可增加10倍以上；用电费可参照用水费执行；居民住宅面积超过规定标准或者为别墅的，应当在房产税外另行征收资源税。

第三节　绿色原则

我国《民法典》第9条规定："民事主体从事民事活动，应当有利于节约资源、保护生态环境。"这一规定即为"绿色原则"，也有人称之为"生态原则""生态环境保护原则""绿色环保原则""生态文明原则"等。其中"绿色原则"之称谓最为流行，接受和使用的人最多。

“绿色原则”之称谓最简洁、明晰、直接地体现了保护生态系统的本质要求。我国《环境保护法》规定的“保护优先”原则与民法的绿色原则有异曲同工之作用，但是容易误解为只是《民法典》第9条的一部分，即只是“节约资源、保护生态环境”之“保护生态环境”。

也有学者认为《民法典》第9条不能成为一个独立的原则；[1]或者应当“将保护环境、维护人与自然和谐总结为公序良俗的一种类型”，即归入公序良俗原则。[2] 但是学术界主流的观点仍然赞成这是一个基本原则，而且从《民法典》的条文设计来看，也是将其作为基本原则加以规定的。

一、绿色原则之内涵

依据《民法典》第9条之规定，所谓绿色原则，是指民事主体在从事民事活动尤其是设立、变更或终止民事法律关系的过程中，应当兼顾并符合有利于保护生态系统及其生态服务功能的基本要求，即以有利于生态文明建设的方式方法完成。

（一）绿色原则约束所有的民事活动

有学者主张，绿色原则只是通过对民事主体课予必要的生态义务，从而对其民事权利的行使施加适当的限制，其目的在于禁止滥用权利，其功能类似于公序良俗原则。本质是通过私权的限制，对民法权利本位进行适度矫正，使民法在当代社会能够保护生态环境这一社会公益。

但是，本书认为，绿色原则应当适用于民事主体的所有民事活动，除了行使民事权利外，履行民事义务或承担民事责任也应当遵守这一原则。即民事主体在履行民事义务或承担民事责任时也应当选择有利于节约资源、保护生态的方式。主要理由如下：

1. 同一民事法律关系中的民事义务有时可以选择不同的方式实现，而以不同方式履行民事义务对生态保护的意义可能差异悬殊。此时只要不会对权利人之权益造成明显不利的影响，就应当尽可能选择有利于

---

〔1〕 苏永钦：《体系为纲，总分相宜》，载《中国法律评论》2017年第3期。

〔2〕 蔡唱：《公序良俗在我国的司法适用研究》，载《中国法学》2016年第6期。

生态保护之方式履行民事义务。例如,房屋装修合同的承揽人在保证装修质量的前提下,应当尽可能使用污染少、能耗少的装修材料、设备;建设工程合同的施工方在保证工程质量的前提下,应当尽可能使用环保材料;产品生产者在不明显降低产品质量、性能的前提下,应当尽可能使用污染少、可再生的原材料,尽可能节约原材料等。

2. 在对权利人没有明显不利影响的情况下,应当要求行为人以最有利于生态保护的方式承担民事责任。例如,在合同义务人交付的标的物质量不合格时,如果经修理可以达到合格标准即应当优先修理,或者在不妨碍标的物性能和合同目的的前提下适当折价,而非直接退货、重作等,后者必然在一定程度上造成浪费。又如,造成生态环境损害后,可以通过支付一定数额的金钱赔偿损失,也可以要求加害人直接修复被损害的生态环境,二者的生态意义截然不同,修复的责任方式在生态意义上明显优于赔偿,故应优先适用生态修复责任;无法修复或无须修复的,才允许以支付赔偿金的方式承担责任。

3. 如果绿色原则的内涵仅仅是防止民事主体滥用权利,那就没有必要另行单独加以规定。因为,《民法典》第132条已经对禁止滥用权利有了明确规定,即“民事主体不得滥用民事权利损害国家利益、社会公共利益或者他人合法权益”。

(二)绿色原则的宗旨是保护生态权利和生态利益

传统民法之宗旨在于保护民事主体的人身权益和财产权益。绿色原则之确立直接、明确地以保护生态利益为宗旨,直接承认了生态利益是民法应当保护之法益,同时也间接承认了民事主体享有生态权利。

因此,生态文明时代的民事法律的立法者、执法者和司法者应当更新自己的观念,树立并奉行生态文明所要求的原则和理念,并以此指导民事立法、执法、司法活动。其中之一就是应当遵循绿色原则,依法确认并保护民事主体的生态权利和生态利益,将生态利益作为与人身利益、财产利益并列的三大法益之一。

(三)科学理解绿色原则的几个核心概念

如何科学地解释《民法典》第9条在规定绿色原则时所使用的几个

关键词,是完整、准确地理解绿色原则的基础和前提。

1.“有利于”。民事主体在从事民事活动时,在对人身权益、财产权益不构成明显妨碍、危害时,应当尽可能保护生态利益,最大限度地节约资源、保护生态环境。当财产权益严重损害生态利益时,应当优先保护生态利益。

2.“节约”。尽可能地减少资源的消耗,同时应当尽可能提高资源消耗的效率,以最少的资源消耗,获取最大的效益。

3.“资源”。“节约资源”中的资源,核心是自然资源,但不能局限于自然资源,应当涵盖自然资源,以及所有的作为民事法律关系客体的物,包括各种加工物以及各种能源物。加工物虽然不是自然资源,但是却是直接或间接地使用自然资源作为原材料制造而成的,节约使用加工物最终必将实现节约使用自然资源之目的,反之浪费加工物也必将最终导致对自然资源的浪费。

4.“保护”。其直接含义是:在生态权益可能或正在遭受侵害时,依法采取一定措施防止生态侵害发生或制止正在发生的生态侵害。但此处之“保护”除了上述直接含义之外,还应当包括:不得损害生态系统;采用适当的治理、修复措施,以消除侵害后果;采取适当措施修复、改善生态系统;不妨碍生态系统之自行恢复,这是消极、不作为之“保护”,也是最基本、最起码的要求。

5.“生态环境”。准确地说应当是指生态系统,包括生态系统的构成要素生态因子、生态系统的生态服务功能、生态系统的平衡与稳定、生态系统之生物多样性等,不能局限于环境要素。

二、绿色原则之诞生

绿色原则的诞生可谓是一波三折。

(一)绿色原则之提出

2016年6月,《民法总则》草案提请全国人大常委会一审。在向社会公布的征求意见稿中明确规定绿色原则:“民事主体从事民事活动,应当保护环境、节约资源,促进人与自然和谐发展。”这一规定在提请全国人大常委会二审的草案稿中依然存在。

（二）绿色原则之删除

但二审期间一些全国人大常委会组成人员提出，保护环境、节约资源、促进人与自然和谐发展，值得提倡，但是在“基本原则”章节中作出规定，不如在“民事权利”章节从民事权利行使角度加以规范，更为适当。

2016 年 12 月，提请全国人大常委会三审的草案稿将“绿色原则”从基本原则中移除。相关内容规定在民事权利一节，且与其他内容合并为：“民事主体行使民事权利，应当节约资源、保护生态环境；弘扬中华优秀文化，践行社会主义核心价值观。”这一修改不仅大大降低了绿色发展理念在民法中的地位，由民事活动的基本原则变为了行使民事权利的义务，而且其内容也被大大限缩。

（三）绿色原则之通过

三审稿面向社会公开后，多位代表和学者发表意见认为，在基本原则部分恢复“绿色原则”更为合适，也更符合中国国情和现实需求。最终在提请十二届全国人民代表大会第五次会议审议的民法总则（草案）中，“绿色原则”又重新回到了第一章的基本原则部分。

十二届全国人民代表大会第五次会议终于表决通过了规定有“绿色原则”的《民法总则》。2020 年第十三届全国人大通过的《民法典》保留了这一规定。

三、绿色原则的价值和功能

绿色原则的价值和功能就是其所具有的主要意义、所能发挥的主要作用。绿色原则自然具有作为基本原则都具有的一般功能，主要是作为指导相关立法、执法和司法的准则，弥补法律条文之不足等。但是绿色原则也具有自身特有的一些价值和功能。

（一）传承和弘扬我国优秀传统文化

中国古代先贤们早就提出了“天人合一”论，认为人是自然的一部分,人与自然“生死相依”,形成了一个命运共同体。[1] 据现有文献考证,天人合一的思想最早肇始于《周易》之《易经》,至《周易》之《易传》则以人与自然关系为基础提出了较为系统的阐述和观点,其核心就是“生生之学”,即天地生成万物,养育万物;然后自然万物通过阴阳之道生成演化,不断地繁衍、循环;最后万物各按其道,形成“保合大和”的动态平衡,天地得以恒久。[2]

对中国传统文化影响至深的道、儒两家虽然在关于人与自然关系的具体论述上有较大差异,即道家以道为出发点,主张“道生一,一生二,二生三,三生万物”;而儒家以个人为出发点,个人、家、国、天下,即“修身、齐家、治国、平天下”。但是二者殊途同归于天人合一论,它们都认为人与自然共处于一个世界,这是相互联系的有机整体。[3]

天人合一、天地人和、人与自然和谐共生、尊重自然、保护自然、顺应自然等,是我国优秀的传统文化理念,不仅影响深远,贯穿于整个中国古代思想史,而且对当代生态文明建设也具有重要的地位和价值。绿色原则即是对这一思想的最好传承和弘扬。

(二)体现和贯彻“五位一体”的治国理政新战略

2012 年,中共十八大报告创造性提出了“五位一体”的治国理政新战略,即经济建设、政治建设、文化建设、社会建设、生态文明建设五位一体的总体布局。五位一体总布局首次将生态文明建设纳入国家的整体发展战略,这是为了更好地适应我国人口数量多、人的物质文化需求与自然资源、生态环境的矛盾将长期存在的国情,并从根本上解决人与自然的矛盾、提升我国国民的生态福祉。

绿色原则要求所有民事主体在其民事活动中尽可能地节约资源,保护生态环境,既是五位一体战略的充分体现,也是贯彻实施五位一体战

---

〔1〕 王国平、罗丽娜:《中国传统文化可为“生态整体主义”提供思想资源》,载《光明日报》2009 年 8 月 18 日,第 6 版。

〔2〕 祈海文:《“生生之谓易”——试论〈易传〉“天人合一”论生态整体观》,载《中国文化研究》2005 年第 4 期。

〔3〕 赵玉:《道家与儒家:生态整体观的二种不同构筑路径》,载《鄱阳湖学刊》2012 年第 3 期。

略所必需的。缓解人与自然的矛盾，就应当合理控制人对自然的需求和消耗，最大限度地减少和降低人对自然的污染和破坏，民事主体的民事活动与此存在十分密切的联系，也能够产生直接和明显的效果。

（三）促进民事主体人身权益和财产权益的保护与实现

民法是权利法、宪法规定的公民生命权、健康权、财产权等基本权利都需要在民法中具体化。民法有"个人权利宪章"之称。因此《民法典》的编纂本质上就是为了系统地规定私人权利，明确"法无禁止即可为"的界限，同时也是确定政府在干预私权时"法无依据不可为"。

但是，民事权利的保护与实现却与生态保护、生态利益息息相关、密不可分。

1. 保护生态系统和生态利益必然有助于改善民事主体的人身权益和财产权益。良好的生态系统意味着自然人可以呼吸清洁的空气、饮用清洁的水；社会成员可以从生态系统获取更多、更好的物质和能量等，因而生命健康会更有保障，物质财富会更为丰富。

2. 保护人身权益和财产权益必须保护生态利益。因为，如果生态系统被污染、破坏，那么自然人就难以呼吸清洁的空气、饮用清洁的水，生命健康就会受损害；同时也难以从生态系统获取足够的质量合格的物质财富。因此，保护生态系统是保护人身权益和财产利益的基础。

（四）有利于推动民事主体生态权益的确认和保护

我国《民法典》虽然没有明确地规定民事主体享有生态权，但是绿色原则的宗旨就是通过对民事主体赋予生态义务，实现保护生态系统即保护生态利益之目的。生态利益在法律性质上虽然是社会公共利益的一种类型，但生态利益同时也具有显著的私人利益性质。如前所述，生态利益与民事主体的人身权益和财产权益密不可分，因此绿色原则在保护作为公益之生态利益的同时，也必然在保护作为民事主体私益的生态利益。

而保护私益性质的生态利益，即保护民事主体之生态利益，就等于承认了民事主体享有生态利益的正当性和合理性，因而也就间接承认了民事主体对生态利益应当享有之权利，即生态权。

(五)在民法中确立生态安全的价值和地位

生态安全是指生态系统的健康和完整情况,是人类在生产、生活和健康等方面不受生态破坏与环境污染等影响的保障程度,包括饮用水与食物安全、空气质量与绿色环境等基本要素。生态系统完整性和健康的整体水平,尤其是指生存与发展的不良风险最小以及不受威胁的状态。[1]

传统民法主要保护交易安全,并未将生态安全纳入考量。在当代社会污染严重、资源稀缺、生态危机日益严重的情况下,交易安全与生态安全必将发生冲突。"绿色原则"将生态安全纳入民法,可以在二者之间发挥平衡作用。一方面,在立法中直接规定交易行为的生态保护义务、明确严重影响生态安全的交易行为无效;另一方面,在交易安全与生态安全发生价值冲突,又无明确裁判性规范时,可为司法裁判提供原则性指引。

四、绿色原则的主要内容

绿色原则的主要内容本质上就是民事主体应当履行的保护生态系统及其生态服务功能的义务。现代民法必须反映当代社会普遍存在的资源环境逐渐恶化的时代特点,适应生态保护和生态文明建设的客观需要。依据《民法典》第9条之规定,结合环境资源法的相关规定和生态学的相关知识,以及我国生态保护的实际需要,绿色原则至少应当包括四个方面的内容。

(一)节约资源

现代社会,资源的有限性与人类不断增长的需求形成尖锐的冲突和矛盾。由于人口增长,发展速度加快,资源和环境对于发展的承受能力已临近极限。解决资源共需矛盾的有效办法之一就是节约资源,《民法典》和其他相关法律应当通过确立各类民事主体的节约资源义务,承担和发挥引导资源合理和有效利用的功能,"以使互不相侵而保障物质之

---

〔1〕 陈茜:《论环境法的价值理念——环境安全》,载中国法学会环境资源法学研究会2007年年会与学术研讨会论文,2007年8月于兰州。

安全利用”[1]。由于中国人口多,人均资源相对不足,地区差异较大,生态环境脆弱,生态环境恶化的趋势仍未得到有效遏制,节约资源更为重要。

节约资源在生态学上的意义主要表现在两个方面:一是可以减少从生态系统获取物质和能量的数量,从而增加资源的存量,增强资源的可持续性,有利于实现可持续发展。二是通过减少使用资源进而减少污染物的产生和排放,降低对生态系统的污染和破坏。

节约资源至少应当包含以下基本要求:(1)适度或者尽可能少地消耗资源。(2)合理地开发利用资源,以最少的资源消耗获取最大的经济和社会效益。(3)科学地开发利用各类资源,掌握并遵守、运用资源所具有的自然规律。(4)适度地开发利用各类资源,以实现可持续利用,为后代人保留必要的资源。(5)最大限度地循环利用各种资源,以实现“物尽其用”。

(二)预防生态损害发生或扩大的义务

预防损害义务(以下简称预防义务),是指生态主体在其生产经营活动、日常生活消费和其他运用性活动中应当采取合理、充分、有效的措施防止生态损害的发生,包括预防环境污染发生和预防生态破坏发生两个方面。此为普遍性义务或称全民义务,也是积极义务、作为义务、命令性义务。

预防义务主要包括如下内容:(1)依法阻止他人非法污染、破坏生态系统,如监督、举报生态违法行为。(2)依法分类处置废弃物,如生活垃圾、工业垃圾、建筑垃圾处置。(3)依法采取必要措施防止生态损害的发生,如配备必要的预防污染的设备,制定必要的规章制度,配备必要的工作人员。(4)损害发生后最大限度地防止损害扩大,如依法治理污染、消除或减轻损害后果。

(三)禁止生态损害义务

禁止生态损害义务,是指所有生态主体都承担的在其生产经营活动、日常生活消费和其他运用性活动中,不得非法造成任何生态损害,包

---

[1] 史尚宽:《物权法论》,中国政法大学出版社2000年版,第1页。

括不得污染环境、不得破坏生态系统，也不得妨碍或阻止他人履行生态义务。此为普遍性义务或称全民义务，也是消极义务、不作为义务、禁止性义务。

禁止生态损害义务主要包括如下内容：(1)不得非法排放污染物。非法排污主要包括：超标排放、在禁止排放的时间或地点排放、排放禁止排放的污染物、以禁止的方式排放等。(2)不得破坏生态系统。生态破坏主要包括：非法捕猎野生动物，非法采集野生植物，破坏森林、草原等生态系统。

(四)修复生态系统义务

修复生态系统义务，是指造成生态损害的行为人依法应当采取人工措施，最大限度地恢复生态系统的生态服务功能及其生态价值。此为积极义务、特定义务。其主要内容包括：(1)修复生物多样性，如植树造林、种草、放养鱼苗或其他动物等。(2)修复生境即生物的生存环境，如治理沙漠、退耕还林、退田还湖、恢复湿地等。

五、绿色原则之适用

有学者认为，绿色原则只是“倡导性的原则规定”[1]，无法律上的强制约束力，因而在司法实践中也不能作为判决的法律依据直接适用。但是，多数学者主张，绿色原则具有法律上的约束力，包括约束其他民事法律规范，在无相关法律条文规定时作为司法判断准则。绿色原则对于为法官寻找立法的本意或者法律价值取向，通过法律目的解释裁判具体案件，可以起到至关重要的作用。因此，绿色原则是可以在司法实践中适用的。

目前我国民事立法的有些规定已经为贯彻实施绿色原则奠定了必要的法律基础。我国民法确认和保护物之所有权，这是有效利用资源的前提，因为只有产权界定明晰，才能更好地发挥资源的经济效用。

但是从整体上分析，绿色原则迫切需要一系列配套的具体法律规

〔1〕 张新宝：《〈中华人民共和国民法总则〉释义》，中国人民大学出版社 2017 年版，第 17 页。

则，才能保障其得到完全、彻底的贯彻落实，否则绿色原则的作用就会大打折扣，甚至成为空中楼阁，无法在民事活动和民事法律关系中实施。例如：《民法典》第132条规定的禁止滥用权利，可以要求所有人和使用人不得滥用民事权利，破坏环境和生态，损害社会公共利益。《民法典》第153条规定的民事法律行为无效的情形中，增加严重破坏生态、污染环境的民事法律行为无效。

应当承认，我国《民法典》各编包括总则、人格权、物权、合同、婚姻家庭、侵权责任等，已经有了一些绿色原则的实施规则，但是仍有进一步完善绿色原则配套规则的必要和空间。至于应当如何完善绿色原则的配套规则，仁者见仁，智者见智，需要进一步深入探索。但是这并不妨碍绿色原则在司法实践中的适用，目前在不少案件中法官已经依据绿色原则做出判决。

绿色原则的司法适用案例选：

1. 梁某儿与石楼县林业局恢复原状纠纷案。

原告梁某儿于1999年在村委会公开承包土地的竞标会议上竞标成功后，支付承包费6400元承包了本村“四荒”沟300亩，双方签订了“四荒”治理合同书，确认了原告对该土地的承包经营权。次年，原告根据合同约定，实施治理工程，在承包地上栽植杏树5000多株。2003年被告石楼县林业局以实施三北防护林项目工程为理由，未向原告作任何说明，把原告栽种的100多亩杏树毁掉，栽上刺槐。2009年被告再次在原告承包地上实施新炭林工程，占用100多亩栽上柏树。2015年冬被告又将剩余几十亩地栽上刺槐，致使原告遭受极大经济损失。原告向法院提起诉讼，要求判决被告恢复原状。

法院认为，原告梁某儿与石楼县灵泉镇宋家沟村委所签订的四荒承包合同有效，原告取得了土地承包经营权，对其承包地享有占有、使用、收益的权利，任何单位和个人不得侵犯。被告虽然是根据政府相关文件实施绿化工程，但应当征求承包经营权人意见，并进行相应补偿，在未征得原告同意的情况下，在其承包的四荒地栽树，侵犯了原告的合法权益，应当承担侵权责任。但被告实施的植树造林工程为国家生态建设整体规划的一部分，也与原告承包治理四荒的目的一致。故原告恢复原状的请求与节约资源、保护生态环境的民法原则相悖，不予支持。但被告应赔偿损失,原告可在损失数额确认后另行起诉。[1]

评:本案的意义在于,如果适用恢复原状明显损害生态环境,违背绿色原则,且恢复原状并非绝对必要,则不宜适用,应改采其他责任形式。

2. 贾某万与冯某红相邻污染侵害纠纷案。

原告贾某万现居住于永济市开张镇南营村三组,与被告冯某红家背靠背隔墙而邻。因被告在自家院子里养猪,导致排泄物气味,原告提起诉讼,请求判决被告停止养殖。

法院认为,原告、被告作为不动产相邻人,《民法总则》第9条规定:"民事主体从事民事活动,应当有利于节约资源、保护生态环境",《物权法》第84条规定:"不动产的相邻权利人,应当按照有利生产、方便生活、团结互助、公平合理的原则,正确处理相邻关系",因此,被告有权合理使用其宅院进行生猪养殖,但是有义务控制养殖数量、完善养殖设备设施、及时清理禽畜粪便,防止恶臭、废弃物的泄漏渗出,最大限度减少污染。故法院判决被告应当充分、及时地履行上述义务,但是驳回原告要求被告停止养殖生猪的诉讼请求。[2]

评:(1)相邻关系人对相邻另一方民事活动所产生的侵害,只要没有超出通常或习惯的限度,即负有容忍义务。(2)本案如果判决不中止养殖,那么应当视情况考虑减少养殖规模,或者对原告适当赔偿损失。

3. 吴某臣与石某星排除妨害纠纷案。

原告吴某臣宅基地居南,被告石某星宅基地居北,南北相邻。被告家紧邻南边有两棵树木,且树干向南倾斜,树枝和树根均延伸到原告宅基地内,致使原告无法建房,原告提起诉讼,要求连根清除两棵树木。

法院认为,原告和被告互为同村居民,应按照有利生产、方便生活、团结互助、公平合理的精神处理相邻纠纷。被告两棵树木之树冠部分因向光自然属性向院外南侧倾斜,确实影响原告合法权益。但是《民法总则》第9条规定:"民事主体从事民事活动,应当有利于节约资源、保护生

---

[1] 梁某儿诉石楼县林业局案,山西省石楼县人民法院(2017)晋1126民初188号民事判决书。

[2] 贾某万诉冯某红案,山西省永济市人民法院(2017)晋0881民初1756号民事判决书。

态环境”,原告请求连根清除,不利于居民间友善相处,于法无据,不予支持;但被告应采取修剪等有效措施使树木不侵犯院外他人权益。[1]

评:人身权益、财产权益与生态权益都应受到法律的保护,但是在这些权益之间产生冲突时,应当相对平衡、公平地保护。在不会对人身或财产造成明显损害时,应当尽可能保护生态权益;而在生态权益明显损害到人身或财产权益时,尤其损害人身权益时,应当适当牺牲生态权益。

4. 浙江某环境科技股份有限公司与山东某纸业有限公司买卖合同纠纷案。

2015 年 3 月,润洁公司与百伦公司签订工业产品买卖合同,标的为锅炉烟气 SNCR 脱硝、脱硫及锅炉炉内喷钙脱硫设备各 1 套。2017 年 5 月,莱芜市环境监测站检测到百伦公司外排烟气中二氧化硫浓度高出山东省排放标准 0.746 倍,违反《大气污染防治法》第 18 条的规定。

法院认为,《民法总则》第 9 条规定:“民事主体从事民事活动,应当有利于节约资源、保护生态环境”,故民事主体应当本着节约资源、保护生态环境的理念从事民事活动,润洁公司作为专门生产环境污染防治设备的公司,应全面了解掌握相关环保信息,其在合同中关于二氧化硫排放浓度的约定超出山东省污染防治标准,存在较大过错,各方当事人应按照合同约定并结合过错程度分担相关责任。[2]

评:本案意义在于,莱芜市中级人民法院依据绿色原则认定卖方事先了解掌握买方所在地相关环保标准,以保证设备符合当地排放标准,系先合同义务。违反此先合同义务,即为存在较大过错,应当分担买方在设备运行中超标排放的责任。

5. 郭某霞与魏某作委托合同纠纷案。

郭某霞于 2009 年将 4.68 亩承包田委托给魏某作管理,魏某作未经同意将郭某霞承包田出租给魏某坤经营。郭某霞于 2016 年想收回土地自己耕种,并通知了魏某作和实际耕种的魏某坤。但魏某坤不同意,郭

---

[1] 吴某臣诉石某星案,邯郸市丛台区人民法院(2017)冀 0403 民初 2722 号民事判决书。

[2] 浙江某环境科技股份有限公司诉山东某纸业有限公司案,莱芜市中级人民法院(2018)鲁 12 民终 27 号民事判决书。

某霞提起诉讼。经调解,魏某坤同意归还土地,郭某霞于2017年10月在地上种了油菜籽,后却被魏某作全部耙除、损坏,魏某作重新种了小麦,郭某霞将魏某作诉至法院。

法院认为,被告不享有土地承包经营权,原被告之间系委托合同关系,原告虽然可以随时解除合同,但要求返还涉案土地,应在农作物成熟前的合理时间内通知被告,现被告在涉案土地种上小麦且尚未成熟,如果此时返还涉案土地,不利于节约资源,故根据小麦收割时间及夏季耕种时间延后土地返还时间。[1]

评:本案被告在原告已经收回土地且种了油菜籽的情形下,将原告种的油菜籽全部毁坏,系故意侵权,应当赔偿损失。法院不能依委托合同判决,委托合同在原告收回土地时已经终止。

6. 郭某与河南某房地产开发有限责任公司房屋买卖合同纠纷案。

2016年12月,原告郭某与被告河南某房地产开发有限责任公司签订了《商品房买卖合同》。合同签订后,原告依约支付全部购房款,但被告却逾期交房68天。被告辩称其在履行合同过程中不存在逾期交房的违约行为,因雾霾天气,政府通知停工系被告无法预见的客观事实,当属不可抗力因素,虽然涉案工程累计停工达90多天,但施工期限应予合理扣除,故诉请免责。

法院认为,《民法总则》第9条规定:"民事主体从事民事活动,应当有利于节约资源、保护生态环境"。被告作为开发商,保护生态环境是其基本法律义务,在从事房地产开发及销售过程中应当全面关注开发地域季节性大气污染变化情况与开发施工状态的关系,合理安排开发进度、理性确定售房合同所涉及的履行期间和期日等;若确存在不可抗力或其他法定、约定逾期免责之情形,则应当从系统管理角度,依照法定程序或约定条件及时固定相关证据、及时履行通知等避免损失扩大的防护义务,避免纠纷产生。综上所述,原告、被告签订的《商品房买卖合同》系双方真实意思表示,内容不违反法律或行政法规强制性规定,合法有效,被告没有证据证明

---

〔1〕 郭某霞诉魏某作案,山东省单县人民法院(2017)鲁1722民初4794号民事判决书。

其逾期交房行为存在法定或约定的免责事由，应当依法承担违约责任。[1]

评：本案的意义在于，依据绿色原则认定某些特定民事主体应当事先了解生态环境状况及其变化对合同履行的影响，此为先合同义务，并据此合理约定合同内容。可预见或应当预见的环境变化对合同履行的影响，不宜认定为不可抗力因素。

7. 唐某宏与唐某荣分担丧葬及后续相关费用纠纷案。

原告唐某宏、被告唐某荣为同胞兄弟，父母去世后，由原告主持、操办父母的丧葬事务。父母安葬后，原告又擅自决定重新修建、扩宽父母的坟墓，并在父母死亡满七烧灵屋、七月半办酒席。原告要求被告分担丧葬及后续相关费用。

法院认为，重修、扩宽父母坟墓，死亡满七烧灵屋，七月半办酒席，确系该地民间的普遍做法，也是历史形成之习俗，但显然不属于子女的法定义务。根据《民法总则》第 8 条“民事主体从事民事活动，不得违反法律，不得违背公序良俗”、第 9 条“民事主体从事民事活动，应当有利于节约资源、保护生态环境”之规定，该院倡导厚养薄葬，子女应着重于父母在生时孝敬父母、扶养父母；父母去世后则应从简办丧事。安葬后又重修坟墓以及满七烧灵屋、七月半办酒席，这是浪费人力物力而父母并未实际享受的不良习惯，不属公序良俗范畴，烧灵屋系迷信活动，购买土地增宽坟墓既浪费集体土地资源，也是违法行为。据此，法院未适用习惯定案。若原、被告事先就重修父母坟墓、满七烧灵屋、七月半办酒席达成了协议，则按双方约定，合理开支应由兄弟分担。但本案原告系单方擅自办理，故原告要求被告分担安葬后重修坟墓、满七烧灵屋、七月半酒席的费用，于法无据，又不能适用习惯判定，不予支持。[2]

评：本案意义在于，违背绿色原则的习惯，不宜适用为判决的依据。另，法院适用《民法总则》第 8 条关于不得违背公序良俗之规定，有所不妥。本案所涉习惯虽非公序良俗，但却不能认定原告之行为违背了公序良俗。

---

〔1〕 郭某诉河南某房地产开发有限责任公司案，郑州市中原区人民法院（2018）豫 0102 民初 1077 号民事判决书。

〔2〕 唐某宏诉唐某荣案，广西壮族自治区灌阳县人民法院（2018）桂 0327 民初 473 号民事判决书。

第四节　权利义务责任相一致原则

一、权利义务责任相一致原则的基本内涵

所谓权利义务责任相一致原则，是指民事主体享有的生态权利、生态利益与其承担的生态义务、履行的生态义务与其获得利益之间、实施的生态违法行为与其承担的生态法律责任之间应当相互一致，不能明显失衡、有失偏颇、畸轻畸重。

所谓统一、对应，是指生态民事主体享有生态权利，即应承担和履行生态义务；违反生态义务，即应承担生态法律责任。所谓对称、衡平，是指生态民事主体享有的生态权利与其生态义务应当总体平衡；违反生态义务的情节与其承担的生态法律责任也应当大体相当。

类似的原则还包括：权利义务相一致、权利义务相统一、责权利相统一等。权利义务责任相一致原则综合和概括了环境资源法上的损害担责原则以及谁污染谁治理、谁破坏谁修复、谁使用谁付费、谁开发谁保护等规则的主要内容。

权利义务责任相一致原则的宗旨是保障和实现生态损害与生态责任之平衡，生态获益与生态补偿之平衡，生态施益与生态奖赏之平衡。生态损害与生态责任之平衡，实为我国《环境保护法》规定之“损害担责”原则。

二、权利义务责任相一致原则的基本要求

1. 生态权益与生态义务相统一。享有生态权益须履行生态义务；享有生态权利和生态利益的范围、大小、规模，应当与其生态义务保持一致、对等，不能相差悬殊。

2. 生态损害与生态责任相适应。只要实施了生态违法行为并造成生态系统损害，就必须承担生态责任，有损必有责，无损无责，如修复受损生态系统或给予生态损害赔偿；生态损害应当与生态责任保持一致、

对称、协调。生态责任能最大限度地弥补生态损害，不能重责轻究，也不能轻责重究。

3. 生态收益与生态义务相对等。民事主体从生态系统获得额外的收益，即应对生态系统权利主体或者为改善生态系统品质作出明显贡献的主体，给予必要的经济补偿或生态补偿。任何主体不能只从生态系统获益，而无任何付出。

4. 生态贡献与物质补偿相对应。民事主体如果通过自己的努力使生态系统获得明显的修复、改善，即对生态利益有贡献者，应当有权利从生态系统的权利主体或者受益人，获得适当的物质补偿。

权利义务责任相一致原则的宗旨是保障和实现生态损害与生态责任之平衡，生态收益与生态义务之平衡，生态施益与生态奖赏之平衡。

三、权利义务责任相一致原则的主要内容

综合我国生态保护的实践和相关理论研究成果，权利义务责任相一致原则应当包括以下几个主要方面：

1. 使用者付费。我国《民法典》第 325 条和其他相关法律已经原则上确立了自然资源有偿使用制度，即依法获得自然资源开发利用权的民事主体，应当按照规定支付资源使用费。因为自然资源普遍处于稀缺状态，有偿使用可以引导使用权人节约使用资源。但是，依法可以免费使用的资源除外，如农村家庭自用地下水。

自然资源也是公共资源，不应由某些主体无偿使用；尤其是用于营利性目的。

2. 受益者补偿。受益即生态获益，即指民事主体从生态系统获得了多数人没有享受的生态利益，如利用生态系统资源获得某种物质利益等。

受益者补偿，是指从生态系统直接受益的地区、企业等，应当根据其受益种类、程度等，对那些为保持良好生态系统作出贡献甚至牺牲的地区及其居民给予适当的经济补偿。生态补偿制度在我国已经试点多年，但相关制度仍然很不完善，目前的生态补偿主要是由政府发放，其性质当属行政补助。

受益者给予补偿，其性质当属民事法律关系，但其原则上并非依约

定产生,而是基于相关法律规定才得以产生。因此应当是法定的民事法律关系,如同无因管理、不当得利、法定监护等关系一样。

3. 施益者获偿。施益即生态施益,是指民事主体通过实施特定行为使生态系统受益,包括生态品质得到改善和提升,生态服务功能得到强化等,如植树造林。

施益者获偿,是指通过自身的劳动、资金投入、管理等,使生态系统生态服务功能或生态品质得到明显改善、提升的自然人或社会组织,但是又无具体的受益人,则有权从国家得到相应的经济补偿。

从民法的角度看,施益者有依法获得相应经济补偿的权利。因为,生态补偿本质上应当作为一种生态民事法律关系,而非行政法律关系。在行政法律关系中,国家是否补偿完全取决于政府自己的决定。但在生态民事法律关系中,如果应当补偿而不补偿,依法应当获得补偿的一方则享有要求补偿义务人依法支付补偿的请求权。

给付补偿的主体首先应当是国家。因为受益的生态系统属于国家所有。此种补偿的最佳实现途径应当是:政府在经科学评估后,按照评估价,施益者自愿低于评估价的,按照施益者出价,直接收购施益者改善之生态系统所提供的相关生态服务。此种民事法律关系当属法定的生态服务收购合同。其他受益人也应当承担部分补偿义务。

4. 开发者保护。即“谁开发谁保护”。依法获得自然资源开发权的民事主体,如采矿权人,应当在开发过程中采取切实有效的措施保护当地生态系统,尽可能节约资源。这是自然资源开发权的附随义务,也是对自然资源开发权的限制。

2014 年《环境保护法》第 30 条规定:“开发利用自然资源,应当合理开发,保护生物多样性,保障生态安全,依法制定有关生态保护和恢复治理方案并予以实施。引进外来物种以及研究、开发和利用生物技术,应当采取措施,防止对生物多样性的破坏。”

5. 污染者治理。即“谁污染谁治理”。排放污染物污染环境的自然人或生产经营者,应当自行或者委托第三方采取措施,最大限度地消除污染物及其污染后果。

2014 年《环境保护法》第 42 条第 1 款规定:“排放污染物的企业事业单位和其他生产经营者,应当采取措施,防治在生产建设或者其他活动中产生的废气、废水、废渣、医疗废物、粉尘、恶臭气体、放射性物质以及噪声、振动、光辐射、电磁辐射等对环境的污染和危害。”

6. 破坏者修复。即“谁破坏谁修复”。对生态系统之生态服务功能、生态品质造成破坏的自然人或生产经营者，应当自行或者委托第三方采取措施，最大限度地使生态系统之生态服务功能、生态品质恢复至受损前状态或水平。此为生态修复责任。令人遗憾的是，2014 年《环境保护法》对此未予规定。

2015 年实施的最高人民法院《关于审理环境公益诉讼案件适用法律若干问题的解释》《关于审理环境侵权责任纠纷适用法律若干问题的解释》及中共中央办公厅和国务院办公厅联合发布的《生态环境损害赔偿制度改革试点方案》均明确将生态修复规定为法律责任的承担方式。

最高人民法院《关于审理生态环境损害赔偿案件的若干规定（试行）》第 12 条规定：“受损生态环境能够修复的，人民法院应当依法判决被告承担修复责任，并同时确定被告不履行修复义务时应承担的生态环境修复费用。生态环境修复费用包括制定、实施修复方案的费用，修复期间的监测、监管费用，以及修复完成后的验收费用、修复效果后评估费用等。”

7. 损害者赔偿。是指破坏生态系统之生态服务功能、生态品质但又无法修复或无修复必要的，侵权人应当对造成的生态损害和他人生态权益损害给予合理赔偿。此为生态损害赔偿责任。2014 年《环境保护法》亦未规定。

损害即生态损害，指民事主体实施的民事活动使生态系统遭受的特定损害，主要包括环境污染和生态破坏两种类型：环境污染，是指民事主体在民事活动中排放有毒有害物或其他污染物，对生态系统要素造成损害，使其生态品质下降，如水污染、空气污染、土壤污染。生态破坏，是指民事主体实施之民事活动对生态系统的生态服务功能或整体生态品质造成破坏，包括减损、弱化甚至丧失，如生态系统容量下降、自我调节或净化能力减弱、水土流失加剧、气候异常等。

当然有人认为，因环境污染或生态破坏造成他人人身或财产之损害，亦属生态损害。凡属环境污染或生态破坏造成之损害皆为生态损害。此种解释颇为牵强，将生态损害作为与人身损害、财产损害并列的独立的损害类型,或许更合乎逻辑,也不致在实践中导致混淆。

但是,2015 年中共中央办公厅和国务院办公厅联合发布的《生态环境损害赔偿制度改革试点方案》对此有明确规定。最高人民法院《关于审理生态环境损害赔偿案件的若干规定(试行)》第 13 条规定:"受损生态环境无法修复或者无法完全修复,原告请求被告赔偿生态环境功能永久性损害造成的损失的,人民法院根据具体案情予以判决。"第 14 条规定:"原告请求被告承担下列费用的,人民法院根据具体案情予以判决:(一)实施应急方案、清除污染以及为防止损害的发生和扩大所支出的合理费用;(二)为生态环境损害赔偿磋商和诉讼支出的调查、检验、鉴定、评估等费用;(三)合理的律师费以及其他为诉讼支出的合理费用。"

《民法典》第 1235 条规定,侵权人应当赔偿下列损失和费用:(1)生态环境受到损害至修复完成期间服务功能丧失导致的损失;(2)生态环境功能永久性损害造成的损失;(3)生态环境损害调查、鉴定评估等费用;(4)清除污染、修复生态环境费用;(5)防止损害的发生和扩大所支出的合理费用。

四、权利义务责任相一致原则的主要功能

权利义务责任相一致原则的宗旨是保障和实现社会成员个体享有的生态权益与其承担的生态义务、生态责任之间能够保持一致、统一、适应、对等。如果说生态公正原则是为了维护社会的整体正义,那么权利义务责任相一致原则则是为了维护个体正义。

权利义务责任相一致原则主要具有以下功能:

1. 激发和调动民事保护生态系统的积极性。受益者补偿、施益者受偿等规则,对于激发和调动自然人、社会组织参与保护生态系统的积极性,可以发挥十分明显的作用。

2. 促进资源可持续利用。使用者付费、开发者保护等规则,可以有效地引导和鼓励自然资源开发利用权人科学、合理、适度地开发资源,节约利用资源,并在开发中积极保护资源。

3. 遏制污染或破坏生态的违法行为。污染者治理、破坏者修复、损害者赔偿等生态责任的规则,明确了造成生态损害的行为人应当承担的法律责任,而且其法律责任有别于传统责任方式,尤其是治理和修复,具

有直接、明显的生态意义。通过生态责任的承担,可以直接恢复生态系统的生态服务功能,提升生态品质。

第五节 遵守生态规律原则

生态规律,是指生态系统自身客观存在的运动发展规律,是生物与生物、生物与环境之间进行物质循环、能量转化和信息传递时存在的客观规律。

一、遵守生态规律原则的内涵及意义

1. 什么是遵守生态规律原则?遵守生态规律原则,也可称为尊重生态规律原则、尊重自然原则,是指人们在享受、利用或改造自然的活动中,即生态法律主体享有和行使生态权利、履行生态义务或承担生态责任的过程中,不得违反生态系统的客观规律,并要积极利用生态规律。否则,人们就不可能从生态系统获取所需的物质、能量和信息时,或者不可能持续获取。

2. 为什么遵守生态规律应当是生态法的基本原则?主要理由有:

(1)遵守生态规律是实现生态法(环境资源法)宗旨、目的和任务的前提。生态系统是生态法律关系客体,生态利益载体,生态权利和义务所指向的对象,生态法若要实现保护和改善生态系统生态服务之目的,就须严格尊重生态规律。

如果人们违背生态规律去获取物质、能量和信息,必然损害生态利益即生态系统的生态服务。"人类只有遵循自然规律才能有效防止在开发利用自然上走弯路,人类对大自然的伤害最终会伤及人类自身,这是无法抗拒的规律。"[1]

(2)遵守生态规律是普遍性规则。适用于所有生态法律关系主体

---

〔1〕 习近平:《决胜全面建成小康社会 夺取新时代中国特色社会主义伟大胜利——在中国共产党第十九次代表大会上的报告》,人民出版社 2017 年版,第 50 页。

的所有生态行为：生态立法、生态执法与生态司法；污染治理、自然资源开发利用与生态修复；生态权利享有和行使、生态义务确立和履行、生态责任设计和承担。

(3)遵守生态规律是根本性规则。各项具体的生态法律规范都不应当违反生态规律。

恩格斯早就告诫我们："我们不要过分陶醉于我们对自然的胜利，对于每一次这样的胜利，自然界都报复了我们。对于每一次胜利，在第一步都确实取得我们预期的结果，但是在第二步和第三步却有了完全不同的、出乎意料的影响，常常把第一个结果又取消了。"[1]

二、遵守生态规律原则的基本要求

1. 尽可能维持自然的原始状态，即敬畏自然。自然状态一般经长期演变而形成，有其内在规律性。例如，不要轻易地改变河流走向、填埋洼地等。

2. 科学利用生态规律，即顺应自然。享用或获取物质、能量和信息，应充分利用生态系统规律，不得违背甚至逆规律而动，实现效益最大化及合理、科学、持续利用。

3. 最大限度减少对自然的破坏，即保护自然。尽可能减少物质和能量消耗；必要的享用或开发利用应采取切实、可行、有效的措施，最大限度减少污染和破坏即减少对生态系统生态服务功能的损害；对难以避免的污染或破坏，应最大限度地治理、修复。

所谓尊重自然，也就是指人们应当敬畏自然、顺应自然、保护自然。

生态法治建设必须严格遵守生态规律，生态法才能真正发挥保护和改善生态系统作用，也才能真正维护人类的利益。尤其是生态立法更要符合和反映生态规律的客观要求，违反生态规律的法律规范不但不能保护生态环境，反而可能损害生态环境。此外司法机关在行使自己的自由裁量权时也要尊重生态规律，以最切合生态规律的方式行使自由裁量权。社会成员只有遵守反映生态规律的法律才能真正有利于生态环境的保护。因为，生态系统是生态法律关系的客体，生态法在设置生态权

---

〔1〕《马克思恩格斯全集》(第20卷)，人民出版社1972年版，第521页。

利、义务和责任时，必须符合生态系统的客观要求即尊重生态规律，否则其设置的权利、义务和责任难以有效实现保护生态环境目的。

三、常见的主要生态规律

关于生态规律的总结，学术界略有分歧。我国生态学家马世骏总结了的生态学五大规律是：相互制约和相互依存的互生规律；相互补偿和相互协调的共生规律；物质循环转化的再生规律；相互适应和选择的协同进化规律；物质输入与输出的平衡规律。但生态学界通常认为主要有五大规律：互生律、转化再生律、动态平衡律、协同进化律和极限律。此外有人总结了生态资本律。

（一）相互依存与相互制约的互生规律

相互依存与相互制约规律，反映了生物间的协调关系，是构成生物群落的基础。生物间的这种协调关系，主要分两类：

第一，普遍的依存与制约，亦称“物物相关”律。有相同生理、生态特性的生物，占据与之相适宜的小生境，构成生物群落或生态系统。系统中不仅同种生物相互依存、相互制约，异种生物（系统内各部分）间也存在相互依存与制约的关系；不同群落或系统之间，也同样存在依存与制约关系，亦可以说彼此影响。这种影响有些是直接的，有些是间接的，有些是立即表现出来的，有些需滞后一段时间才显现出来。因此，在自然开发、工程建设中必须了解自然界诸事物之间的相互关系，统筹兼顾，作出全面安排。

第二，通过“食物”相互联系与制约的协调关系，亦称“相生相克”律。具体形式就是食物链与食物网。每一种生物在食物链或食物网中，都占据一定的位置，并具有特定的作用。各生物种之间相互依赖、彼此制约、协同进化。被食者为捕食者提供生存条件，同时又为捕食者控制；反过来，捕食者又受制于被食者，彼此相生相克，使整个体系（或群落）成为协调的整体。亦即体系中各种生物个体都建立在一定数量的基础上，它们的大小和数量都存在一定的比例关系。生物体间的这种相生相克作用，使生物保持数量上的相对稳定，这是生态平衡的一个重要方面。当人们向一个生物群落（或生态系统）引进其他群落的生物种时，往往会由于该群落缺乏能控制它的物种(天敌)存在,使该种群暴发起来,从而造成灾害。

（二）物质循环转化的再生规律

即转化再生律。生态系统中,植物、动物、微生物和非生物成分,借助能量的不停流动,一方面不断地从自然界摄取物质并合成新的物质,另一方面又随时分解为简单的物质,即所谓“再生”。这些简单的物质重新被植物所吸收,由此形成不停顿的物质循环。因此要严格防止有毒物质进入生态系统,以免有毒物质经过多次循环后富集到危及人类的程度。至于流经自然生态系统中的能量,通常只能通过系统一次,它沿食物链转移时,每经过一个营养级,就有大部分能量转化为热散失掉,无法加以回收利用。因此,为了充分利用能量,必须设计出能量利用率高的系统。例如,在农业生产中,为防止食物链过早截断、过早转入细菌分解,导致能量以热的形式散失掉,应该经过适当处理(如秸秆先作为饲料),使系统能更有效地利用能量。

（三）物质输入输出的动态平衡规律

简称动态平衡律,又称协调稳定律。当一个自然生态系统不受人类活动干扰时,生物与环境之间的输入与输出,是相互对立的关系,对生物体进行输入时,环境必然进行输出,反之亦然。

生物体一方面从周围环境摄取物质,另一方面又向环境排放物质,以补偿环境的损失。也就是说,对于一个稳定的生态系统,无论对生物、对环境,还是对整个生态系统,物质的输入与输出总是相平衡的。

当生物体的输入不足时,例如,农田肥料不足,或虽然肥料(营养分)足够,但未能分解而不可利用,或施肥的时间不当而不能很好地利用,结果作物必然生长不好,产量下降。

同样,在质的方面,也存在输入大于输出的情况。例如,人工合成的难降解的农药和塑料或重金属元素,生物体吸收的量即使很少,也会产生中毒现象;即使数量极微,暂时看不出影响,但它也会积累并逐渐造成危害。

另外,对环境系统而言,如果营养物质输入过多,环境自身吸收不了,打破了原来的输入输出平衡,就会出现富营养化现象。如果这种情况继续下去，势必毁掉原来的生态系统。

（四）相互适应与补偿的协同进化规律

即协同进化律。生物与环境在物质输入和输出、能量流动、信息传递过程中，存在作用与反作用，并通过作用和反作用，相互之间不断适应对方，也给对方补偿，从而实现共生和协同进化。

例如，生物从环境吸收水和营养元素等，这种吸收与环境的特点包括土壤性质、可溶性营养元素的量、环境可提供的水量等紧密相关；同时生物又以其排泄物和尸体的方式把相当数量的水和营养素归还给环境，最后获得协同进化的结果。

最初生长在岩石表面的地衣，由于没有多少土壤可供着“根”，当然所得的水和营养元素就十分少。但是，地衣生长过程中的分泌物和尸体的分解，不但把等量的水和营养元素归还给环境，而且还生成能促进岩石风化变成土壤的物质。这样，环境保存水分的能力增强了，可提供的营养元素也加多了，从而为高一级的植物苔藓创造了生长的条件。如此下去，以后便逐步出现了草本植物、灌木和乔木。

生物与环境就是如此反复地相互适应和相互补偿。生物从无到有，从低级向高级发展，而环境也在演变。如果因为某种原因损害了生物与环境相互补偿与适应的关系，如某种生物过度繁殖，则环境就会因物质总量不足而造成其他生物的饥饿死亡。

（五）环境资源的有效极限规律

即极限律。极限律包括两个极限：

下限，即生物必须拥有某种物质、能量或信息的最低限度的数量或质量。生态系统中作为生物赖以生存的各种环境资源，包括物质、能量和信息等，都不能低于一定的限度，否则可能威胁生物的生存。

上限，即生物可拥有某种物质、能量或信息的最大限度的数量或质量。同时外界给予生物的各种物质、能量和信息，即使是其生存所必需的资源，也不能无限制地供给。生物通常都有一个耐受的上限，当一个生态系统输入的物质、能量或信息超出其耐受极限时，生物就会被损伤、破坏，以致瓦解。

所以，放牧强度不应超过草场的允许承载量；采伐森林、捕鱼狩猎和采集药材时不应超过能使各种资源永续利用的产量；保护某一物种时，必须要有足够它生存、繁殖的空间；排污时，必须使排污量不超过环境的自净能力等；农药、化肥、饲料等使用过量就必然造成农药残留量过高、富营养化等破坏生态系统的现象。

以上五大生态学规律，也是生态平衡的基础。生态平衡以及生态系统的结构与功能，又与人类当前面临的人口、食物、能源、自然资源、环境保护五大社会问题紧密相关。

（六）生态资本规律

这是社会科学尤其是经济学提出的概念。严格地说，生态学并非纯粹的自然科学，它也包含着社会科学的内容。从经济学角度分析，我们还应当遵守生态资本规律（生态资本律）。生态系统的生态服务本质上也是社会发展的一种资本，而且不可或缺。在宏观上，生态系统是整个人类生存和发展的最大资本；在微观上，生态系统及其要素是我们进行生产活动的资本。绿水青山就是金山银山。生态环境就是生产力。

因此，在生态法律制度中，生态系统及其要素所具有的生态价值应当作为生产活动的资本，纳入成本核算。生态资本的价值形态，一是直接表现为经济再生产的生产要素（土地、矿藏、森林、水、风力等自然资源），二是表现为消纳、分解、转化生产消费所产生的废弃物的能力，三是表现为满足生物繁衍存续的环境质量和环境承载能力，四是表现为满足人类美学休闲等舒适性需求的生态服务功能。

根据公认的生态资本理论和绿色财富观，生态资本应与创造性资本和人力资本一样列入社会总财富的核算范围，建立绿色国民经济核算制度、资源有偿使用制度、生态补偿制度、资源税制度、排污收费制度等。

生态民法各基本原则之间相互联系、相互依赖，也相互制约、相互促进。生态公正原则旨在保障生态权利和生态利益分配、设置之社会整体正义；绿色原则旨在明确生态民事主体保护生态的普遍义务；权利义务责任相一致原则旨在保障生态民事主体享有的生态权利与其生态义务、生态法律责任协调一致，实现个体正义；遵守生态规律原则旨在保证生态权利、生态义务与生态民事责任的设置与分配在客观上能够实现。

第三章　生态民事主体

生态民法学是以生态权利、生态义务和生态法律责任为主要研究对象的，生态民法主要是规范社会关系中生态权利、生态义务和生态法律责任的设置、分配为基本内容的。而生态权利、生态义务和生态法律责任的基础则是相关的法律关系主体，即生态民事主体。

第一节　生态民事主体概述

一、生态民事主体的概念

（一）什么是生态民事主体

生态民事主体是指生态民事法律关系的主体，也可简称为生态主体。完整地说，生态民事主体是指依法享有和行使生态权利、负担和履行生态义务、必要时承担生态民事责任的民事主体。

（二）从民事主体到生态民事主体

生态民事主体是由民事主体演变而来的。传统民事主体的根基和前提是建立在主流经济学的“经济人”假设的基础上。1776 年，亚当·斯密在《国富论》一书中首先提出了“经济人”假说。所谓“经济人”就是设法使自己的利益得到最大满足的人，或追求效用最大化的人。[1]

近代社会以来，民事主体被设定为具有完全理性的“经济人”。因

---

〔1〕 龚群：《经济伦理关于“经济人”概念的再审视》，载《中国人民大学学报》2001 年第 6 期。

为有完全理性，所以民法中人是其利益的最佳判断者；因为具有这样的判断能力，民法上的人应当有意思自治的能力和意思自治的自由，国家应尽量避免干预私法。

然而由于经济人以自身经济利益最大化为目标，即便是理性经济人也仅具有经济理性，却缺乏维护公共道德、公共利益、不侵害他人合法权益的社会理性，故其必然为了经济利益不惜污染环境、破坏生态，加剧生态危机。因此生态文明时代的民事主体“不仅具有经济理性，同时还应具有生态理性”，即“生态理性经济人”；还有学者称为“生态人”“理性生态人”“社会生态经济人”“理性生态经济人”“道德经济人”。[1]

生态理性应当是指主体对生态系统各种属性的科学认知能力，包括生态服务功能、生态风险、生态容量、生态安全等。这是包括人的生态意识、生态伦理和生态智慧在内的综合能力。其关键作用在于辨识自身行为对生态系统的影响，以及生态系统对人的反作用，并及时合理调整个人行为，以获取最佳的整体利益，即实现经济利益与生态利益的最优化组合。

因此，传统民事主体具有了生态理性，也就具备了成为生态民事主体的人性基础。在主观上，生态民事主体应当是生态理性与经济理性的统一体。

民法的生态化则为民事主体演变为生态民事主体奠定法律基础，并使之成为现实。因为生态化的民法将在立法上明确规定民事主体的生态权利、生态义务和生态法律责任。

二、生态民事主体的基本条件

(一)具有民事权利能力

生态民事主体首先应当具有民事主体资格，即具有民事权利能力。没有民事权利能力即不是民事主体，也就不可能成为生态民事主体。因为，生态民法上的生态权利本质上应为私法上之权利，即民事权利，而民事权利能力是一个人或社会组织享有生态民事权利的法律前提、法律

---

〔1〕 吕忠梅：《从理性经济人到生态理性经济人：〈绿色民法典〉的人性预设》，载《私法研究》第5卷，法律出版社2005年版。

资格。

（二）以生态权益为生存之必要条件

生态民事主体为了维持自身生存和发展，必须享受特定的生态利益，即在客观上有此必要性。这是享有生态权利的前提条件和正当性所在。因此，为保证生态民事主体之正常生存，法律应当赋予生态民事主体以相应的生态权利，从而有效保证其能够安全、持续、充分地享受生态利益。无须生态利益即可生存者，则无须生态权利，因而也就缺乏成为生态民事主体之应然性和必然性。不享有生态权利、生态利益，自然就不是生态民事主体。

（三）负有必要的生态义务

作为生态民事主体，在客观上具有负担生态义务之必要性；在法律上也依法负有法定的生态义务。任何一个生态民事主体都是生态权利与生态义务的统一体，即对同一主体而言，生态权利与生态义务是不可分割的，享有生态权益必然就应当负有生态义务，也只有所有生态民事主体都承担并履行了各自的生态义务，生态权益的实现才有保障。

传统民事权利因为保护生态公共利益的需要通常会受到某种限制，即原则上民事主体都应当承担和履行必要的生态义务。《民法典》第 9 条规定的绿色原则基本上就是要求民事主体履行节约资源、保护生态的义务。

在传统民事主体中，具备上述条件即为生态民事法律关系主体。

有人主张，生态民事主体在主观上应该“以追求生态利益为唯一目的”〔1〕。此种观点值得商榷。第一，生态利益和社会利益、经济利益是不可分割的，生态民事主体固然首先是追求生态利益的最优化和最大化，但并非不追求经济利益和社会利益，甚至在某种意义上可以说，追求生态利益的终极目的还是人的长远经济利益和社会利益；第二，限制民事行为能力人和无民事行为能力人因其生态意识并未完全发育成熟，所以在主观上无法以追求生态利益为唯一目的，但是其主体资格却是无法剥夺的；第三，生态民事主体在实施违反生态法的行为时自然不是以追

---

〔1〕 郑少华：《生态主义法哲学》，法律出版社 2002 年版，第 82 页。

求生态利益为目的,但其主体资格并不能因此丧失,如同实施了民事违法行为的民事主体仍然是民事主体一样。

三、生态民事主体的类型

生态民事主体究竟包括哪些类型,对此学术界众说纷纭。

多数学者认可的生态民事主体基本上限于:自然人、法人和国家。其中,对于法人、国家是否为生态民事主体,仍然存在分歧;但对自然人为生态民事主体,未有异议。

此外,还有少数学者提出了一些新型的生态民事主体。第一,人类整体是生态权利主体。第二,后代人是生态权利主体。第三,动物甚至所有的生物也是享有生态权利的主体。本书认为,这些观点缺乏理论上的科学性,在实践中也不具有可行性。详细理由容后赘述。

第二节　自然人

自然人是最古老、最普遍的权利主体,也是生态权利和生态义务主体。对此,学术界并无异议。

一、自然人享有生态民事主体资格之理由

自然人作为生态民事主体既有其必要性,也完全具备法律上的现实性。主要理由可以概括为以下方面:

1. 自然人具有民事权利能力。自然人从出生开始即具有民事权利能力,享有民事主体资格,至死亡时民事权利能力才终止。这是各国民法的通常规定。因此自然人作为生态民法上的权利义务主体就具备了基本的前提。

2. 自然人以享受生态利益为生存之必要条件。自然人的生存和发展须以良好的生态系统为必要条件,自然人对生态利益之需求主要体现在四个方面。

(1)维系生命健康之需要。自然人本身就是生态系统的一部分,而

要维持其生命健康,就必须持续地从生态系统获取合格的空气、水等生态物。如果没有了自然界的空气、水和可以直接或间接食用的动植物,自然人就无法长时间维持自己的生命。

(2)提高物质生活水平之需要。自然人在生命健康得以维持的基础上,如果要提升和丰富自己的物质生活,也有赖于源源不断地从生态系统获取自己所需要的各种生态物,或直接享用,或作为原材料加工生产为具有更高品质、更多性能的加工物。即便是那些和生存没有必然联系的无机物,如矿产资源,以及无法食用的动植物,也是自然人追求美好生活的物质基础,如衣服、药品等。总之,人们在生活中使用的一切物质财富最终都源于生态系统。

(3)满足精神享受之需要。自然人可以也需要从生态系统获得心理上的愉悦、快乐、放松等各种精神上的享受。例如,游览、欣赏自然景观;在自然界进行休闲娱乐活动,如游泳、冲浪、钓鱼、登山、探险;学习关于野生动物植物的各种知识;等等。

(4)向生态系统排污之需要。任何自然人,只要生存就须从生态系统获取物质和能量并消耗之;而消耗了物质和能量就必然排放一定的废物。这是物质和能量转化的自然规律。向生态系统排污本质上就是利用生态系统自我净化的能力,也称环境容量。

因此,法律应当保护自然人天然的、正当的生态利益,而要保护自然人之生态利益,就应当赋予自然人必要的生态权利,即享用生态系统之权利。换句话说就是要赋予自然人作为生态民事主体的法律地位。

3. 自然人的生态权利已经程度不同地得到了确认和保护。许多国家法律确认了自然人的生态权利,如清洁空气权、清洁饮用水权、土地使用权等。我国法律规定了一些资源类的生态权,但将其置于物权体系之中。其他生态权基本没有规定。

4. 自然人依法负有必要的生态义务。在客观上,自然人在享受生态权益的同时也必须负担必要的生态义务,这是保障自然人生态权益的条件。因为,如果每一个自然人都是只享受生态权益而不履行任何生态义务,必然导致生态系统的可利用资源被彻底耗尽或被污染破坏,最终每一个自然人的生态权益都无法保障。

在法律上,无论是依据我国《民法典》之绿色原则和其他相关规定,还是《环境保护法》关于全民保护生态环境之规定，自然人都应当是生态义务的主体。

二、关于自然人之称谓

关于自然人这类生态民事主体，学界似乎多使用“公民”一词，本书以为不妥。有学者始终将环境权称为“公民环境权”，并认为环境权是宪法上的权利。[1] 诚然，目前已经有数十个国家的宪法规定了生态权（环境权），只是生态权是否只能是宪法上的权利？各国宪法都规定了公民的人身权和财产权，可这并不妨碍各国民法典将人身权和财产权落实和细化为民事权利，且主体为自然人。宪法上的公民人身权和财产权正是民法上人身权和财产权的之上位法依据。

在生态民法中，以自然人称谓个人形式的生态民事主体是最佳且必要的选择。因为，“公民”乃政治学和宪法学上的概念，自然人是民法上通用的范畴，生态民法应遵守学术和立法的惯例；其次，公民仅指具有某国国籍的自然人，然而只要是人都应当享有生态权。这是每一个人生存和发展的前提条件，也就是享受生态权益是所有个人天然具有之权利，无关乎公民资格，无国籍之个人即非公民身份之个人，亦应是生态权利和生态义务之主体。

第三节　法人与国家

一、法人

生态民法上所称的法人，是指在生态法律关系中享有生态民事权利、承担生态民事义务的法人。关于法人是否享有生态民事主体地位，

---

〔1〕 吕忠梅：《论公民环境权》，载《法学研究》1995 年第 6 期；吕忠梅：《从理性经济人到生态理性经济人：〈绿色民法典〉的人性预设》，载《私法研究》第 5 卷，法律出版社 2005 年版。

有人持反对意见〔1〕。有学者推测其主要理由可能是,法人尤其是生产性企业是环境退化的罪魁祸首,赋予其生态权不符合生态保护与可持续发展要求,不具备生态权理论所隐含的基本价值。〔2〕但是,本书认为这种观点值得商榷。主要理由如下:

1. 法人具有民事权利能力。依各国民法规定,法人本来就是指具有民事权利能力和民事行为能力的社会组织。此类社会组织依法享有的民事主体资格为其成为生态民事主体奠定了最重要的法律基础。

2. 法人客观上具有享受生态权益之必要。法人虽然类型很多,其享有民事权利能力和民事行为能力的具体范围千差万别,但是其生存和发展都程度不同地依赖于特定的生态利益。有些是直接的需要,有些是间接的需要;有些是共同的需要,有些是某些社会组织所特有的需要。

首先,法人必须从生态系统获取并消耗一定的能源。从古至今,人们对能源的依存度越来越高。也许古代社会主要是需要阳光、热等,而现代社会则高度依赖于电力、石油、煤炭、天然气等。至少电是所有社会组织都不可缺少的,社会组织如果没有电,其生产经营、管理等活动都难以正常进行。

其次,法人直接或间接地需要利用自然资源。有些法人对自然资源的需求是直接的,如房地产公司如果没有土地资源就无法建设房屋;采矿企业如果没有矿产资源就无法进行开采;冶炼企业如果矿石就无法冶炼作业;生态旅游企业没有优质的生态旅游资源就无法吸收游客等。多数法人对自然资源的需求可能是间接的,法人需要的生产资料包括办公设备、机器、办公用房等,无论经历多少生产加工环节,其终极来源都是生态系统中的生态物,即自然资源。此外,水、土地似乎是法人共同需要的资源。

再次,法人必须向生态系统排放一定的污染物、废弃物。一个法人只要生存,只要进行民事活动,就必须消耗物质和能量,因而就必然产生一定数量的污染物、废弃物,如废纸、废水、废旧办公设备等。这些废物都需要占用特定的空间进行适当处理,如填埋。但无论如何都会给生态

---

〔1〕 吴卫星:《环境权研究——公法学的视角》,法律出版社2007年版,第73~77页。

〔2〕 周训芳:《环境权论》,法律出版社2003年版,第167页。

系统造成的一定的污染或破坏，因此，凡法人都需要排污权，也就是利用生态系统自我净化能力即环境容量的权利。

最后，法人需要清洁适宜的劳动环境。法人归根结底是由自然人组成的，其生产经营场所、办公场所所处的环境应当是清洁的，即适宜劳动的，包括生产车间、办公场所等，至少空气、噪声等应当是合格的，否则无法维持正常的生产作业或办公、管理活动。

因此，法人的上述生态利益需求应当在法律上得到充分的反映和保障，也就是说，法人应当享有相应的生态权利，主要包括资源开发利用权，依法排污权，享受清洁劳动环境权。

3. 法人依法享有特定的生态权利。法人享有自然资源的使用权。《民法典》第 324 条规定：国家所有或者国家所有由集体使用以及法律规定属于集体所有的自然资源，组织、个人依法可以占有、使用和收益；第 328 条规定：依法取得的海域使用权受法律保护；第 329 条规定：依法取得的探矿权、采矿权、取水权和使用水域、滩涂从事养殖、捕捞的权利受法律保护。因此，法人依法享有上述自然资源的使用权。

4. 法人依法负有必要的生态义务。依一般法理，法人在享受生态权益的同时必然应当负担生态义务。因为要求法人履行生态义务不仅是为了维系生态公正，也是为了保障社会组织自身能够可持续地享受生态权益。

另外，在法律上，无论是依据我国《民法典》之绿色原则，还是《环境保护法》关于全民保护生态环境之规定，法人都应当是生态义务的主体，尤其对从事生产经营活动的法人，法律赋予了更多的生态义务。

因此，法人作为承担生态义务的生态民事主体，其应然性和实然性十分明显，应当没有疑义。

5. 符合法律规定的法人享有提起环境民事公益诉讼的主体资格。我国《民事诉讼法》第 55 条规定："对污染环境、侵害众多消费者合法权益等损害社会公共利益的行为，法律规定的机关和有关组织可以向人民法院提起诉讼。"

《环境保护法》第 58 条规定："对污染环境、破坏生态，损害社会公共利益的行为，符合下列条件的社会组织可以向人民法院提起诉讼：（一）依法在设区的市级以上人民政府民政部门登记；（二）专门从事环境保护公益活动连续五年以上且无违法记录。符合前款规定的社会组织向人民法院提起诉讼,人民法院应当依法受理。”

最高人民法院《关于审理环境民事公益诉讼案件适用法律若干问题的解释》进一步拓宽了能够提起环境民事公益诉讼的适格社会组织的范围。第2条规定:依照法律、法规的规定,在设区的市级以上人民政府民政部门登记的社会团体、民办非企业单位以及基金会等,可以认定为《环境保护法》第58条规定的社会组织。第3条规定:设区的市,自治州、盟、地区,不设区的地级市,直辖市的区以上人民政府民政部门,可以认定为《环境保护法》第58条规定的“设区的市级以上人民政府民政部门”。第4条规定:社会组织章程确定的宗旨和主要业务范围是维护社会公共利益,且从事环境保护公益活动的,可以认定为《环境保护法》第58条规定的“专门从事环境保护公益活动”。第5条规定:社会组织在提起诉讼前5年内未因从事业务活动违反法律、法规的规定受过行政、刑事处罚的,可以认定为《环境保护法》第58条规定的“无违法记录”。

综合我国《民事诉讼法》、《环境保护法》、《海洋环境保护法》、最高人民法院《关于审理环境民事公益诉讼案件适用法律若干问题的解释》、《检察机关提起公益诉讼试点方案》等相关规定,部分法人在一定条件下有权提起环境民事公益诉讼。

二、国家

国家作为公法上的生态法律主体,似乎没有什么异议。一个国家管辖范围内的生态系统是国家的必要组成部分,管理这些生态系统是国家的当然权力,对于破坏和污染生态环境的行为进行必要的监管和相应惩罚,也是国家维持公共利益所必需的权力。例如,张梓太教授在其《国家环境权》一文肯定了国家享有的环境权,包括对本国环境及自然资源享有永久主权权利、人类共有财产的共管权、发展中国家的优先利用资源权等。[1]

那么,国家是否可以作为私法上的生态民事主体呢?对此学术界是持不同意见的。本书认为,国家在民法上可以作为特殊的民事主体,在

---

〔1〕 张梓太:《论国家环境权》,载《政治与法律》1998年第1期。

生态民法中也可以作为生态民事法律关系之主体。其理由如下：

1. 领土等自然资源是国家的构成要素。任何国家，无论大小，领土等自然资源都是不可缺少的因素，没有领土等基本自然资源，就不足以成为国家。因此国家在客观上也是生态利益的需求者，国家的动物质基础就是特定的生态系统，或者在其领土范围内整个生态系统都是属于国家的。

2. 国家是自然资源所有权人。各国法律都会规定，国家直接对一定的自然资源享有所有权，虽然各国享有自然资源所有权的范围可能不尽相同。

我国《宪法》第9条规定："矿藏、水流、森林、山岭、草原、荒地、滩涂等自然资源，都属于国家所有，即全民所有；由法律规定属于集体所有的森林和山岭、草原、荒地、滩涂除外"；第10条规定："城市的土地属于国家所有"，农村和城市郊区的土地可依法律规定属于国家所有。

我国《民法典》第247～252条规定了国家的自然资源所有权：矿藏、水流、海域属于国家所有；城市土地属于国家所有，法律规定属于国家所有的农村和城市郊区的土地，属于国家所有；森林、山岭、草原、荒地、滩涂等自然资源，属于国家所有，但法律规定属于集体所有的除外；法律规定属于国家所有的野生动植物资源，属于国家所有；无线电频谱资源属于国家所有。

自然资源与一般的物不同，它具有双重属性。一方面，它可以转化或产生资源产品，而资源产品是劳动产品，是可以交换的商品，具有财产价值、交换价值、使用价值等；另一方面，它是生态系统的一部分，是生态物、生态因子，具有生态价值、生态功能等。因此作为自然资源的权利人也必然具有双重主体的性质，即既是普通的民事主体、物权主体，也是生态民事主体、生态权主体。国家当然还是自然资源的管理者，此为公法之生态权主体。

3. 国家是生态补偿的义务主体。生态补偿本质上应当作为一种生态民事法律关系，而非行政法律关系。在行政法律关系中，国家是否补偿取决于政府的决定。但在生态民事法律关系中，如果应当补偿而不补偿，依法应当获得补偿的一方则享有要求补偿义务人依法支付补偿的请求权。

国家通常只是在生态补偿法律关系中作为补偿的义务人,如对特定地区的补偿,对某些在生态公共利益上作出明显贡献的人给予的适当补偿。

4. 国家是涉生态利益合同的当事人。涉生态利益合同主要包括:在自然资源使用权出让合同中,以所有权人身份招标、拍卖自然资源使用权,为此类合同中的出让人。在生态基础设施建设合同中,以招标人、合作人的身份作为合同当事人。

5. 国家是跨国生态民事法律关系的主体。在国家与国家的生态法律关系中,双方主体都是国家,如因为跨国河流形成的国际环境相邻关系,因领土相邻而形成的国际环境相邻关系。

第四节　人类、后代人与动物

一、人类能否为生态民事主体

有些学者认为,环境资源法的调整对象也包括人与自然的关系,而在人与自然关系中的"人"实指整个人类。因此,这些学者主张,人类也享有生态权利,故应为生态民事主体。例如,人类也享有在一个良好环境、具有自我平衡和自我恢复的生态系统中存在发展的权利,在这个意义上讲环境权是人类谋求自身发展的途径和手段,这个权利是集体性的权利。[1]

甚至有学者坚持认为,环境权只属于人类,环境权是一种自得权,即自己满足自己的需要,无须其他主体来提供方便,也不需要排除来自其他主体的妨碍,因而就不需要义务主体来实现。在一些国际条约中,也是用"人类享有"转换到"全人类有义务"这样一种循环的逻辑当中,因此,将环境权赋予人类是有依据的。[2]

---

〔1〕 吕欣、李杰赓:《环境权主体研究》,载《当代法学》2005 年第 6 期。

〔2〕 徐祥民:《环境权论——人权发展历史分期的视角》,载《中国社会科学》2004 年第 4 期。

但是,主张人类也是生态民事主体,甚至是唯一的生态民事主体,存在明显的不可克服的逻辑缺陷。理由如下:

1. 人类以一个整体的形式作为法律主体在立法上不可行。如果人类是生态民事主体,享有生态权利,那就只能以整体的形式参与社会关系,然而作为一个整体的人类,从来就不是一个法律上的概念。而且,在立法上使人类整体成为一个法律主体也是不现实的。其一,任何国家的国内法都无权对人类的权利或义务进行规定;其二,即使是国际组织如联合国,也无权通过国际公约规定人类的权利或义务,因为任何国家都可以不参加国际组织,或者参加之后又退出。目前还没有形成一个能够合法享有人类立法权的立法机关。

2. 人类无法以一个统一主体的形式参与任何法律关系。人类包含了所有的个人、法人和国家,如果人类想以一个统一主体的形式参与到法律关系之中,那么人类可以选择哪一个主体来设立、变更或终止法律关系呢? 在客观上,人类无法与某个自然人、法人或国家产生法律关系。

首先,无法形成公法上的法律关系。公法关系的本质为管理与被管理的不平等关系,但是人类无法与自然人、法人或国家之间形成管理与被管理的关系。因为,尚不存在可以合法代表人类行使管理权的机关,现行任何国际组织都不享有此项权利,事实上迄今为止还没有吸纳了全部国家、法人和自然人的国际组织。因此,人类以统一主体的身份行使对所有自然人、法人和国家的管理权,完全没有现行法的基础,自然也缺乏正当性。

其次,无法设立私法上的法律关系。私法关系中双方主体的地位是平等的,包括民事法律关系或生态民事法律关系,而且私法关系原则上是以主体双方协商一致为基础的。但是人类无法以一个统一主体的身份与某一个自然人、法人或国家进行协商,因为目前还没有能够合法、合理地代表人类的机关。因此,人类也就无法以统一主体的身份与某个自然人、法人或国家形成生态民事法律关系,甚至任何民事法律关系都不行。

3. 人类不具备成为独立法律主体的条件。任何社会组织成为主体的最重要前提是,已经形成了一个对内可以合法管理组织、对外可以合法代表的组织的管理机关。目前任何一个国际组织包括联合国,都无权合法地代表整个人类、管理整个人类。没有可以管理、代表人类的领导机关,就无法形成人类的内部组织机构,也无法形成人类的共同意志,因而当然也就无法以一个统一主体的身份实施任何法律行为。

4. 人与自然关系本质上并非主体之间的法律关系。任何关系都应当是相互的、双向的,而非单向的、单方面的。在生态学上,人与自然都是生态系统的一部分,共处于同一个生态系统,在生态系统中人与自然是相互联系的,包括相互影响、相互依赖、相互作用等。在生态学上人与自然只是两种不同类型的生态因子而已,而在哲学上,人与自然关系不过是主体与客体的关系。

在环境伦理学、政治学等学科中所谓的人与自然关系,核心内容是人应当尊重自然、保护自然、顺应自然,人应当与自然和谐相处、永续共生。人与自然关系本质上是强调对人的要求,包括规范人对自然的行为、改变人对自然的态度和观念等。严格地说,这已经不是一种相互之间的关系了。

至于在法学和法律中,所谓人与自然的主体关系其实是不存在的。首先,人类作为统一体根本就不是一个法律主体,也不可能成为法律主体,理由如前所述。其次,如果人与自然的关系是主体与主体的关系,那么自然的主体资格由谁赋予?自然的权利谁来保障?自然的义务何人承担和履行?事实上这一切只能由人类自己决定,也就是说,如果人与自然都是主体,那么双方的权利义务甚至责任最终是由人类一方决定并完成的,这明显不符合法律关系的本质。因此,在法律上,人类与自然之间根本不存在主体与主体的关系。

5. 人类与自然的关系也不是法律意义上的主体与客体的关系。因为,人类不是一个统一的法律主体,自然也不是单一的统一客体。法律上的客体是特定化的具体对象,否则主体无法作用于客体。也就是说,在法律上只能是人类的某一个体或社会组织,如某个自然人、法人或国家,与自然的某一部分,如某个森林、矿藏等,形成主体与客体的关系。

人类作为一个统一主体作用于自然,自然作为统一客体反作用于人类,只能是哲学上的关系。

6. 赋予人类主体地位和权利必将侵害主权至上原则。如果真的赋予人类统一的主体地位和相应的权利,那么某些国家或国际组织就必然会假借维护人类共同权利和利益之名,干涉他国内政,严重侵害国际法的"主权至上"原则。这一点从目前的国际关系实践、联合国的运转实际可以得到充分的证明。

至于目前人类共同面临的生态问题,如气候变暖、臭氧层空洞等,只能通过现有的国际组织和国家间协商机制解决。如果各国尤其是发达国家、大国真正支持解决地球的生态危机,就具有现实性和可操作性,无须借助人类主体地位;反之即使在法律上规定了人类主体地位,也是没有任何意义的。

二、后代人能否为生态民事主体

在生态法上,有一些学者还提出,后代人的生态利益也应当受到保护,故后代人应当享有生态权利,拥有主体资格。例如,陈泉生老师指出,"环境权的权利主体为全体人民,它不仅包括公民、法人及其他组织、国家乃至全人类,还包括尚未出生的后代人"〔1〕。有学者从不同的维度对环境权主体加以界分,"环境权的主体从横向上看包括公民、法人、国家、国际组织等,从纵向上看,既包括当代人,也包括后代人"〔2〕。甚至有些国家在立法上明确规定了后代人的生态权益,目前已经有 19 个国家宪法加入了保护后代人生态利益的条款。个别国家规定了后代人的生态权,如 1995 年修改的《挪威宪法》第 110b 条规定:"每一个人有权获得一种有益于健康的和有益于自然条件的生产力和多样性得到保护的环境。自然资源的利用应建立在全面的长期的考虑的基础上,由此未来世代人的这一权利也应该受到保护"。

但是,对后代人的主体地位,也有学者提出了异议。"对当代人的行为进行调整的法律,它无法对不能确定的后代人的主体地位予以确定,也无法对尚未取得主体资格的后代人的权利予以确定。"〔3〕本书赞成后代人不应当也不可能享有法律主体地位。其理由包括:

1. 后代人应无民事权利能力。从古到今,各国民法大都规定,自然

〔1〕 周训芳:《环境权论》,法律出版社 2003 年版,第 60 页。

〔2〕 张文显、娇波:《法制与可持续发展的法哲学分析》,载张文显主编:《法理学论丛》第 2 卷,法律出版社 2000 年版。

〔3〕 吕忠梅:《保护公民环境权的民法思考》,载《清华法学》2003 年第 2 期。

人从出生开始方能具有民事权利能力,胎儿例外。各国民法之所以如此规定,根本上是因为自然人未出生就不需要民事权利能力,因为在客观上未出生之人无法参与民事活动,无法与他人设立、变更或终止民事法律关系。

因此,后代人尚未出生甚至远未出生,基于立法惯例和客观需要,法律不应当赋予其民事权利能力。无民事权利能力自然无以成为生态民事主体。

2. 后代人无民事行为能力且无法适用代理。如果说后代人没有民事权利能力的问题,还可通过立法强行赋予,那么后代人缺乏民事行为能力却是无法改变的事实。有学者提出,后代人民事行为能力欠缺的问题,可通过"监护"制度予以解决。[1] 其实非也。因为,据肯定后代人主体地位的学者们认为,后代人在与当代人的生态利益分配关系中需要享有主体资格和相应的生态权利,后代人的生态权益应当得到保障。那么在当代人与后代人的关系中,什么人可以担任后代人的监护人呢?毫无疑问只有当代人才能具有监护人资格,因为所有后代人都是无民事行为能力的。

由此就出现了无法克服的困境:当代人作为主体之一方,还要以监护人身份担任另一方即后代人的代理人,这就是所谓的双方代理。然而在民法的代理规则中双方代理是严格禁止的,除非经被代理人同意,显然在当代人与后代人的关系中,后代人是无法表示同意的。因此,设想通过民法的监护、代理制度解决后代人无民事行为能力的困局,是不现实的。

3. 当代人与后代人之间不可能存在真正意义上的法律关系。法律关系的本质是主体之间的权利义务关系,而且这种关系应当是双向的、对应的,即一方之权利通常需以对方之义务配合;反之一方之义务通常是服务于对方之权利。

由于后代人没有意思表示能力,也不可能实际享有和行使生态权利,更不可能亲自履行生态义务、承担生态法律责任。因此,假设当代人

---

〔1〕 蔡守秋:《调整论——对主流法理学的反思与补充》,高等教育出版社 2003 年版,第 509 页。

与后代人之间真的存在法律关系，那么双方的权利、义务事实上也只能是由当代人完全单方面决定，包括单方行使双方的权利、履行双方的义务，甚至承担双方的责任。总之，所谓当代人与后代人的生态法律关系只能完全由当代人一方包办。显然，这不是真正的严格意义上的法律关系。

4. 保证后代人拥有适宜生态系统和可持续利用资源无须赋予其主体地位。主张后代人应当享有生态民事主体地位的原因通常是为了保护后代人的生态利益，为了让当代人尽可能节约资源，合理地开发资源，保护生态系统，实现资源的可持续利用，也给后代人保留一个适宜生存的生态系统。这一初衷无疑是正当的、合理的，但是却似乎是“病急乱投医”。

本书认为，能否给后代人留下适宜生存的生态系统和可持续利用的资源，与后代人是否享有生态权利和生态民事主体资格没有必然联系。这完全取决于当代人的生态意识和生态行为，因此关键在于改变当代人的观念，规范当代人的生态行为。主要应当通过完善与生态保护相关的各项法律，使当代人树立正确的生态观和生态意识，更重要的是通过规范当代人之间在享受生态利益、利用生态资源过程中的社会关系，明确各自的生态权利和生态义务，强化污染或破坏生态系统的法律责任，使当代人在享受生态权益的同时，真正能够履行节约资源、合理利用资源、保护生态系统的义务。

因此，保证后代人拥有适宜生态系统和可持续利用资源的根本是当代人，无关乎后代人。如前所述，即便真的规定后代人享有生态权利和生态民事主体资格，也还是取决于当代人。

当然，由于当代人与后代人存在着天然的种群繁衍关系、血缘关系，而且正常的人是有理性的人，所以当代人通常也会愿意对自己的生态权益适当加以限制，从而保证后代人能够拥有适宜生存的生态系统和可持续利用的资源。毕竟，当代人在主观上也希望后代人能够延续自己的血脉，希望人类能够一代一代地永远繁衍下去。

三、动物能否为生态民事主体

在关于生态民事主体类型的探讨中，对动物是否应当享有民事主体地位,即是否应当为生态民事主体,学术界争议最大。

(一)学术界关于动物是否具有主体地位的主要观点

1. 肯定论

肯定动物的主体地位和生态权利的观点,也并非完全一致,可以分为两类:一是生命主体论;二是动物主体论。但是尤其以动物具有主体地位的观点影响更大、更普遍。

(1)生命主体论

生命主体论主张一切生命皆为主体。有些学者提出,人与自然之关系是主体与主体之关系。因此,生态法学“将一切生命体作为法律关系的主体,而自然人在生态法律关系中是作为被约束和被限制的对象而存在的”,以及“人不仅是权利的主体,还是自然界的权利的客体”〔1〕。植物也应享有权利,如斯通在《树木应有诉讼资格:自然体的法律权利》中就坚持这一观点。

(2)动物主体论

但是,多数学者仅主张,动物应当享有生态权利和生态民事主体资格。美国学者 J. 范伯格在《自由、权利和社会正义》中指出,赋予无义务的权利,使义务免除不是任意的,他认为动物也可以有权利。他举例说,由于各种动物可能感到痛苦,有些人就要求它们也有权不受虐待,但由于它们不是理性的生物,因此它们就没有承担义务的能力。于是,动物就构成了道德相关学说的一种例外情况,而婴儿和智力障碍者也许是同类性质的另一些例外情况〔2〕。英国伦理学家彼得·辛格在《动物解放》中指出动物与人平等,也应该享有权利。国内也有学者提出,动物应当具有法律主体地位。国外学者主张动物主体资格的人更多。个别西方国家的法律允许宠物享有继承权,可以作为诉讼主体。

关于动物具有主体地位的观点又可分为动物完全法律人格论和动物限制法律人格论。

其一,动物完全法律人格论。即主张动物在法律上具有完全的权利

---

〔1〕 刘文燕、刘滨:《生态法学的基本结构》,载《现代法学》1998 年第 6 期。

〔2〕 [美]J. 范伯格:《自由、权利和社会正义——现代社会哲学》,贵州人民出版社 1998 年版,第 87 ~88 页。

主体资格，享有同人一样的权利。“动物和动物也有生命权、健康权，也有生存和存在的权利，这是动物的具体权利。在一般权利中，动物和动物也应有人格自由、人格平等、人格尊严的权利。”〔1〕

其二，动物限制法律人格论。即主张动物是权利主体，具有法律人格，但享有权利的动物主体范围存在有限性。只有野生动物与宠物可以成为法律关系的主体，其他的动物依然处于法律客体地位，如具有法律人格的动物不包括农场里的动物或专为人类提供肉、蛋、乳的动物。而且动物主体的权利范围也存在有限性，动物只享有某些种类的权利，如生存权、生命权等，而人格自由、选举权、被选举权等专属于人类。

对动物主体论至少可以提出如下质疑：为什么野生动物和宠物应当有主体资格，而饲养用于劳动或作为食物的动物不能享有？饲养动物为人类的生存做出了更直接的贡献。为什么动物应当有而植物不能有？动物主体论者一方面在追求人与动物的平等，另一方面却又制造了野生动物和宠物与其他动物之间，或者动物与植物之间的不平等。

2. 否定论

但是，反对动物具有主体地位的学者占绝对多数，主张环境与资源保护法仅调整人与人的社会关系的学者均否认自然或动物的主体地位。例如，张文显认为，法律关系应是人与人之间的关系，“有些学者之所以把人对物、人与自然的关系也说成是法律关系，一个重要的原因就是忽略了法律关系的相关性、对称性、可逆性和双向性，没有注意到人对物、人与自然的关系实质上不具有严格意义上的相互性”〔2〕。高清海指出，人把生命活动变成抑制支配的对象，因而人是主体性的存在，能否成为主体的核心是能否做到是你自己生命活动的主人，只有能通过生命活动去支配外界对象方能成为主体；如果不能超越本能即只是生命本能活动的奴隶，那就不会有主体性，这是主体的原始含义。〔3〕

---

〔1〕 杨立新、朱呈义：《论动物法律人格之否定——兼论动物之法律“物格”》，载《法学研究》2004 年第 2 期。

〔2〕 张文显：《法哲学范畴研究》，中国政法大学出版社 2001 年版，第 97 页。

〔3〕 高清海：《重新认识“人”》，载本书编委会编：《中国大学人文启思录》第 3 卷，华中科技大学出版社 1999 年版。

(二)动物主体论的主要理论基础

主张动物法律人格的主要理论基础源于环境伦理学(environmental ethics)或生态伦理学(ecoethics)。

环境伦理学是随着社会的发展而出现的一种新兴的伦理学,它与既往伦理学的一个明显区别是,它既要求人际平等、代际公平,又试图扩展伦理的范畴,把人之外的动物纳入伦理关怀的范围,用道德来调节人与自然的关系。环境伦理学历经数十年的发展,已经形成不同学派,主要分为人类中心主义与非人类中心主义两个基本流派。

人类中心主义又有传统人类中心主义与开明人类中心主义之分。传统人类中心主义认为,人是世界的主人,可以无限制地改造和开发大自然,人只对人负有直接的道德义务,人对环境的义务只是对人的义务的外在表现。而开明人类中心主义认为,地球环境是所有人包括现代人和后代人的共同财富,任何国家、地区或任何一代人都不可为了局部的小团体利益而置生态系统的稳定和平衡于不顾,应当在不同的国家和民族之间实现资源的公平分配,建立与环境保护相适应的更加合理的国际秩序,也要给后代留下一个良好的生存空间,当代人不能为了满足其所有需要而透支后代的环境资源。

动物主体论的理论基础主要是环境伦理学中的非人类中心主义环境伦理观,也称生态中心主义,其中包括动物解放论、动物权利论、生物平等主义、生态整体主义等分支。

1. 动物解放论。以辛格(P. Singer)为代表的动物解放论认为,应当把“平等的关心所有当事人的利益”这一伦理原则扩展应用到动物身上去,即也应当关心动物,更有义务停止那些给动物带来痛苦的行为。

2. 动物权利论。以雷根(T. Regan)为代表的动物权利论认为,之所以要保护动物,是由于动物和人一样,拥有不可侵犯的权利,动物也拥有值得人类予以尊重的天赋价值。这种价值赋予了它们一种道德权利,即获得尊重的权利。这种权利决定了人类不能把动物仅仅当作促进人类的福利的工具来对待,就像不能以这种方式来对待其他人那样,并力图实现:(1)完全废除把动物应用于科学研究;(2)完全取消商业性的动物饲养业;(3)完全禁止商业性的和娱乐性的打猎和捕兽行为。

3. 生物平等主义。生物平等主义主张将道德关怀的范围扩展至所有的生命，其代表性的思想主要是泰勒（P. Taylor）的“尊重大自然”观点和施韦泽（A. Schweitzer）的“敬畏生命”观点。

泰勒把生态系统描绘成一个“由植物和动物组成的、联系密切相互合作的联邦”。所谓尊重大自然，就是把所有的生命都视为拥有同等的天赋价值和相同道德地位的实体，它们都有权获得同等关心和照顾。

敬畏生命的基本要求是：像敬畏自己的生命那样敬畏所有的生命，满怀同情地对待生存于自己之外的所有生命。一个人，只有当他把所有的生命都视为神圣的，把植物和动物视为他的同胞，并尽其所能去帮助所有需要帮助的生命的时候，他才是道德的。认为在生活的过程中，一个人确实要偶尔地杀死其他生命，但是，这样做必须是为了促进另一个生命，并且要对“被牺牲的生命怀着一种责任感和怜悯心”。

4. 生态整体主义。生态整体主义认为，环境伦理学必须从道德上关心无生命的生态系统、自然过程以及其他自然存在物，即必须将生态系统作为一个整体来关怀。代表性观点主要有利奥波德（A. Leopold）的“大地伦理学”、纳斯（A. Naess）的“深层生态学”及罗尔斯顿（H. Rolston）的“自然价值论”。

（1）大地伦理学。大地伦理学提出，包括土壤、水、植物和动物在内的所有动物都是道德共同体的成员，都应当享有道德上的权利。人不是大地共同体的征服者，而是大地共同体的普遍成员与普通公民，人应当尊重共同体的其他伙伴和共同体本身。

（2）深层生态学。深层生态学认为，每一种生命形式都拥有生存和发展的权利，若无充足理由，人类没有任何权利毁灭其他生命。随着人类的成熟，将能够与其他生命同甘共苦。

（3）自然价值论。自然价值论主张，人类对大自然所负有的道德义务建立在大自然所具有的客观价值的基础之上，由于生态系统本身具有客观价值，所以人在对生态系统中的个体承担道德义务的同时，也对生态系统本身即对生态系统整体负有道德义务。

不可否认，环境伦理学的兴起对于促进环境与资源的保护包括动物的保护，在客观上发挥了重要作用。但是它在理论上漏洞百出，错误显而易见。然而不少法律界学者却认为，“环境伦理学与法律的关系，不仅在于直接作为环境保护法、自然资源保护法及野生动物保护法的理论基础,而且在于对民法基本原理和基本制度的影响”。影响表现之一即为根据环境伦理学提出了赋予动物权利主体资格的主张,即赋予动物法律人格,使动物成为法律上的权利主体。

（三）动物不可能也不应当享有法律主体地位

法律关系应当是法律主体之间的关系,这是一般法律原理。生态法也不例外,其调整对象应当是自然人、法人、非法人组织以及国家之间,因占有、利用、处分和保护环境与资源而产生的社会关系。人与自然的关系不应当也不可能是主体与主体的关系,因而也不可能是生态法的调整对象,法律只能通过调整人们之间的社会关系,间接影响人们对生态系统及其生态因子的态度与行为,从而最终实现保护自然之目的。

坚持动物不可能也不应当享有法律主体地位的主要理由有：

1. 保护生态环境是为了人的自身利益。生态保护的主观受益对象是人,且只有人,而非动物。权利主体应当是权利所追求之利益即法益的享有者。动物只是客观受益者。

2. 动物基本没有与人协商沟通的意思表示能力。即使高级动物,由于生理原因,特别是语言能力的限制,仅能在同类之间进行简单的交流和沟通,根本无法与人进行正常的意思表示和交流。因而动物不可能自己实施民事法律行为,也不可能与人设立、变更或终止民事法律关系。也就是说,动物不可能具有民事行为能力。

在康德创立的伦理人格主义哲学中,伦理学上的人应当有能力在给定的各种可能性的范围内,自主地和负责地决定他的存在和关系、为自己设定目标并对自己的行为加以限制。这一概念极大地影响了《德国民法典》的权利主体等基本概念。康德曾说道:“没有理性的东西只具有一种相对的价值,只能作为手段,因此叫作物;而有理性的生灵才叫作‘人’,因为人依其本质即为目的本身,而不能仅仅作为手段来使用。”这种思想体现到《德国民法典》中,就是将人作为权利主体,具有法律人格,而物只能作为权利的客体。在法律人格的判断中,意志能力被作为一个最基本的标准。

民事主体应当具有意思自治的能力,而意思自治能力须以意思表示能力为前提,包括意志能力和表示能力。

3. 动物无法自己享有和行使权利。即使法律规定了动物的权利,包括动物在内的动物都不可能通过自己的行为去享有权利,也不可能自己行使权利。法律主体的常态就是能够亲自享有和行使法律赋予的权利,由代理人行使权利只是例外。这就决定了动物不可能与人形成主体之间的法律关系。因为法律关系的本质是主体之间的权利义务关系。

4. 动物无法承担主体应当承担的义务和责任。主张赋予动物法律人格的论述只抓住赋予动物权利不放,而无视权利与义务的统一性,从不讨论动物是否承担法律义务和法律责任。根据法理学对权利义务关系的论述,任何主体不可能只有权利没有义务,不存在纯粹的权利和义务,任何主体在享有权利的同时,一般需要承担义务。假设动物享有法律权利,那么动物也必然应承担法律义务。

如果动物是主体,那么它的法律义务应当是什么?它对人的义务有哪些?在哪些情形下须承担法律责任?目前各国法律都没有规定动物的义务,如在什么条件下一只鸡应当为人作出牺牲,成为人们的盘中餐。即使法律规定了义务,动物也无法自己履行其义务。如果动物伤人,在刑法上是否应当承担刑事责任,在民法上是否应当进行损害赔偿?再进一步,如何承担责任呢?

5. 自然物享有主体资格将威胁人和其他食肉动物的生存。人需要消耗各种动植物才能维持自己的生命,如果动物是主体,人就无权以动物为消费对象,或者至少应征得其同意。而动物无法表示同意,或者不同意。

所有食肉动物都无法生存。因为,每一种食肉动物都是以其他动物作为自己物质和能量的来源,如果所有动物都是主体,那么以其他动物为食在法律上就变为不可能。生物之间的食物链是生物生存的客观规律,是自然法则,生物平等论、动物主体论违背了这一规律。

无论是在法律上,还是在事实上,一个不可改变的事实是,动物永远受人的支配,永远服务于人的利益,因此永远也不可能与人平起平坐,成为世界的支配者。动物人格论者绝大多数同样以动物为食。

6. 动物无法适用民事主体的法定代理制度。许多动物法律人格论者认为,在民法上,没有行为能力的自然人,如幼儿、植物人和精神病人,通过监护、法定代理制度仍然可以成为权利主体，因此尽管动物不具有意思表示能力和承担义务、责任的行为能力，但也应当仿照无行为能力人和限制行为能力人，建立动物法定代理制度，赋予动物民事主体资格。但是，这种观点是不能成立的。

第一，人担任动物的代理人违背代理的基本规则。在人与自然的关系中，能够作为动物代理人的主体只有人，但是人不应当担任动物的法定代理人。因为，按照代理的规则，代理人不能代理被代理人与自己之间发生的法律行为。如果人作为动物的代理人，那就是代理被代理人与自己的法律关系，显然违反了代理规则。

第二，人担任动物的代理人难以保证以维护被代理人利益为宗旨。代理制度要求代理人为被代理人的利益实施代理行为，但人保护生态环境的主观目的是保护自己的利益，而非动物的利益，只是客观上惠及动物；而且在人与动物的关系中，人又是动物的代理人，无法保证人能够始终以维护动物利益为宗旨，完全可能利用代理权损害动物利益。既然在人与动物的关系中人无法在主观上以动物的利益为宗旨，那就不具备担任代理人的主观条件。但在人与人的法定代理关系中，代理人通常与被代理人具有某种紧密联系，如血缘等，以及由此形成的感情，代理人通常会自觉保护被代理人的利益，即使某个代理人损害被代理人利益，社会也会基于道德或法律进行干预。但动物中除宠物外，一般不会与人存在特殊的关系或感情。

第三，人与人之间的代理仅为例外。人与人的代理制度仅适用于少数人，而且通常只限于人生的特定阶段，是人与人的民事法律关系的例外情况。无民事行为能力人和限制民事行为能力人可能转变为完全民事行为能力人，或者曾经具有完全民事行为能力，幼儿终归会长大并取得完全行为能力，精神病人也可能会被治愈而恢复行为能力，植物人也可能醒来成为正常人。但是动物若采用代理，则须适用于所有的动物，即所有人与动物的关系都须代理，且为终身，代理反而成了常态。这不符合代理制度的适用情形。

第四，动物致人损害时人作为法定代理人代其承担损害赔偿责任缺乏正当性。在人与人的法定代理中，被代理人致人损害，原则上是由其监护人即法定代理人承担损害赔偿责任，根本上是由于相互之间的特殊人身关系,如前所述血缘关系。但人与动物之间并无此种关系,代动物承担赔偿责任缺乏合理的基础。

第五,人与自然的所谓代理关系本质上仍然是人与人的关系。如果真的对动物适用代理制度,那么本质上就必然是部分人作为动物的代理人与另一部分人之间形成民事法律关系,而非人与动物的关系。

7. 动物主体地位论不符合各国立法实际。目前世界各国虽然制定和实施了大量保护生态环境的法律,但这些法律本质上仍然是在调整人与人之间的关系,即人们在开发、利用和保护环境与资源的过程中的社会关系。所有生态法律都只是在规定人的权利、义务和责任,尚无规定动物主体地位及其权利、义务和责任的法律。

8. 生态保护的技术性规范无法证明动物之主体地位。有人根据生态保护法律法规中存在大量的保护动植物的技术性规范,认为动植物是法律保护的对象,是权利主体。

但是,现行生态保护法律法规中的技术性规范,如保护珍稀动植物的规范,形式上看是在保护动植物,但人为什么要保护这些动植物呢?是因为损害和破坏野生动植物的行为威胁到人的根本利益,所以人为了自己的长远利益,对野生动植物进行强制性保护,动植物在这种法律规范中只是保护的对象,即法律关系客体。动植物保护技术性规范的最终目的还是保护人的利益,人才是权利主体。

9. 法律主体的扩张应以人为限。有学者认为,在人类历史上,法律主体在不断扩张,奴隶成为主体,子女成了主体,妇女成了主体,一切的人都成为生而平等的主体,现在还有什么需要成为主体呢?那就是动物。甚至有人主张,法律人格应当从自然人、法人拓展至所有非人类的生命体。

虽然在人类历史上,法律人格呈现一个不断扩张的过程。但是,法律人格不能扩充到动物,更不能扩充到所有的自然物。因为法律的宗旨是保护和实现人的利益,只有人才是权利的享有和行使者。

如果认可权利主体或法律人格的无限扩充,鸟、花、池、野生生物、岩石、原始林、田园的清洁空气等所有动物都具有法定权利,那么什么是权利客体呢?那就没有任何权利客体。既然没有客体,主体的利益又要如何实现呢?

就自然科学的角度而言,任何进程都有一个临界点,不存在无限的可能,法律人格的扩充亦是如此,法律人格只能在所有人的范围内进行扩充。动物的生理条件决定了动物不具有自觉能动性,缺乏自我意识,即没有意志能力,所以动物不能具有法律人格。动物只能本能地利用自然界,而无法支配自然界;相反人具有自觉能动性,有自我意识,人能有意识地支配自然界,利用工具进行劳动生产,为自己创造新的生存条件,因此只有人类才能使自然成为自己的客体,服务于自己的利益。

10. 依据环境伦理学主张动物法律人格论难以成立。(1)环境伦理学上的权利与法律权利具有不同的内涵。权利有法定权利与道德权利之分,通常所讲的权利大多是法定权利,也称为法律权利,指的是法律所允许的权利人为了满足自己的利益而采取的、由其他人的法律义务所保证的法律手段。因此,法定权利是与义务相对应的特定概念,是基于法律、法规或规章的规定而产生的权利。道德权利是先于或独立于法律权利而存在的,是伦理学上的权利,包括习惯的权利、理想的权利、凭良心的权利及履行的权利等。道德权利并不会必然上升为法律权利,甚至可以肯定,它们不会全部转变为法律权利。环境伦理学者主张的权利主要是从道德角度所作的论述,仅具有道德的意义。如环境伦理学者纳什在其《大自然的权利》一书中开宗明义地指明:“对‘权利’一词的使用带来了大量的混乱。现在,我们只需知道,有些人是在哲学或法律的特定意义上使用这个词的,有的人则用它意指大自然或其中的一部分所具有的人类应予尊重的内在价值。”显然依据道德权利必然地推断出法律权利,这是不科学的。

(2)道德与法律是不同的行为规范体系,两者不能混为一谈。法律规范与道德规范都是调整社会关系的行为规范体系,它们建立在共同的价值观基础之上,但法律和道德在其规范的约束力和强制性上有本质区别。法律规范通过或能够通过国家强制来保障,而道德规范旨在通过改变行为者的内心观念而影响人的行为。对法律与道德的关系,哈贝马斯指出“法的实质合法性既不得与道德效力混为一谈,亦不应将法律与道德决然割裂。法律最好被理解为对于弱势之后传统道德的一种有效补充与配合(complement)。”现阶段西方伦理学尤其是非人类中心的伦理学虽然代表了高级的环境道德和理想,但客观上很难转化为现实;虽然它对于提高人们的环境道德水平，减少环保政策在执行过程中遇到的阻力起到一定的作用。但是毕竟法律只能保障最基本的道德，高层次的道德规范只能作为引导人们向善的指导，而不能作为法律规范。因为，法律与道德在产生的社会条件、表现形式、体系和结构、作用范围、义务特点、制裁方式等诸多方面存在差异。

（3）赋予动物法律人格客观上不可行。从法制史来看，实在法的产生通常要经历两个阶段，一个是道德化的过程，另一个则是合法化的过程。道德化是对原初的利益关系进行基于道德的调整而形成的一种应然的权利和义务；而合法化则是在此基础上所作的再次调整，从而将应然的权利和义务转换为法定的权利和义务。由道德规范上升为法律规范，首先应当具有必要性，为了保护环境与资源，并非必须赋予动物法律人格。人为了自己的利益必须保护环境与资源，不赋予动物主体资格同样可以达到保护环境与资源的目的。其次应当具有可行性，如果赋予动物主体资格，那么会带来一系列的问题，甚至会妨碍人类自身的生存，以动物为食物来源就成为问题；而且在制度设计上也是不可行的，动物具有主体资格却无法行使权利，更不能履行义务。

11. 个别国家允许动物作为诉讼主体的判例应当淘汰。在美国，出现了一些动物作为诉讼主体的古怪案件。例如，美国马萨诸塞州一位84岁的老妇人死后，其尸体被其所喂养的猫吃掉了，法官最后判决这只猫死刑。美国普林斯顿市有一条狗常欺负别的家犬，数位居民联名起诉到法院，经过陪审团两天的审判，裁决这只狗无罪释放。动物法律人格论者经常以此作为经典案例，认为这是在司法实践上承认了动物的法律主体资格。

动物作为诉讼对象在古代社会就已经出现，早在整个中世纪及其后，在全欧洲大陆，无论在世俗的还是教会的法院，动物都可以成为诉讼的对象，经常受到宣判。但在当时就受到了许多学者的批判。反对者认为，动物不可能达到人类犯罪或道德上的罪过所要求的智力水平，早期对动物的诉讼是思想荒谬的产物。

人类社会发展到今天，这种把动物作为诉讼主体追究动物的刑事责任的做法，早已为现代社会所摒弃，文明的法律只处罚有认知能力和控制能力的法律主体。而且即使是人，若其为没有认知能力和控制能力的幼儿或精神病人，法律也不对其科以刑事责任，何况是对完全不可理解人类法律规则的动物呢？

动物作为诉讼主体的案例都出自英美法系国家，其原因是这些国家实行判例法，法官具有极大的自由裁量权，这就难以避免某些法官创造一些稀奇古怪的判例。因此，依据几个英美国家的怪诞判例就认定动物与人一样享有主体资格，是很不严肃的学术态度。

在动物参加诉讼的国家，目前采用的模式主要有：一是代理人（监护人）模式，即以环境保护团体或个人以监护人身份，作为动物的代理人；二是信托人模式，即作为动物的受托人，由团体或个人作为原告；三是动物及其受托人作为共同原告模式；四是代表人模式，即保护团体作为代表人。

但是，在客观上，动物即使参加到诉讼中，也无法行使其诉讼权利履行其诉讼义务。代理人或监护人模式不符合代理或监护的基本规则；信托人模式无法解决委托人问题；在共同原告模式中，动物作为原告显得十分荒诞，动物既无法出席审判，也无法行使权利履行义务；代表人模式同样无法回答代表权从何而来？如何保障代表人能够代表动物的利益？

12. 法律无法调整人与自然的主体性关系。所谓调整，是引导、约束、调节、控制、改变、干预等意思，法律调整某一关系即是通过以国家强制力为后盾的行为规则直接影响关系各方之行为。但法律仅能影响人的行为，无法影响动物的行为。因为动物无法理解、执行和实施法律规范的内容。因此，法律只能调整人与人之间的主体关系，无法调整人与自然之间的主体关系，即人与自然之间在法律上不可能是主体关系。

此外，人与自然之间不可能形成真正意义上的法律主体之间的关系。因为，法律关系是在法律规范调整某一关系后形成的对等的、相互的权利义务关系。而人与自然的关系只能是主体与客体的关系，而非主体与主体的关系。客体在与主体的关系中不可能确立、主张和行使自己对主体之权利，也不能自觉履行对主体之义务。自然在与人的关系中无法行使其权利，也无法履行其义务、承担其责任，自然无法依据法律的规定调适自己的行为。因此，在人与自然之间无法形成对等的、相互的权利义务关系。

13. 大陆法系国家民法典没有确认动物的主体地位。《奥地利民法典》最早在民法典中对动物进行了特别规定。1988 年 3 月 10 日,奥地利国民会议通过一部关于动物法律地位的联邦法律,专门对《奥地利民法典》作出修正,该民法典原第 285 条"物的定义"中规定:"一切与人相区别且供人使用者,在法律意义上称为物"。但是,该条新增的第 285a 条规定:"动物不是物。它们受到特别法的保护。关于物的规定仅于无特别规定的情形适用于动物"。该法第 1332 条原为:"由于轻微程度的失误或疏忽造成的损害,依损坏事物所具有的一般价值赔偿。"但是新增的第 1332a 条规定:"动物受伤害的,救治或者试图救治该动物所实际发生的费用超过其价值也是应该的,只要在这种损害情形下一个明智的动物饲养人也会支出如此费用。"该修正早在 1988 年 7 月 1 日即已生效。

《德国民法典》继《奥地利民法典》后进行了修订,德国于 1990 年 8 月 20 日通过了《关于在民事法律中改善动物的法律地位的法律修正案》,在民法典中增加了 3 个条文,第 90a 条、第 251 条第 2 款新增 1 段,第 903 条新增 1 段。新增的第 90a 条"动物"中规定:"动物不是物。它们由特别法加以保护。除另有其他规定外,对动物准用有关物的规定。"第 251 条第 2 款新增 1 段规定:"因救治动物而产生的费用,并不因其大大超过动物本身的价值视为是不相当的。"第 903 条"所有权人的权限"新增 1 段规定:"动物的所有权人在行使其权利时,应注意有关保护动物的特别规定",即"保护动物的特别规定"可以对传统的所有权构成限制,这是《德国民法典》的首创。

此后《俄罗斯民法典》对动物亦作了规定,该法典第 137 条"动物"第 1 款规定:"对动物适用关于财产的一般规则,但以法律和其他法律文件未有不同规定为限。"第 2 款规定:"在行使权利时,不允许以违背人道主义的态度残酷地对待动物。"《俄罗斯民法典》还创设了受虐动物赎买制度,以及对"无人照管的动物"的特殊规定。

2002 年 12 月 4 日,瑞士通过了一个对民法典、债法、刑法及联邦债与破产法进行修正的《动物基本条款》。其中所涉民法的 9 个条文中,第 641a 条规定:动物不是物;对于动物,只要不存在特别规定,适用可适用于物的规定。该次修正还针对家养且非为财产或收益目的而拥有的动物在共有关系终止时共有财产的分割、拾得遗失物的处理以及占有时效作了相关修正。该法所修正的各条已于 2003 年 4 月 1 日开始生效。

《瑞士民法典》在继承法编第482条新增第4款规定:“以死者名义给动物以赠与的,按相应的附要求处分处理,以适合动物的方式照料该动物。”

一些学者认为这是动物由权利客体上升为权利主体的立法实例,并认为这代表着最新的立法动态,代表着人类在法律上对动物态度的转变。但是仔细分析上述修正条文即可清楚地知道,理由似是而非。

第一,上述民法典只是规定了动物是特殊的物,应当享有区别普通物的保护,并没有确认动物的主体地位。

第二,上述民法典虽然对人行使动物所有权增加了一些限制,但动物始终只是人的所有权的客体。例如,《德国民法典》第90a条、《奥地利民法典》第285a条、《瑞士民法典》第641a条、《俄罗斯民法典》第137条虽然都规定了动物区别于一般物的地位,但同时也规定,对于动物,在没有特别规定时适用一般物的规定。而所谓的特别规定并非指动物享有主体资格,仅是指对于动物应当给予高于普通物的保护,不能虐待动物等。《德国民法典》第903条规定:“动物的所有权人在行使其权利时,应注意有关保护动物的特别规定。”这就表明人是动物的所有权人,是主体,而动物虽然受特殊保护,但只是客体。

第三,救治动物的费用可以超过动物本身的价值,也不能证明动物享有主体地位。其是为了保护动物的物种或者因为人与动物有了一定的感情,其最终目的还是保护人的利益。

《瑞士民法典》继承编规定的动物赠与中,仍然按照《瑞士民法典》原有的附条件遗嘱来处理,动物本身并未取得遗产的财产权,可见《瑞士民法典》的这一修正并未赋予动物受赠主体的资格。

从语言学上分析,在立法规定“动物不是物”的国家中,奥地利、德国以德语为官方语言,瑞士通用德语、法语和意大利三种语言。在德语中,动物为Tier,复数为Tiere;物为Sache,复数为Sachen。Tier和Sache在字面上毫无关联,即二者没有种属关系。所以,德国的民法典规定“Tiere sind keine Sachen”,即“动物不是物”,这里的物只是动物之外的其他物,而非指全部物的概念。在瑞士法中,相应的法语为:“Les animaux ne sont pas des choses.”,animaux为动物的复数,choses为物的复数。相应的意大利语为:“Gli animali non sono cose.”animali为动物的复数,

cose 为物的复数。像在德语中一样,在“动物不是物”的规定中,物只是动物之外的普通物,物与动物没有属种关系,并非指动物不属于在法语和意大利语中也一样没有字面上的矛盾。“动物不是物”英语译文为“animals are not things”,这里的动物与物也没有种属关系。

但是在汉语语境中,物与动物存在属种关系,以动物只是物的一类,于是有人依据“动物不是物”得出结论,动物不属于物,因而是主体。这样的推理是不能成立的。从外语中的本来含义分析,不应当翻译为“动物不是物”,而应当是“动物不是普通物”,或者“动物是特殊的物。”例如,我们通常也说:人不是动物。虽然从严格的生物学意义上分析,人也是动物,显然当我们说“人不是动物”时,这里的动物其实只能是指人以外的其他动物,人不是动物只是说人不同于普通的动物。

德国民法学者迪特尔·梅迪库斯(Dieter Medicus)认为第 90a 条没有什么积极意义,将动物当作权利主体的看法是荒谬的。我国台湾地区学者也明确指出,《德国民法典》第 90a 条的修正并不是将动物人格化,或当成权利主体,而是动物的所有人不能任意对待动物。

2002 年 5 月,德国联邦议院将《德国基本法》第 20a 条修改为“国家有责任为后代保护天然的生命基础和动物”,6 月获得参议院通过。有人据此认为德国是欧盟中第一个赋予动物以宪法权利的国家。但是,任何法律规定保护动物,这只是对人增加了义务,并非赋予动物权利,其目的仍然是保障人类的利益,主体仍然是人类,规范的行为只是人的行为,因而调整的对象也只能是人与人之间的社会关系。

(四)是否承认动物的主体地位不影响生态保护

这可以从正反两个方面论述。

1. 承认动物的主体地位不会因此强化生态保护。因为,动物无论在何种情况下,对环境与资源的开发、利用和保护都是没有决策权的,不能进行任何意思表示,自然的保护程度、保护方式、保护范围等,最终都是由人决定的。即使赋予其主体地位,规定其享有何种权利,也必然是徒有虚名。

即使在法律上承认了动物的主体地位,客观上也无法因此就能够使人更加自觉地保护环境与资源。因为在人与动物的关系中,只有人才是权利的行使者和义务的履行者，如何对待动物仍然取决于人的决定。“人与自然的关系是一种可以由人类通过各种方式、方法调整或协调的关系。”这种由人单方面调整的关系，并不会因为动物有了形式上的主体地位而得到任何改观。

2. 否认动物的主体地位也不会弱化生态保护。保护生态系统是维护人的根本利益的需要。因为，人为了自身的利益必须保护生态系统，保护环境与资源对人的利益尤其是长远利益是有利的。这才是人们愿意保护环境与资源的根本原因，也是促使人实施生态保护的主要动力。人虽然会因为怜悯和同情在一定程度上保护生物，如减少动物的痛苦，减少捕杀动物等。但这些始终无法成为人保护环境与资源的主因。人首先要考虑和保证自身的生存和发展。

在立法上，即使动物没有主体地位，人也会为了自身利益而对动物实施保护。而且可以通过多种方式实现保护之目的。首先，可以制定《动物保护法》，以特别法保护动物，即动物可以作为特殊物加以保护；其次，民法可以通过规定动物之权利人的保护义务及相关责任，实现保护；最后，民法也可以规定动物权利人之外的社会公众保护动物的权利，以促进保护。

第四章　生态民事客体

生态民事客体是生态民事法律关系的要素之一，对于生态权利和生态利益的实现，以及生态义务的履行都是不可或缺的，也是极为重要的因素。

第一节　生态民事客体概述

一、生态民事客体的概念及基本特征

（一）生态民事客体的内涵

生态民事客体，也可称为生态法律关系客体、生态权利客体，是指生态民事主体实现其生态权利和生态利益的载体，是生态权利和生态义务所共同指向的对象。因此，只有正确定位生态民事客体，生态主体才能实现其生态利益，生态法的根本宗旨才能最终得以实现。

无论是公法上的生态法律关系还是私法上的生态法律关系，其客体都是一样的、共同的。

（二）生态民事客体具体内容

生态权利和生态义务所共同指向的对象即生态民事客体具体是什么，目前学术界的主流观点都同意生态民事客体是自然或自然物。但究竟是什么物，主要有三种观点。第一种观点认为，生态民事客体是指生态物，即生态系统以及生态系统中的生态因子；第二种观点主张，生态民事客体是指环境或称自然因素；第三种观点提出，除环境外，防治对象和行为也应当纳入生态民事客体的范围。

1. 生态物(生态系统及其生态因子)

生态物,是指能够为人提供生态服务的自然物,即能够为人提供生存发展所需物质、能量和信息的自然物。由于生态物均存在于生态系统之中,或者作为生态系统中的生态因子存在,因此生态民事客体本质是生态系统及其生态因子。生态系统一般是指生物之间、生物与其环境之间相互影响、相互作用、相互依存、相互促进而形成的有机整体,如森林、草原、海洋等生态系统。生态因子是指生态系统包含的组成部分,或者说是组成生态系统的各种要素。而生态系统及其生态因子又可以统称为生态物。

生态民事客体之所以应当是生态系统及其生态因子,主要理由是:人对自然的权利本质上是对生态系统的权利。生态系统是"生物群落之间、生物与环境之间,在一定的时间、空间范围内通过不断的物质循环、能量流动与信息传递所形成的相互联系的统一整体"[1],而所有的生物包括人在内,都必须与生态系统内的其他生物或环境进行"不断的物质循环、能量流动与信息传递",否则无法生存和发展。也就是说,人生存所需的物质、能量和信息只有从生态系统的物质循环、能量流动与信息传递中才能够获取,即只有从生态系统才能获取,这是人生存和发展的必要条件,也是人的生态利益之所在。

因此,人的生态利益是以生态系统为载体的,人为了维护自身生存应当对生态系统享有必要的权利和利益,这是应然意义上的权利。法律赋予并保护人对生态系统之权利和利益,即享用、开发、保护和改善生态系统的权利,这是法定的权利、实然的权利,当然也是人的基本权利,即生态权。而生态权利的客体就是生态系统及其生态因子。

2. 环境

有学者认为,人对自然之权利为环境权,其客体是环境或称自然环境。环境是指影响人类生存和发展的各项自然要素。《环境保护法》第2条规定:"本法所称环境,是指影响人类生存和发展的各种天然的和经过人工改造的自然因素的总体,包括大气、水、海洋、土地、矿藏、森林、草原、野生生物、自然遗迹、人文遗迹、自然保护区、风景名胜区、城市和乡

---

〔1〕 刘天齐主编:《环境保护通论》,中国环境科学出版社1997年版,第24页。

村等”。环境的本质,是指影响人的生存和发展的各自然因素。

3. 环境及防治对象和行为

也有个别学者提出,环境权之客体除了自然环境外,还包括“防治对象和行为”[1]。但是此种观点影响式微,其不合理性也十分明显。生态法上的防治对象通常是指污染或污染物,这根本就不是人赖以生存之生态利益的载体,相反却是损害生态利益及其载体之物,即损害生态系统、自然环境之物。防治污染之目的在于清除污染以恢复、保护真正的生态利益载体即生态系统及生态因子。可见在预防和治理污染的法律关系中,真正的客体不是防治对象,而是受保护的生态系统及生态因子。因为人所需要的生态利益只有通过生态系统及生态因子才能实现,防治对象不仅不能让人实现反而会损害生态利益。至于防治行为,它本质上是行为人的生态义务或生态法律责任,即行为人依法有防治污染之义务或责任,生态民事客体不可能也不应当是生态义务或生态责任。

综合比较上述三种观点,本书认为,以生态物作为生态民事客体最为科学、合理。主要理由是:

第一,环境的含义非常广泛,是一个易生歧义的概念,它可以包括自然环境之外的社会环境、生活环境、语言环境、投资环境等。[2] “环境科学中的环境,是指人群周围的境况及其中可以直接、间接影响人类生活和发展的各种自然因素和社会因素的总体。”[3]

第二,环境即便等同于自然环境,通常也仅仅是指《环境保护法》第2条所说的各项“自然因素”,却忽略了各自然因素之间的相互联系、影响和作用,即忽略了各自然因素按照一定结构和层次所形成的生态系统,也无法全面、准确地阐释人与自然的关系。例如,人对自然之需求并非只是针对孤立的自然要素,只有维持生态系统的整体平衡和良性循环才能保障人对自然的可持续利用;自然对人之制约也并不只是单个要素的作用,更多、更重要的是自然有机体,即生态系统以整体之力反作用于

---

[1] 徐祥民、田其云等:《环境权:环境法学的基础研究》,北京大学出版社2004年版,第53页。

[2] 曹明德:《生态法的理论基础》,载《法学研究》2002年第5期。

[3] 《中国大百科全书·环境科学》,中国大百科全书出版社2002年版,第134页。

人甚至惩罚人。如果只是立足于单个的自然因素,就无法说明维持生态系统平衡、保护生物多样性、保护自然保护区等,对"人类生存和发展"的重要性。

第三,从环境与生态系统的内涵可知,生态系统已经包含环境,但环境却无法涵盖生态系统。因为,生态系统就是由生物与生物、生物与环境之间按照一定结构、层次和规律形成的整体。它本身必然要包含环境所指的自然因素,但是它又不局限于自然因素,它还包含甚至更强调自然因素之间的有机联系,以及据此形成的整体,后者正是环境所没有包含的,而这却是最能反映人依赖和受制于自然之属性、也最能彰显人保护自然之必要性。

(三)生态民事客体的基本特征

1. 具有生态价值

具有生态价值,即生态民事客体的有用性,是自然物作为生态民事客体的前提条件。所谓生态价值,是指生态民事客体能够满足自然人或社会组织生态利益需求的属性、功能,或者说能够为自然人、社会组织提供生态服务,包括提供人生存所需之物质、能量和信息的功能、属性。如果没有生态价值,生态主体就没有必要将其生态权利和生态义务指向该对象,因为生态主体将生态权利和生态义务共同指向生态民事客体的根本宗旨是实现生态利益,而没有生态价值就不可能实现任何生态利益。

2. 具有生态利益

具有生态利益,即生态民事客体的可用性,是自然物作为生态民事客体的基础条件。所谓生态利益,是指生态主体可以从生态民事客体获取的能满足自身生存发展需要的各种物质、能量和信息等。可用性是指自然人、社会组织能够享受、开发利用生态民事客体提供的物质、能量和信息,如地球上的清洁空气和水。而其他星球上的矿藏目前就不可能成为生态民事客体。

3. 稀缺性

稀缺性是自然物得以成为法律关系客体的又一重要条件。因为,人生存所需之物质、能量和信息只有在稀缺状态时,才需要法律的干预和保护,因而才会成为生态权利和生态义务之客体。换句话说,任何自然物如果仅仅是有用、可用但不稀缺,此时人可以自由且无限制地获取,那么人对该自然物的利益完全不需要法律保护就可以实现,所以法律根本就不需要设立人对该自然物的权利和义务。这也是工业文明以前的社会不存在也不需要生态法,也没有系统确立生态权利、生态义务和生态责任之根本原因,因为古代社会人所需要的自然物大多是不具有稀缺性的,人之获取不需要法律的强制介入。但是人可以直接利用的土地、水、野生动物植物等自然资源,从人类一开始就具有相对的稀缺性,故人类社会早期更多地通过战争等武力方式争夺上述自然资源。国家和法律产生之后,法律也开始调整这些自然资源的权利归属和开发利用关系等,于是就形成土地所有权等自然资源法律制度。

二、生态物的内涵与特征

(一)什么是生态物

生态物的概念前已述及。生态物是相对传统民法上的支配物即物权客体而提出的一个新范畴。随着民法生态化的不断扩大和深入,生态物也开始私权化,即生态物逐步成为民事法律关系之客体,更是生态民事法律关系之客体。而且,其重要性和稀缺性正与日俱增。

随着社会的发展和生态保护的深入,生态物与支配物之间是可以转化的。例如,野生动物在传统民法中仅仅作为普通物即物权客体,但是在当代民法中普遍将其转型为生态物,受到特殊保护,其根本原因就是这些物具有典型的不可替代的生态价值。

奥地利、德国、法国、俄罗斯、瑞士民法典将动物规定为特殊客体,要求加以特别保护。《奥地利民法典》最早对动物进行了特别规定,1988年3月10日奥地利国民会议专门对《奥地利民法典》作出修正,新增第285a条规定:“动物不是物。它们受到特别法的保护。关于物的规定仅于无特别规定的情形适用于动物。”新增第1332a条规定:“动物受伤害的,救治或者试图救治该动物所实际发生的费用超过其价值也是应该的,只要在这种损害情形下一个明智的动物饲养人也会支出如此费用。”此后德国、瑞士等国纷纷进行了类似的修改。德国议会1990年8月通过《关于在民事法律中改善动物的法律地位的法律修正案》在民法典中增加了3个条文:一是第90a条“动物”:“动物不是物。它们由特别法加以保护。除另有其他规定外,对动物准用有关物的规定”。二是第 251 条“不规定期限以金钱损害赔偿”第 2 款后段:“因救治动物而产生的费用,并不因其大大超过动物本身的价值视为是不相当的”。三是第 903 条“所有权人的权限”后段:“动物的所有权人在行使其权利时,应注意有关保护动物的特别规定”。《俄罗斯民法典》第 137 条规定:“在行使权利时,不允许以违背人道主义的态度残酷地对待动物”。我国学者也建议《民法典》物权编在相应部分(如“基本原则”或“物权的保护”)增加规定:“动物是特殊物,其保护和利用由特别法规定。在法律的特殊规定之外,对动物适用关于物的一般规定,但不允许以违背人道主义的态度残酷对待。”[1] 基于同样的法理和生态保护实践需要,濒危珍稀野生植物也应当纳入特殊客体的范畴,受到特殊保护。当然宠物动物系因其与主人之间的情感联系而享有特殊保护的。

(二)生态物的主要特征

1. 生态物是自然物

即生态物具有天然性,系天然生成之物,即按照物理、化学或生物等自然界客观规律产生、变化的物质;或者是指天然存在,没经过人类加工的物质,如野生动物、野生植物、地下矿藏物等。

自然物是与加工物相对而言的。但是自然物除了纯粹的天然物,即未经任何的人为加工改造之物之外,还可以包括部分与天然物融为一体的轻微加工物,即虽经人的加工改造,但主要还是依自然规律生存的物质,如人工种植的树木、草,人工养殖后放归自然的鱼类或其他动物。生态物须经劳动开发才能成为商品,否则不能直接商品化,在特定条件下有些生态物甚至不能商品化,如空气。

2. 生态物是整体物

即生态物具有整体性。生态物是由许多自然物包括生物和非生物相互作用、相互联系而形成的一个有机整体。或者说任何生态物都是与其他生态物相互作用、相互联系的,都是一个有机整体的一部分。

---

〔1〕 吕忠梅课题组:《“绿色原则”在民法典中的贯彻论纲》,载《中国法学》2018 年第 1 期。

因此,人对生态物之保护、改善或享用、开发利用,都不能完全孤立、分割地针对某一个自然物,而应该基于生态物的相互联系和相互影响,综合、全面、完整地完成和实现人的保护、改善或享用、开发利用。

3. 生态物是不可支配物

即生态物具有不可支配性,不是支配物。生态物不是支配物,主要原因有二:一是生态物是自然物、天然物,因而其产生、变化具有不以人的意志为转移的客观规律,因而人对生态物的享用或开发利用须遵守生态物内在固有的自然规律,而不能任意支配。二是生态物是整体物,难以实现特定化,而特定化是支配的前提。如果权利人违背自然规律,强行支配生态物,如故意人为毁灭森林、灭绝生物物种等,那么人必将受到自然规律的惩罚,即人对生态物的生态利益将会受到严重损害,影响甚至威胁人的生存。

4. 生态物是共享物

即生态物具有共享性。其原因在于:其一,生态物是整体物,在客观上不可由单个主体独占支配;其二,生态物所含之生态利益是所有自然人甚至社会组织生存发展都需要的,因而不能由某个或某些主体独占。因此,生态物之生态价值和生态利益是由特定区域内的人们共同享用的。共享的主体范围依生态物性质和功能之不同而各有不同,有些生态物是全国甚至全球范围内共享,但多数仅在特定地域内共享。

有学者将生态物归于公众共用物。“公众共用物系指不特定多数人的可以非排他性使用的共用物,如大气、水流、海洋、森林和荒地等环境和自然资源。”〔1〕公众共用物与公共资源、公共物品等范畴的共同之处包括:公共性,既具有“非排他性”,也代表“公共利益”,以及有用性和有限性等;其区别主要有:公众共用物以公众为主体,以使用权为内容,客体包含了环境和自然资源。〔2〕

---

〔1〕 蔡守秋:《论公众共用物的法律保护》,载《河北法学》2012 年第 4 期。

〔2〕 樊成:《公众共用物概念辩义——环境法语境下的构建》,载《湘潭大学学报(哲学社会科学版)》2013 年第 3 期。

三、生态物的主要类型

按照生态物的生态价值即对于人的生态意义和效用，生态物可以划分为资源生态物和非资源生态物两类。

（一）资源生态物

资源生态物即通常所说的自然资源。关于自然资源的内涵，尚无完全一致的意见。

《辞海》中的解释是，自然资源是指天然存在（不包括人类加工制造的原材料）并有利用价值的自然物，如土地、矿藏、水利、生物、气候、海洋等资源，是生产的原料来源和布局场所。

联合国环境规划署的定义为：自然资源是指在一定的时间和技术条件下，能够产生经济效益，以提高人类当前和未来福利的自然因素和条件的总称。

自然资源也可称天然资源，即在原始状态下就具有潜在的财产价值，经过收集、采挖、纯化等简单劳动即可利用的自然物。采矿、采油、渔业和林业通常被认为是获取自然资源的产业，而农业不是；生态旅游应当是一种新型的直接利用自然资源的产业。

综上所述，自然资源是指天然存在的，经简单劳动开发就可以产生经济效益，用于满足人的物质财富需要的有形与无形之自然物。自然资源具有可用性、整体性、变化性、空间分布不均匀性和区域性等特点，随着科学技术的进步，自然资源的范围也在不断扩大。

依据开发利用对自然资源的不同影响，自然资源分为两类：

第一类是可再生资源，也称不可枯竭资源，即可不断产生、反复利用的资源，如气候资源（太阳光、自然风、雨、雪等）、水资源、地热资源（温泉等）、水力、海潮、电磁波等。

第二类是可枯竭资源。包括两类：其一是可更新资源，即可生长，其更新速度受自身繁殖能力和自然环境条件的制约，如生物资源；可更新资源只要合理利用，亦可实现不枯竭。其二为不可再生资源，即不可更新，经开发利用后不能重新产生的资源，如矿产资源、土壤资源。

需要注意的是，资源生态物不同于资源产品。资源产品是指对天然资源进行劳动开发而形成的劳动产品。它是由资源性生态物转化而来，与传统的物没有本质区别。但资源产品使用人负有合理使用、节约、依法处理使用所生废物等义务。

学者们虽然对自然资源私权化的程度以及私权化之后新型权利的性质、称谓等尚有分歧,但是都赞成自然资源物权化的趋势和变革。

对自然资源的民事权利,学者们有不同的称谓:“环境物权”“自然资源物权”。虽然现在在立法上规定自然资源所有权,甚至重要自然资源通常由国家享有所有权,但是由于自然资源的特殊性,其所有权与传统所有权有重大区别。因此,不少学者认为,自然资源之私权虽然与传统物权存在不少相似特征,但仍有本质差异,故称之为“准物权”而非物权。

本书赞成,人们对资源生态物享有之权利既非人身权,亦非物权,更非财产权,它就是“资源生态权”,其性质应属新型民事权利。

(二)非资源生态物

非资源生态物,在一定的科学技术条件不能通过劳动产生经济效益,即不能开发为商品,或者依法被禁止开发为资源产品的自然物,如空气、森林生态系统、湿地、受保护的野生动物植物等。

非资源生态物的本质属性在于:仅仅具有生态价值和生态利益,或者仅能利用其生态价值,故不能成为交易对象,没有或禁止产生交换价值、经济效益。但是非资源生态物的范围处于变化之中,随着科技的发展总体上在不断缩小。传统民法对非资源性生态物没有纳入调整范围。

无论是资源类生态物还是非资源类生态物,都是存在于特定的生态系统之中,或者直接作为生态系统中之生态因子。生态民事客体仍然是生态系统及其生态因子,因为生态权利与生态义务直接指向的对象是生态系统或生态因子,具体的生态物只是生态系统之组成部分,自然都是以自然有机体的形式即生态系统的形式与人形成相互作用、相互制约、相互依存和相互促进的关系。

第二节　生态系统及生态因子的界定

按照系统论的基本观点，任何一个物质都是独立的系统；每一个系统都是由若干元素以一定的结构形式形成的整体，若干系统又会组成一个更大的系统；每一个系统都具有自己独特的功能，其结构也具有层次性。因此一个生物就是一个系统，它又是一个更大系统中的元素，生物圈就是一个由所有生物组成的大系统，乃至整个世界、宇宙都是一个大系统。

一、生态系统的内涵及基本特征

（一）生态系统的内涵

生态系统这一概念由英国生态学家亚瑟·乔治·坦斯利爵士（Sir Arthur George Tansley）于1935年首次明确提出："生物与环境形成一个自然系统，正是这种系统构成了地球表面上具有大小和类型的基本单元，这就是生态系统"，"生态系统是一个的'系统的'整体。这个系统不仅包括有机复合体，而且包括形成环境的整个物理因子复合体的整体"。[1]

此后国内外不少生态学家也提出了自己对生态系统的理解。例如：Fosberg在1963年提出，生态系统是"由一个或多个生物有机体与对其有影响的环境组成的有功能和相互作用的系统"；杨持认为，生态系统"就是在一定空间中共同栖居着的所有生物（生物群落）与环境之间通过不断的物质循环和能量流动过程而形成的统一整体"[2]；生态系统是"生物群落之间、生物与环境之间，在一定的时间、空间范围内通过不断的物质循环、能量流动与信息传递所形成的相互联系的统一整体"[3]。

---

〔1〕 戈峰：《现代生态学》（第2版），科学出版社2008年版，第352～353页。
〔2〕 杨持主编：《生态学》（第2版），高等教育出版社2008年版，第191页。
〔3〕 刘天齐主编：《环境保护通论》，中国环境科学出版社1997年版，第24页。

因此，通俗地说，生态系统是指生物与生物之间、生物与环境之间在自然规律作用下，通过物种流动、物质循环、能量流动与信息传递而形成的相互作用、相互联系的统一体。所有生物个体或群体包括人，都是生态系统的一分子。

(二)生态系统的基本特征

生态学上关于生态系统的基本特征并未形成一致的观点，通常认为具有以下几个方面：

1. 空间性。生态系统都是在特定空间内存在的，在不同的空间下生态系统会呈现不同的特点，如中国不同地区的生物群落就各有不同；生态系统也会形成多维度、多层次的结构，任何一个生态系统都会包含着下一层次的亚系统，也会融入上一层次的更大系统，如生物个体、生物种群、生物群落、生物圈等。

2. 动态性。生态系统也都是在一定时间内存在的，随着时间的推移生态系统会不断演变。每一个生态系统都会经历从简单到复杂、从不成熟到成熟的演变过程，并形成自己的演变规律，在不同的演变阶段会呈现不同的特点。

3. 功能性。在生态学上，生态系统不是生物的一个类型，而是一个具有生态功能的单元或称单位，其主要功能包括能量流动、物质循环、物种流动和信息传递。正是通过上述功能，生态系统才能持续地为人提供生态服务(ecosystem service)，即提供人生存所需要的环境条件和物质、能量和信息。

4. 自调节性。生态系统具有自我调节(self regulation)能力，即通过自身的运动和演变自行消除不利因素，维持正常所需平衡与循环的能力。主要包括：自行消化、净化一定污染物的能力；自行修复一定程度生态损害的能力；自行调控种群密度和不同物种之间的数量比例；生物体与环境相互协调等。一般情况下，生态系统结构越复杂，物种越多，自我调节能力越强。但是任何生态系统的自我调节能力都有限度的。

5. 有限承载性。承载性即承载力、负荷力(carriing capacity)，是指生态系统在保证人的正常生存和自身不受损害的前提下，可以容纳污染和损害的最大限量。这包括两个方面的内容：一是生态系统有一定的负荷力;二是生态系统的负荷力是有限的。在承载力以内的污染、损害,生态系统能够依靠自调节能力消化、净化、修复。

6. 开放性。生态系统始终与外界环境进行着物质、能量和信息的交流,不断输入着物质、能量和信息,也不断地输出着物质、能量和信息。输入是输出的前提。正是借助于输入和输出,生态系统才有永续存在的可能,也才有可持续发展的可能。

7. 整体性。任何生态系统都是多个要素组成的统一体,形成了任何单一要素或简单的要素之所不具有的即仅有统一体才具有的综合性的结构、功能和属性。整体大于要素之和。整体性正是基于各要素之间的相互作用、相互联系、相互制约、相互依赖而形成的。整体性是生态系统最重要的特征。

8. 多样性。生态系统的多样性主要是指生态系统组成、功能的多样性,包括生境的多样性、生物群落的多样性和生态演变过程的多样化等多个方面。其中,生境的多样性是生态系统多样性形成的基础,生物群落的多样化可以反映生态系统类型的多样性。

9. 规律性。生态系统的演变、结构,生物与环境、生物与生物的相互作用、相互依存、相互制约、相互促进,都是按照生态系统内在的规律进行,这些规律是不以人的意志为转移的。人作为生态系统一分子,也是受生态系统规律支配的,人在开发利用或享用生态物的过程中须遵守生态系统的规律。

(三)生态系统的类型

1. 自然生态系统、半自然生态系统和人工生态系统

根据生态系统形成的原动力和影响力,可分为自然生态系统、半自然生态系统和人工生态系统三类。自然生态系统是依靠生物和环境自身的调节能力来维持相对稳定的生态系统,如原始森林等。受到人的一定干预和影响但主要受自然规律支配的生态系统,为半自然生态系统,如天然放牧的草原、人工森林、农田、湖泊等。有人认为,受人类活动强烈干预、支配的区域,如城市、工厂等,为人工生态系统。但是严格地说,此为非自然物,似不应为生态系统的一部分。

2. 陆地生态系统和水生生态系统

生态系统的类型还可以根据环境性质加以分类,可划分为陆地生态系统和水生生态系统。由于地球表面生态环境极为复杂,具有不同的地形、地貌和气候等,因而形成了各种各样的生态环境。根据植被类型和地貌的不同,陆地生态系统又可分为森林生态系统、草原生态系统、荒漠生态系统等。水生生态系统又包括湖泊、江河、海洋等不同的生态系统。

二、生态因子

生态学认为,生物与环境是一个不可分割的统一的整体,生物与其环境之间既相互联系、相互依赖,又相互作用、相互影响,在一定时期内处于相对稳定的动态平衡状态,并由此形成生态系统。在生态系统中,每一个生物个体或生物群体都会受到周围其他生物或环境要素的影响,在生态学上,这些影响生态体的自然因素就是生态因子。

(一)生态因子的内涵

所谓生态因子(ecological factor),是指在生态系统中,某一特定生物个体或生物群体以外"对生物个体或群体的生活或分布有影响作用的因素"[1]。也可以说,生态因子是特定生物体以外影响该生物体生活和发展的各种自然因素或称环境要素。生态因子是全部环境要素中影响特定生物体生活和发展的因素;而环境因子则是指生物体以外所有的环境要素即自然条件。生态因子是生物生存不可缺少的环境条件,也称生物的生存条件。

生态因子分为生物因子和非生物因子两类。生物因子,是指特定生物体以外影响该生物生活和发展的各种生物,包括同种生物和异种生物;生物因子也包括人为因子,即人的行为对生物生存之影响。非生物因子,是指特定生物体以外影响该生物生活和发展的无机环境,包括气候因子(温度、湿度、光等)、土壤因子、地形因子等。

(二)生态因子作用的一般特征

生态因子对生物体的作用和影响,通常具有以下特点:

---

[1] 戈峰主编:《现代生态学》(第2版),科学出版社2008年版,第36页。

1. 综合性。生物体受到的生态因子的作用是多方面的,即多种生态因子同时对同一个生物体产生作用,并形成整体作用力。

2. 主导性。在诸多生态因子中,各自发挥的作用是不同的,其中有一种或以上因子对生物体的生长发育发挥着决定性作用,此为主导因子。

3. 不可替代性和可补偿性。不同的生态因子各有其作用,相互之间不能完全替代,但是一种因子的数量不足,可由另一种因子的强化而得到补偿。

4. 阶段性。生物体在生长发育的不同阶段对生态因子的需求量或类型各不相同,因而在不同的阶段同一种生态因子对生物体的作用也不完全相同。某阶段可能必需,某阶段可能产生负面作用,如水之对水稻。

5. 直接性与间接性。生态因子对生物体的影响有些是直接作用,如光、温、水;但有些是间接作用,如地形等。

第三节　生态系统的要素与功能

一、生态系统的要素

生态系统的要素,是指组成生态系统的必要部分。生态系统的基本组成分为“无机环境”和“生物群落”两部分。生态学认为,生物群落依赖于无机环境,又反作用于无机环境;它在生态系统中既适应着无机环境,也改变着无机环境。生物群落与无机环境之间以及生物群落之间紧密联系在一起,使生态系统成为具有一定功能的有机整体。

(一)无机环境

无机环境是生态系统的非生物部分,包含阳光、水、无机盐、空气、有机质、岩石、风、气温以及地形、湿度等非生命物质。无机环境是构成生态系统的基础性物质,是生物生存的前提条件,也决定着生态系统结构的复杂程度和生物多样性的丰富程度。

无机环境一般分为三类:无机物、有机化合物和气候因素。无机物如:水、氧、二氧化碳、无机盐等。有机化合物主要包括蛋白质、糖类、脂类和腐殖质等。气候因素主要包括温度、湿度、雨、雪、阳光等。阳光是绝大多数生态系统直接的能量来源,水、空气、无机盐与有机质都是生物不可或缺的物质基础。

(二)生物群落

生物群落,是指直接或间接地相互联系着的各种生物的总和,它是生态系统中的生物部分。生物群落与无机环境之间以及生物群落之间紧密联系在一起,使生态系统成为具有一定功能的有机整体。生物群落则可分为生产者、分解者和消费者三类。

1. 生产者(producer)

生产者,是指利用简单的无机物制造有机物的自养生物,即利用自己制造的有机物维持所需营养的生物。在生物学分类上主要包括各种绿色植物,也包括化能合成细菌与光合细菌。植物与光合细菌利用太阳能进行光合作用合成有机物,化能合成细菌利用某些物质氧化还原反应释放的能量合成有机物,如硝化细菌通过将氨氧化为硝酸盐的方式利用化学能合成有机物。

生产者在生物群落中起基础性作用,生产者是生态系统的主要成分,是连接无机环境和生物群落的桥梁。生产者的作用主要在于:一是进行光合作用释放氧气,为动物提供生存条件;二是改变环境因素,如缩小温差、蒸发水分、增加土壤肥力等;三是促进物质循环,即从无机物中吸收各种矿物质和离子,如氧、氮、钙,作为动物矿物质营养的必要来源,可以说是植物将无机环境中的能量同化吸收,然后输入生态系统,维系着整个生态系统的稳定;四是各种绿色植物为各种生物提供栖息、繁殖的场所。

2. 分解者(decomposer)

分解者又称“还原者”(reducer),是指通过将复杂的有机物分解还原为简单的无机物以维持自身生存的生物。分解者主要包括各种腐生细菌(寄生的细菌属于消费者,腐生的细菌是分解者)和真菌,也包含屎壳郎、蚯蚓等食腐动物。分解者属于异养生物。

所谓异养生物,是指不能自行将无机物合成有机物等必需的营养物,直接或间接依靠生产者制造的有机物以维持有机物营养来源的生物。

分解者是生态系统的必要成分,分解者是连接生物群落和无机环境的桥梁。其主要作用在于:将生态系统中的各种无生命的复杂有机质(尸体、粪便等)分解成水、二氧化碳、铵盐等简单的无机物,从而可以被生产者重新利用。因此,分解者、生产者与无机环境可以构成一个简单的物质循环过程,即一个简单的生态系统。

3. 消费者(consumer)

消费者,是指以各种动植物为食的异养生物。消费者包括几乎所有的动物和部分微生物(主要是寄生的细菌),它们通过捕食和寄生关系在生态系统中传递能量。

根据取食地位和食性的不同,消费者分为以下几类:植食动物或称草食动物,即以植物(生产者)为食的消费者,也称为初级消费者,如昆虫、马、羊、牛及啮齿类动物;以初级消费者(草食动物)为食的动物,又称一级肉食动物、捕食动物,属于次级消费者、二级消费者;以次级消费者(一级肉食动物)为食的动物,为三级消费者,也称二级肉食动物。依此类推,还有四级、五级消费者。

同一种消费者在一个复杂的生态系统中可能充当多个级别,杂食性动物尤为如此,它们可能既吃植物(充当初级消费者),又吃各种食草动物(充当次级消费者),有的生物所充当的消费者级别还会随季节而变化。

虽然在简单的生态系统中仅需生产者和分解者就可以维持运作,但是数量众多的消费者仍然在生态系统中发挥着十分重要的作用。主要表现在:对初级生产物起着加工、再生产的作用;通过各种消费行为,对其他生物种群的数量发挥着重要的调控作用;加快能量流动和物质循环的作用。

二、生态系统的功能

生态系统的功能,是指生态系统对维持各种生物生存所具有的功效、作用,也称生态系统的生态功能、一般功能。

关于生态系统具有哪些一般功能,生态学上比较一致的看法包括能量流动、物质循环和信息传递,此外也有学者论及了物种流动功能。

(一)能量流动

能量流动,是指在生态系统中能量输入、传递、转化和丧失的过程。能量流动是生态系统的重要功能,生物与环境,生物与生物间的密切联系,可以通过能量流动来实现。

能量流动主要有以下特点:能量流动在能量形式上是单向的、不可逆转的;能量在流动过程中因为总会存在一些损耗而呈不断递减的状态;能量在流动过程中通常是由较多低质量能量转化成为另一种较少高质量的能量,即逐步提高和浓缩的。

能量具有多种形式,主要包括光能即太阳能、热能、动能、势能、生物能等,但是各种能量的最终来源是太阳能,植物通过光合作用吸收部分太阳能后,就转化为化学能、热能等,并开始了在生态系统中的传递。能量传递的主要途径是食物链与食物网,也就是营养关系。

能量流动遵循着热力学第一定律和热力学第二定律。热力学第一定律是:能量可以由一种形式转化为另一种形式,在转化过程严格按照当量比例进行,既不能消灭,也不能凭空创造。热力学第二定律是:能量从一种形式转化为另一种形式时,总会有一部分能量转化为不能利用的热能而耗散。

(二)物质循环

物质循环(matteral cycle),是指生态系统内各种有机物质经过分解者分解生成可被生产者利用的形式,归还环境之中重复利用,周而复始的循环利用过程。

物质循环具有以下主要特征:第一,遵守物质不灭定律,即在循环过程中物质只是改变形态,不会消灭,输入与输出是相等的。第二,物质在不同的子系统之间,或者生物与环境之间可以循环往复地利用。

物质循环与能量流动是相互依存、相互制约、密不可分的。能量流动是物质循环的动力,而物质循环是能量流动的载体。但是能量在生态系统中是不断消耗、递减的,单向的、不可逆转的,而物质循环是不灭的,可逆转的。

根据循环的不同途径,物质循环分为以下类型:

气相循环,又称“气态循环”,即元素以气态的形式在大气中循环。

气态循环具有全球性。

水循环，也称液相循环，即通过水体完成的物质，包括水通过蒸发、植物蒸腾、水汽输送、降水、地表径流、下渗、地下径流等环节，在水圈、大气圈、岩石圈、生物圈中进行连续运动的过程。水循环是所有物质进行循环的必要条件。

沉积型循环，是指元素以沉积物的形式通过岩石风化作用和沉积物本身分解作用转变成生态系统可用物质的循环过程。一般发生在岩石圈，沉积循环是缓慢的、非全球性的、不显著的循环。沉积循环以硫、磷、碘为代表。

（三）信息传递

信息的原义，是指消息、情报、数据、信号等，其作用是消除对客观事物认识的不确定性。生态系统中的信息是指生物或其环境在状态、性质、属性、功能等任何方面产生的变化，即新信号、新消息。生物与生物之间、生物与环境之间的相互作用、相互制约、相互联系、相互依赖正是通过信息传递才得以实现。

按照控制论的基本原理，生物正是感受、获取了环境的信息才能调控自己的行为以适应环境的变化，而生物的变化也会通过信息传递给环境或其他生物，最终影响到其他生物或环境。例如，向日葵感受到阳光就始终保持向着阳光，以接受更多的太阳能。这就是所谓的信息反馈，通过信息传递或称信息流动，生态系统才能形成自我调节机制。

信息的传递是以物质和能量为基础的，传递过程总是需要消耗一定的物质和能量。同样，物质实现循环、能量实现流动也必然受到信息的影响。信息在传递过程中主要包括三个环节或者部分：信源，即信息的产生和发送者；信宿即信息之接收者；信道，即信息的传输通道。生态系统的信息传递是双向的，既有从输入到输出的传递，也有从输出到输入的传递。

生态系统的信息主要分为以下类型：物理信息，包括光、声、电、磁等信息；化学信息，即生物或环境所包含之化学物质所传递的信号，如气味；行为信息，即动植物的表现和异常行为所传递的信号；营养信息，即生物的营养需求、状态等方面所发出的信号。

(四)物种流动

物种流动,是指物种在空间位置上的变动,即某一物种因为气候或其他原因在地理位置上的迁徙,从某一地区流动到了另一地区。既有大规模的迁徙,也有少量的移动。

物种流动具有以下特点:有序性,通常存在于一个种群的流动;连锁性,在种群流动中,常常是在某些个体的带领下发生的;连续性,种群的移动通常是连续不断的;规律性,整个种群的移动通常是有规律可循的。但是个别的生物入侵往往是无规律的。

物种流动将对生态系统产生重要影响,主要包括:(1)在一个生态系统内,物种增加可能导致某些原有物种灭绝,物种消失也可能导致某些原物种数量猛增;(2)可能改变一个生态系统的发展方向,即新的物种可能主导该生态系统,如杨梅进入夏威夷后即占据了岛上大部分湿地和树林,导致岛上生物群落的结构发生改变;(3)改变生态系统的物质循环和分解进程,如印度洋马里恩岛上原来处理有机物主要依靠本地特有的马里恩无翅蛾,但1818年一种小家鼠偶然来到岛上,捕食了50%～75%的无翅蛾,导致大部分落叶不能分解,从此改变了岛上生态系统中物质循环和分解的进程;(4)改变整个生态系统的结构和功能,如北美东部落叶林原是复杂的森林生态系统,但是病虫害对森林造成了严重威胁,如舞毒蛾吃光了落叶林的树叶,最终导致许多物种消失,整个森林的生态系统结构和功能发生重大改变。

第四节　生态价值与生态利益

一、生态价值

(一)什么是价值

价值是一个哲学范畴,具有高度的普遍性和概括性,但国内外哲学界对价值的准确内涵并无一致意见。我国学者对价值内涵的代表性观点主要有以下6种:“实体说”,将价值等同于价值客体本身;“属性说”,价值是事物的属性;“需要—属性说”,价值是能够满足主体需要的属性;“主客体关系说”,价值是客体属性对主体需要的满足;“意义说”,价值是事物向主体呈现的意义;“效应说”,价值是客体对主体显示的效应。[1]

价值的最原始含义应当是指事物的用途或积极作用,表示事物的一种属性和功能。由于是否为积极作用、具有何种功能和属性总是相对于某一特定对象而言的,脱离特定对象就无法确定究竟是否有用或具体之功能、属性,在主体与客体之关系中,客体之价值理当是相对主体来说的。正是在此意义上,有学者主张价值属于关系范畴,是客体能够满足主体需要的效益关系,是表示客体的属性和功能对主体需要的一种效用、效益或效应关系的哲学范畴。因此,简而言之,价值就是客体对主体之有用性。

按照马克思主义的劳动价值论,价值系由劳动创造,是“凝结在商品中的一般的、无差别的人类劳动”[2],价值量的大小决定于生产这一商品所需的社会必要劳动时间的多少。凡是没有经过人的劳动得来之事物,如空气,即使对人们有使用价值,也不具有价值。由此就形成了生态物包括自然资源无价值的观念。本书认为,劳动价值论之价值在性质上应属经济价值,用于解释劳动产品之价值,包括其来源、决定价值量之因素等,当然是正确的。但是如果将其扩大适用于非劳动产品,甚至认为一切非劳动产品均无价值,既不科学、不客观,也有违常识,有悖价值之本来含义。生态系统与生态因子虽非劳动产品,没有凝结着一般人类劳动,也自当有其利益之所在。事实上,随着工业革命而来的严重环境灾害和生态危机,人们终于认识到生态系统之独立价值,即生态价值。

(二)什么是生态价值

生态价值(ecological interests)是生态哲学的一个基础性概念,党的十八大报告中第一次使用了“生态价值”概念。研究生态民事客体应当

---

〔1〕 吴恺:《论“价值”的哲学内涵及其主要特点》,载《中共山西省直机关党校学报》2016年第4期。

〔2〕 夏征农主编:《辞海》(缩印本),上海辞书出版社2000年版,第266页。

探究和揭示生态价值的真正内涵。依据价值的一般含义,生态价值应当是生态民事客体对人之生存发展的有用性、效用性。有人提出,“生态价值,即生态自然界对人类生存与发展所具有的意义”〔1〕。

本书认为,生态价值是指生态系统及生态因子能够满足生态主体之生态需求的属性,或者说是生态系统及生态因子能够为生态主体提供生存发展所需之物质、能量和信息的属性,即生态服务功能,或称生态民事客体的有用性。

生态民事客体的生态价值是在生物与生物、生物与环境之间的相互作用、制约、依存和促进中产生和表现出来的,或者说通过物质循环、能量流动和信息传递实现的。具体包括以下三个方面:其一,每一个生物体包括个体和种群,在生存竞争中不仅实现自身的生存,而且创造了其他生物体的生存条件,即任何一个生物体对其他生物种群和个体的生存都具有积极意义,即具有生态价值;其二,任何一个生物体的存在,对整个生态系统的稳定和平衡都发挥着作用,这是个体对整体的生态价值;其三,生态系统整体的动态平衡和良性循环是人得以生存和发展的必要条件,因而对人的生存具有生态价值。

(三)生态价值与经济价值之主要区别

准确理解生态价值的内涵,须清楚了解生态价值与经济价值之间的主要区别。经济价值,又称资源价值或财产价值,是指劳动产品满足人的物质财富需要的属性。生态价值与经济价值都是物对人之效用性、有用性,但是却存在本质上的差异。

1. 价值载体不同。任何价值都存在于一定的载体之中,都是一定的事物即客体对主体的价值。生态价值是一种自然价值,其载体是自然物、生态物,即生态系统及生态因子。而经济价值是人的劳动产品所具有的价值,其载体是加工生产物或无形财产,故其“不是物的自然属性”〔2〕。

2. 价值内容不同。生态价值本质上是满足人的生存所必需的各种

〔1〕 赵成:《论生态文明建设的价值诉求——生态价值观》,载《中共石家庄市委党校学报》2008 年第 4 期。

〔2〕 夏征农主编:《辞海》(缩印本),上海辞书出版社 2000 年版,第 266 页。

自然条件，如土地、清洁的水、清洁适宜的空气、适当的温度、一定数量的动植物、适量紫外线的照射等。而经济价值本质上是满足人对加工物的需求，即创造物质财富的需求。

3. 价值产生方式不同。生态价值是生态系统及生态因子天然具有的、自然形成的，人只要作为生态系统的一分子存在于自然之中，自然就对人具有生态价值。但经济价值是通过劳动产生的，即只有当人作主体，自然作为人的实践和消费对象，自然物进入生产实践领域作为生产资料被加工改造为劳动产品后，其才具有经济价值。

4. 价值实现过程不同。经济价值或资源价值是一种“消费性价值”，消费的过程既是价值实现的过程，也是价值载体被消灭的过程，因为价值载体在实现过程中是消费对象。例如，实现林木的经济价值就必须砍伐林木，使其成为木材进入生产领域，加工成为某种商品。而生态价值是一种“非消费性价值”，需要生态系统在持续的动态平衡和良性循环中才能维持和实现。例如，森林只有在得到良好保存的条件下才能实现其生态价值。这也是生态价值与经济价值产生冲突和矛盾的根源所在。解决这一矛盾的唯一途径是，将人对自然物的开发和消费限制在生态系统在不被破坏的前提下所能容忍的限度内，即适度消费，适度开发利用自然资源。为此，党的十八大报告明确指出：“坚持节约资源和保护环境的基本国策，坚持节约优先、保护优先、自然恢复为主的方针”。

5. 价值享用不同。生态价值必然是由一定区域内的人们共同享用的，不可独占。但经济价值通常是由某一个主体或某一些主体独占性享用的。这是由价值载体的不同性质所决定的。

（四）生态价值的表现形式

生态系统的生态价值是通过其对人的各种生态服务功能表现出来的。生态服务功能，是指生态系统在其物质循环、能量流动和信息传递过程中为人提供生存发展所需物质、能量和信息的功能，简称生态服务功能。关于生态服务功能的分类，学者们提出了许多不同的观点，但是，最新且得到国际广泛认可的生态服务功能分类是：供给、调节、文化和支持四大类。

1. 供给功能，即生态系统为人生产或提供产品的功能，如提供食物、水、原始材料等。

2. 调节功能，即调节人所赖以生存的生态环境的功能，如生态系统通过自我调节，可以在一定程度上减缓干旱和洪涝灾害、调节气候、净化空气和水质、缓冲干扰、控制有害生物等。

3. 文化功能，即通过感官感受、知识获取、主观印象、休闲娱乐和美学体验等途径，给予人精神享受的功能。

4. 支持功能，即为保证供给、调节和文化等生态服务功能而提供必需自然条件的基础功能，如维持地球生命生存环境的养分循环、更新与维持土壤肥力、产生与维持生物多样性等。

但是，有人使用"生态产品"概念来指称生态系统通过生态服务向人提供的满足人之物质和精神需求的各种物质、自然条件和能源等，[1]包括供给服务类产品，如水产品、中草药、植物的果实种子等；调节服务类产品，像水涵养、水净化、气候调节等；文化服务类产品，如休闲旅游、景观价值等。其实这一观点并不科学。因为，通常所说的生态产品又称为绿色产品，是指人们制造的各类无污染或低污染产品，在实践中其还有多种别称，如环保、节能、节水、循环、低碳、再生、有机产品或者是绿色产品，它是劳动产品。而生态系统提供的物质和能量是生态物或称自然物，而非制造物、加工物。正是由于"生态产品"概念的误用，有人直接将人制造的绿色劳动产品与自然物混为一谈，"干净的水、清新的空气、安全的食品……优质生态产品已经成为人民美好生活的需要"[2]。

二、生态利益

（一）利益之内涵

利益是法律所追求和保护的对象，也是法学上的重要范畴。马克思认为："法律应该是社会共同的，由一定物质生产方式所产生的利益和需

---

〔1〕 程博：《如何为人民提供更多优质生态产品》，载《人民论坛》2018 年第 15 期；王勇：《提供更多优质生态产品以满足人民日益增长的优美生态环境的需要》，载《青海党的生活》2017 年第 12 期。

〔2〕 潘跃：《更多优质生态产品如何供给》，载《人民日报》2018 年 1 月 31 日，第 20 版。

要的表现”[1]；恩格斯说：“每一个社会的经济关系首先是作为利益表现出来”[2]。在我国，利益一词出自汉代《后汉书·循吏传·卫飒》：“教民种殖桑柘麻紵之属，劝令养蚕织屦，民得利益焉。”《辞海》对利益的解释是：好处；有益于他人的事。[3] 也有学者提出，“所谓利益，就是人们受客观规律制约的，为了满足生存和发展而产生的，对于一定对象的各种客观需求”[4]。而《牛津法律大辞典》中将利益解释为：“个人或团体寻求得到满足和保护的权利请求、需求愿望或要求，而这些必须要结合社会中人们之间关系的秩序来考虑。”[5] 庞德把利益定义为：人们个别地或通过集团、联合或关系，企求满足的一种要求、愿望或期待。[6]

但是，本书认为，利益固然是与主体的需求密不可分的，是以主体需求为参照物而存在的，但是将二者直接混同为一却未必准确。需求、愿望等纯系主观上的心理状态，法律保护人的利益并不只是简单地保护人的需求，而是保护人的正当需求得以满足和实现。因此，利益应当是存在于主体之外的事物，是能够满足主体需求、愿望之事物。利益之本义即有利、有益之事物。法律乃是调整人与人社会关系的强制性行为规范体系，故法律和法学上所称之利益应当是指对人有利、有益之事物，即能够满足主体欲望、需求的一切事物。

（二）生态利益之内涵

生态利益是生态文明时代在法学界得到广泛讨论、研究和应用的新范畴，也是继人身利益和财产利益之后法律所要保护的新兴利益。但是关于生态利益的本质属性，学术界尚未达成一致。目前我国学界关于生态利益概念的观点可以归纳为以下几种：

1. 生物生存条件说。例如，叶平提出，生态利益是指生物生存或繁

---

〔1〕《马克思恩格斯全集》（第6卷），人民出版社1961年版，第291～292页。

〔2〕《马克思恩格斯选集》（第2卷），人民出版社1972年版，第537页。

〔3〕夏征农主编：《辞海》（缩印本），上海辞书出版社2000年版，第2097页。

〔4〕付子堂：《对利益问题的法律解释》，载《法学家》2001年第2期。

〔5〕［英］戴维·M. 沃克：《牛津法律大辞典》，李双元译，法律出版社2003年版，第572页。

〔6〕［美］罗·庞德：《通过法律的社会控制：法律的任务》，沈宗灵、黄世忠译，商务印书馆1984年版，第37页。

衍必须满足的那些物质和生态条件〔1〕；王莉主张，生态利益是指生物持续生存及其与环境和谐共处的利益〔2〕。但是，此说将生态利益之主体界定为生物而非人，这与法学和法律通常意义上的利益主体明显不一致，在法理上也缺乏充分的依据。法律上的利益是为权利主体设定的，即利益主体即权利主体，而人之外的生物在任何国家法律上都不是权利主体。

2. 人类生存和发展价值说。例如，黄爱宝认为，生态利益是指人类生存与发展所必需的稳定和谐的生态环境〔3〕；廖华主张："环境生态利益是指生态环境作为生态体系维持其基本结构功能的稳定和发展对人类持续发展和永续繁衍的价值"〔4〕。但是，将生态利益等同于生态环境或生态环境所具有的价值也多有不妥。生态利益应当是生态环境基于自身的功能和属性而能对人提供的有利于人的生存发展的事物；而生态环境对人所具有的价值在性质上系生态价值，即生态环境的功能和属性，非生态利益。

3. 人类客观利益说。例如，梅宏提出，生态利益是指生态系统提供给所有人包括当代人和后代人的客观利益，其宗旨在于保障人的生态安全，包括生命健康安全、生态系统安全等。〔5〕此说之弊主要有二：一是将后代人纳入生态利益的主体范围，有悖公认的法律主体的基本条件；二是将生态利益主要限定于生态安全，有本末倒置之嫌，生态利益首先应当是保障主体生存之利益，如维持自然人的生命健康。

4. 生态成果说。例如，刘秀玲认为，生态利益是指生态系统满足人类生态需要的一定数量的自然生态成果〔6〕。但是，何谓"生态需求"与"生态成果"？内涵不清，外延不明，似难以界定。

---

〔1〕 叶平：《环境的哲学与伦理学》，中国社会科学出版社2006年版，第124页。

〔2〕 王莉：《反思与重构：生态利益损害的侵权法救济机制》，载《重庆大学学报（社会科学版）》2009年第6期。

〔3〕 黄爱宝：《生态思维与伦理思维的契合方式》，载《南京社会科学》2003年第4期。

〔4〕 廖华：《环境法益学说初论》，载《广东行政学院学报》2006年第4期。

〔5〕 梅宏：《"生态损害"的法学界定》，载徐祥民主编：《中国环境资源法学评论》2007年卷，人民出版社2008年版。

〔6〕 刘秀玲：《边境经贸与民族地区生态环境发展论》，民族出版社2006年版，第15页。

5. 非物质性需求说。例如,史玉成提出,环境法上的环境利益,可分为环境生态利益和环境资源利益,即生态利益和资源利益。生态利益指自然生态系统对人类生产、生活和环境条件产生的非物质性的有益影响和有利效果,等同于"生态系统服务功能",目的在于满足人们对良好环境质量需求的精神利益;资源利益则是人们在开发利用环境要素和自然资源中所获得的物质性的有益影响和效果,即"环境公共产品",目的在于满足人们发展需要的经济利益。[1] 邓禾、韩卫平也认为,生态利益是指人类对生态系统所享有的非物质性的利益,即生态系统对人类非物质性需求的满足,主要包括安全生存、享受清洁空气、享受优美景观、获取知识等利益。[2] 非物质性需求说存在着不可克服的内在矛盾:其一,享受清洁空气、清洁饮用水等利益根本不是精神利益,而是实实在在的物质利益,是维持自然人生命健康所必需的的物质条件;其二,将生态利益与资源利益并列,在逻辑上是不科学的甚至荒谬的,因为自然资源本就是生态系统的重要组成部分,任何自然资源都同时兼具经济价值和生态价值,资源利益本质上也是生态利益的一部分,生态系统的生态服务功能就包括为人类提供可用的各类自然资源,如供给功能;其三,将生态利益定位在非物质性利益,同时又将其等同于生态服务功能,与生态学关于生态服务功能的内容明显不一致。主流观点认为,生态服务功能仅有文化功能一类在性质上系非物质性的,其他如供给、调节和支持这 3 类功能都是物质性的。

综合上述观点,并依据法学上利益的本质属性,本书认为,生态利益是指生态主体赖以从生态民事客体获取和实现的满足自身生存发展需要的各类物质、能量和信息等。即生态民事客体的可用性,或者指生态系统及生态因子中能够满足生态主体需求的各种事物。当然人们稳定、可持续地实现其生态利益的基础和前提是生态系统的平衡和生态系统的良性、高效循环。

生态利益与生态效益是两个联系密切但又有所区别的概念。生态

---

〔1〕 史玉成:《生态利益衡平:原理、进路与展开》,载《政法论坛》2014 年第 2 期。

〔2〕 邓禾、韩卫平:《法学利益谱系中生态利益的识别与定位》,载《法学评论》2013 年第 5 期。

效益，是指生态系统及生态因子在人的生产、生活中所实际发挥的作用、所产生的效率；也可以说，生态效益是指人们在生产、生活中所消耗的各类生态物与其产生的经济、社会、人身利益之比值。以最少的生态物消耗创造、产生了最大化的经济、社会和人身利益，那就实现了生态效益的最优化。因此，生态利益是生态效益的基础，没有生态利益就不可能产生生态效益；但是同等的生态利益可以创造不同的生态效益；此外生态利益只有创造了生态效益才能最终实现其目的。

（三）生态利益的基本属性

生态利益的基本属性主要是通过与人身利益和财产利益的比较而归纳出来的。生态利益主要具有以下基本属性：

1. 载体为自然物。任何利益都是存在于特定的载体之中的。生态利益的载体是生态物，或称生态系统及生态因子。

2. 公共性与私人性兼具。生态利益首先是公共利益，关系到国家、民族甚至全世界的长远利益、根本利益；但生态利益同时也是私人利益，关系到每一个自然人、社会组织的生存与发展。

3. 共享性。生态利益只能通过共享的形式实现，不可能由某一个或某一些主体独占享用。因而每一个主体尤其是私法上的主体都可能追求以零成本或最少的成本去享用生态利益，以增加自己的相对利益，此所谓公地的悲剧。

4. 规律性或客观性。生态利益能否实现、在多大程度上得到实现，虽然与主体的努力直接相关，但是绝对不是完全由人的主观意志决定的。生态主体在追求和实现生态利益的过程中须严格遵守生态系统的客观规律，否则就难以实现或不能完全实现其生态利益。

（四）生态利益的类型

基于民事主体对生态物的不同需求，生态利益可相应地区分为三类：生命健康（人身）生态利益、资源（财产）生态利益、精神（心理）生态利益。

1. 生命健康生态利益

生命健康生态利益也可称为人身生态利益，是指自然人可以从生态系统及生态因子获取适宜、必要的自然物从而使自身生命健康得以维系的各种自然条件。生态环境的质量和要素直接影响着自然人生命健康的生存和发展,即身体状况。生命健康生态利益本质上就是自然人从生态系统及生态因子获得的生命健康需求之满足。

生命健康生态利益的根本目的在于保障自然人能够持续从和谐、优质的生态系统中获得维系自身生命、身体健康所需要的各类自然物,如清洁的空气、清洁的饮用水。其基本要求是:第一,适宜于维系自然人的生命和身体健康,即品质是合格甚至优良;第二,品质合格的自然物在数量上足够维系自然人的生命和身体健康,即数量充足。

生命健康生态利益与传统民法之人身利益不尽相同。首先,前者之主体仅限自然人,而后者之主体可包括社会组织;其次,前者之效用就在于满足自然人因维系生命和身体健康而对自然物的需求,后者之效用在于直接保护自然人的人身或其他人身因素的安全,以免受他人侵害;最后,生命健康生态利益是人身利益的基础,没有维系生命健康所必需的物质条件,就不可能有生命或身体健康等,人身利益是生命健康生态利益之目的。

自然人的生命健康都需要在适宜生存发展的生态环境中才能维系。恶劣的生态环境可能威胁自然人的生命,或者导致自然人无法保障其身体的健康,最终损害自然人的人身利益。因此,破坏或污染生态环境必然直接或间接地侵害自然人的生命健康,侵害自然人的生命健康生态利益。因此,法律应当保障自然人能够在适宜生命健康的生态环境中生存,赋予自然人人身生态权,即自然人在有益于自身生命健康的生态环境中生存和发展的权利,以实现生命健康生态利益。生态法自然也应该调整以生命健康生态利益为目的的权利义务关系,以保护自然人的人身生态权。

2. 资源生态利益

资源生态利益,也称财产生态利益,是指自然人、社会组织可以从生态系统及生态因子中的自然资源获取的用以满足自身生存发展之物质需求的各种物质条件,主要是劳动生产所需要的原材料。资源生态利益本质上就是自然人和社会组织从生态系统及生态因子获得的物质需求之满足。

生态物虽然不是财产,但是其中的资源生态物具有潜在的财产价值,故有人将此类生态物称为生态财产、生态资本、自然资源资产。如原始森林、天然江河湖泊、自然保护区等具有开发旅游的潜在财产价值,矿藏资源可开发矿产品。美国环境法学者萨克斯教授甚至认为,水、空气等人类生活不可缺少的环境要素不是无主物,而是全体国民共有的财产,国民委托给政府统一管理。[1] 而生态主体对资源生态物所享有的占有、使用、收益的权利,就是资源(财产)生态权。因此,生态民法必须调整基于生态财产而产生的权利义务关系。

资源生态物可以作为生产经营的资本,并且与货币、实物性资本一样纳入成本核算。"生态资本被界定为自然资本,是指包括常见的为人类所利用的资源——水、矿物、石油、森林、鱼类、土壤、空气等,也还包括草原、大平原、沼泽地、港湾、海洋、珊瑚礁、河岸走廊、苔原和雨林在内的生命系统,以及支持生命系统的生态群落。"[2] 生态资本的核算可以计算生产经营活动所消耗的生态资源总量和资源消耗率,并由此认识生态消耗对人类生态系统的影响。这与目前在世界上方兴未艾的绿色 GDP 的核算密切相关。

资源生态利益与传统的财产利益具有一定的共同特征。首先,资源生态利益之载体为生态物,与物权之物具有相同的形式,即同属物质,一般为有形物,当然与无形财产有显著差异。其次,资源生态利益也可以通过某种形式在市场进行交易,如排污权交易、自然资源使用权交易等,这与财产利益的交换性一致。最后,二者都是利益,即都能满足人的某种需求。

但是,资源生态利益与传统民法的财产利益也有着本质区别。主要表现在:第一,载体不同。资源生态利益之载体为自然资源,其性质为生态物,而财产利益之载体为各类财产,其性质为支配物。第二,财产属性不同。资源生态利益之财产属性是间接的、潜在的,不能直接满足人的物质需求,需要通过劳动即人的加工改造将自然资源加工改造为资源产品,才能最终转化为真正的财产,从而具有财产价值和财产利益。第三,遵循规律不同。资源生态利益只能在生态系统的平衡和良性循环中才能实现,故须遵循生态规律,而财产利益的实现主要遵循市场规律。第四,利益的实现过程不同。资源生态利益只能由一定范围内的生态主体

---

[1] 郑少华:《生态主义法哲学》,法律出版社 2002 年版,第 139 页。

[2] 郑少华:《生态主义法哲学》,法律出版社 2002 年版,第 148 页。

共享,却无法由单个主体独占支配,而财产利益一般是由民事主体独占支配的。第五,资源生态利益虽然可以通过市场进行交换,但是并非完全受市场规律支配,进入市场交易的规模、种类、进度等不能直接取决于市场供求关系,而是必须以有利于可持续发展和生态保护为前提。

3. 精神生态利益

精神生态利益则是指自然人可以从生态系统及生态因子获得的各种精神享受,如心理愉悦、快乐、安宁等。这是生态系统文化功能之反映和实现。生态权利所保障的精神利益也就是自然人在和谐、优质的生态环境中所能获得的愉悦、快乐、安宁等心理上的享受,或者说生态系统对自然人精神需求之满足。

生态环境的质量和要素直接影响着自然人的心理状态和意识活动,即精神状态。自然人只有在优美的生态环境中才能获得愉悦、快乐、安宁等享受。也就是说,如果生态环境受到污染或破坏,自然人就难以获得精神方面的享受。因此,自然人需要从生态系统获得的精神利益需要法律的保护,也就是需要设立精神生态权,即自然人享有的在有益自身精神健康的生态环境中生存和发展的权利。法人和非法人组织没有精神生态权。生态法应该调整以保护精神生态利益为目的之权利义务关系,以保护自然人的精神生态权。

(五)生态法益

法律设立权利的根本目的是保护依存该权利的某种利益,而得到法律保护之利益俗称法益。然而"利益原本就是一个发展的、动态的概念"[1],在不同的时代法律所确认和保护的利益不同,法益也就有所不同。在传统法律体系中,法益局限于人身利益和财产利益,但是目前国内外法律都承认和保护生态利益。因此,所谓生态法益就是得到法律承认和保护的生态利益,是三大法益之一。

学界虽然对生态利益的内涵尚未取得统一认识,但是基于生态利益对人的生存及发展的极端重要性,均肯定生态利益是新型的独立利益,

---

〔1〕 高飞:《从生态法益视角重新认识犯罪本质》,载《重庆大学学报(社会科学版)》2011年第6期。

应当受到法律之保护。“生态利益应理解为生态学意义上为法律所保护的人类赖以生存的共同利益，由空气、水、土壤、动物、植物等组成的生态环境所体现的生态利益是人类生存和发展的根本利益、基础性利益，具有综合性、精神和物质、人生和财产统一性等特征。”[1]

(六)生态利益与人身利益、财产利益

1. 生态利益与人身利益。生态利益是维系人身利益的前提；人身利益是生态利益之目的。

2. 生态利益与财产利益。生态利益是财产利益的来源；财产利益是生态利益保护的物质基础，也是生态利益的目的之一。人身利益和财产利益的需要决定了生态利益的范围。

3. 生态利益与人身利益、财产利益的衡平保护。在对生态利益、财产利益不构成明显妨碍、危害时，或者生态利益、财产利益严重威胁、损害人身利益时，应当优先保护人身利益。在对人身利益、财产利益不构成明显妨碍、危害时，或者当财产利益严重损害生态利益时，应当优先保护生态利益。在对生态利益不构成显明损害时，应当尽可能实现财产利益的最大化。

三、生态民事客体、生态价值与生态利益的相互关系

(一)生态民事客体与生态价值

生态民事客体是生态价值之本源。生态价值本质上就是生态系统及其生态因子所具有的价值，因此没有生态民事客体即生态系统及其生态因子，就不可能产生任何生态价值。

生态价值是生态民事客体之必然属性。通常而言，只要生态系统存在就必然具有一定的生态价值，即必然存在某种对人的有用性。但是其生态价值之大小、种类及变化等，取决于生态系统的结构、品质、功能等诸多因素。

---

[1] 黄锡生、张磊：《生态法益与我国传统刑法的现代化》，载《河北法学》2009 年第 11 期。

(二)生态民事客体与生态利益

生态民事客体是生态利益之载体。任何利益都不可能凭空产生和存在,客体即是利益所依存的载体。生态利益之载体就是生态民事客体,没有生态民事客体生态利益既无法产生,也无法存在。如同皮之不存,毛将焉附?

生态利益是生态民事客体之必要条件。客体是主体之权利义务所针对的对象,主体之所以选择客体为对象,正是基于客体是利益之载体,通过客体可以实现主体自身的利益。因此生态主体只有能够从生态系统获取自己所需要的生态利益时,生态系统才可能成为生态民事客体,即成为生态权利和生态义务的对象。

(三)生态价值与生态利益

生态价值是生态利益之前提和基础。生态系统只有具有生态价值,即客观上具有能够满足人的生态服务需求的属性时,生态主体才能够从生态系统获取自己所需要的物质,从而满足自身需要。这也是人们为什么必须遵守生态规律的根本原因。

生态利益是生态价值之反映和实现。生态系统具有何种生态价值、多大生态价值,最终都是通过生态利益表现出来的。人们从生态系统获取什么类型的生态服务,以及什么品质和数量的生态服务,是人们认识和判断生态系统之生态价值的最佳标准与依据。

第五节　生态系统的管理

一、什么是生态系统管理?

生态系统管理(ecosystem management)是生态系统的一种管理方法,是在传统自然资源管理尤其林业资源管理的长期实践中逐渐产生的,其直接的理论来源是20世纪六七十年代生态学关于生态系统的科学。生态系统管理的概念在20世纪80年代初期真正在美国得到广泛的认可。通常认为,1988 年 Agee 和 Johnson 出版的《公园和野生地的生态系统管理》一书,标志着生态系统管理学的诞生。20 世纪 90 年代关于生态系统管理的研究进入了比较繁荣的时期。

生态系统管理是实现生态系统的生态价值最大化和人的生态利益最优化的基本途径。生态系统的管理并非仅指狭义上的行使管理权之行为,也包括所有有利于实现生态系统的生态价值最大化和人的生态利益最优化的行为。因此生态民事主体在其民事活动中,包括生态权利之行使、生态义务之履行、生态责任之承担,都可成为生态系统管理的一部分。

关于生态系统管理的内涵,无论国外还是国内,学者们都有不同的解读。

(一)外国学者的主要观点

有学者归纳总结的目前在国际上较有影响的生态系统管理定义即有十余种。[1] 例如,Agee 和 Johnson(1988 年)认为,生态系统管理涉及调控生态系统内部结构和功能、输入和输出、并获得社会所希望的条件[2];美国林学会(1992 年)提出,生态系统管理强调生态系统诸方面的状态,主要目标是维持土壤生产力、生物种群的遗传特性、生物多样性、景观特性和生态系统的生态过程[3];美国林业署(1992 年、1994 年)认为,生态系统管理是一种基于生态系统知识的管理和评价方法,这种方法将生态系统结构、功能和过程,社会和经济目标的可持续性融合在一起[4];美国内务部和土地管理局(1993 年)认为,生态系统管理要求考虑总体环境过程,利用生态学、社会学和管理学原理来管理生态系

---

〔1〕 李笑春等:《生态系统管理研究综述》,载《内蒙古大学学报(哲学社会科学版)》2009 年第 4 期。

〔2〕 Agee J. & Johnson D. eds. , *Ecosystem Management for Parks and Wilderness*, University of Washington Press, 1988, p. 6 – 12.

〔3〕 Aplet GH ed. , *Designing Sustainable Forestry*, Island Press, 1993, p. 21.

〔4〕 Under DG, *The USDA Forest Service Perspective on Ecosystem Management*, in: *Symposium on Ecosystem Management and North – eastern Area Association of State Foresters Meeting*, United States Government Printing Office, 1994, p. 22 – 26.

统的生产、恢复或维持生态系统整体性和长期性的功益和价值[1];美国生态学会(1996年)认为,生态系统管理有明确的管理目标,并执行一定的政策和规划,基于实践和研究并根据实际情况作调整,基于对生态系统作用和过程的最佳理解,管理过程必须维持生态系统组成、结构和功能的可持续性[2];美国环保局(1998年)提出生态系统管理是指恢复和维持生态系统的健康、可持续性和生物多样性,同时支撑可持续的经济和社会[3]等。

(二)国内学者的主要观点

国内学者中对生态系统管理的定义较为全面、恰当的观点主要有:

任海等人提出,生态系统管理,是指基于对生态系统组成、结构和功能过程的最佳理解,在一定的时空尺度范围内将人类价值和社会经济条件整合到生态系统经营中,以恢复或维持生态系统整体性和可持续性;生态系统管理的要素包括:有明确的管理目标,有确定的系统边界和单元,基于对生态系统的深刻理解,有适宜的尺度和等级结构,理解生态系统不确定性,可适应性管理,强调部门与个人间的合作,把人类及其价值取向作为生态系统的一个成分等;生态系统管理的目标是实现生态系统的可持续性。[4]

于贵瑞认为,生态系统管理是把复杂的生态学、环境学和资源科学的有关知识融合为一体,在充分认识生态系统组成、结构与生态过程的基本关系和作用规律,生态系统的时空动态特征,生态系统结构和功能与多样性的相互关系基础上,利用生态系统中的物种和种群间的共生相克关系、物质的循环再生原理、结构功能与生态学过程的协调原则以及

---

[1] USDOI BLM, *Final Supplemental Environmental Impact State Ment for Management of Habitat for Late - Successional and Old - Growth Related Species Within Range of the Northern Spotted Owl*, U. S. Forest Service and Bureau of Land Management, 1993, p. 19 - 21.

[2] Christensen NL, Bartuska AM, Brown JH et al., *The Report of the Ecological Society of America Committee on the Scientific Basis for E - cosystem Management*, Appl, 1996, p. 665 - 691.

[3] Lackey R. T., *Seven Pillars of Ecosystem Management*, Draft, 1995, p. 13.

[4] 任海等:《生态系统管理的概念及其要素》,载《应用生态学报》2000年第3期。

系统工程的动态最优化思想和方法，通过实施对生态系统的管理行动，以维持生态系统的良好动态行为，获得生态系统的产品生产（食物、纤维和能源）与环境服务功能产出（资源更新和生存环境）的最佳组合和长期可持续性。[1]

综观前人对生态系统管理的定义，多数将生态系统与社会经济系统之间的协调发展作为生态系统管理的核心，而将对生态系统的组成、结构和功能的最佳理解作为实现生态系统管理目标的基础。[2] 本书认为，综合归纳学者们的观点，生态系统管理是指人们运用生态学、管理学等知识，以充分认识和尊重生态系统结构、功能和生态规律为基础，在利用、开发和保护生态系统过程中，通过采取科学、合理的措施，积极、主动地维持生态系统的平衡、安全、健康和良性循环，从而使生态系统可持续地为人们提供生态服务的过程。生态系统管理的客观对象是一个弹性的即可变的空间单元；生态系统管理的目的是维持生态系统服务与人的需求之间的动态平衡，实现生态系统服务的长期可持续性；生态系统管理的本质是防范生态风险，保障生态安全，维持和改善生态系统的健康和恢复力，维持生态系统的动态平衡与良性循环。

（三）生态系统管理与传统自然资源管理的区别

生态系统管理起源于传统自然资源管理，又高于传统自然资源管理。有学者概括，生态系统管理与传统自然资源管理的主要区别（Comparison between ecosystem management and traditional natural resource management）体现在以下方面[3]：

1. 管理目标。生态系统管理之目标在于所在区域的长期可持续发展；自然资源管理之目标在于短期的产量和经济效益。

2. 管理重点。生态系统管理强调生物多样性保护；自然资源管理强调单个物种的保护。

3. 尺度区域。生态系统管理立足于一个国家甚至全球范围，尺度较

[1] 于贵瑞：《略论生态系统管理的科学问题与发展方向》，载《资源科学》2001 年第 6 期。
[2] 赵云龙等：《生态系统管理的内涵与应用》，载《地理与地理信息科学》2004 年第 6 期。
[3] 赵云龙等：《生态系统管理的内涵与应用》，载《地理与地理信息科学》2004 年第 6 期。

大;自然资源管理限于地方—区域层次,一般尺度较小。

4. 人的活动。生态系统管理把人作为生态系统的一个组成部分,在一定阈值范围内允许和鼓励人的活动;自然资源管理认为人与自然是分离的两个组分,人的活动受限制并在必要时被禁止。

5. 价值取向。生态系统管理考虑政治、经济和社会价值,提出的所有措施必须能被各方面接受;自然资源管理主要考虑经济价值。

6. 敏感性。生态系统管理对公众的特性和需要更敏感,这些都包括在区域保护、恢复和发展的总体规划中;自然资源管理是典型的商品导向型,对公众的特性和需要不太敏感。

7. 区域协调性。生态系统管理从景观和生态系统尺度考虑,具有等级特征,有一个自上而下的程序,行动和建议的措施与整个区域规划一致;自然资源管理注重解决局部的问题,可能干扰或影响更大范围的生态系统。

8. 科学基础。生态系统管理使用诸如模型和 GIS(地理信息系统,Geographic Information System)等现代工具,有利于增强整体特征,并可能在一个更加广泛的空间框架中使用;自然资源管理基于传统的生物学、地学、经济学以及资源利用的技术科学(如农学、森林学、土壤学、矿物学等)。

9. 信息资源。生态系统管理以多重因素,在多重尺度上使用多重边界去采集、组织信息资源;自然资源管理通常过分简化信息收集,依靠有限的分类和信息基础进行分析。

二、生态系统管理的基本原则

生态系统管理的基本原则,也是人们利用、开发和保护生态系统所应当遵守的原则。但是关于生态系统管理具体有哪些基本原则,学者们目前仍是众说纷纭。有学者撰文提出,应用于生态系统管理方法和可持续发展的原则主要有 8 项:(1)保持生态系统的功能和完整性;(2)认识生态系统界限和跨界限问题;(3)保持生物多样性;(4)认识变化的必然性;(5)将人类作为生态系统的一部分;(6)认识以知识为基础的适当管理;(7)认识多部门协作的必要性;(8)使生态系统管理成为主流发展方向。[1] 此外,还有学者提出了所谓的4项原则、10项原则等。以学者们的观点为基础,本书认为,以下原则尤其重要。

(一)整体性原则

这是由生态系统的整体性规律所决定的。整体性原则要求人们在生态系统管理中应当将管理对象置于相互联系的整体之中,既包括管理对象与环境之间的相互作用和影响、相互依存和促进,也包括管理对象内部各要素之间的相互作用和影响、相互依存和促进。在相互联系中认识管理对象的结构、功能和规律,并基于相互联系决定管理的措施、方法。

整体性原则还要求将利用、开发和保护生态系统的人置于生态系统之中,作为生态系统一分子来考虑。

(二)可持续原则

人们对生态系统的利用、开发和保护应当有利于保持生态系统的可持续性,包括:保障可再生资源的稳定再生,适度开发利用自然资源,最大限度地实现资源的循环利用,最大限度地保护生物的多样性,维持生态系统的结构和功能的稳定性、动态平衡的长期性。只有如此才能保证生态系统服务功能长期稳定地维持,才能实现可持续利用和可持续发展的目的。

(三)遵守生态规律原则

生态系统是包括人在内的各种生物之间、生物与环境之间相互联系、相互影响、相互作用、相互依赖而形成的有机整体,人在生态系统中只有遵循生态规律,才能与自然因素进行"物质循环、能量流动与信息传递",进而获得生存和发展所需要的物质、能量和信息。因此,人受到生态系统规律的客观制约,一旦生态系统受到破坏或污染,生态系统与人之间的"物质循环、能量流动与信息传递"就可能中断或受到严重阻碍,进而就会威胁人的生存和发展。

---

[1] 李茂:《生态系统管理原则》,载《国土资源情报》2003年第2期。

所以,人对生态系统的利用、开发和保护,对生态系统的管理,都必须充分认识并严格遵守生态系统的客观规律。无论是对生态规律没有全面、深入的认识,还是违背生态规律,都将导致生态系统的污染或破坏,最终损害人的生态利益甚至人身利益和财产利益。

三、生态系统管理的基本原理

生态系统管理在本质上就是通过预防生态系统的生态风险,保障生态系统的安全,维护和促进生态系统的健康,维持生态系统的动态平衡与良性循环,最终实现生态系统的可持续利用和社会的可持续发展。为了通过生态系统管理最终建立可持续性的生态系统,即能够可持续地向人提供生态服务的生态系统,或者说人能够可持续地利用开发生态系统,有必要了解并遵循生态系统管理的基本规则。

(一)生态风险评价

任何生态系统都是存在于特定的环境之中,也必然与外部环境进行物质、能量和信息的交流,因此外部环境的变化或输入或多或少地会影响着生态系统的结构、功能等。此外,人是生态系统的一分子,人的活动同样也会对生态系统造成较大影响。人的活动及外部环境要素对生态系统产生消极影响即造成生态损害的可能性、威胁,就是生态风险。

生态风险,是指生态系统因为外部因素包括人的活动、环境要素等而遭受生态损害的可能性、威胁。简单地说,生态风险就是生态系统受到外部因素损害的可能性、威胁。生态风险具有不确定性、危害性和客观性等特点。

外部因素,是指生态系统之外一定区域内的自然事故或灾害,以及人的活动,自然因素通常是人力所无法控制的,但是人的活动是可以调控的,因此改变人的活动可以直接降低生态风险。

生态损害,是指生态系统结构、生态服务功能、生态质量、生物多样性等所遭受的破坏、损伤等不利性后果。生态损害达到一定程度就会危及生态系统的安全和健康。

生态风险评价就是指对人的活动或自然事件造成生态系统损害即不利生态影响的可能性及其强度所进行的评估,并进行定性和定向研究。是“利用生态学、环境化学及毒理学的知识，定量地确定环境危害对人类的负效应的概率及其强度的一种过程”[1]。

生态风险评价的主要目的就是，通过预测未来可能发生的生态不利影响或评估因以往某种因素导致生态变化的可能性，帮助生态系统管理部门了解和预测生态影响因素与其所产生的生态损害之间的因果关系，从而事先采取有效措施尽可能避免和防范生态风险的发生，或者最大限度控制和减少生态风险所造成的损害。[2] 由此可见，生态风险评价是防范和控制生态风险的基础，是生态系统管理的重要内容，也是保障国家生态安全之必需。正如习近平2018年5月在全国生态环境保护大会上的讲话所指出：“要把生态环境风险纳入常态化管理，系统构建全过程、多层级生态环境风险防范体系。”[3]

(二)生态系统安全

生态系统安全简称生态安全，狭义上仅指生态系统自身的安全，即指生态系统维持自身正常功能和结构完整、平衡的状态，也可以说是指生态系统遭受外部因素损害、威胁的可能性最小化的状态。生态安全与生态风险存在十分密切的联系，通常成反比例关系，即生态风险越大，则生态安全越小；反之生态风险越小，则生态安全越大。

广义上的生态安全除生态系统自身安全外，还包括人享用生态系统的可靠性和充足性，即人们在生产、生活和健康等方面不受生态破坏与环境污染等影响的保障程度，包括饮用水与食物安全、空气质量与绿色环境等基本要素。

生态安全是国家安全的重要组成部分，主要表现在两个方面：

第一是生态安全直接影响国家的种族繁衍、经济安全。保障生态安全，可以防止严重的生态系统功能退化将直接威胁人的生存与发展，一方面，国家可能因极端恶劣的环境质量状况和自然资源短缺等削弱经济可持续发展的生态支撑能力，甚至导致长时期、大范围的经济衰退；另一

---

[1] 杨持主编：《生态学》(第2版)，高等教育出版社2008年版，第371页。

[2] 周健民、沈仁芳主编：《土壤学大辞典》，科学出版社2013年版，第10页。

[3] 顾仲阳：《习近平在全国生态环境保护大会上强调：坚决打好污染防治攻坚战　推动生态文明建设迈上新台阶》，载《人民日报》2018年5月20日，第1版。

方面，将严重损害生态系统维系自然人生命健康的能力，直接威胁人的生存，甚至导致种族灭绝。因此，生态安全是维护国民生命安全和国家经济安全的物质基础。

第二是生态安全与国家政治、军事、外交的安全密切相关。严重的大规模的环境污染、自然资源短缺极有可能导致社会秩序混乱、国家动荡，甚至外敌入侵。保障生态安全，是维护国家政治、军事和外交安全的必要条件。

因此，生态系统管理必须将生态风险控制在最小的程度，即生态风险最小化、可控化，从而确保国家的生态安全。而要生态风险最小化就应当最大限度地减小、降低人的活动对生态系统的负面影响，至少应当控制在生态系统的负荷量之内。因为，当外来干扰、损害超出生态系统的自我调节能力即最大负荷量时，生态系统轻则出现生态失调，重则产生生态危机；而生态失调尤其是生态危机必然威胁生态安全。生态危机是指“由于人类盲目活动而导致局部地区甚至整个生物圈结构和功能的失衡，从而威胁到人类的生存”〔1〕。

（三）生态系统健康

“健康”一词源于医学，后来用于评价生态系统的状态。生态系统健康即生态健康（ecology health）。这一概念的正式诞生是在20世纪80年代，但是20世纪40年代著名自然科学家Aldo Leopold提出了“土地健康”的概念，他把“测定那些在人类占有之后仍无功能障碍的土地的生态参数”作为土地健康研究的目标。〔2〕 20世纪90年代，国际环境伦理学会专门讨论了生态系统健康的定义。有学者提出：“如果生态系统是稳定的和可持续的，即踏实活跃的并且随时间的推移能够维持其自

---

〔1〕 杨持主编：《生态学》（第2版），高等教育出版社2008年版，第204页。

〔2〕 Leopold A. , *Wilderness as a Land Laboratory*, 6 Living Wilderness 3（1941）. 转引自杨华珂等：《生态系统健康概念辨析》，载《长春师范学院学报（自然科学版）》2002年第1期。

身，对外力胁迫具有抵抗力，那么，这样的系统就是健康的。”[1]另有不少学者从生态系统与人的联系出发指出，健康的生态系统可以定义为：(1)不存在机能失调症状，表现为具备较强的生态服务功能；(2)具有良好的回复能力和自我维持能力；(3)对邻近的其他生态系统没有危害；(4)对社会经济的发展和人类的健康有支持推动作用。[2]

通俗地说，生态系统健康是指生态系统在维持自身动态平衡、自调节能力以及生态服务功能上所处的水平、状态。健康的生态系统是稳定的和可持续的；能够维持自身的组织结构和自我调节，保持对外来干扰、胁迫的抵抗力、恢复力；能够正常地发挥其系统功能，包括对人的生态服务。反之，不健康的生态系统，其平衡状态被破坏；系统功能是不完全或不正常的，甚至无法及时、充分地向人提供生态服务；自调节能力无法发挥作用。动态平衡主要体现在物质、能量输入输出的平衡，即“活力”(vigor)，可以用生产力或生态系统中物质和能量的交换量来表示。自调节能力主要体现在生态系统负荷量以及抵抗力、恢复力，可以用系统在压力状态下保护生态功能的结构和格局的能力来衡量。生态服务功能主要体现在给人提供的物质、能量和信息等的数量和品质是否适宜于人的生存。

生态系统安全与生态系统健康之间的联系非常密切，但是二者的侧重点有所不同。生态安全主要是考量外部干扰和损害对生态系统影响的程度；而生态健康主要是考量生态系统内部结构、功能的存在状态及其适应人的需求之状态。外来生态损害可能同时威胁生态安全与生态健康，但也可能只威胁其中之一；保障生态安全的重点在于防范外来干扰和损害，而维护生态健康还应当致力于生态系统的修复和治理。

---

[1] Costanza R. , *Toward an Operational Definition of Ecosystem Health*, in: Costanza R. , Norton B. G. , Haskell B. D. (eds.), Ecosystem Health: New Goals for Environmental Management, Island Press, 1992. p. 239 –256. 转引自杨华珂等：《生态系统健康概念辨析》，载《长春师范学院学报(自然科学版)》2002 年第 1 期。

[2] 杨华珂等：《生态系统健康概念辨析》，载《长春师范学院学报(自然科学版)》2002 年第 1 期。

（四）生态系统平衡

1. 什么是生态系统平衡

生态系统平衡也称生态平衡，是指“生态系统通过发育和调节所达到的一种稳定状况，它包括结构上的稳定、功能上的稳定和能量输入输出上的稳定。生态平衡是一种动态平衡，因为能量流动和物质循环总是在不间断地进行，生物个体也在不断地进行更新。”[1]

2. 生态系统的自我调节能力

所谓生态系统的自我调节能力，是指生态系统自行吸收、容纳、防御外来污染、干扰，消除、修复外来损害、维持自身稳定与平衡的能力。在自然条件下，生态系统总是朝着种类多样化、结构复杂化和功能完善化的方向演变，直到进入最稳定的状态。当生态系统达到最稳定的状态时，就能够自我调节和维持自己的正常功能，适应外部环境的变化。生态系统的自我调节能力包括：吸收、防御外来干扰的能力（抵抗力，resistance）、受到干扰后自行恢复干扰前状态的能力（恢复力，resilience）、维持稳定状态长期存在的能力（持续力，persistence）。

3. 生态系统负荷量

生态系统的自我调节能力是有限度的。在自我调节能力的限度内，外来干扰如污染、破坏不会导致生态系统的解体或质变，不会导致生态系统平衡的丧失，也基本不会影响生态系统的生态服务。生态系统自我调节能力的最大限度就是生态系统的负荷量，通常被称为环境容量（environment capacity），又称环境负载容量、环境承载容量、资源环境承载力，是指在确保人的生存和生态系统服务功能不受危害的前提下，特定生态系统能够容纳污染物或破坏损害的最大负荷量。

生态系统管理就是应当遵循生态系统的自我调节规律，在不超出生态系统负荷量的前提下在保障生态系统健康、安全适度利用、开发各类生态物，既满足人当前生存发展对生态物之需要，又努力维持生态系统的动态平衡和可持续服务，从而满足人长远生存发展对生态物之需要。

---

〔1〕 尚玉昌主编：《普通生态学》（第3版），北京大学出版社2010年版，第390页。

第五章　生态民事权利概述

追求生态利益是人的基本需要,生态利益的满足是人的生存基础。在经历了工业文明对人赖以生存的生态系统所造成了巨大摧残和破坏并导致大自然的严厉报复之后,人们开始重新思考自然对人的意义,也更加重视对生态利益的保护。生态文明建设的重要性和紧迫性也得到越来越多的认同。为了更有效地保护人的生态利益,以使人们的生态需求能够得到永续满足,有必要在法律上明确自然人和各类社会组织可以享有的生态民事权利,并对生态权进行系统、全面的规定,包括权利的主体与客体、权利的性质与种类、权利的主要内容等,构建能够有效保障生态权益的现代法治体系。

第一节　生态民事权利的界定

一、生态民事权利的历史演变

生态民事权利的历史演变就是从自然权利到法定权利的过程。

(一)生态权利是人的自然权利

人是生态系统的一分子,和任何其他生物一样,人也需要从其所在生态系统获取物质、能量和信息,即与所在生态系统进行必要的物质循环、能量流动和信息传递。这是人在生态系统中维持其生存的前提,也是生态规律的客观必然。因此,呼吸洁净的空气,饮用洁净的水,直接享用或经加工、开发后享用土地、野生动物植物等自然资源,这是人得以生存的必要条件,也是人实现发展的基础。在漫长的史前文明和农业文明社会中,享用洁净的空气、水和其他自然资源似乎是自然人与生俱来的,即自然人都生而享有的自然权利，并且这种权利鲜有因空气、水或其他资源被污染、破坏而无法实现或受到妨害。

但是，自从进入工业文明社会，随着工业化速度的不断加快，生态环境日趋恶化，环境公害事件越来越多，环境污染、生态破坏直接妨害到人们的日常生活和身体健康，从此自然人享用洁净空气、洁净水和其他自然资源的自然权利受到了严重威胁，甚至难以保障。于是，社会各界开始从不同的角度反思工业文明所带来的负面作用和克服途径，以及应当如何保障人对生态系统的自然权利，进而保障人的生存。

（二）生态权利上升为法定权利

1960 年，德国一位医生以向北海倾倒放射性废物违反了《欧洲人权公约》中的环境保护规定为由，向欧洲人权委员会提出了控告，欧洲人权会议、欧洲议会等多次对该案进行了讨论，最终将环境权追加列入了欧洲的人权清单。这无疑启动了生态权从自然权利走向法定权利的大门。在美国，因《寂静的春天》一书指出美国民权条例应当规定公民有权免受农药污染之后，20 世纪 60 年代末掀起了一场生态权大辩论，许多人要求享有在良好环境中生活的权利。1970 年 3 月召开的“公害问题国家座谈会”发表的《东京宣言》指出：“我们请求，把每个人享有其健康和福利等要素不受侵害的环境的权利和当代传给后代的遗产应是一种富有自然美的自然资源的权利，作为一种基本人权，在法律体系中确定下来。”1972 年《人类环境宣言》第 1 条就开宗明义地指出：“人类有权在一种能够过着尊严和福利的生活的环境中，享有自由、平等和充足的生活条件的基本权利，并且负有保护和改善这一代和将来的世世代代的环境的庄严责任”，这标志着生态权开始为世界所接受，此后许多国家开始以不同形式在立法上规定生态权，自然权利终于完成了向法定权利的嬗变。

二、生态权的前身：环境权

《人类环境宣言》第 1 条规定的权利后来被许多学者称为环境权。这一规定也被视为环境权在国际法上的直接依据。自从环境权这一概念提出以来，国内外的法学人士对其内涵的探讨一直在持续，但迄今为止仍存在较大争议。

(一)什么是环境权

陈泉生认为,环境权是指“环境法律关系的主体享有适宜健康和良好生活的环境,以及合理利用环境资源的基本权利”[1]。蔡守秋认为,环境权应界定为环境法律关系主体对其赖以生存、发展的环境所享有的基本权利和承担的基本义务,即环境法律关系主体有享有适宜环境的权利,也有保护环境的义务。[2] 吕忠梅认为,“环境权是公民享有的在不被污染和破坏的环境中生存及利用环境资源的权利”[3]。

(二)环境权的基本特征

综观学者们对环境权的定义和国际文件对环境权之规定,虽然各有不同,但以下几个方面则是共同的:其一,环境权之主体主要是自然人,即自然人享有在良好、适宜、健康的环境中生活的权利;其二,环境权之客体是自然环境,无论是良好、适宜、健康的环境,还是符合一定质量标准的环境,且环境不受超出规定程度的污染和破坏;其三,环境权包括两个方面的内容:享有适宜、健康环境的权利和合理开发利用环境资源的权利,目的在于保障人们对自然界的基本生存需要,因为二者都是自然人的生存前提。因此,可以概括地说,环境权是指自然人等主体享有在良好、健康、不被污染和破坏的环境中生存及合理开发、利用自然资源的权利。

三、生态民事权利的内涵

生态民事权利通常简称为生态权,它是环境权概念的升华。关于生态权的内涵,我国法律未明确规定,学术界虽然有不少学者对此进行了研究,但迄今为止并未取得一致意见。

(一)学术界的主要观点

有些学者虽然使用“生态权”一词,但就其内容而言与环境权并无

---

[1] 陈泉生主编:《环境法原理》,法律出版社1997年版,第106页。

[2] 蔡守秋主编:《环境资源法学教程》,武汉大学出版社2000年版,第27页。

[3] 吕忠梅:《环境法新视野》,中国政法大学出版社2000年版,第123页。

本质差异。例如,郑少华的《生态主义法哲学》第五章标题即为“生态民事权利”,但细究之下不难发现,其所谓的生态权在根本上仍属于环境权。[1] 学者们关于生态权内涵的观点大体上可以归纳为两类,一是主张生态权应当是自然人或社会组织才能享有的权利,二是主张生态权是包括人在内的所有生物或生态系统都享有的权利。

曹明德认为,生态权“是指生态法律关系主体依法享有的某种权能和权益”,是主体依法享有的“可以做出一定的行为或者要求他人做出或不做出一定的行为”的资格。[2] 此说虽然突出了生态法律关系的主体,但在本质上并没有揭示生态权与其他权利之区别,甚至可以说与一般的权利定义并无本质差异。

李惠斌提出,生态权是指“公民或个人要求其生存环境得到保护和不断优化的权利”[3]。然而这一定义存在以下缺陷:将公民与个人并列混用,是为逻辑错误;生态权首先是享用生态系统及其生态因子以满足生存需要的权利,故将权利内容局限于要求生存环境得到保护和优化,外延不周全,且忽略前者是本末倒置;对“生存环境”的理解易生歧义,它亦指自然环境之外的社会环境。

崔义中等认为,生态权是指人们能够“自由、平等、充分地享有环境,获得良好生态感受和生态体验”的基本权利[4]。但是,首先,何谓“享有环境”? 含义不清。其次,享用生态系统及其生态因子的目的首先是满足生存需要,然后才是获得良好生态感受和体验,前者应当是生态权的根本内容。最后,“自由、平等、充分”地享用环境,并非也难以列入生态权的应有内涵,受客观因素制约,人们永远都无法完全“自由、平等、充分”地享有和分配生态资源,如城市居民就不可能如同山区居民一样地享用同等质量的空气。

在俄罗斯和其他一些东欧国家,学术界也十分关注生态权问题。俄

---

〔1〕 郑少华:《生态主义法哲学》,法律出版社2002年版,第86~111页。

〔2〕 曹明德:《生态法新探》,人民出版社2007年版,第315页。

〔3〕 李惠斌:《生态权利与生态正义——一个马克思主义的研究视角》,载《新视野》2008年第5期。

〔4〕 崔义中、李维维:《马克思主义生态文明视角下的生态民事权利冲突分析》,载《河北学刊》2010年第5期。

罗斯学者姆·布林丘克提出,生态权"是指在立法中确认并固定下来的,保证在人与自然的交互作用过程中满足人的各种需要的个人权利"[1]。布林丘克从"人与自然的相互作用"解读生态权,无疑是正确的方向,但将生态权限于"个人权利",在外延上又似乎过窄;此外亦未明确指出生态权之本质是人享用自然即生态系统及其生态因子的权利。俄罗斯联邦宪法甚至列举了自然人生态权的主要内容,包括享受良好环境权、获得环境信息权、请求生态损害赔偿权、自然资源所有权。[2]

个别学者将生态权扩及一切生物或生态系统,其不合理性不言而喻。例如,生态权是指所有生物"按照生态学规律继续存在下去并受人类尊重的权利"[3],所谓"受人类尊重",明显存在将人排除在生态权主体之外、相反人以外生物却享有生态权之嫌疑,这似乎有点荒谬。至于生态权是"生态系统存在和发展"[4]之权的观点,更是完全混淆了主体与客体,生态系统只能是生态权的客体。基于自然规律,人以外的生物、生态系统等无法具备法律主体所要求的基本条件,如没有意思能力,不能自己行使权利、履行义务、承担责任等。法律设定权利是为了更好地保护人类利益,即便是法律规定必须保护生态系统、保护生物多样性,那也是基于人类长远利益需要。因此,其他生物或生态系统不可能也不应当成为生态权主体。

(二)关于生态民事权利内涵的合理概括

综合学界观点可以认为,私法上的生态权是指自然人或社会组织为满足自身生命健康、精神或资源需要而从生态系统及其生态因子中获取所需物质、能量和信息的权利。也可以说是人们依法享用或开发利用生态系统资源,保护、修复和改善生态系统,以满足自身生命健康、精神或财产需要即生活和生产需要的权利。

简单说,生态民事权利就是指人们对生态系统及其生态因子应当享有的权利,即享用或开发利用生态物之权利。

---

〔1〕王树义:《俄罗斯生态法》,武汉大学出版社 2001 年版,第 179 页。

〔2〕王树义:《俄罗斯生态法》,武汉大学出版社 2001 年版,第 25 页。

〔3〕李建华、肖毅:《自然权利存在何以可能》,载《科学技术与辩证法》2005 年第 1 期。

〔4〕杜金娥等:《游客的生态权利和生态义务刍议》,载《中国农学通报》2007 年第 2 期。

从广义上分析，生态权还包括公法意义上的生态权力，主要是国家对生态系统的主权、管辖权以及监督保护的权力。

四、生态权与环境权之比较

生态权是在环境权的基础上发展起来的，现在很多学者仍在沿用“环境权”之称谓，不同意以“生态权”取代“环境权”，甚至根本不承认“生态权”和以此为核心构建的生态法。但本书认为，生态权更能正确地反映人在自然界的地位、人与自然环境之间的客观关系，其内涵更具科学性，其外延更具全面性。随着现代生态学的产生和繁荣，以“生态权”升华“环境权”的合理性和科学性已经越来越明显，生态权是环境权的发展方向和必然结果。即便我们不在称谓上有形式上的改变，也必须在实质上对环境权进行革新。如果我们能够将《人类环境宣言》第1条规定的权利和其他规定加以综合分析就不难发现，以生态权统一概括《人类环境宣言》所提出的各项权利可能更能体现《人类环境宣言》的宗旨和本意。因为，除第1条宣示之权利外，《人类环境宣言》还以义务规范的形式提及了人们对“自然资源”享有的权利，包括“再生资源”“不能再生的资源”“野生物”等，甚至明确提出了“生态类”权利。但是环境权实难将这些权利包容其中，而生态权却可以合乎逻辑地将这些权利纳入其权利体系。

总体上说，生态权作为人们依法享用、开发、保护和改善人类赖以生存和发展之生态系统以满足自身需要的权利，它将人对自然的权利纳入生态系统，更符合人对自然界的客观需求和可持续发展的要求，更能充分地揭示自然界物质循环、能量流动、信息传递等客观规律，也能更全面地体现生态规律对人的制约，即人保护自然在客观上的合理性和必要性。

（一）生态权可以更好地反映自然的整体利益

人对自然界之需求并不只是简单地、孤立地利用某些自然因素，更重要的是对自然界整体即生态系统的依赖和利用，从生物学上分析，人的生存和发展还有赖于生物与生物之间、生物与其环境之间相互联系、影响、作用的功能，包括物质循环、能量流动和信息传递，故人类应当保护生物的多样性、生态系统。因此生态权能在外延上将环境权难以涵盖的一些整体性权利合乎逻辑地包含进来,如对生物多样性的需求及保护生物多样性的权利、对生态系统平衡之需求及保护生态系统平衡和良性循环的权利等。然而环境权就无法基于自然本身的客观规律清晰地阐明可持续发展以及保护生态系统、保护生物多样性等之必要性和合理性,在外延上也遗漏了人们保护和改善生态环境的权利。

（二）生态权可以更完整地表现自然规律对人的制约作用

无论是生态权还是环境权,本质上都是通过调整人们在享用、开发、保护和改善自然界过程中发生的社会关系,进而促使人们遵守自然界的客观规律,因此二者都反映着一定的自然规律。但是,它们反映的规律以及规律的强制性有所不同。人对生态系统之权利,本质上源于人对生态系统的客观需求,即从中获得物质、能量和信息,当然也是对此种需求的正当反映和体现。然而人之需求的满足不会自动实现,唯有通过人的劳动即对自然界的改造和利用方能完成,人与自然之间正是在改造与被改造的过程中形成了主体与客体的关系。

辩证唯物主义认为,物质决定意识。人在改造和利用自然的活动中虽然可以充分发挥其主观能动性,但并非可以为所欲为,相反人作为生态系统的一分子,必须遵守生态系统固有的各种规律,否则人对生态系统的需求就不可能得到很好地满足,甚至遭受自然的无情报复。在人与自然的辩证关系中,自然规律对人的制约才是矛盾的根本方面。因此,人应当遵守生态规律,保护生态环境,坚持可持续发展的原则。

此外,生态权能够更加全面地体现制约人类活动的自然规律。因为,在环境权的背景下,其客体是环境即在人之周围影响人生存发展的各种自然因素或称环境要素,故其只能反映存在于各个要素内部的规律;而生态权则与此不同,其客体为生态系统,即各自然因素相互联系形成的有机整体,故其不仅能够反映各自然因素内部之规律,还能反映各自然因素形成之整体的规律,即生态系统的规律。系统论早已揭示,系统虽由若干要素按照一定的结构而形成,但是一旦形成系统就必然具有任何一个要素都没有的功能和规律,即系统的规律和功能。环境权恰恰不能适当地反映生态系统所具有的功能和规律。

(三)生态权可以更清晰地揭示人们遵守自然规律的必然性

在环境科学看来,环境是指“作用在‘人’这一中心客体上的一切外界事物和力量的总和”[1]。可见,环境概念是以人为中心来构建的。这就决定了以环境为客体的环境权在有意或无意之间难免会有强调人对自然之主宰地位的嫌疑。然而生态系统与环境概念不同,它是“以整个地球上的生物及其环境等客观存在为中心,而不是以人类为中心”,人与其他一切生物一样“都是生态系统的组成部分”。[2] 所以,在生态权之理念下,人作为生态系统的一部分,必然要受生态系统之规律的制约,生态权在赋予人们对生态系统之权利的同时,也内在地要求人们遵守生态系统的客观规律,因为法律在本质上也是对客观现实的反映。

(四)生态权可以更准确地揭示在人与自然关系中的权利客体

环境权的客体是环境,准确地说只能是自然环境。依据《环境保护法》第2条之规定,环境“是指影响人类生存和发展的各种天然的和经过人工改造的自然因素的总体”,主要包括大气、水、土地、矿藏、森林、野生生物等。从上述环境内涵可知,作为环境权客体之环境明显忽略了大气、土地、水等各种自然因素之间的相互作用、相互依存和相互影响,即未能将自然因素之间通过相互联系所形成的,并具有一定结构和层次的生态系统涵盖在内,自然也就难以科学地阐明人与生态系统的辩证关系,尤其是人对生态系统的依赖和需求,以及生态系统对人的制约作用等。而且,如果孤立地看待各个自然因素即生态因子,那就不可能正确理解并证明保护生态系统之平衡以及各生态因子之间的良性循环,保护生物多样性与各生态功能区如自然保护区等,在人的生存与发展中的真正意义。

而生态权的客体是生态系统,它是生物与生物之间、生物与环境之间通过相互作用、影响以及相互制约、依存而形成的有机整体,即自然统一体。生物与生物、生物与环境的相互联系集中表现在彼此之间不断进行的物质循环、能量流动和信息传递,这种相互联系是生物得以生存的

---

[1] 刘天齐主编:《环境保护通论》,中国环境科学出版社1997年版,第1页。

[2] 汪劲主编:《环境法学》(第2版),北京大学出版社2011年版,第3页。

前提条件。而保障包括人在内的所有生物生存前提条件的基础则是维持生态系统的平衡及内部的良性循环。所以,人必须遵循生态系统的自身规律,并让其永远处于有利于人类的平衡和循环状态,才能持续地从生态系统获取自己生存和发展所必需的物质、能量与信息。也正是由于这种依赖性,才使人在根本上受到了自然的制约。因为,只要生态系统的平衡与良性循环被破坏或是生态系统的品质严重恶化,那就会导致人与自然之间的物质循环、能量流动和信息传递受到阻碍甚至中断,并最终对人的生存和发展构成重大威胁。

由此可见,在人对自然的需求中,其客观对象不仅包括各自然因素,更包括各自然因素相互联系而形成的生态系统。换句话说,人与生物或生物与生物、生物与环境间的相互联系和相互作用本身,也是人生存与发展所必需的。人不仅依赖和受制于各自然因素,更依赖和受制于生态系统。只有以生态系统作为人对自然之权利的客体,才有可能真正满足人的各种生活和生产需要,也才能更加全面、合理地阐释人对自然的依赖性或者是自然对人的制约性。正因为人依赖于生态系统,才有必要保护、修复、改善生态系统;正因为自然在根本上制约着人的活动,人才必须遵守自然规律。而为了维持生态系统的正常功能,保护系统之平衡与良性循环、保护生物多样性和特殊的生态功能区等也就是顺理成章的事。因为任何一种生物在生态系统中都有自己的独特作用和地位,都是生物之间形成的食物链中不可缺少的一个环节,都有其存在和保护的价值。

此外,依据生态系统与环境的各自内涵可以得知二者之间的逻辑关系应当是,作为生态权客体的生态系统事实上包含着作为环境权客体的自然环境,或者说环境是生态系统的组成部分,但环境却涵盖不了生态系统的全部内容。因为,环境仅仅是指能够影响人类生存和发展的各自然因素;而生态系统是指由各自然因素有机结合而形成的整体,即生物之间、生物与其环境之间经长期演变而形成的具有特定结构和层次的统一体。在自然统一体中包含了环境的全部要素,同时还具有环境要素所没有的、专属于生态系统整体的规律和功能。后者正是环境所无法包容的,也是能够最充分地体现人依赖自然、自然制约人,并由此彰显保护自然之价值和必要性的根本所在。

以生态系统为客体的生态权之所以能够更加精准地反映人对自然的权利，还因为环境有时也可以指自然环境以外的社会因素。例如，中国大百科全书认为，环境“是指人群周围的境况及其中可以直接、间接影响人类生活和发展的各种自然因素和社会因素的总体”[1]。可见，“环境”一词也可以指生活环境、语言环境、投资环境等非自然因素，其含义过于广泛，“是一个易生歧义的概念”[2]。至于有人提出，环境权客体还包括“防治对象和行为”[3]，且不说此观点有待商榷，但肯定已经超出了自然因素的范围。然而无论生态权还是环境权，非自然因素都不能纳入其权利客体的范畴。

（五）生态权可以更合理地保障和规范人对自然的权益

任何权利的设立都是为了体现和保护主体希望在客体上追求和实现的利益，即法益。环境权之法益就是人在环境要素上的利益即环境利益。它是指各环境要素能够满足人类需求的客观属性和价值，主要体现在满足自然人维持身体之生命和健康功能、获得精神愉悦的需求，以及满足自然人、社会组织获取自然资源以维系其生存和发展的需求。环境权试图通过保护人的环境利益，以保障人在身体、精神和自然资源方面的需求能够从环境要素中得到实现。但是由于先天固有的客观局限性，环境权却难以从根本上保护人对自然的正当权益。因为，首先，在环境权的设计中人仍然居于世界的中心。这一地位在客观上极易导致人在开发利用自然的过程中滋生征服、支配自然的野心，甚至违背自然界的客观规律，随心所欲地污染和破坏自然环境，最后招致自然规律的惩罚。这样的后果当然会损害人在环境要素上的长远利益、根本利益。其次，自然在环境权客体中表现为孤立、静止的环境要素，各要素之间相互联系和影响的规律以及由此形成之整体的功能、属性难以得到充分的体现，因而自然作为一个整体所具有的能够满足人之需求的价值或者说人对自然之整体的需求和利益，尤其是对自然之整体进行永续利用之目的

---

〔1〕《中国大百科全书·环境科学》，中国大百科全书出版社2002年版，第134页。

〔2〕曹明德：《生态法的理论基础》，载《法学研究》2002年第5期。

〔3〕徐祥民、田其云等：《环境权：环境法学的基础研究》，北京大学出版社2004年版，第53页。

和需求,无法得到可靠的保障和实现。

然而生态权的法益与环境权有所不同,它是人希望从生态系统获取和实现的利益即生态利益,它是生态系统包括全部生态因子在内能够满足人之需求的客观价值。虽然从表面上看它也是体现在满足自然人维持身体之生命和健康功能、获得精神愉悦的需求,以及满足自然人、社会组织获取自然资源以维系其生存和发展的需求等方面,但是由于生态权的客体是生态系统,因而生态权主体不仅可以通过生态系统中的各种生态因子即自然要素的功能和规律来满足自身的需求,还能利用生态系统本身即自然统一体的功能和规律来满足自身的需求。例如,通过生物与生物或生物与环境间不断的物质循环、能量流动和信息传递,生态系统形成了有序的平衡并在平衡中实现良性循环。而正是得益于生态系统的平衡与良性循环,各种生物才能不断地繁衍、再生,无机物才能在连续的转化中长期存在,人也才能从中获取生存和发展所需要的各种物质、能量和信息。也只有依靠生态系统的永久平衡和良性循环,人才能对生态系统中的各类资源尤其再生资源实现永续利用,社会才能可持续发展。因此,生态利益包含了环境利益所不能包含的内容,即人在生态系统上的整体利益,如人主动修复、优化生态系统的权利以及由此产生的利益;此外,生态利益更加强调和重视人的可持续发展、永续利用生态资源等根本利益。另外,生态权将人置于生态系统之中,那就表明人享有和行使其生态权的同时,还须遵守生态系统的客观规律,履行必要的生态义务,而非片面地强调人的权利、人的中心地位,这也是为了更好地保护人对自然的长远利益,即为了保障人能够永续享有和实现对自然之权利。

从权利内容看,生态权更加全面地概括了人们在生存和发展过程中所需要的对自然的权利,它除了涵盖环境权下的全部权利外,还包括环境权无法包含的权利。例如,利用生态系统的权利,保护、修复和改善生态系统的权利,包括保护生物多样性、促进生态系统良性循环、防止生态系统被破坏等权利;因保护和改善生态系统的特殊贡献而享有的请求生态补偿的权利;转让财产性生态利益的权利等。而上述权利无法合乎逻辑地在环境权这一范畴中得到体现和包容。

第一,这些权利的利益载体是生态系统本身即自然统一体,而非单个的生态因子或自然要素,只有将其纳入生态权的体系才是最合理的。

第二,有些自然因素对人的价值和作用只能通过不同生物或生物与环境的相互联系才能间接地表现出来,而在孤立和静态的环境要素中是难以阐释和成立的,如野生动物和植物、自然保护区等。因此,凡是通过不同生物或生物与环境的相互作用、影响、依存等联系才能产生的生态价值,都无法借助于环境权得到反映、保护和实现。然而生态权则不然,它在本质上是对生态系统的权利,它的客观基础是人为维系自身生存和发展而对生态系统的需求,即永续性地从生态系统获取所需要的物质、能量和信息。而要实现永续获取的目标,前提就是生态系统这一自然统一体的永续存在,为此就必须保证系统内部的不同生物或者生物与环境之间通过持续不断的相互作用、影响并相互依存、促进,维持生态系统的动态平衡和良性循环。只有在自然的统一体中,各自然要素及其相互联系对于人生存和发展的价值,包括直接价值和间接价值,才能得到充分的显现,因此也只有以自然统一体即生态系统为客体的权利才能最全面地反映人对自然的需求和利益。显然,生态权能够将环境权难以包容的一些权利和利益纳入其中,从而合理地避免了外延不周全的逻辑缺陷。换句话说,生态权可以涵盖环境权,但又超出了环境权。

生态权以生态学原理和生态规律为依据,可以更科学、全面地设置人类对自然的权利和利益,既可让人的权利受制于生态规律,从而防止其过度扩张;又能让人的权利扩张于生态系统即自然统一体,而非只是孤立的自然要素。

第二节　生态民事权利的基本属性

一、生态民事权利受生态规律制约

人们享有和行使生态民事权利须遵守生态系统的客观规律即生态规律。

生态权是自然人、社会组织依法从生态系统获取自己生活和生产所需要的物质、能量和信息之权利,其客体是生态系统即自然统一体。为实现此权利及其利益,人不仅可以直接享用自然物,而且能够对其赖以生存和发展的自然要素或自然整体进行加工改造,包括开发利用、保护、修复、改善等,但人施加于自然的任何活动都必须遵守生态系统固有的规律。因为,任何生态系统都是物质世界的一部分,都存在独立于人的意志的客观规律,这些规律在根本上制约和决定了人的意识、行为。

生态学上总结的自然生态规律通常包括如下五个方面:(1)相互制约、相互依赖的互生规律;(2)相互补偿、相互协调的共生规律;(3)相互适应和选择的协同进化规律;(4)物质循环的平衡规律;(5)能量输入和输出的转化规律。[1]

生态规律对生态权的制约作用主要体现在三个方面:

第一,生态权的确立须遵守生态规律。国家机关在制定有关生态权的法律规范时须充分、适当地反映生态规律的客观要求,包括在生态规律所能允许的范围即自由度内赋予人们生态民事权利,包括权利的界限和种类、权利应当保护的生态利益,根据生态规律对人的限制或要求设立自然人和社会组织应当履行的生态义务。

第二,生态权的行使须遵守生态规律。各类主体必须在不违背生态规律的前提下行使其生态权,也必须按照生态规律的要求履行其生态义务,否则主体就难以顺利实现其生态利益,而且当主体违背生态规律之行为从量变积累到质变时,遭受生态系统的报复就不可避免了,其后果就是自然人、社会组织从生态系统获取生存和发展所必需的物质、能量和信息的过程受到阻碍、破坏甚至中断。

第三,侵害生态权的追责须遵守生态规律。生态权利和生态利益受到非法侵害后,究竟应当如何追究侵害人的生态法律责任,须尊重生态规律。首先,优先考虑修复受损害的生态系统。受损生态系统依生态规律须是可以修复的。其次,在决定如何修复受损生态系统时须尊重生态规律,如原地修复还是异地修复。最后,选择修复主体时须尊重生态规律,是由侵害人修复还是由具有专业修复技能的第三方代为修复。

---

〔1〕 何汉杏:《关于自然生态规律的探讨》,载《中南林学院学报》1984年第1期。

二、生态民事权利以生态系统为客体

生态民事权利和生态义务所共同指向的对象是生态系统，包括生态系统内部的生态因子。生态系统是生态利益之载体。

按照系统论的基本原理，任何一个物质都是一个独立的系统若干系统又会组成一个更大的系统；每一个系统都是由若干元素以一定的结构形式形成的整体；每一个系统都具有自己独特的功能，其结构也具有层次性。因此，每一个生物都是独立的系统，同时又作为元素或者说子系统包含于一个更大的系统之中；一个生物群落构成了群落生态系统，而整个生物圈、地球乃至整个宇宙也都是一个大系统。

所谓生态系统，是指“在一定的时间和空间内，由生物群落与其环境组成的一个整体，各组成要素间借助物种流动、能量流动、物质循环、信息传递，而相互联系、相互制约，并形成具有自调节功能的复合体”[1]。

生态学认为，所谓良好的生态系统，主要是生存其中的生物相互之间或与环境之间能够维持正常的物质循环、能量流动和信息传递。正是借助生态系统内部不断的“物种流动、能量流动、物质循环、信息传递”，生物才能持续地从生态系统获取所需要的物质、能量和信息，从而维持自己的生存与发展。这也是一切生物生存与发展的基础性条件。人在生态系统中也是生物的一分子，故人之生存与发展同样以生态系统维持正常的物质循环、能量流动和信息传递为前提，人的生态利益就是从生态系统获取必要的物质、能量和信息。

因此，法律必须确立并赋予自然人和社会组织对生态系统的权利，以保护其赖以生存和发展的生态利益。由于生态利益以生态系统为载体，故人对生态系统之权利本质上就是享用或者开发利用生态系统的权利，以及基于永续利用之需要而保护、修复、改善生态系统之权利。

三、生态权以生态利益为独立法益和价值目标

法律设立权利是为了实现和保障特定的利益，即所谓的法益。

1. 生态权的宗旨是保障生态系统的生态服务功能。所谓生态服务

---

〔1〕 戈峰主编：《现代生态学》（第2版），科学出版社2008年版，第352页。

功能,是指生态系统向人们持续地提供人们生存和发展所需物质、能量和信息的功能、属性。人们持续地享受生态系统的生态服务功能,就是人们生存和发展所需要的生态利益。

生态利益是生态权之法益,它以生态系统为载体,其本质就是生态系统持续地为人们提供生存和发展所需要的物质、能量和信息。确立生态权就是为了保障生态系统能始终维持正常的"物质循环、能量流动与信息传递"等生态服务功能,从而更好地满足人们的生存和发展需要。

2. 生态利益不同人身利益、财产利益。生态利益固然与财产利益、人身利益密切相关,但又不同于财产利益或人身利益。财产利益在于财产之价值和使用价值,人身利益在于人身之生命、健康、身体机能和组织等,而生态利益则在于人们能够在其生态系统中与其他生物或环境之间进行"不断的物质循环、能量流动与信息传递",即从中获取自身所需的物质、能量和信息。

因此,生态利益是独立的法益和价值目标。

四、生态民事权利具有整体性

生态民事权利并非可由单个主体独占享有的权利,通常是以整体的形式,由特定区域内的人们共同享有的。

由于生态权之客体是生态系统,而生态系统是由若干生态因子通过一定的结构形成的有机整体,在一个生态系统中,生物与生物、生物与环境通过物质循环、能量流动和信息传递维持着相互作用、相互影响、相互依存、相互促进的关系。生态因子之间不可分割的联系同样存在于不同地域、不同国家甚至全球范围内的生物之间、生物与环境之间,因为,有些生态因子的流动和影响是跨越地域、国界甚至五大洲的,如大气、水等;即便是那些影响范围不大的生态因子,也会对其他地域的生物、环境产生间接作用,因此不同地域、不同国家甚至全球范围内的生物及其环境会形成一个统一的生态系统,即自然统一体,并且包含着层次不同的子系统。生态系统的整体性就决定生态权必然也具有整体性,即生态权通常是以特定区域内的整个生态系统作为客体的,而非其中的某个子系统或某些生态因子,生态权的整体性主要表现为共享性、公益性和系统性等特征。分述如下:

1. 共享性。生态权所保护的生态利益只能由一定区域内的人们共同享有。这个一定区域可以是国家的一部分或整个国家,也可以是整个地球,生态利益不可能专属于某一个或几个人;在特定区域内人们形成了一个生态利益的命运共同体,即所谓的一损俱损、一荣俱荣,生态系统不可能独益或独损于某些人。生态权利和生态权利不可能由某一个人或某一些所独占。

2. 公益性。生态权所保护的生态利益虽然事关每一个自然人甚至社会组织的生存,具有私人利益的性质,但同时它又具有公共利益的属性,甚至是一种全球性公共利益。因为,生态利益直接关系到一定区域、一个国家甚至全世界人们的生存与发展,关系到国家和民族的兴衰,关系到人类的存亡。

生态利益的公益性使生态保护极易陷入所谓"公地悲剧"的困境,即在多数情况下人们希望更多地享有生态权、享受生态利益,更少地履行生态义务,甚至拒绝承担为生态利益而必须支出的成本。因为在公共利益背景下尤其是公益调整机制不完善的情况下,人们可以免费获取和享受生态公益,甚至可以通过损害生态公益而私人获益,且无须承担任何法律责任,或者成本明显低于收益;相反,即便是为增加生态公益做出了贡献或者牺牲、付出了成本,也未必能得到适当的回报和补偿,而增加的生态公益却是属于公众共享。为避免生态公益陷入此种困境,立法者在设计生态权的同时务必明确和落实与生态权配套的生态义务、生态责任。

3. 系统性。生态权的整体性还表现在各种生态权利和生态利益之间的系统性,即高度统一性。生态权所包含的各种权利之间、所保护的各种生态利益之间也构成了一个相互联系的整体,生态系统的状况往往会同时影响自然人的人身性生态利益、精神性生态利益和资源性生态利益,以及相关的生态民事权利,如开发利用自然资源的权利虽属资源生态权,但开发利用活动可能污染空气、水等,这就影响人身生态权。

五、生态民事权利系新型民事权利

1. 生态权无法包含于传统民事权利类型。传统民事权利类型无法吸收和包容生态权,生态权应当属于独立于传统人身权和财产权之外的新型民事权利。因为,在权利客体、法益、权利内容等诸多方面,生态权与人身权、财产权都存在本质区别。有人提出了社会性私权这一概念,即兼具公共利益与私人利益的民事权利,生态权即属社会性私权。

2. 生态权具有独立的新型的权利体系。生态民事权利是一系列的权利即一个权利体系,而非单一的权利。所谓生态民事权利体系就是指生态民事权利的类型、结构和组合。通俗地说就是,生态民事权利包含哪些具体的权利。

依据生态民事权利之生态价值目标即所追求生态利益的不同,可以将生态民事权利概括为以下几个组成部分:人身生态权、精神生态权、资源生态权。

六、生态民事权利具有私法上的可诉性

1. 权利人对侵害生态权行为应当享有程序上的诉权。即对于侵害生态民事权利的行为,可以依法提起民事诉讼,要求侵害人依法承担生态民事责任,责任方式可以包括停止侵害、排除妨碍、消除危险、修复生态环境、赔偿损失等。因为,作为程序性权利的诉权是作为实体权利之生态权的必要救济方式,而且是任何其他救济方式都无法替代的。

2. 生态权的可诉性不以直接利害关系为条件。生态民事权利之可诉性与传统民事权利的可诉性不同。传统民事权利的原告须与诉讼标的具有直接利害关系,但是生态民事权利之可诉性不要求具有直接利害关系,原则上任何自然人、社会组织和相关国家机关都可以对侵害生态民事权利之行为提起民事诉讼。其内在原因就是生态民事权利所保护的生态利益既是私人利益,也是公共利益。因此,此类诉讼在法律性质上为环境民事公益诉讼。

目前,我国法律并未确认自然人作为生态民事主体对侵害生态民事权利行为应当享有的诉权,但是这根本不能成为否认生态民事权利可诉性和生态民事主体包括自然人享有诉权的正当性。事实上,不少国家法律已经规定了自然人对侵害生态民事权利的行为可以依法提起环境民事公益诉讼,无须直接利害关系,如《美国清洁空气法》。

第三节　生态民事权利的确立

一、确立生态民事权利的正当性

生态民事权利的确立即生态权的私权化，是指在立法将生态权确立为民事主体的基本权利。我国学者基本上对生态权（环境权）持肯定态度，但关于其法律性质即生态权是私权还是公权，却是众说纷纭，差异较大。有学者认为当为公权，因为它保护的生态利益系公共利益，具有公益性，它是环境问题的产物，由环境法来确立和维护，其行使的目的是维护社会公共环境利益，环境权的主体无论是否行使环境权，其直接结果并不会引起自身利益的增减，受到影响的是社会公共环境利益。[1] 有学者认为应是私权，理由是：第一，环境质量事关任何一个生存在其间的个人的利益，尽管从环境加害者的角度而言，其所侵害的可能是不特定的社会大众的利益，但是从受害者的角度出发，受到损害的仍然是每个个人的利益；第二，自然人对侵犯自己环境权益的行为可以起诉，也可以放弃该起诉权，具有明显的私权性；第三，尽管根据公共委托理论，强调国家对环境问题的干预，但是每个个体的诉权基础即生态权同样不可忽略。[2]

关于生态权的私权性质，有人权说、人格权说、财产权说和人类权说[3]，也有人权说、财产权说、精神美感权说和复合权利说[4]。本书认为，无论关于生态权法律性质的分歧有多大，可以肯定的是，生态权是自然人等民事主体应当享有的民事权利。理由主要有以下几个方面：

1. 生态权主体在平等型生态法律关系中当为民事主体。生态权主

〔1〕 唐澍敏：《论环境权》，载《求索》2002 年第 1 期。

〔2〕 马晶：《论环境权的确立与拓展》，载《法学》2001 年第 4 期。

〔3〕 吕忠梅：《论公民环境权》，载《法学研究》1995 年第 6 期。

〔4〕 杨建学：《对环境权的再审视——以“人类—自然”环境系统为视角》，载《法律科学（西北政法大学学报）》2010 年第 2 期。

体是指在生态法律关系中享有权利、承担义务的人，但生态法律关系应区分为两类：一是纵向的、不平等的关系，即因国家对生态保护和资源开发行使公共管理权而形成的生态法律关系；二是横向的、平等的关系，即生态系统和资源的所有人、使用人因其自身的生态利益而形成的法律关系。而在平等型生态法律关系中的生态权主体当为民事主体。因为，首先，主体形式、类型与民事主体高度重合，包括自然人、社会组织和国家，自然人是最基本的主体；其次，主体之间的关系具备民事法律关系的根本属性，即平等性。

2. 生态权所保护的生态利益也是私人利益。生态利益虽然具有明显的整体性、公益性和共享性，但这不能成为否认其私益性、个体性的理由。从宏观上看，一个国家的生态环境质量和资源可持续利用状况，关系到这个国家和民族的长远生存与发展等战略性利益，也关系着社会大众的利益，此其公益性；但从微观上分析，生态环境质量和自然资源的状况直接关系到每一个自然人的生产、生活和身体健康、精神愉悦，也关系到各社会组织的生存和发展，这显然是私益属性的表现。在同一地域内通常是众多主体共享同一生态利益，但共享并不能否定其私益性，即无法否认单个主体自身利益的存在。例如，民法上存在财产共有制度，但对个体而言同样存在独立的私人利益；有些生态利益可能是世界各国共享，但并不能因此就不承认每个国家的独立生态利益。

因此，生态利益兼有公共利益和私人利益的双重属性，在肯定生态利益的公益性时，同样必须承认其私益性。相应地，生态权也具有双重性，从保障公共利益的视角分析，它是公权；但从保障私人利益的视角分析，则无疑是私权。只看到生态利益和生态权的公益性或私益性，或者相互否定，或者以为二者不可兼容，都是片面的。如果否认自然人等主体享有独立的生态利益，那自然人就不可能有独立的生态民事权利，由此似乎可以得出以下结论：第一，自然人等主体只能完全依赖公权力给自己分配所需要的生态利益，而无权要求之；第二，当自然人等主体的生态利益受到损害时，无法通过行使自己的权利加以保护，而只能坐等国家公权力的救助。

然而上述推论之不合理性甚至荒谬性十分明显，主要表现在：首先，严重妨碍自然人等主体的生存和发展，因为生态利益直接关系着自然人生命健康,却无任何实质性的权利保障;其次,不利于生态利益的保护,自然人等保护生态环境的积极性难以调动起来;再次,必须导致公权力的过度扩张,由公权力分配包括空气在内的一切生态资源,等于扼住了自然人的咽喉;又次,不利于人权的保障,生态权关乎自然人的生存,本应为其基本权利;最后,客观上没有可能性,更没有必要性。公权力的触角难以伸到生态系统的每一个角落,空气、不需要特别保护的野生植物和动物等,自然人完全可以自行享用,公权力无须干预。所有生态资源统由公权力分配和保护,无谓地增加公权力的负担和成本。

3. 民事主体需要享有生态权。任何权利的本质都是利益,生态权代表着生态利益。对于民事主体来说,生态利益包含着生存所需的基本物质条件,是自然人维持生存的必要前提,和生命健康权紧密相关;生态利益也是民事主体从事民事活动以及享有其他民事权利的基础。因此,生态利益是民事主体的核心利益,没有生态权就无法保障生态利益,也就威胁着民事主体的生存,其意义尤以自然人为最。

民事主体对生态系统的需求可分为三类:一是自然人需要从生态系统中直接享用维系生命和身体健康的基本物质条件,如适宜的空气、饮用水以及符合生存需要的温度、阳光、湿度等;二是自然人和社会组织需要从生态系统获取生产和生活所必需的各种自然资源,这也是生存与发展的物质前提,通常人类须通过自己的劳动才能获取此类生态资源,并通过劳动使其成为资源产品,绝大多数资源新产品还要通过初加工或深加工改造成为其他产品,以满足人类需求;三是自然人需要从生态系统获得各种精神享受,主要是在欣赏自然之美、增加自然知识的过程中获得快乐、愉悦、松弛、安宁、舒适等心理感受。

按照马斯洛的需要层次理论,呼吸清洁的空气、饮用洁净的水等生态需要属于自然人的第一层次需要,而生态权对生态环境质量的最低要求,包括生态系统及其基本的生态因子,如空气、水等,是对关系自然人生命健康、安全、精神愉悦等生态利益的基本保障,也是自然人满足第一层次生态需要的法律保障。因此,民事主体需要生态权。

4. 生态权作为基本人权需要具体化为民事权利。如前所述,生态权作为基本人权的地位,已经得到《人类环境宣言》等一系列国际法文件的肯定。因此,各国国内法应当通过具体的法律部门来体现、肯定和保护此项基本人权，以避免其沦为仅有象征意义的权利。由于生态利益是自然人等主体的核心利益，生态权直接关系到自然人的生命、健康和其他基本生存需要能否得到保障，也是民事主体从事民事活动以及享有其他民事权利的必要基础，故通过民事立法将其具体化为民事权利，并明确其权利体系，是适当的和必要的。

综上所述，生态权符合民事权利的基本特征：一是主体的私人性，尤其以自然人作为最重要的主体；二是权利所保护的法益具有明显的私益性，关乎每一个人的生存与发展；三是权利的必要性和基础性，它是自然人等主体生存的前提条件；四是权利的平等性，主体虽有不同，但其享有生态权的资格、权利受侵害时所受的保护、权利内容等都应当是同等的。

二、生态权私权化的实现路径

（一）我国关于生态权的立法现状

自然人、社会组织和国家对生态系统及其生态因子的权利虽然具有客观上的应然性。虽然生态物是人类生存和发展的必要基础，也是民事主体享有其他权利以及进行民事活动的前提，但令人遗憾的是，目前我国法律并没有将此应然权利完整地上升为法定权利。这显然严重滞后于国际法律文件和很多外国立法肯定生态权的现实和发展趋势，也不利于保护人类的生态利益和主体的生态权益。

我国《宪法》第9条规定："国家保障自然资源的合理利用，保护珍贵的动物和植物。禁止任何组织或者个人用任何手段侵占或者破坏自然资源。"《宪法》第26条规定："国家保护和改善生活环境和生态环境，防止污染和其他公害。国家组织和鼓励植树造林，保护林木。"上述宪法规范虽然宣示了国家保护生态环境、自然资源的基本政策和原则，但这是否就是对生态权的确认，值得商榷。正如有学者指出，宪法宣示国家对环境进行保护，应当只是规定了国家的环境管理权即公法意义上的生态权，但尚不足以构成对私法意义上的生态权的确认。[1]

2014年修订的《环境保护法》对国家、企业事业单位和公民保护生态环境的职责、义务的规定较为具体和详细。例如，该法规定：保护环境

---

〔1〕 董灵：《环境权与环境法制创新》，载《法学家》1997年第3期。

是国家的基本国策(第4条);所有社会组织和个人都有保护环境之义务,地方各级政府应当保障其行政区域内的环境质量,企事业单位及所有生产经营者应当防止、减少环境污染和生态破坏的发生,并依法对其造成的生态损害承担责任,自然人应当增强环境保护意识,采取低碳、节俭的生活方式,自觉履行环境保护义务(第6条);国务院环境保护主管部门统一监督管理全国的环境保护工作,县级以上地方政府环境保护主管部门统一监督管理对本行政区域的环境保护工作(第10条)。

2014年《环境保护法》在一定程度上承认了私人的生态权益。例如,第53条规定:公民、法人和其他组织依法享有获取环境信息、参与和监督环境保护的权利。第57条规定:公民、法人和其他组织享有向环境保护主管部门或者其他环境监管部门依法举报污染环境和破坏生态行为的权利;向上级机关或监察机关举报地方政府或环境保护主管部门、其他环境监管部门不依法履行职责的权利。第58条规定:符合规定条件的社会组织对污染环境、破坏生态,损害社会公共利益的行为,可以向人民法院提起诉讼。但是,上述关于生态权的规定存在一定不足:一是并未直接确认私人的生态权;二是内容不完整、不全面,主要限于生态信息知情权、生态决策参与权和生态监督权;三是自然人及多数社会组织对污染环境和破坏生态的行为,无权起诉,这就失去了最重要的法律保障。

1986年通过的《民法通则》(已废止)第124条就已经规定:"违反国家保护环境防止污染的规定,污染环境造成他人损害的,应当依法承担民事责任。"《环境保护法》第64条规定:因污染环境和破坏生态造成损害的,应当承担侵权责任,《大气污染防治法》第125条也有类似规定。《民法典》第1229条规定:"因污染环境、破坏生态造成他人损害的,侵权人应当承担侵权责任。"上述规定在形式上似乎可以作为民事主体在其生态权益受到侵害后寻求民事救济的法律依据,因为从字面上看,"污染环境造成"的损害可以包括生态利益损害。若果真如此,则民事主体在其生态权益遭受他人损害时即可要求损害赔偿,但长期的司法实践中,所谓的环境污染侵权责任仅指因污染环境造成的人身或财产损害。

我国相关立法和司法实践中开始了生态损害赔偿的尝试。2013年修订的《海洋环境保护法》第90条规定:“造成海洋环境污染损害的责任者,应当排除危害,并赔偿损失;完全由于第三者的故意或者过失,造成海洋环境污染损害的,由第三者排除危害,并承担赔偿责任。对破坏海洋生态、海洋水产资源、海洋保护区,给国家造成重大损失的,由依照本法规定行使海洋环境监督管理权的部门代表国家对责任者提出损害赔偿要求。”为了落实这一规定,国家海洋局于2014年10月颁布了《海洋生态损害国家损失索赔办法》。此规定肯定了国家作为海洋生态利益的所有人对损害海洋生态利益的侵权人要求赔偿的权利,虽然目前仅仅局限于海洋生态利益和国家所有人,适用范围非常狭窄,但总算是为生态利益损害民事赔偿制度的确立“开启了一扇天窗”。2017年颁布实施的《生态环境损害赔偿制度改革方案》开始了生态损害赔偿的全方位试点;2019年6月5日最高人民法院公布《关于审理生态环境损害赔偿案件的若干规定(试行)》,探索完善生态环境损害赔偿制度。生态损害赔偿间接承认了私权意义上的生态权,因为生态权是要求加害人给予生态损害赔偿的权利基础。

此外,《民事诉讼法》、《环境保护法》以及最高人民法院《关于审理环境民事公益诉讼案件适用法律若干问题的解释》确立的环境民事公益诉讼制度在一定程度上也是对民事生态权的肯定,虽系公益,但亦为民事权利。

(二)国外确立生态权的立法路径

自从1972年《人类环境宣言》肯定生态权以来,很多国家开始在国内法中明确承认生态权,但是各国将应然性的生态权上升为法定权利的路径不尽相同。主要有三种模式:一是通过宪法加以规定,目前较多国家采用;二是在生态环境基本法中加以规定;三是宪法和相关部门法分别从不同角度规定。

原南斯拉夫是世界上最早通过宪法确认生态权的国家,该国宪法第192条规定:“人有得到健康的生活环境的权利。社会共同体为行使这一权利保证条件。”很多国家紧随其后,纷纷将生态权纳入本国宪法。例如,1982年《土耳其宪法》第56条第1、2款规定:“每个人都有在健康和谐的环境中生活的权利。改善环境、防止环境污染是国家的责任和公民的义务。”1996 年《南非宪法》第 24 条规定：“每个人有权获得对其健康和幸福无害的环境；有权为了现在和未来世代的利益，采取适当的立法和其他措施保护环境。”美国联邦宪法虽然没有规定生态权，但一些州宪法中却规定了生态权的具体内容，如《罗得岛州宪法》第 1 条规定：人们应当继续自由享受钓鱼、在海滩休闲的权利，包括但不限于：在海边钓鱼、游泳、休闲和收集海生物；人们利用和享有自然资源的权利应当受到保护，同时给予自然环境的保育以应有的关注；《宾夕法尼亚州宪法》第 1 条第 27 款规定：人们有权享受清洁的空气、纯净的水，以及保护环境自然的、景观的、历史的和美学的价值。《俄罗斯宪法》规定的生态权主要有：享受良好环境的权利；获得关于环境状况的可靠信息的权利；要求赔偿因生态破坏所导致的公民健康损害和财产损失的权利；土地和其他自然资源的所有权。[1]

通过生态环境基本法确认生态权的立法模式，以美国最为典型。美国 1969 年通过的《美国国家环境政策法》第 1 篇第 3 条规定：每个人都享有健康的环境，同时每个人也有责任对维护和改善环境做出贡献；《美国国家环境政策法》还赋予了公民环境事务参与权和环境信息知情权，即联邦行政机关在重大环境决策前，应向社会公开环境影响报告书，充分听取公众意见，且环境信息以全部公开为原则。此外，1998 年《墨西哥生态平衡和环境保护基本法》规定：所有人都有权享受一个健康的环境，要求使用生态系统及其要素的方式必须保证可持续生产与生态整体性及平衡的最佳协调状况。1998 年《瑞典环境法典》第 1 条规定：“这部法典的目的是促进可持续发展，这种发展确保当代人和未来世代人拥有一个有益于健康的和健全的环境。”《乌克兰自然环境保护法》第 9 条规定：“公民有权依法定程序获得关于自然环境状况及其对居民健康的影响等方面的确实可靠的全部信息。”

也有一些国家采用了宪法和部门法同时规定生态权的模式。如 1980 年《韩国宪法》第 33 条规定：国民有生活于清洁环境之权利，国家及国民，均负有保护环境的义务，而 1993 年修正的《韩国环境政策基本法》第 6 条规定：所有国民都享有在健康而舒适的环境中生活的权利，并

---

〔1〕 王树义：《俄罗斯生态法》，武汉大学出版社 2001 年版，第 185 页。

应协助国家及地方自治团体的环境保全对策的实施,也应为环境保全而努力。通常部门法是对宪法中的生态权规范的具体化。

(三)我国确认生态权的立法路径

从国际组织和各国关于生态权的立法现状分析不难得出结论,将生态权从应然权利上升为法定权利,已然成为世界趋势,生态权及其基本内容亟须在立法上得到体现、反映和保障。我国已经将生态文明建设纳入五位一体的总体布局,经济发展也处于由高污染、高耗能向降能耗、降排放的转型时期,因此应当顺应当代生态法的发展潮流,在立法上明确肯定生态权。就立法模式来说,我国宜采宪法和相关部门法同时规定的路径。

第一,我国宪法应当明确规定自然人、法人等社会组织、国家享有生态权。宪法确立生态权的必要性和合理性主要包括:首先,生态权是自然人及法人等社会组织生存和发展的前提,是人的基本权利,只有在宪法中明确规定之,才能充分保障其基本权利的地位。其次,国际上多数国家在宪法中有规定。有学者统计,尽管在权利的称谓上尚有争议,但“已有53个国家在宪法中确认了”生态权,美国联邦宪法未规定但很多州宪法规定了类似内容。[1] 最后,宪法规定了生态权,才能为相关部门法明确生态权的具体内容提供根本法上的依据。但宪法关于生态权的规范宜简明扼要,如规定:“一切单位和个人都有依法享用和开发利用生态物质的权利,也有保护生态环境的义务”。

第二,生态环境基本法、民法和其他部门法、单行法宜规定属于各自调整范围内的具体生态权,这也是将宪法上的生态权具体化的必要途径。如果只是通过宪法规定生态权,难以明确生态权所包含的基本内容,生态权有可能流于形式;而且,通过部门法、单行法落实宪法规定,也是通行规则。生态环境基本法应当较为全面地规定生态权的基本内容,主要是建立健全生态权的结构体系,包括公法和私法上的生态权,也包括各类主体的生态权。

《民法典》当从私法角度肯定私权语境下的生态权,并构建私法上

---

[1] 吴卫星:《环境权研究——公法学的视角》,法律出版社2007年版,第58页。

的生态权体系，如很多学者指出的通风权、采光权、景观权、日照权等。1996年《乌克兰民法典》第2编为“自然人的非财产性权利”，第293条规定了“环境安全权”即获得安全环境权。[1]

相关单行法则根据各自的任务和目标，确认并保护各自领域内的生态民事权利。例如，将《大气污染防治法》修订为《大气法》，并规定与大气有关的生态权，包括清洁空气权、大气资源利用权及相关生态义务，而非只限于大气污染防治。《水法》应当对自然人的清洁水权、水资源所有权和使用权及相关生态义务加以规定。《矿产资源法》规定矿产生态权，包括矿产资源所有权、合理开发利用权及相关生态义务。《森林法》须明确与森林有关的生态权，如森林碳汇权、采伐权等及相关的生态义务。

第四节　生态民事权利的定位

生态权是人的基本权利，生态权所保障的生态利益是民事主体尤其是自然人生存和发展的前提，故民事主体应当享有法定的生态权。在确认了生态权作为私权的基本属性后还需要明确：生态权是何种性质和类型的民事权利，它与现有的人身权、财产权是什么关系，即它在民事权利体系中居于何种地位较为适当。

一、生态权与人身权

（一）生态权与人身权密不可分

对民事主体而言，人身权主要属于自然人，生态权与人身权的本质联系主要体现于自然人。由于生态环境的质量状况直接关系着自然人的生命健康，关系着自然人的生存和身体状况，因此，生态权与人身权是密不可分的。

---

[1] 杨立新：《对民法典规定人格权法重大争论的理性思考》，载《中国法律评论》2016年第1期。

一方面，生态权是自然人人身生存的物质保障，生态系统提供了人作为生物所必需的空气、水、适宜的温度和湿度以及其他物质来源；生态权是人身权的基础，没有生态权，人就无法生存，更谈不上人身权。

另一方面，人身权是生态权之目的，之所以要确立生态权，首先就是为了人的生存，即人身权之客体能够维系。生态权与人身权联系之紧密，以至于可以将基于人身需要而享用各类生态物的权利称为人身性生态权和精神性生态权。前者是指自然人基于生命健康需要而对生态物享有的权利，如清洁空气权，旨在保障自然人之生命健康不因生态系统之破坏或污染而遭受损害，而且能够借助良好的生态系统维持和改善生命健康之状况；后者是指自然人基于精神需要而对生态物所享有权利，如景观权，旨在保障自然人之精神不因生态系统之破坏或污染而受到损害，而且能够从良好的生态系统得到各种精神享受。

（二）生态权与人身权存在本质区别

然而尽管如此，生态权与人身权仍有本质上的区别，生态权不能归属于纯粹的人身权。首先，二者的客体差异悬殊。生态权之客体是生态系统及其包含的生态因子，或者统称为生态物、自然统一体；而人身权之客体是人身，包括身体和精神。客体性质的不同就在根本上决定了生态权不是人身权。其次，人身性生态权不是人身权，它只是为保障人身生存和人身权需要确立的基础性权利。例如，吕忠梅在“环境使用权”中提到的日照权、眺望权、景观权等；陈泉生论及的生命权、健康权、日照权、通风权、清洁空气权等；吴贵国主张的“精神性权利”，即所谓的环境人格权。[1] 显然，日照权、通风权、清洁空气权等所保障的空气、阳光等都只是维持人的生命健康的基本物质条件，而非生命健康本身；眺望权、景观权所保障的自然景观也只是自然人享受精神愉悦的物质条件，而非精神本身。故这些权利并非民法上的人身权，它们是且仅仅是人身性和精神性的生态权。至于资源生态权，如采矿权，就更不可能属于人身权。

我国许多学者使用了环境人格权的概念，用以概括生态权当中与人

---

〔1〕 徐祥民、田其云等：《环境权：环境法学的基础研究》，北京大学出版社 2004 年版，第 60～61 页。

身权联系较为密切的人身生态权和精神生态权，如清洁空气权、清洁水权、景观权等。关于环境人格权的概念，目前学界基本上采纳了刘长兴的观点，即“环境人格权可以界定为主体所固有的、以环境人格利益为客体的、维护主体人格完整所必备的权利”〔1〕。其目的是想将人身生态权和精神生态权归于传统民法的人格权。然而如上所述，人身生态权、精神生态权虽然与人格权密不可分，甚至是人格权之基础和前提条件，但是也与传统民法的人格权存在本质上的区别，包括主体、客体、权利内容、权利所保护的利益等诸多方面，很难合乎逻辑地将人身生态权和精神生态权包含于人格权，将其纳入人格权之体系缺乏足够的合理性。

二、生态权与物权、财产权

学界普遍承认，生态权除了基于人身需要直接享用生态物的权利外，还包括“出于生存目的需要而对环境资源的开发利用权”〔2〕，此为资源生态权，即人们基于物质需要而对生态物进行开发、加工改造并加以利用的权利，旨在保证人们对自然资源之需求能够得以满足，不会因生态系统破坏或污染而妨碍此种需求的满足。此种权利虽然也与人的生存相关，但是并非直接享用生态物的权利，且多数情形下其保障的物质需要不是出于生存之必要，而是为了追求更高品质的生活，通常工业产品均属此类。

资源生态权与吕忠梅提出的“生态性物权”“环境物权”基本相似，但吕忠梅认为应当将其“纳入物权法的范畴”〔3〕，现在更多人称其为“自然资源物权”，严格地说并不准确。

（一）生态权不宜归于物权

生态系统及其生态因子等生态物虽然亦属物质，与物权之物有共同之处，但二者的区别不可忽视。第一，生态物是客观存在的自然物；物权之物须是劳动产品，多为加工物。第二，生态物是整体物，而非特定物。

---

〔1〕 刘长兴：《论环境人格权》，载吕忠梅主编：《环境资源法论丛》第4卷，法律出版社2004年版。

〔2〕 周训芳：《环境权论》，法律出版社2003年版，第129页。

〔3〕 吕忠梅：《论环境物权》，载《人大法律评论》2001年第1期。

生态物是一个整体，只有通过人的开发利用活动即劳动，资源生态物才得以特定化，转变成为资源产品，资源产品才是物权之物，民事主体对资源产品之权方为物权。第三，生态物通常不具备也不应当具备物权之物的可支配性，自然资源开发利用须严格遵守生态规律；物权之物是可支配物。第四，生态权非支配权，而是享用权。生态权的本质是享用生态物的权利和利益，而物权的本质是支配特定的物，包括占有、使用、处分。第五，资源生态权也不是物权。若将自然资源开发利用权定性为物权、支配权，必然助长人们对生态物的支配欲望，进而违背生态规律。资源生态物不是资源产品，不是可支配物，如已经广泛应用太阳能、风能发电，但人类对阳光、自然风的利用决然不同于对物权之物的支配。

至于有人认为整个生态权都是“一种物权”〔1〕，其不科学性无须赘言。至少生态权中之人身生态权、精神生态权与物权存在本质区别，根本不可能也不应当归属于为物权或财产权。

与物权之物最为相似的资源可能是煤炭、石油等不可再生资源，但如果能够正确地理解自然资源与自然资源产品的不同属性，似乎也可将二者合理地加以区分。作为自然资源，它是生态物，是一个整体，处于矿藏形态，此时主体无法对其进行事实上的处分。只有通过人的开发利用活动即劳动，生态资源才得以实现特定化，也才能完成向资源产品的华丽转身。后者才是物权之物，它作为特定化的劳动产品才能具备可支配性，即民事主体对资源产品之权方为物权。有些学者正是看到了将取水权、养殖权、捕捞权等归于物权的尴尬困境，才冠之以“准物权”〔2〕，然细究之，依目前我国法律和相关学理，取水权、养殖权、捕捞权、采矿权等同时包含资源开发权和资源产品所有权二种不同性质的权利，前者为生态权，后者为物权，这在逻辑上似乎有点紊乱。本书认为，虽然资源开发权是取得资源产品所有权的基础，只有经过开发性劳动才能取得资源产品及其所有权，但资源产品既是劳动所得，就可以顺其自然地取得所有权，因此只要在法律上明晰二者的关系即可，并无必要在资源开发权中强行

〔1〕 吴亚平：《论环境权是一种物权》，载《河北法学》2006年第6期。

〔2〕 崔建远：《水权与民法理论及物权法典的制定》，载《法学研究》2002年第3期；崔建远：《论争中的渔业权》，载《法商研究》2005年第6期。

并入资源产品所有权,合二为一有画蛇添足之嫌。

（二）生态权亦非财产权

也有人将生态权定性为“一种财产权利”[1],此观点亦为不妥。

首先,财产为特定的劳动产品,具有价值和使用价值,在市场经济条件下财产具有可交换性即交换价值;而生态物是整体物,不是劳动产品,甚至没有必要成为劳动产品,如空气。

其次,即便是可以通过劳动转化为产品的自然资源,只要它没有成为产品,它就没有价值即凝结在商品中的一般等价物劳动,虽然具有间接的、潜在的财产价值,但与典型意义上的财产终有不同。

再次,法律之所以将生态物尤其是自然资源纳入调整范围,使其成为生态权之客体,与其说是为了确立人们对生态物的开发利用权,不如说是为了规范人们开发利用自然资源的行为,从而实现资源的可持续利用和社会的可持续发展。因此,确立资源生态权本质上是为了保障人对生态物的需要能够得到满足,而非保障交换需要;传统民法确立财产所有权是为了提供商品交换的法律前提,确立财产使用权则是为了保障权利人对物的支配利用。

最后,法律保护生态物,很多时候仅仅是为了保护人的身体健康,或者为了人们能够从美好的生态环境中得到愉悦、幸福等精神享受,与财产无直接关系。生态权中之人身生态权、精神生态权,根本不可能成为物权或财产权。因此,本书虽然同意资源生态权的存在,但却不赞成将生态权归于财产权。

三、生态权是新型综合性民事权利

仅仅依据一般的逻辑推理规则,如果在现有民事权利体系中,生态权不能归属于其中任何一类,既不是人身权,也不是财产权,那就可以也只能得出如下结论:生态权是独立于人身权和财产权之外的、新型的民事权利类型。如果进行较为系统和具体的分析,以下几个方面似可构成

---

[1] 李惠斌:《生态权利与生态正义——一个马克思主义的视角》,载《新视野》2008 年第 5 期。

充分的支撑生态权属于新型民事权利的理由。

(一)生态权具有独立的新型客体

权利客体,是指主体在行使权利、履行义务时所共同指向的对象。传统民事权利的客体通常包括物、智力成果、特定的行为等。客体的属性在很大程度上决定了权利的属性甚至权利内容。例如,作为物权客体之物是人们的劳动产品,即人类创造的财富,而劳动创造财富的过程也是支配的过程,由此就决定了物权主体可以支配物,物权本质上是支配权。

如前所述,生态权之客体是生态系统。生态系统及其生态因子固然都是物质的,但是它在本质上不同于作为物权之物,它也不是用于交换的商品或其他财产,当然它与人身权之客体更是有着天壤之别。因此,生态权拥有独立于人身权或财产权客体之外的新型客体。这就为生态权成为新型民事权利提供了可能性。

生态物是整体物,而非特定物;生态物是共享物,而非独占物;生态物是自然物,而非加工物。

(二)生态权具有独立的新型法益

传统民法所保护的法益依其权利类型区分为两种,人身权之法益是以人身为载体的各种人身利益,如生命、健康等,其宗旨在于满足人们在身体和精神上的需要;财产权之法益是以物等财产为载体的各种财产利益,其宗旨在于满足人们对创造性财富的物质需要。生态权之法益不同于人身权和财产权,它拥有仅仅属于自己的独立法益,即生态法益。这就为生态权成为新型民事权利奠定了基础。

生态法益就是法律所保护的生态利益,它是生态系统在维持良性循环、动态平衡即一定质量状态下持续地满足人们生存和发展过程中对自然物质之需要的属性、功能和价值,其宗旨是为了保证人们能够从生态系统获取自身生存和发展所需要的天然财富或者说生态物。在工业文明以前,人类的生态环境基本没有受到较大的人为破坏或污染,人对生态物的基本需求无须依靠法律的保障即可得到满足,国家也不用对相关社会关系进行法律上的调整和规范,因此生态利益不会成为法益。自从人们呼吸清洁空气、饮用洁净水等基本需求因为生态污染和破坏而受到威胁甚至侵害时,生态利益就开始慢慢步入法律的殿堂,成为法律保护的利益。

我国《刑法修正案(八)》将《刑法》第338条修改为:“违反国家规定,排放、倾倒或者处置有放射性的废物、含传染病病原体的废物、有毒物质或者其他有害物质,严重污染环境的,处三年以下有期徒刑或者拘役,并处或者单处罚金;后果特别严重的,处三年以上七年以下有期徒刑,并处罚金。”据此,行为人即便没有侵害人身或财产利益,但只要严重污染了环境,同样可以构成犯罪,这表明生态法益从此成为刑法保护的独立法益之一。随着生态损害赔偿制度的逐步建立,生态法益也将成为民法保护的独立法益之一,至于行政法则早已完成这一转变。

(三)生态权具有独立的新型权利体系

生态权是综合性的新型权利。首先,生态权既包括实体性权利,也有程序性权利。实体性权利主要有:清洁空气权、清洁水权、日照权、通风权、采光权、安宁权、景观权、眺望权、资源开发权、排污权等;程序性权利主要有:生态信息知情权、生态事务参与权、生态损害救济权。程序性权利是生态权的重要特色之一,“保护人权的基本内容之一是创设使权利得到尊重的程序”[1]。其次,生态权同时与人身利益及人身权、财产利益及财产权密切相关。例如,清洁空气权、清洁水权、日照权、通风权等即为保障人身生存需要的权利,景观权、眺望权等即为保障人之精神需要的权利,而资源开发权、生态损害赔偿请求权等则是财产性生态权。再次,在生态权的权利结构中,生态民事权利与生态义务不仅有着必然的联系,而且具有同等的重要性,这与物权等绝对权以权利为主的特征不同。最后,生态权具有强烈的公益性,即其私益性与公益性是不可分割的,这也区别于传统民事权利以私益为主的属性。

从结构体系上分析,生态权主要包括以下几个方面的内容:直接享用生态要素的权利,如吸收空气中的氧气;对生态系统中各种自然资源进行开发利用的权利,如捕捞权;保护、修复和改善生态系统的权利,包括保护生物多样性、促进生态系统良性循环、防止生态系统被破坏等;因保护和改善生态系统的特殊贡献而享有的请求生态补偿的权利、转让财

---

〔1〕[法]亚历山大·基斯:《国际环境法》,张若思编译,法律出版社2000年版,第20页。

产性生态利益的权利。广义上的生态权还涵盖了保障和实现上述权利所必需的程序性权利,如公众参与权、生态信息知情权、生态管理权、生态公益诉讼权等。依据生态利益的不同,生态权在结构上又可区分为人身性生态权、精神性生态权和财产性生态权。无论如何分类、组合,生态权的权利体系和权利内容都与人身权、财产权有着本质上的区别。这就为生态权成为新型民事权利创造了现实性。

既然在私权语境下的生态权应当是独立于传统人身权和财产权的新型综合性权利,我们就没有必要总是试图在人身权或财产权中寻找生态权的位置,或者说我们无须强行将生态权归属于人身权或财产权,如类似"环境物权""环境人格权"的分类模式。所谓环境人格权,其内涵不同于传统民法中人格权的定义,它是环境民事法律主体拥有和享受环境所带来的美感和舒适感的一种精神性权利,是主体所固有的、以环境人格利益为客体的、维护主体人格完整所必备的权利。[1] 此说仍然没有跳出民法传统权利的窠臼,将享受生态环境之愉悦、舒适的精神性生态权归于人格权,混淆了二者不同的客体、法益和权利内容;而且此类精神性权利并非维持自然人人格所必需的条件,故其并不具备人格权的要求。

第五节 生态民事权利的体系

生态民事权利的体系,是指生态民事权利的结构和组成,即生态民事权利包含了哪些权利,由哪些权利构成。现有各国环境立法中关于日照权、眺望权、景观权、静稳权、嫌烟权、亲水权、达滨权、清洁水权、清洁空气权、公园利用权、历史性环境权、享有自然权等都是关于环境资源利用权的规定;美国、日本、印度、菲律宾、哥斯达黎加等国也都有保护环境资源利用权的司法实践;日本的中山教授提出用"环境的共同使用权"

---

〔1〕 吕忠梅:《沟通与协调之途——论公民环境权的民法保护》,中国人民大学出版社2005年版,第242页。

来概括上述权利,并将其具体区分为,"生活环境使用权""自然公物使用权""特定自然环境使用权"三类。[1]

我国学者关于生态权利体系的分歧主要在于自然人的实体性权利。例如,吕忠梅教授提到了"环境使用权",包括日照权、眺望权、景观权等;陈泉生先生认为,生态民事权利包括"生态性权利和经济性权利",前者包括生命权、健康权、日照权、通风权、清洁空气权等,后者包括环境资源权、环境使用权等,此外还有环境管理权、环境监督权、环境改善权等;吴贵国先生还提出了"精神性权利"即环境人格权[2]。上述观点关于实体性生态民事权利的体系基本上可以归纳为两个方面,一是自然人因人身需要而对环境要素所拥有的权利,二是因经济发展需要而对自然资源要素所拥有的权利。正如周训芳先生所言,环境权只有"公民的良好环境权和出于生存目的需要而对环境资源的开发利用权"[3]。环境管理权等不是自然人的权利,即是公权意义上的生态权。

一、人身生态权、精神生态权和资源生态权

根据生态民事权利的客体和所保护生态利益的不同,生态民事权利可分为以下几种类型,即生态民事权利体系是由以下生态民事权利所构成的:人身生态民事权利、精神生态民事权利、资源生态民事权利。

(一)人身生态权

人身生态权,是指自然人基于生命健康的直接、即时需要(生存需要)而对生态系统所享有的权利,旨在保障自然人从良好生态系统获取的维系生命健康所必需的物质条件不因生态系统之破坏或污染而遭受损害。人身生态权是自然人维护其生命健康所必需的生态利益之权利。人身生态权一般是自然人直接享用生态系统中之生态物的权利。

人身生态权的本质就是为了保障自然人生命健康所需要的各种自然条件即生态利益,如吸收空气中的氧气、饮用或使用天然水。人身生

---

〔1〕 吕忠梅:《再论公民环境权》,载《法学研究》2000年第6期。

〔2〕 徐祥民、田其云等:《环境权:环境法学的基础研究》,北京大学出版社2004年版,第60~61页。

〔3〕 周训芳:《环境权论》,法律出版社2003年版,第129页。

态权主要包括:(1)清洁空气权;(2)清洁饮用水权;(3)通风权;(4)采光权、日照权;(5)生存性排污权(生态容量利用权);(6)免受污染侵害权。

(二)精神生态权

精神生态权是指自然人基于精神需要而对生态系统所享有的权利,即自然人为获得心理愉悦、快乐、轻松等精神享受或者获得自然资源而享用利用生态系统之权利。精神生态权之宗旨是保障自然人从良好生态系统得到精神满足之可能性不因生态系统之破坏或污染而受到损害。但是行使此类权利不得污染、破坏生态环境,也不得妨碍他人正当权益。

精神生态权主要包括以下类型:(1)生态欣赏权。生态欣赏权是指自然人通过观赏野生动植物或其他自然物,游览自然景观等方式获得精神享受的权利,如景观权、眺望权、生态旅游权。(2)生态休闲运动权。生态休闲运动权是指自然人在自然环境中进行休闲娱乐或者体育锻炼活动的权利,如垂钓权、漂流权、探险权、登山攀岩权、游泳潜水权、航行冲浪权、跑步散步权等。(3)生态教学科研权。生态教学科研权是指自然人或法人等社会组织在自然环境中进行教学或科学研究活动的权利。有些教学或科研活动必须在自然环境中进行,或者在自然环境中进行的效果要明显优于室内。此项权利的目的是更好地促进相关的教学或科研活动,包括生态教学权和生态科研权。(4)公共自然资源享用权。公共自然资源享用权是指自然人免费享用公共自然资源的权利。公共自然资源即免费向公众开放使用的自然资源,如公共海滩、国家公园、公共草地等。这是每一个自然人皆能享有之权利。

(三)资源生态权

资源生态权,是指自然人、法人等社会组织或国家对各类资源生态物即自然资源享有的资产所有权以及开发利用的权利;或者说人们从生态系统获取生产资料和生活资料原材料的权利,即人们对自然资源进行劳动加工以获取物质财富的权利。资源生态权的宗旨是保障人们能够获得必要的自然资源用以加工创造物质财富,以满足自己的物质需求,并保证人们对物质财富的需求不会因为生态系统的破坏、污染而无法得到实质性的满足或受到严重妨碍。资源生态权之主体不限于自然人,包括法人、国家等。资源生态权之客体限于自然资源，即可开发为资源产品的生态物。

依据自然资源性质的不同，可以将资源生态权区分为以下几类：(1)可再生资源开发利用权，主要包括水资源权、气候资源权、电信资源权、环境容量利用权等。(2)可更新资源开发利用权，主要包括野生动物资源权、野生植物资源权、生物遗传资源权等。(3)不可再生资源开发利用权，主要包括土地资源权、矿藏资源权。

二、自然人生态权、社会组织生态权和国家生态权

依据生态权利主体的不同，生态权利也可以分为：

1. 自然人的生态权利。人身生态权、精神生态权仅专属于自然人享有。此外自然人也享有资源生态权。有些资源生态权，自然人无权享有，主要是自然资源所有权。

2. 社会组织的生态权利。主要是各类资源生态权，即自然资源的开发利用权。农村集体经济组织法人可依法享有某些自然资源的所有权，如农村土地。

3. 国家的生态权利。从生态民法学的角度，国家享有资源生态权，核心是自然资源所有权。在我国，有些自然资源的所有权专属于国家，如城市土地、矿藏资源、水流等。

第六节　生态民事权利的保护

生态民事权利的保护，是指生态民事主体或者相关国家机关、社会组织依法采取措施保护生态环境，保护自然人或社会组织的生态民事权利。

一、生态民事主体的保护

1. 自力保护。即依法自行采取适当措施保护生态民事权利及其生态利益。包括：

(1)生态保护宣传与教育。通过某种方式义务进行生态保护和生态法律政策的宣传与教育。

(2)防止生态损害。自行采取适当措施预防环境污染或生态破坏的发生,或者阻止他人实施环境污染或生态破坏的违法行为。

(3)修复生态环境。包括保护生物多样性、促进生态系统良性循环、防止生态系统被破坏等权利,如自行植树造林、治理沙漠。

2. 请求保护。包括:

(1)请求生态补偿。因为对保护或修复生态系统作出了特殊贡献,依法请求国家或受益人给予生态补偿。相关的自然人或社会组织应当享有请求支付生态补偿的权利。

(2)请求履行生态保护。对生态违法行为进行检举、控告,请求相关国家机关依法履行保护生态环境职责。

(3)请求依法追究生态民事责任。即依法请求司法机关追究违法行为人生态民事责任,如生态修复、生态损害赔偿等。其权利基础是对生态违法行为享有提起环境公益诉讼的权利。

3. 参与保护。主要包括:

(1)参与政府的生态保护决策。依法参与生态保护的重大决策,如参加政策听证会。

(2)参与生态保护立法。依法以某种形式参与生态保护立法,如参加立法听证会、提交立法建议等。

二、公权力的保护

1. 生态保护行政执法。特定行政机关直接依法对违法行为人施以行政处罚,也是保护生态民事权利的一种方式。

2. 要求侵害人承担生态民事责任。特定国家机关,如省级或地市级人民政府,以权利人身份要求违法行为人修复生态环境或赔偿生态损失,或停止侵害、排除妨碍、消除危险。

3. 提起环境民事公益诉讼。相关国家机关依法提起环境民事公益诉讼,保护生态环境,保护自然人、法人、国家的生态民事权利和生态利益,如检察机关或某些行政机关就有权对损害生态环境的违法行为提起环境民事诉讼。

三、社会力量的保护

社会力量的保护主要是指民间环境保护组织及其他社会组织依法采取措施保护生态环境，保护自然人、法人、国家的生态民事权利和生态利益。民间组织保护生态民事权利的方式主要有：

1. 请求国家机关保护。即依法请求环境保护主管部门、自然资源主管部门或其他负有生态保护职责的国家机关采取措施，履行其保护职责。

2. 依法提起环境公益诉讼。目前，主要是符合条件的民间环保组织对严重损害生态环境的违法行为可以依法提起环境民事公益诉讼。

总而言之，人既然是生态系统的一分子，就必须保证生态系统能够维持有序的动态平衡和良性循环，维持不断的物质循环、能量流动和信息传递。唯有如此，才能保证通过直接享用或开发利用等活动，人可以从生态系统获得其生存和发展所必需的物质、能量和信息。因此，人对生态系统之权利和利益，是人维系自身生存的前提和基础，即生态权应当是人的自然权利、应然权利，而在当今时代则必须上升为法定权利，才能真正保障人赖以生存的生态利益。另外，人既是生态系统的组成要素，那么就必然受生态系统客观规律的制约，无论是行使生态权还是对生态系统进行开发、利用和改造均须遵守生态规律，否则将受到生态系统的惩罚。也正因为人依赖于生态系统，即生态系统的有序平衡和良性循环是人得以生存的基础，故人为了自身之生存，必须保护生态系统，这就是人的生态义务。合理地平衡生态民事权利与生态义务的关系，是人正确对待生态系统、对待自然所应当遵守的基本法则。生态权作为民事主体应当享有的基本权利，理应在民事权利体系中拥有独立于人身权和财产权的地位。

第六章　人身生态权

人身生态权，是指自然人基于生命健康的直接需要即生存需要而对生态系统所享有的权利，旨在保障自然人之生命健康不因生态系统之破坏或污染而遭受损害，而且能够借助良好的生态系统维持和改善生命健康之状况。故亦可称为生命健康生态权。

人身生态权在法律性质上系生存性权利。因为其宗旨就是保护那些对于维系自然人生命健康必不可少的生态物即生态利益不被破坏、损害，并且保障生态系统能够正常、持续地为自然人提供生存所必需的物质、能量和信息，保障自然人能够从生态系统获得并享用数量充足、品质合格的生存所必需的生态物，以维持自己的生命和健康。

人身生态权的客体是维系自然人生命健康所必需的生态物。首先，它是生态系统通过其生态服务功能，向自然人提供的物质、能量和信息，如空气、水。其次，它是自然人维系自己的生命健康所必需的，即对自然人的生存具有决定性意义，如吸收空气中的氧气、饮用天然的水。最后，它必须在数量和品质上达到维持自然人生存所必需的最基本要求，如果低于数量或品质的下限，也难以保障自然人的生命健康。

人身生态权主要包括：清洁空气权、清洁饮用水权、通风采光权、生存性排污权、免受污染侵害权等。其中最重要的是清洁空气权和清洁饮用水权，因为清洁的空气和饮用水是维系自然人生命的最重要、最直接的自然条件，甚至须臾不可或缺。

第一节　清洁空气权

将自然人获得清洁空气的应然权利上升为法定权利，即通过法律保障自然人能够获得清洁的空气，越来越必要，也越来越重要。这就构成了私法保护自然人清洁空气权的正当性基础。

一、清洁空气权的内涵与特征

清洁空气权首先在工业发达国家得到承认和保护。但是各国保护清洁空气权的模式有所不同，有些国家并未明确规定清洁空气权，而是通过制定防治空气污染的法律在事实上保护自然人的清洁空气法权；有些国家则在法律上明确肯定了清洁空气权，如美国《马萨诸塞州宪法》第44条规定："人民享有对清洁空气和水，对免受过量和不必要的噪声侵害以及对他们的环境自然的、风景的、历史的和美学的质量的权利"；也有些国家借助生命权、健康权等传统人身权实现保护清洁空气权的目的，即通过司法实践对生命权、健康权进行扩张解释。

吕忠梅曾提出，将我国的《大气污染防治法》修改为《清洁空气法》，并通过该法明确公民个人的清洁空气权，并以此为基础建立保护清洁空气权的相关制度，明确请求权和相关实体性、程序性权利，为充分发挥司法功能创造条件。[1]

（一）清洁空气权的内涵

学者们均肯定，在现代社会空气污染已经严重威胁甚至损害人的生命健康的背景下，实有必要确立和保护自然人的清洁空气权。但是关于清洁空气权的内涵，目前学术界尚未形成统一结论，尤其在界定清洁空气时更是意见不一。例如，胡卫萍、邱婷认为，"清洁空气权是自然人享有的在未受污染的空气中生活的权利"[2]。徐以祥、李兴宇提出，"清洁空气权是指自然人享有在清洁的空气环境中工作和生活的权利"[3]。

本书认为，所谓清洁空气权，应当是指自然人享有在安全、适宜、舒适即有利于满足生存需要的空气中生活、工作的权利。清洁空气应当是

---

〔1〕 吕忠梅：《关于修订〈大气污染防治法〉议案》，载《前进论坛》2015年第4期。

〔2〕 胡卫萍、邱婷：《环境人格权的立法确认及其侵权责任承担》，载《华东交通大学学报》2013年第1期。

〔3〕 徐以祥、李兴宇：《环境利益在民法分则中的规范展开与限度》，载《中国地质大学学报（社会科学版）》2018年第6期。

指安全、适宜、舒适的空气。所谓安全，是指无害于自然人生命健康；所谓适宜，是指符合自然人生存需要；所谓舒适，是指适宜自然人呼吸，没有常人无法忍受的异味，如恶臭。轻微的、在空气自我调节能力范围内的污染、异味等，不妨碍空气的清洁品质；对常人可以忍受的异味的具体认定应当以各国制定的空气质量标准为依据。

（二）清洁空气权的基本属性

1. 清洁空气权之权利主体限自然人。只有自然人的生存以持续呼吸清洁空气为必要条件，即只有自然人才对清洁空气具有客观需求，因此，清洁空气权的主体只能是自然人，而且所有的自然人都必须是清洁空气权的主体。其他生态民事主体为义务主体。

2. 清洁空气权之客体为清洁空气。清洁空气应当是符合自然人生命健康需要的、安全无害的、适宜呼吸的。在制定清洁空气质量标准或认定清洁空气时须认真考量：主要以保障自然人生命健康的客观需要为依据，遵循自然人的生理规律和空气质量保护的自然规律；清洁空气具有一定的地域差异性，各地在确定清洁空气时包括制定空气质量标准可以存在一定差异；清洁空气具有一定的时代性，在不同的时代对空气质量的要求也可能不完全相同。

3. 清洁空气权之法律性质为人身生态权。清洁空气权的客体为清洁空气而非人格，主体的利益为生态利益而非人身利益。清洁空气权虽与生命健康权密不可分，但人格权无法包含清洁空气权。因此，清洁空气权不属于传统民法的人格权，而是隶属于作为新型民事权利的生态权，是人身生态权。有人提出，清洁空气权作为一种环境人格权，其性质主要是一种“精神性权利”。[1] 这种观点与客观事实不符，因为清洁空气是维系生命所必不可少的生态物，自然人持续地吸入清洁空气是为了保障自己的生命健康。

二、清洁空气权的主要内容

所谓清洁空气权的主要内容，是指清洁空气权的权利人具体享有哪

---

〔1〕 李劲等：《环境人格权及其法律保护》，载《渤海大学学报（哲学社会科学版）》2004年第5期。

些方面的权利，也可以说是清洁空气权的具体权能。从逻辑上分析，清洁空气权应当包括以下内容：享用清洁空气的权利、排除他人污染清洁空气的权利、请求追究侵害清洁空气权民事法律责任的权利。

1. 享用清洁空气的权利。即所有自然人都可以自由地、不受限制、不受干预地吸入清洁空气。这是清洁空气权中最核心的内容。所谓享用，就是自然人利用自己身体的生理呼吸系统有规律地吸入清洁空气。

2. 禁止他人非法污染清洁空气的权利。即自然人有权以合法方式直接阻止他人污染清洁空气，要求他人停止污染清洁空气之行为、排除清洁空气之妨碍或消除污染清洁空气之危险，以合法方式自行消除清洁空气所受之污染等。1978 年日本市民团体主张把"嫌烟权"作为基本人权予以保护，包括"呼吸不被香烟烟雾污染的清洁空气的权利""对吸烟行为明确表达不满的权利""推动社会要求对在公共场所的吸烟行为采取限制的权利"。〔1〕

3. 要求污染清洁空气的行为人承担民事责任的权利。即请求追责权，是指自然人因受他人妨碍、侵害而无法享用清洁空气时，可以请求人民法院或其他有管辖权之国家机关，强制侵害人排除妨碍、消除危险、停止侵害或赔偿损害的权利。

有人主张，清洁空气权包括支配权权能，"支配权是清洁空气权中最重要的一项权能"〔2〕。但是自然人无法支配生态系统或其要素，清洁空气权所要保障的利益是自然人能够享用清洁空气以维系自己的生命健康，而非支配清洁空气。清洁空气的享用不属于支配的情形，既非法律上的处分，亦非实物分割。自然人不能转让或抛弃清洁空气权，也无法对清洁空气进行实物分割，更无分割之必要。

---

〔1〕 冀勇：《日本：法治主导全民总动员禁烟》，载《法制日报》2015 年 6 月 2 日，第 9 版。

〔2〕 付淑娥：《论环境价格权》，吉林大学 2015 年博士学位论文，第 90 页。

第二节 清洁饮用水权

享有清洁且数量充足的饮用水应当是自然人的一项天然且基本的权利,必须得到法律的切实保护,确立饮用水权实在必要。

一、清洁饮用水权的内涵及特征

许多国家通过宪法或法律的形式,明确规定自然人享有饮用水权,承认关于家庭生活用水汲取的特殊性和优先地位。例如,美国《马萨诸塞州宪法》第44条规定:"人民享有对清洁空气和水,对免受过量和不必要的噪声侵害以及对他们的环境自然的、风景的、历史的和美学的质量的权利";《南非宪法》肯定了人人有权获取充足的食物和水,1997年《南非水服务法》规定人人享有获得基本供水的权利,政府有义务确保供水服务。[1] 南非宪法法院也在判决中确认了饮用水权。[2] 阿根廷、哥伦比亚、哥斯达黎加、厄瓜多尔、印度、巴基斯坦和孟加拉等国法院在司法实践中对生命权进行了扩大解释,将饮用水权纳入了生命权。[3] 1996年《赞比亚宪法》和1998年《埃塞俄比亚宪法》规定了国家应当为全体国民提供清洁和安全用水的职责。[4]

自然人的饮用水权目前在许多国际公约或一些不具法律约束力的国际文件中也得到了直接或间接的规定,并被明确规定为一项基本人权。最具代表性的国际法文件就是2002年11月26日,联合国经济及社会理事会之经济社会及文化权利委员会在第二十九届会议上通过的

---

〔1〕 胡德胜:《水人权:人权法上的水权》,载《河北法学》2006年第5期。

〔2〕 Murray Wesson, *Reasonableness in Retreat? The Judgment of the South African Constitutional Court in Macibuko v. City of Johannesburg*, 2 Havard Law Review 390 – 405 (2011).

〔3〕 吴卫星:《环境权可司法性的法理与实证》,载《法律科学(西北政法学院学报)》2007年第6期。

〔4〕 胡德胜:《水人权:人权法上的水权》,载《河北法学》2006年第5期。

关于用水的权利的《第15号一般性意见》,该意见将用水的权利视为实施《经济、社会及文化权利国际公约》的实质性问题,并明确宣告饮用水权为一项基本人权。2010年7月28日第六十四届联合国大会通过决议宣布:享有安全、清洁饮水和卫生设施是一项必不可少的人权。[1]

我国法律尚未明确设立饮用水权制度,落后于保护自然人生命健康的客观需要和国际生态权立法的发展趋势。但是《水污染防治法》《水法》也有一些与饮用水权相关的规定,如《水法》规定的饮用水水源保护区制度。

(一)清洁饮用水权的内涵

清洁饮用水权,简称饮用水权,有人称为水人权。学界关于清洁饮用水权的研究成果并不多,虽然都肯定饮用水权直接关系到自然人的生存,故应当是自然人享有的一项基本权利,但是对清洁饮用水权的定义也还没有统一的意见。主要观点有以下几种:(1)饮用目的说,即"自然人为了饮用的目的而利用水资源的权利"。[2] (2)公民水权说,即"公民能够获得充足的、清洁的、能满足个体需要的水的权利",所有人"都有权获得足够数量的饮用水和与他(她)的基本需求相一致的质量的水"。[3] (3)清洁水权说,即与清洁空气权、环境安宁权、景观权等并列为环境人格权[4],指自然人享有的在清洁水环境中生活的权利。(4)安全饮用水权说,即"自然人享有的为生命安全得到保障和基本生活需要得到满足而获得适量、安全的饮用水的权利"[5];"确保高质量的、且不会损害生存、健康的水的权利"[6]。

综上所述,清洁饮用水权应当是指,自然人为满足自己饮水和生活

---

[1] 《联大通过决议称享有饮水和卫生设施为一项人权》,载《海河水利》2010年第4期。
[2] 袁记平:《饮用水权的法律探析》,载《环境保护》2008年第16期。
[3] 何文强:《公民水权的宪政之维》,载《西部法学评论》2009年第3期。
[4] 吴卫星:《环境权的中国生成及其在民法典中的展开》,载《中国地质大学学报(社会科学版)》2018年第6期。
[5] 庞子渊:《论饮用水权的权利属性》,载《暨南学报(哲学社会科学版)》2012年第11期。
[6] 梅泠、付黎旭:《日本环境法的新发展——〈环境法的新展开〉译评》,载吕忠梅主编:《环境资源法论丛》第2卷,法律出版社2002年版。

用水需要而享有的获取适宜维护生命健康的安全、足够的水资源的权利。清洁饮用水权是指自然人享有的拥有适宜维护生命健康之饮用水的权利。

（二）清洁饮用水权的主要特征

1. 权利主体为自然人。清洁饮用水权是生命权、健康权的必要保障，主体不应当包括法人和其他社会组织，设立清洁饮用水权的根本目的是满足自然人的饮水和生活用水需要。

2. 客体为清洁的饮用水。权利客体是主体的权利义务所指向的对象，是立法者通过授予主体法律上的权利予以保护的利益的具体化。[1] 清洁的饮用水包括两个方面内容：首先须是饮用水。关于饮用水的概念还没有统一的定义，一般理解为自然人饮用的水，包括"供人生活的饮水和生活用水"。[2] 狭义的饮用水仅指自然人的饮水、食用水。其次须是清洁的饮用水，主要要求安全性，即无害于身体健康，必须符合法律规定的饮用水质量标准。吕忠梅认为，清洁水权的客体是"对水的使用或水环境的欣赏等精神性享用利益"[3]。此观点似有不妥之处，自然人对清洁饮用水之需要根本上是为了保障生命之延续和维持身体的健康状态，而非精神享受；仅有以欣赏为目的而享有的水权才表现为精神利益。

3. 具有不可转让性。清洁饮用水权是维系自然人生命健康的必要条件，是生存权的重要内容，也是保障自然人生命权和健康权的法律基础。因此，清洁饮用水权只能专属于权利人，不得以转让或继承等方式而与权利人分离。[4]

4. 法律性质为人身生态权。关于清洁饮用水权的法律性质，学者们可谓是众说纷纭。主要观点包括：用益物权说[5]、人权说[6]、环境人

---

[1] 方新军：《权利的客体的概念及层次》，载《法学研究》2010 年第 2 期。

[2] 庞子渊：《论饮用水权的权利属性》，载《暨南学报（哲学社会科学版）》2012 年第 11 期。

[3] 吕忠梅：《沟通与协调之途：论公民环境权的民法保护》，中国人民大学出版社 2005 年版，第 256 页。

[4] 王泽鉴：《民法概要》（第 2 版），北京大学出版社 2011 年版，第 32 页。

[5] 袁记平：《饮用水权的法律探析》，载《环境保护》2008 年第 16 期。

[6] 胡德胜：《水人权：人权法上的水权》，载《河北法学》2006 年第 5 期。

格权说[1]。但是本书认为,用益物权之用益是追求经济效益、财产价值,清洁饮用水权旨在保障自然人之生命健康得以延续;人格权属人身权,其客体为人身,而清洁饮用水权之客体却是清洁的饮用水;将清洁饮用水权简单地归于人权,既不够深入,也过于宽泛。清洁饮用水权应当属于生态权体系中的人身生态权。

5. 权利保护的事前预防更为重要。对清洁饮用水权来说,事前保护较事后救济更为重要、更为有效。因为,侵害清洁饮用水权的后果一旦发生,将直接威胁甚至损害自然人的生命健康。若要完全消除这一损害后果并非可以一蹴而就,权利人必须在相当时间内忍受被侵害的状况。

二、清洁饮用水权的主要内容

清洁饮用水权的基本内容与清洁空气权类似,主要包括:享用清洁饮用水的权利,获得充足、持续的清洁饮用水的权利,方便获得清洁饮用水的权利,排除他人污染清洁饮用水的权利,自行改善清洁饮用水的权利,以及请求追究损害清洁饮用水的行为人民事法律责任的权利等。

(一)获得清洁的饮用水的权利

权利人有权获得清洁的饮用水。清洁即适质性,安全、无害、适于饮用,未受污染,没有可能威胁自然人生命健康的微生物、化学物质和放射性危险,其颜色和味道常人可以接受。这是对饮用水质量的基本要求。具体而言,清洁之判定,以法律法规规定的饮用水质量标准为依据。我国2002年颁布并实施的《地表水环境质量标准》规定,清洁饮用水的水质标准应在Ⅲ类以上。各国通常都会规定饮用水的质量标准。例如,《美国安全饮用水法》明确了饮用水的标准,并建立了从水源保护、水处理、配水系统的一体化和公共信息等方面保护饮用水水质的制度。[2]日本先后颁布了《河川法》《水资源开发促进法》《水资源开发公团法》《水污染防治法》等,在饮用水水质标准方面设立了13项指标;在饮用水

---

[1] 吴卫星:《环境权的中国生成及其在民法典中的展开》,载《中国地质大学学报(社会科学版)》2018年第6期。

[2] [美]瓦伦·弗雷德曼:《美国联邦环境保护法规》,曹叠云、杨延华等译,中国环境科学出版社1993年版,第30页。

水质监测以及饮用水应急处置方面也制定了相关措施。[1]

（二）获得充足、持续的清洁饮用水的权利

自然人不仅需要能够获得清洁饮用水，而且必须获得充足、持续的饮用水，这是对清洁饮用水的数量要求。充足是指为保障自然人生命、健康所必须获得的清洁饮用水的最少数量。持续是指自然人能够连续地、不间断地获得清洁饮用水，即使因故合理间断供水也不能超出生理极限所允许的时间，而且供水部门应当提前告知。确定清洁饮用水的最少数量即最低标准，主要是以身体的客观需要为依据，遵循医学测定的科学标准，同时也必须适当考虑各个国家或地区的实际情况。保障自然人能够获得最低数量的清洁饮用水也是联合国有关公约和文件的要求。2002 年《第 15 号一般性意见：水权(〈经济、社会及文化权利国际公约〉第 11 条和第 12 条)》第 2 条规定，每个自然人都应当享有获得充足饮用水的权利。

（三）享有方便地获得清洁饮用水的权利

所谓方便，即可获取性，是指自然人能够以常人均可使用的方式且在近距离范围内获得充足、持续的清洁饮用水，无须克服特别的困难。通常应当包括以下内容：便于利用饮用水供应设施和设备的权利；以便利的方式获取清洁饮用水的权利；以合理成本获取清洁饮用水的权利。

（四）排除饮用水水源污染的权利

排除饮用水源污染的权利是权利人为保证能够获得清洁的、数量足够的饮用水所必须享有的。该项权利的主要内容包括：阻止他人污染饮用水水源，自行采取措施清除饮用水水源的污染，对污染饮用水水源的行为进行检举、揭发，请求国家机关排除饮用水水源污染等。

（五）要求侵权人承担民事责任的权利

对于非法侵害饮用水权的侵权人，自然人可以要求侵权人依法承担民事责任。侵害饮用水权的民事责任形式包括：停止侵害、排除妨碍、消

---

[1] 蓝楠：《中日饮用水源保护管理体制及法律制度对比分析》，载《武汉交通职业学院学报》2007 年第 6 期。

除危险、修复水源、生态损害赔偿等。

自然人须依法行使其清洁饮用水权，尤其必须履行相关的义务，主要包括：节约用水；交纳水资源费、水污染处理费等因饮用水而产生的相关费用；不得污染水资源等。

第三节　生存性排污权

自然人消耗了物质、能量后向生态系统排放污染物，是生理规律，也是生存需要。排污权的概念和制度源于美国的排污权交易，后来不少国家在本国采用了这一制度。

一、生存性排污权的概念与基本属性

（一）什么是生存性排污权

排污权，也称排放权、环境容量利用权，是指民事主体依法向生态系统排放一定污染物的权利，即排放污染物的权利。排污权本质上是利用生态系统容量即利用生态系统自我净化调节能力的权利。有学者认为"无论是在法律实践中还是在法学理论上都不是一项法律权利，并且，其交易不仅带来了负面的伦理社会问题而且也无法实现预期的目的"。[1]

依据排污目的的不同，排污权可以分为两类：生产经营性排污权和生活消费性排污权。

1. 生产经营性排污权。这是指企业等生产经营者因从事生产经营活动而向生态系统排放一定污染物的权利，可分为交易性排污权和非交易性排污权。交易性排污权，是指排放者在环保监督管理部门分配的额度内依法享有的向环境排放污染物或者向他人转让排污额度的权利。1968 年美国经济学家戴尔斯首先提出排污权概念。环境资源法上的排污权通常是指可交易之排污权，即"排污单位在获得行政部门许可之后，

---

〔1〕 刘卫先：《对"排污权"的几点质疑——以"排污权"交易为视角》，载《兰州学刊》2014 年第 8 期。

按照许可证指定的范围、时间、地点、方式和数量等进行排污的权利"[1]。非交易性排污权是指企业等生产经营者因自身从事生产经营活动而排放污染物的权利,其排污许可或排污额度不得转让。

2. 生活消费性排污权。这是指自然人因个人或家庭的日常生活而排放一定污染物的权利,可分为生存性排污权与奢侈性消费排污权。

生存性排污权,是指自然人因生存之必需应当享有的向生态系统排放一定污染物的权利,即自然人为了维系自己的生命健康而必须享有的利用生态系统容量吸收、净化自己排放的一定污染物的权利。奢侈性消费排污权,是指自然人非因生存必需,仅为生活享受而排放一定污染物的权利。

(二)生存性排污权的基本属性

1. 生存性排污权之主体限于自然人。排污权主体包括所有的生态民事主体,但是交易性排污权主体通常只是企业,而生存性排污权的主体仅为自然人。只有自然人才会因为维持生命健康之需要而利用生态系统的环境容量,以净化处理自己向生态系统排放的污染物。因此,生存性排污权应当得到优先保障。

2. 生存性排污权之法律性质为人身生态权。关于交易性排污权的法律性质主要有三种代表性观点:用益物权、准物权、自然资源使用权。因为,排污权客体为自然资源,自然资源作为环境要素所具有的纳污能力是生产者完成生产活动不可或缺的条件。[2] 关于生存性排污权的法律性质,学术界尚未开始讨论。本书认为,生存必需之排污权既非自然资源使用权,更非用益物权或准物权,而是人身生态权。因为,其宗旨是保障自然人维系生命健康的基础性条件即自然条件;此权利不能转让;其本质是利用生态系统的环境容量,即其生态价值、生态功能,而非资源价值和财产利益。

3. 生存性排污权之客体为生态系统容量。生态系统容量即生态系

---

[1] 高利红、余耀军:《论排污权的法律性质》,载《郑州大学学报(哲学社会科学版)》2003年第3期。

[2] 于文轩、李涛:《论排污权的法律属性及其制度实现》,载《南京工业大学学报(社会科学版)》2017年第3期。

统的自我净化能力、自我调节能力,也有人称为纳污能力。因为,排污权的本质就是保障权利人能够利用生态系统的环境容量,实现在不会使生态环境质量发生恶化的前提下排放一定的污染物。有人主张,生态系统容量也是一种自然资源,排污权就是对自然资源纳污能力的使用,其实质乃是对自然资源的使用。[1] 但是,生态系统容量不应当作为自然资源。其一,并无直接或间接的财产价值,只是生态系统的一种生态功能;其二,无法作为生产要素进入生产环节,不能作为劳动的对象;其三,不以追求和实现经济价值为目的。

4. 生存性排污权具有平等性。生存性排污权应当平等地赋予每一个自然人,因为这是生存所必需,属于基本人权或称生存权。该种权利实际上应该是每一个自然人都应当享有的权利,这是任何自然人维持其生存和发展的必不可少的前提条件。[2] 一是在客观上生态系统的环境容量具有区域整体性,涉及生存于其中的所有人的共同利益,无法对环境容量进行分割由某些人独占和控制。二是每一个自然人的生存需要都应当得到平等的保护,这是维护生态公平、正义的基本要求。生态系统属于人们共同所有,美国著名环境法学者萨克斯提出的环境保护"公共信托"理论就是对生态物公共所有的肯定,因此,包括环境容量在内的所有生态物都应当平等分享,不得利用行政权力将生态资源强行分配给部分人拥有和使用。1990 年,《冰岛渔业管理法》将冰岛专属经济区内的渔业资源宣布为冰岛人民的"共同财产",并设定个别可转移的捕捞配额,且该配额仅分配给登记在案的渔船船主。后有一名没有渔船的人申请捕捞配额被拒绝,于是该渔民将政府起诉至法院。法院认为政府违法,政府将捕捞配额分配给渔船船主等于把公有的渔业资源当成永久的财富送给部分人,与资源保存或公益相违背。

5. 生存性排污权的对象仅限生存必需的污染物。生存性排污权所要保障的仅仅是自然人为了维系基本生存所不得不排放的污染物能够

---

〔1〕 李义松:《论排污权的定位及法律性质》,载《东南大学学报(哲学社会科学版)》2015 年第 1 期。

〔2〕 刘卫先:《对"排污权"的几点质疑——以"排污权"交易为视角》,载《兰州学刊》2014 年第 8 期。

利用生态系统的环境容量,而非所有的污染物。因满足衣食住行等基本需要而产生的污染物,似应为必要的排污;属于所谓奢侈品消费所产生的污染物,如汽车尾气及废弃车尤其是大排量汽车。对于非必要的排污,可以通过相关法律进行限制甚至禁止。

二、生存性排污权的主要内容

(一)优先排污的权利

所谓优先排污的权利,是指自然人为了维持生存排放污染物而利用生态系统环境容量的需求应当得到优先保障的权利。优先排污权的正当性源于:生存性排污是生存需要即维系生命健康的客观需要,是不可抗拒的自然规律,而自然人的生命健康权在所有基本权利中是最重要的权利。优先,主要是在确定污染物总量控制指标时,应当保证环境容量优先满足自然人因生存必需而排放的污染物。在污染物总量控制指标确定后,企业等生产经营者的排污指标应当在扣除了自然人生存性排污所需占用的环境容量即排污指标之后再行分配,即生产经营性排污权和生活消费性排污权所需要的排污量等于或小于国家根据环境总容量确定的排污总量控制指标。

(二)便利排污的权利

所谓便利排污权,是指自然人能够在不明显污染环境的条件下比较方便地实现因生存需要而排放污染物的权利。政府应当为自然人的生存性排污提供能够实现环境污染最少化的措施,包括排放污染物的时间、地点、方式、统一回收的设施和设备等,以保证自然人能够便利地排污,又实现环境污染最少化。对于自然人来说,应当有权要求政府提供相应的便利条件,以保证其能够在污染最少化的前提下满足生存排污的需要。

(三)免费使用公用排污系统的权利

生存性排污使用的公用排污系统主要包括生活污水排放系统和生活垃圾回收处理系统,如生活污水排放管道,生态垃圾分类放置的容器与回收设施和设备等。自然人应当有权免费使用上述公用排污系统,以满足生存性排污的需要。因为,公用排污系统系运用公共财政资金建设而成,所有人皆有使用之权利,本不应另行付费,或者作为国家给居民之公共福利亦可;此外,免费使用有利鼓励居民依法排污,如果收费则可能导致有人另行寻找排污途径,不利于控制污染,集中处理污染物。

(四)要求对可重新利用废弃物支付一定对价的权利

自然人之所以应当享有要求对可重新利用废弃物支付一定对价的权利,主要是因为:其一,自然人在法律上享有对可重新利用之废弃物的所有权,既然废弃物可以重新利用,即可以再次为企业赢得一定的利润,而企业在法律上没有权利无偿获得属他人所有且仍有财产价值的物,故要求企业从重新利用废弃物的所得利润中向废弃物所有人适当支付对价,是合理、公平的。其二,自然人可以主张对可重新利用之废弃物支付一定的对价,有利于充分调动废弃物所有人遵守垃圾分类规则的积极性,对于国家实现废弃物的分类回收和处置具有不要替代的积极作用。

当然,自然人在享有和行使生存性排污权的同时,必须严格履行法律法规规定的相关义务,如通过规定管道排放污水,在指定地点堆放垃圾,按照规则实施垃圾分类放置等。此外,非营利性法人等社会组织为了维系自身的生存和发展,在客观上也需要排放一定的污染物。这一权利同样应当得到法律的承认和保护,但其重要性和法律地位则必须居于自然人生存性排污权之下。

第四节　通风采光权

通风采光权其实包含通风权和采光权两项权利。我国《民法典》第293条规定:“建造建筑物,不得违反国家有关工程建设标准,不得妨碍相邻建筑物的通风、采光和日照。”外国民法通常也会规定,不动产权利人建造建筑物时,应与相邻建筑物保持适当的距离,并且限制其适当的高度,不得妨碍相邻建筑物的通风和采光。例如,意大利民法规定,相邻土地上的建筑物不是一体的,应保持不少于3米的距离;日本民法规定,土地权利人在冬至这一天应享有不少于4小时的日照时间。

一、通风权

所谓通风,就是指在住宅(居所)或工作场所保持室内外空气的正常流通、交换。在现代化的城市社会,由于高层建筑数量多而且高度不断攀新,有些建筑的室内外空气流通就可能受到妨碍,因此需要法律加以保护。这就是通风权得以确立的客观原因。

(一)通风权的内涵

通风权,是指自然人为保障日常生活和身体健康需要而享有的保持室内外空气正常流通、交换,以持续呼吸新鲜空气的权利。室内主要是指自然人的居住场所和工作场所;室外即居所或工作场所的外部环境。通风权的功能主要有两个方面:第一,保障自然人在室内能够呼吸到新鲜的空气。第二,保持宜居的室内环境。

(二)通风权的基本特征

1. 通风权之主体是自然人,通常是房屋所有权人或使用权人,或者以家庭的形式作为权利主体。而其他自然人、法人和非法人组织皆为义务主体。因为通风权属于对世权、绝对权,义务人之义务主要是消极义务、不作为义务,即不妨碍他人居所或工作场所的正常空气流通、交换即可。

2. 通风权之客体是自室外进入室内流通的新鲜空气。这里的空气应当是自然、新鲜的空气。自然人在居所或工作场所内的空气能够与外部环境流通、交换,是保持空气新鲜的前提条件,也是维护身体健康所必须具备的条件,因而是每一个自然人的根本利益。

3. 通风权的性质应当是人身生态权。通风是自然人生存的必备条件,且一般存在于相邻关系之中,故传统民法将其规定在相邻权部分。但是,通风权在本质上更应该是生态权中之人身生态权。因为,第一,通风权的客体是流通的空气,这显然不是物权客体,流通的空气是民事主体不能支配也不能交易的;第二,通风权之宗旨在于保障自然人维持生命健康所需要的新鲜、清洁的空气,自然人的利益是生态利益,而非人身利益,当然更非财产利益,也不是为了充分发挥物的效用。

(三)通风权的主要内容

1. 在室内能够自由呼吸新鲜空气的权利,即在自己的居所或工作场内能够通过室内外空气的流通、交换,持续地吸入外部进入的新鲜空气,以维持生命健康对空气的需要。

2. 禁止他人妨碍自己在室内享受新鲜空气的权利。妨碍他人享受新鲜空气通常是指妨碍他人居所或工作场所的室内外空气流通、交换,从而导致他人无法正常地呼吸新鲜的空气。为此,民事主体在建造建筑物时应当与自然人的住所或工作场所之间留下足够的空间,避免妨碍相邻他人正常通风;自然人也可以要求他人在建设建筑物时与自己的住所或工作场所保持必要的距离,以避免妨碍自己的正常通风。

3. 要求妨碍自己在室内享受新鲜空气的侵权人承担民事责任的权利。自然人如果发现其他民事主体妨碍了自己居所或工作场所的室内外空气流通、交换,则可以依法要求侵权人排除妨碍;造成损害的,可以要求赔偿损失。损害赔偿主要包括:身体健康已经受到的损害;居所或工作场所因无法正常通风而导致财产价值贬损所发生的财产损失;因妨碍通风而导致的纯生态利益损失的赔偿,不以身体健康已经受到损害为前提;因无法正常通风而导致的精神损害。

二、采光权

获得自然的阳光照射的权利,本来是一项自然的权利、应然的权利,但是现代社会下,建筑物的密度和高度不断攀升,采光这一自然权利越来越难以实现和保障,上升为法定权利在客观上有充分的必要性。

(一)采光权的内涵

采光权,是指自然人为保障正常起居生活和身体健康而必须享有的在室内能够自由地享受必要的自然光源和阳光照射的权利。所谓室内,包括居住场所和工作场所。采光权即获得足够自然光源和阳光照射的权利,主要有以下功能:第一,自然人维护身体健康的需要,如日照是补充钙的必要条件;第二,维持日常生活的需要,如衣服、被子等需要阳光照射才能自然晒干、杀菌;第三,获得适度的阳光也是自然人保持健康心理状态甚至获得精神享受的来源之一,如寒冷的冬天晒晒太阳可以让人心情愉悦。

有人认为,应当同时使用采光权和日照权两个概念,采光权是自然人获得适度的自然光源的权利;而日照权是指自然人获得充足阳光照射的权利。但是,自然光源与阳光照射是不可分割的,作为一项完整的权利更为适当。将采光权进行扩大解释,使其包含日照权,是完全可行的,即采光可解释为获得光源和光照;采光权是获得适度光源和充足阳光照射的权利。或者设立阳光权,吸收合并传统的采光权。

但是有人在提出阳光权以取代采光权的同时,试图赋予阳光权其他内容。除日照、采光外,阳光权包括"主体享受天然光照、免受非正常光线照射和影响的权利"〔1〕。将免受光污染的权利纳入阳光权,明显过于牵强。

(二)采光权的基本特征

1. 采光权之权利主体是自然人,通常是房屋所有权人或使用权人,或者以家庭的形式作为权利主体。而其他自然人、法人和非法人组织皆为义务主体。因为采光权属于对世权、绝对权,义务人之义务主要是消极义务、不作为义务,即不妨碍他人获得自然光源和阳光照射即可。

2. 采光权之客体是阳光,包括阳光的光源和阳光照射,而且这里的阳光应当是自然的阳光。自然人在居所或工作场所内获得充足的自然光源和阳光照射,是维护身体健康所必须具备的条件,因而是每一个自然人的根本利益。

3. 采光权的性质应当是人身生态权。采光是自然人生存的必备条件,且一般存在于相邻关系之中,故传统民法将其规定在相邻权部分。但是,采光权本质上更应该是生态权中之人身生态权。因为,第一,采光权的客体是阳光,这显然不是物权客体,阳光是民事主体不能支配也不能交易的;第二,采光权之宗旨在于保障自然人能够获得维护身体健康所需要的阳光,自然人的利益是生态利益,而非人身利益,当然更非财产利益,也不是为了充分发挥物的效用。

---

〔1〕 刘长兴:《论环境人格权》,载吕忠梅、徐祥民主编:《环境资源法论丛》第4卷,法律出版社2004年版。

（三）采光权的主要内容

1. 在室内能够自由地享受必要的自然光源和阳光照射的权利。自然人在自己的居所或工作场所内可以自由、正常地享受自然的光源和充足的阳光照射，以保障身体健康和日常生活、工作对自然光源和阳光照射的需要。何谓必要？以维持自然人生活和身体健康的客观需要为依据。法律法规通常规定了每日最少日照时间，为保证最少日照时间规定建筑物之间的最少间距。

2. 禁止他人妨碍自己在室内正常享受自然光源和阳光照射的权利。为此，民事主体建造建筑物时应当与自然人的住所或工作场所之间保持必要的距离，以防止建筑物遮挡相邻他方的自然光源和阳光照射，妨碍相邻他方获得自然光源和阳光照射的权利。自然人也可以要求他人在建设建筑物时与自己的住所或工作场所之间留有足够的空间，以避免妨碍自己的正常采光。

3. 要求妨碍自己在室内正常享受自然光源和阳光照射的行为人依法承担民事责任的权利。自然人如果发现其他民事主体妨碍了自己居所或工作场所的正常采光，包括获得足够的自然光源和阳光照射，可以依法要求侵权人排除妨碍；造成损害的，可以要求赔偿损失。损害赔偿主要包括：身体健康已经受到损害的人身损害赔偿；因无法正常采光而导致居所或工作场所财产价值贬损所发生的财产损失赔偿；自然人因无法正常采光而导致精神损害的赔偿。

第五节　免受污染侵害权

在现代社会中，污染物越来越多，数量剧增，类型复杂，危害也越来越严重，污染无处不在，无时不有。法律有必要保护自然人免受污染之侵害。为此各国纷纷出台了防治污染的法律，如我国颁布实施了《大气污染防治法》《环境噪声污染防治法》《土壤污染防治法》《水污染防治法》《固体废物污染环境防治法》等。确立免受污染侵害权具有十分重要的意义,这是贯彻落实生态权的需要,有利于切实保护自然人的身体健康,也可以间接保护生态系统的安全与健康。

一、免受污染侵害权的内涵及基本属性

(一)什么是免受污染侵害权

免受污染侵害权,是指自然人在生活和工作中享有避免因为他人排放污染物而遭受侵害的权利。此处的污染应当包括大气污染、水污染、固体废物污染、噪声污染、放射性污染等任何不利于身体健康的排放物。我国《民法典》第294条规定:"不动产权利人不得违反国家规定弃置固体废物,排放大气污染物、水污染物、土壤污染物、噪声、光辐射、电磁辐射等有害物质。"此类污染物侵害也称为不可量物侵害。具体而言不可计量的物应当包括"气体、音响、光线、尘埃、采石之粉 、灰、火花、湿气、真菌类、噪音、电流 、臭气、烟气、煤气以及'光的有意侵入'"[1]等对相邻环境造成不利影响甚至造成危害的污染物质或能量。

(二)免受污染侵害权的基本属性

1. 免受污染侵害权之权利主体是自然人。因为此权利的宗旨在于保证自然人能够享受不受污染或者污染严格控制在环境容量之内的生态环境,进而保护自然人的身体健康,其主体只能是自然人。

2. 免受污染侵害权之客体应当是安全的生态环境。所谓安全,是指未受污染或者污染严格控制在环境容量之内的生态环境。完全未受污染的生态环境在当代社会已经极为少见,但最低标准是:自然人应当生活或工作在污染未超过生态系统自我调节能力的生态环境之中。这是维护身体健康所必须具备的条件,因而是每一个自然人的根本利益。

3. 免受污染侵害权的性质应当是人身生态权。虽然我国《民法典》在相邻关系中规定了禁止不可量物侵害即污染侵害,但是,通过禁止非法污染生态环境进而保护自然人之身体健康,其客体是良好的生态环境,权利所保护之法益是生态利益,即保障自然人享受良好的生态环境。

---

[1] 陈华彬:《德国相邻关系制度研究》,载梁慧星主编:《民商法论丛》第4卷,法律出版社1996年版。

所以,免受污染侵害权不是人身权,因其客体不是人身,人身利益只是间接保护的对象;此权利更不是物权,因其客体不是物,所保护之法益更不是物质利益,而是生态利益。

二、免受污染侵害权的主要内容

1. 享受安全生态环境的权利。即自然人有权在不受污染或者污染严格控制在环境容量内之生态环境中生活或者工作,即自然人的生活或工作环境不得受污染或者虽受污染但未超过规定指标。这是免受污染侵害权中最根本、最基础的内容。但是,免受污染侵害的核心在于免受因污染排放遭受实际侵害或侵害之威胁,并非免受任何污染。

2. 禁止他人违反规定排放污染物的权利。即自然人可以采取合法措施,禁止他人违反规定排放污染物;或者要求人民政府及其相关主管部门禁止他人违反规定排放污染物。有人将自行采取合法措施禁止他人违反规定排放污染物称为环境自卫,其性质相当于对违反规定排放污染物的违法行为实行自力救济。

3. 要求非法排放污染物侵害他人的行为人承担民事责任的权利。当不可量物侵害危害或可能危害身体健康、生态系统时,因他人排放污染物而受到侵害的权利人即可要求侵害人停止侵害、消除危险、排除妨害或者赔偿损失。但其前提条件之一,是污染须超出常人所能容忍的程度。

三、权利人之容忍义务

(一)什么是容忍义务?

自然人应当接受、忍耐、宽容他人排放的轻微污染的义务。自然人免受任何污染在客观上几乎不可能,因为,发展经济、创造物质财富不可能完全没有污染。因此,他人虽然排放了污染物,但如果尚不足以危害身体健康或生态系统时,自然人只能对此污染采取容忍态度,此即为容忍义务。

通常,各个国家和地区在规定禁止不可量物侵害的同时也明确了容忍义务。《德国民法典》第906条规定,在不损害或仅轻微损害的前提下,土地权利人不得禁止相邻不动产的煤气、蒸汽、臭气、烟气、煤烟、热气、噪声、振动或其他类似物质侵入自己的土地，但是如果此种妨害超出预期的程度时，可以向造成损害的相邻土地权利人请求相当数额的金钱作为赔偿。我国台湾地区“民法”第793条规定：“土地所有人，于他人之土地有煤气、蒸汽、热气、臭气、烟气、灰屑、喧嚣、振动及其他相类者侵入时，得禁止之。但其侵入轻微，或按土地形状、地方习惯，认为相当者，不在此限。”但是我国《民法典》没有明确规定对污染排放的容忍义务。

（二）确立容忍义务的必要性

规定容忍义务，是维持自然人的群体生活的需要，是维持人与人之间和睦相处关系的需要，更是保障经济发展和社会进步的需要。因为，只要从事生产经营活动，就不可能完全杜绝污染物的排放；只要自然人生存着，就必然排放污染物。如果相互之间不能容忍任何污染的排放，那么人与人之间根本就无法相处。但是人是社会性动物，不可能完全隔绝与他人的联系。而且这种容忍义务是相互的，因此最终对各方都是有利的。

（三）判断容忍限度的标准

容忍义务是有限度的，且限度是相对的。主要衡量：第一，污染物的量较少，对身体健康没有侵害或侵害明显轻微，或者按地方习惯认为不构成侵害；第二，常人可以忍受；第三，没有违反国家规定的污染物排放标准。对达标排污原则上容忍，对超标排污则无须容忍。

第七章　精神生态权

精神生态权，是指自然人为了满足自己的精神需要而依法对生态系统所享有的权利，即自然人为获得心理愉悦、快乐、轻松等精神享受或者获得自然知识而享用生态系统之权利。宗旨是保障自然人从良好生态系统得到精神享受之可能性不因生态系统之破坏或污染而受到损害。精神生态权可分为四类：生态欣赏权、生态休闲运动权、生态教学科研权、宁静权。

美国在一些经典判例中已经承认和保护了精神性的生态权。例如，"塞拉俱乐部诉莫顿案"将环境资源的生态价值、美学价值以及娱乐价值等确认为一种法益，并认为应当给予法律保护[1]；在2000年地球之友诉兰得洛环境服务公司一案中，美国最高法院认为，原告享有的对环境的娱乐、美学的利益确实因被告排污受到了影响，因而判决原告胜诉。

第一节　生态欣赏权

生态欣赏权，是指自然人通过观赏野生动植物或其他自然物，游览自然景观等方式获得精神享受的权利，主要包括景观权、眺望权、生态旅游权等。自然不仅具有经济价值，还具有美学价值，生态欣赏权正是为了满足自然人对生态美学价值的需要；自然人天然具有追求美、欣赏美的本能，爱美之心人皆有之。

---

〔1〕 汪劲等编译：《环境正义：丧钟为谁而鸣　美国联邦法院环境诉讼经典案例选》，北京大学出版社2006年版，第55～88页。

一、景观权

（一）景观及景观权的内涵

景观是一定空间范围内，由不同生态学系统所组成的，具有重复性格局的异质性地域单元。景观具有以下特征：第一，异质性，由不同的空间单元组成；第二，具有明显的形态特征与功能联系；第三，是生物的栖息地，也是人类的生存环境；第四，具有经济、生态、文化等多重属性。[1]

景观权即对景观享有之权利，是指自然人通过视觉欣赏特定自然景观以获得精神享受之权利。景观权既是对生态系统所具有之美学价值的肯定，更是对人们追求和欣赏生态美以获得心理愉悦、快乐之需求的正式确认和保障。

（二）景观权的基本属性

1. 权利主体限自然人。景观权所保障之利益是生态系统天然具有之美学价值对人之精神需求的满足，而享受生态美学利益须具备生态美的欣赏能力。这就决定了景观权之主体只能是自然人。因为，任何社会组织都不可能具有生态美的欣赏能力。

2. 客体主要为自然景观。景观权的客体主要是自然景观，即各种具有生态美学价值的自然界事物，包括植物、动物、地形地貌、山川河流及其运动变化等。在理论上，所有的自然界事物皆可为景，因为不同的人可从不同的角度发现和欣赏自然的美，正所谓横看成岭侧成峰，远近高低各不同。现代社会之景观似应还包括半自然景观、人造景观和历史文化遗迹。

3. 景观之生态美具有主观性。景观权须以自然景观之生态美学价值为前提条件，无生态美学价值即无欣赏之必要，也无从获得心理上的愉悦，因而也就无所谓景观权。但是同样的景观，不同的主体对其生态美学价值的评价未必相同，各自获得的精神享受也可能不一致甚至相反。因此，景观之美学价值具有一定的主观性，与主体的知识、经历、欣赏能力等主观因素高度相关。

---

〔1〕 戈峰主编：《现代生态学》（第2版），科学出版社2008年版，第436页。

4. 景观权通常不会因为权利行使而对客体造成损害。由于景观之生态美一般系借助视觉、嗅觉等感知能力完成欣赏过程的，故景观权行使的过程其实就是自然人通过自己的视觉、嗅觉等感知器官感受景观之美，从而获得精神上的享受，而视觉、嗅觉等感知通常不需要主体与客体的直接接触。

5. 景观权具有一定的地域性。由于景观通常总是和特定的地域联系在一起，甚至此种联系是不可分割、不可改变的，这就使景观权具有一定的地域性。所谓地域性，主要是指景观所在地的自然人欣赏该景观具有更便利的条件，因而更容易实现，且实现的成本也较小。

6. 景观权之性质为精神生态权，即通过游览、欣赏景观之生态美学价值而获得精神享受的权利。景观权不是占有权，也不是使用权，更非处分权。

（三）景观权的主要内容

1. 景观欣赏权。这是最核心、最重要的权利，即权利人通过参观、游览的方式欣赏景观之生态美，以获得精神享受之权利。原则上，对于大自然的优美风景，任何自然人均有享用的权利。但是享用景观不应损害景观所有权人之利益。景观所有权人也不得以非正当理由妨碍他人对景观的欣赏。

2. 禁止阻碍欣赏景观权，即权利人禁止他人无正当理由阻止或妨碍自己欣赏景观的权利。这是为了保护景观权的核心权利而衍生出来的权利，属于保护性的权利。景观权之目的就是追求精神享受，因他人阻碍而无法实现此目的，权利人丧失了精神享受之收益，亦为精神损害，应予赔偿。

3. 阻止破坏景观权，即权利人阻止他人实施破坏景观行为的权利。景观所具有的生态利益属于社会公共利益，景观权人可以要求行为人停止侵害；或者自行采取适当措施直接阻止行为人之破坏行为；也可以请求相关国家机关采取措施阻止破坏景观的行为。

景观权人须依法行使权利，包括遵守景区规章制度，遵守游览秩序，接受因保护景观之需要而实行的游客总量限额等。景观权主体还须履行保护景观的义务，主要是禁止性义务即消极义务，如不得借欣赏景观之机实施破坏景观的行为,包括非法采摘野生植物、伤害野生动物等。

二、眺望权

(一)什么是眺望权

眺望权,是指自然人从特定地点包括住宅或工作场所等向外展望时,在特定范围内的空间视野或视线不被阻挡的权利。眺望权的宗旨在于保障自然人享有足够的或必要的室外视野空间而维持心理舒适的精神利益。因为,自然人如果长期生活或工作在没有外部视野空间,或者虽然有但极其狭窄,那就极容易产生心理上的压抑、忧郁甚至苦闷,最终导致精神损害。因此,眺望权并非生存所必需的权利,而是在满足自然人基本生存需求的基础上,保障自然人追求更高层次精神享受的权利。

(二)眺望权的主要特征

1. 主体为特定的相邻人。眺望权的权利主体和义务主体通常只能是特定的相邻人,权利主体为自然人,义务主体不限于自然人。

2. 客体为室外空间视野。眺望权之客体是特定的室外空间视野,其利益不在美学意义上的欣赏,仅为基于空间视野上的开阔而获得的心理舒适。

3. 眺望权的性质为精神生态权。本书认为,眺望权既非相邻权,亦非地役权。眺望权应当是精神生态权。理由主要是:第一,眺望权之客体空间视野,是生态系统,符合生态权的属性;第二,眺望权的宗旨在于保障自然人享有必要的外部视野空间而维持心理舒适,其法益应当为生态利益,且为精神性生态利益;第三,眺望权之本质是享受室外空间视野的权利,此非占有权、使用权,更非支配权,即眺望权不具备物权的本质属性,不是物权,相反却具备了生态权的本质属性。

(三)眺望权的主要内容

1. 自然人享受必要的室外空间视野以获得心理舒适的权利。自然人有权从其居所或工作场所有权不受遮挡地在合理距离内远望室外空间视野,这是维持自然人心理舒适所必需的。这是最主要的权利内容。但是,何谓必要空间、合理距离?实践中通常以建筑设计规范中规定的房屋之间最少距离为标准。各国甚至各地的具体标准未必完全相同。

2. 禁止他人妨碍其享用室外空间视野的权利。自然人有权采取合理措施防止他人妨碍其从居所或工作场所不受遮挡地在合理距离内远望室外空间视野。义务人通常为相邻他人,可能是自然人,也可能是法人或其他社会组织。此义务为消极义务,即不妨碍、不侵害之义务。

3. 追究妨碍其享用室外空间视野行为的侵权责任。如果自然人享受必要的室外空间视野以获得心理舒适的权利受到相邻他人的妨碍或者侵害,被侵权人有权要求追究侵权人的民事法律责任,主要是损害赔偿,包括精神损害赔偿。

第二节　生态休闲运动权

生态休闲运动权,是指自然人在自然环境中从事休闲娱乐或体育锻炼活动的权利。休闲娱乐与体育锻炼二者紧密联系、相互渗透,不可绝对分割。但是有些以休闲为主,如垂钓、公共自然资源享用权;有些则以运动为主,如探险、登山、攀岩、游泳、潜水、冲浪等。此类权利主要包括:垂钓权;探险权,如登山攀岩权;亲水权,如游泳潜水权、航行冲浪权等;体育锻炼权,如在自然环境中跑步、散步或从事其他体育锻炼的权利。

一、垂钓权

中新网2012年6月14日发布一则消息:据加拿大《星岛日报》报道,多伦多市政府近日在湖滨地区竖立告示牌,禁止市民垂钓。有议员认为,市府此项措施剥夺了市民一直以来享有的到被禁区域垂钓的权利。[1]

(一)垂钓权的内涵及其特征

垂钓权,是指自然人在野生鱼类生存的自然水域从事钓鱼活动,以

---

〔1〕《多伦多禁市民湖边钓鱼华裔议员斥剥夺市民垂钓权》,载中新网,http://news.cntv.cn/20120614/108147.shtml。

获得精神享受的权利，亦称钓鱼权。垂钓权具有如下主要特征：

1. 权利主体仅限自然人。有权享有垂钓权之主体只有自然人，且应为具有完全民事行为能力的自然人，至少应为限制民事行为能力的自然人。为了保障权利人的人身安全，无民事行为能力人不宜享有此项权利。限制民事行为能力人行使此项权利应有监护人陪同。但是，义务主体不限于自然人。

2. 客体为湿地生态系统。垂钓权之客体并非只是垂钓之水域或者野生鱼类资源，而是由野生鱼类资源、鱼类赖以生存的自然水域及其环境所组成的湿地生态系统。水域、野生鱼类及其环境是一个相互联系、相互依存的整体。经养殖权人同意从事垂钓活动，这是基于合同关系而享有的权利，并非垂钓权。

3. 法益主要是精神生态利益。自然人从事垂钓活动的主要目的通常是休闲娱乐，即通过垂钓活动获得精神上的放松、休息、愉悦。当然在客观上可能也会获得一些鱼产品，但一般而言这并非垂钓者的主要追求。

4. 垂钓水域及其土地之权属归他人享有。自然人从事垂钓活动的自然水域以及水域之下的土地，其所有权归属他人。依据我国《宪法》和《民法典》之规定，水流所有权属国家；城市土地属国家所有，农村和城市郊区的土地，除由法律规定属于国家所有外，属集体所有。因此，垂钓水域之所有权属国家，水域所在土地之所有权则属国家或农村集体经济组织。在他人享有使用权之水域难以成立垂钓权，因为垂钓活动通常会妨碍他人使用权目的之实现，甚至损害他人使用权之收益。在自己享有使用权的自然水域，从事垂钓活动之权利吸收包容于水域使用权。

垂钓权与捕捞权的区别主要在于：第一，目的不同，垂钓权一般是追求通过垂钓行为获得精神享受，其权利性质应为精神生态权；捕捞权主要是为了获得鱼产品收入，即追求物质利益，其性质应属资源生态权。第二，使用的工具、方法不同，垂钓通常使用鱼竿、鱼线、饵食等简单工具及人工方法；捕捞则使用渔网、渔船等工具，甚至机械方法。

（二）垂钓权的主要内容

垂钓权所包含的权利内容主要是三个方面：

1. 在野生鱼类生存水域从事垂钓活动的权利。自然人可以依法自主选择、决定是否从事钓鱼活动,以及从事钓鱼活动的水域、时间和用于钓鱼的渔具、饵料、交通工具等,不受他人支配或干涉。

2. 获得钓获鱼产品所有权的权利。自然人对其在垂钓活动中钓获的鱼产品拥有所有权,可自主决定是否将鱼放生,或将鱼带回食用,或赠送他人。但是受到法律保护的濒危珍稀鱼类禁止带回或赠送,应当原地放生。

3. 禁止他人非法妨碍、干扰、破坏自己的垂钓活动或侵害钓获鱼产品所有权的权利,即保护上述两项权利顺利实现的权利。例如,他人强迫垂钓人离开自己选择的钓鱼水域、破坏水域环境导致无法钓鱼,侵占自己钓获之鱼产品或者非法将其倾倒入水。

二、探险权

确立探险权之所以必要,根本原因在于探险活动对于自然人具有多方面的积极意义。探险是人们对自然的合理需求和正当利益,也是人们理应享有之权利。确立探险权有利于保护自然人的探险利益,合理规范探险行为。

(一)探险权的内涵及其特征

所谓探险权,是指自然人依法实施探险行为的权利,即前往未曾有人去过或很少人光顾的自然环境从事考察、探索、游览活动的权利。探险权具有如下基本特征:

1. 权利主体为自然人。从事探险活动的需求一般源于个人,探险行为所获之精神利益也只能归于个人,故探险权的权利主体仅限自然人。而且探险可能遭遇不确定的危险,故权利人须为完全民事行为能力人,无民事行为能人和限制民事行为能力人不应享有探险权。

2. 客体是具有一定神秘性和危险性的自然环境。探险是对特定自然环境进行考察、探索、游览之活动,之所以能够获得精神利益,就在于此特定自然环境之神秘性和危险性。即未曾有人涉足其间,或者少有问津者,充满未知数;也时刻可能面临无法预测的风险。

3. 法益为精神利益。自然人从事探险活动的目的主要是,通过揭示和体验特定自然环境的神秘性，亲身经历其危险性，体验其刺激性，尽可能享受惊险刺激所带来的快乐，获得对自然的新知识。此为精神利益。

4. 探险行为系自甘风险行为。探险是明知前往之地存在发生危险的可能，仍要主动去考察、探索、游览的自我冒险行为，即探险人对于未来可能遭受的危险有清醒的认知。因此，在危险发生后，探险人应当自己承受探险中危险所导致的各种后果，除非该危险完全或部分地因他人过错而发生。

（二）探险权的基本内容

1. 决定并实施探险行为的权利，即自然人独立自主地决定和实施探险活动的权利，包括是否进行探险活动，探险的时间、地点、方式、工具等，以及独自探险还是与人结伴进行。这是最核心、最基础的权利。参加由他人开发经营并组织实施，但又具有一定风险性的活动，如漂流，系旅游合同关系中的合同行为，非探险权语境下的探险行为。

2. 要求他人不得妨碍、阻止自己正当探险行为的权利。自然人进行正当的探险活动，他人不得妨碍，更不能阻止。按法无禁止即自由之规则，未违反法律或行政法规之强制性规定，不损害社会公共利益，不损害他人之合法权益，即为正当探险。

3. 请求特定主体实施救援的权利。探险人一旦遭遇危险，无论本人有无过错及过错之大小，均可请求负有救援义务的相关国家机关或者危险发生地的相关企业事业单位施以救援，被请求人不应拒绝。

4. 追究侵权人民事责任的权利。探险权人对于非法防碍、阻止其实施正当探险行为的人，有权要求其排除妨碍、停止侵害，因此造成损失的，可以要求其承担赔偿责任。对于负有法定救援义务但未及时、合理施加救援，导致探险人人身伤亡的，可以要求其承担赔偿损失等民事责任。

探险人在享有相应权利的同时，亦须履行必要的附随义务。例如，禁止非法捕猎、伤害受保护的野生动物，禁止采集、损害受保护的野生植物，禁止采挖、破坏受保护的自然遗迹、地理地貌，不得在禁止探险的地方或时间探险；自行承担违规探险的救援费用；自行承受探险的风险损失，包括人身伤亡，除非他人对此有过错。

三、亲水权

(一)亲水权的概念及特征

亲水权,也称“达滨权”,是指自然人以一定方式亲近、接触适宜的自然水域而享受心理愉悦、快乐的权利。主要方式包括游泳、潜水、冲浪、划船等。据称,日本环境法判例最早提出和使用这一概念。

2006 年,九三学社的委员们对武汉市较大水面的 7 个湖泊调查发现,大多数湖泊沿线被开发商圈占;九三学社认为,湖泊、水域是公共资源,公民的“亲水权”不应受到侵犯或任意剥夺;禁止房地产商随意圈占湖岸线、划割湖面的行为;国土部门应该在湖岸边至少留出 6 米至 10 米的公共通道区。[1]

亲水权如下基本特点:

1. 性质为精神生态权。权利人享有亲水权所追求和获得之利益为生态利益,且为精神性生态利益,即通过亲自接触自然水域,享受心理上的快乐、兴奋、放松、惬意。企业法人的经营性漂流权不属亲水权,因其以营利为目的。

2. 权利主体为自然人。由于亲水权之目的在于追求精神生态利益,而此类法益只有自然人才有需求,也仅有自然人才能享受,其他民事主体不可能成为亲水权之权利人。

3. 客体为水资源。水资源是指可以利用或有可能被利用的,并且具有足够的数量和可用的质量,能在某一地点为满足某种用途而可被利用的水源(水的天然来源)。[2]

(二)亲水权的主要内容

1. 在自然水域从事休闲娱乐活动的权利,即自然人通过一定的方式在特定自然水域从事休闲娱乐活动,以获得精神愉悦、快乐的权利。水是生命之源,自然人具有亲近、接触水,在水中嬉戏的天性,因此在自然水域休闲娱乐是自然人不可剥夺的权利。

---

〔1〕 刘娜、陶忠辉:《九三学社呼吁临湖建设应还大众“亲水权”》,载《湖北日报》2007 年 2 月 5 日,第 2 版。

〔2〕 黄锡生:《论水权的概念和体系》,载《现代法学》2004 年第 4 期。

2. 保护天然水环境免受污染、破坏的权利。作为亲水权客体之水资源须是清洁的、适宜的。只有在清洁、适宜的水域自然人才会有真正意义上的休闲娱乐及精神享受。因此，赋予亲水权人保护天然水环境免受污染、破坏的权利，是亲水权的根基所在。

3. 排除他人妨碍、干涉享受水资源的权利。如果他人对自然人行使亲水权非法进行妨碍、干涉、阻止，那么亲水权势必无法实现。因此，应当赋予亲水权人排除他人不当妨碍、干涉的权利，包括亲自排除或者请求国家主管部门排除，以便为自然人享受亲水权扫清障碍。

4. 要求侵权人承担侵权责任的权利，即自然人依法追究他人侵害自身亲水权的民事责任之权利。侵害亲水权的行为主要包括：非法妨碍、阻止他人行使亲水权；违法污染、破坏水域生态环境，导致他人无法享受亲水权；非法干涉，使他人无法按自己意愿行使亲水权。侵害亲水权之民事责任主要有停止妨碍、赔偿损失、赔礼道歉等。

四、公用自然资源享用权

（一）公用自然资源的内涵及特征

公用自然资源，是指不特定多数人可以自由、无偿、非独占性地享用的各类自然资源，简称公用资源。2020 年 3 月 31 日，习近平总书记考察杭州西溪国家湿地公园时指出：湿地是地球之肾，湿地开发要以生态保护为主。原生态是旅游的资本，发展旅游不能以牺牲环境为代价，要让湿地公园成为人民群众共享的绿意空间。[1] 国家公园是典型的公用资源之一，美国等国的国家公园立法以及世界自然保护联盟的国家公园定义都明确肯定了公众对国家公园的享用权，即确保公园向所有公众开放并使其有享用的机会。[2] 公用资源是人们维持人际交往，实现天人合一、人与自然和谐相处的必要条件，是人们满足物质需求和精神需求的物质基础，是激发和促进人的思想、理想、情操、美感和艺术的源泉。

---

〔1〕 张晓松等：《习近平：让湿地公园成为人民群众共享的绿意空间》，载《人民日报》2020 年 4 月 1 日，第 9 版。

〔2〕 叶榅平：《国家公园立法的基本定位》，“第一届生态文明法治高端论坛”论文，2019 年 6 月于海口。

蔡守秋先生提出了“公众共用物”的概念,即不特定多数人(公众)可以自由、直接、非排他性享用的东西〔1〕,包括某个空间(如地域、水域、空域和地下空间等)、某种物体(如环境要素、自然资源、自然景观、自然人文遗迹等)以及某些物体的某项功能(如保持水土、改善气候、防沙、通气、造氧、净化、美化等生态功能、环境功能),环境资源法中的环境、自然资源和生态系统,主要属于公众共用物。〔2〕

但是,“共用物”未必妥当。其一,将公众共同享用之自然资源称为公众共用物,与传统民法的共用物如公共道路,极易混为一谈。其二,共用物是物权客体,物权是支配权;生态物不具有支配性。其三,支配物虽可共用,但通常是独占的、排他的;生态物无法独占,也不能独占。其四,共用物本质是财产,其意义在于使用价值和交换价值;生态物虽有资产属性,但其意义主要在于生态价值,非经劳动不能成为财产。

公用自然资源通常具有如下基本特征:

1. 所有权归属国家或集体组织。依据我国法律,所有自然资源或归国家所有,或归集体所有。公众对公用资源享有的权利在性质上不可能是所有权。所谓“公众共用物既不属于我国法律规定的私有物,也不属于我国法律上规定的国家所有即全民所有财产”〔3〕,既与我国现行法律不合,也存在不可克服之矛盾。

2. 公用资源的性质应为生态物。公用资源不应为支配物、独占物,不具有排他性;亦非商品,无交换价值;具有非排他性、共享性,其价值在于满足主体之生态利益需求。有人提出,将某些公众共用物转变为排他性财产以有效防治公众共用物通常遭遇的悲剧〔4〕,此观点混淆了自然资源与资源产品、公用资源与公共财产。

3. 公用资源在范围上的限定性。并非所有的自然资源都可成为公用资源。有些自然资源依其在生态规律和自然人的生存需要,必然成为公用资源,如空气;有些自然资源则是基于法律规定而成为公用资源,任

---

〔1〕 蔡守秋:《公众共用物的治理模式》,载《现代法学》2017 年第 3 期。

〔2〕 蔡守秋、鲁冰清:《析〈法国民法典〉有关公众共用物的规定》,载《河北法学》2015 年第 10 期。

〔3〕 蔡守秋:《公众共用物的法律保护》,载《检察日报》2012 年 7 月 19 日,第 3 版。

〔4〕 蔡守秋:《公众共用物的治理模式》,载《现代法学》2017 年第 3 期。

何个人或社会组织不得垄断，更不得非法禁止人们自由享用。

（二）公用自然资源享用权的内涵及特征

广义上的公用自然资源享用权是指自然人依法可以自由、免费、非排他性地享受、利用特定自然资源，以满足自身人身、精神或物质需求的权利，兼具人身生态权、资源生态权和精神生态权三种情形。但是，狭义的公用资源享用权是指通过休闲娱乐方式享用公用资源，以获得精神利益满足的权利，如在公共海滩、公园休闲娱乐。通常是从狭义上理解公用自然资源。

蔡守秋先生称之为"公众共用物使用权"，即"不特定多数人非排他性使用公众共用物的资格、自由和力量"[1]。"使用权"实有可商榷之处。其一，通常所称使用权为物权，但"公用资源享用权"不应归属物权。其二，民法上的使用是指"依照物的性能和用途，并不毁损其物或变更其性质而加以利用"[2]，旨在实现物之使用价值；而自然人对公用资源之享用旨在实现生态物的精神价值，包括美学、娱乐休闲等价值。

公用自然资源享用权通常具有如下主要特征：(1)权利主体为公众，即不特定的多数人。(2)权利性质为精神生态权。其目的主要是满足自然人通过休闲娱乐精神上的享受。(3)无偿性。自然人享有和行使公用自然资源享用权无须支付对价，即无须支付资源的使用费。(4)自由性。自然人可以自由地享有和行使公用自然资源享用权。(5)非排他性，即非独占性、垄断性权利。

（三）公用自然资源享用权的主要内容

1. 依法以一定方式利用公用自然资源的权利。权利人在不违反法律强制性规定的前提下，有权按照其内心真实的意愿，选择和决定利用公用资源的方式，从而最大化、最优化地满足权利人的需求。

2. 保护公用自然资源的权利。如果公用资源受到污染、破坏，必然会对自然人的公用资源享用权产生消极影响，甚至无法实现。因此应当

---

〔1〕 蔡守秋：《公众共用物的法律保护》，载《检察日报》2012 年 7 月 19 日，第 3 版。

〔2〕 魏振瀛主编：《民法》（第 7 版），北京大学出版社、高等教育出版社 2017 年版，第 255 页。

赋予自然人以合法手段保护公用资源的权利,这既是保护国家公共生态利益的需要,也能有效保障公用资源享用权。

3. 排除他人非法阻止、妨碍或干涉的权利。自然人可以自由、无偿地享有和行使对公用资源的利用权,对于任何非法妨碍、阻止或干涉行使公用资源享用权的行为,权利人均可自行采取必要措施直接排除之。

4. 要求侵权人承担民事责任的权利。自然人如果因他人非法阻止、妨碍或干涉其行使公用资源享用权而受到损害,有权依法追究侵权人的民事责任,包括赔偿损失、排除妨碍、消除危险、修复受损公用资源、赔礼道歉等。

自然人享有和行使公用自然资源享用权的同时,亦须承担必要的生态义务。主要包括:不得污染、破坏公用自然资源,不妨碍他人合法享用公用自然资源,合理利用公用自然资源,服从公用资源管理部门的管理,损害公用自然资源须依法承担法律责任等。

第三节　生态教学科研权

有些教学或科研活动必须主要或部分借助于自然条件才能完成,或者虽然可在室内完成,但在自然条件下进行的效果明显优于室内。因此,为了更好地满足人们认识自然、获得自然知识等精神需求,促进和保障教学科研活动,应当赋予相关社会组织或自然人依法借助自然条件完成教学或科研活动的权利。

一、生态教学科研权的内涵

所谓生态教学科研权,是指自然人或者负有教育或科研职能的法人或非法人组织利用生态系统中的自然条件进行教学或科学研究活动的权利。利用自然条件基本分为两种情形:一是直接在自然环境中进行一定的教学或科研活动;二是获取特定的自然物作为标本或研究对象,进行教学或科研活动,主要是生物标本和土壤、岩石等非生命体标本。生态教学科研权包括生态教学权和生态科研权。

(一)生态教学权

生态教学权,是指具有教育职能的社会组织利用自然条件进行特定教学活动的权利。有些课程需要在真实的自然条件下才能取得最佳的教学效果,如生物学、自然常识、地理学、考古学、地质学等。生态教学有利于受教育者更快速、准确地理解教学内容,有利于教育者更加清晰地讲述和传授书本知识,对改善教学效果作用显著。

(二)生态科研权

生态科研权,是指具有科研职能的社会组织或自然人利用自然条件进行科学研究活动的权利。例如,生态学、生物学、地质学、地理学、考古学、农作物学等学科都需要在自然环境中进行大量的调查、统计、试验等科学研究活动。有些科研活动甚至必须在自然条件下进行才有可能成功,如造福世人的杂交水稻就是袁隆平先生在自然环境中利用野生稻试验、研究成功的。

二、生态教学科研权的主要特征

(一)权利主体通常为教育科研组织

生态教学科研权的权利主体是特定的,并非任何社会组织、自然人都享用此项权利,主要是具有教育、科研职能的各种法人和非法人组织,简称教育科研组织,即以教育、科研为其主要职能的社会组织;或者为完成其主要目的、任务需要从事教育或科研活动的社会组织。自然人也可成为生态教学科研权的权利人。具有教育职能的社会组织主要是高等学校、中小学、幼儿园等专门教育机构,以及其他教育培训机构,或临时兼有教育任务的社会组织。具有研究职能的各种社会组织主要是各种专门的科研机构,以及其他从事科研工作的社会组织,如高等学校。

(二)权利客体是特定的生态系统或自然物

生态教学科研权有赖于一定的自然条件才能行使和实现,其涉及的生态系统或自然物可以分为三类:一是未受特别保护的自然环境。二是受到特别保护的特定生态系统,主要是国家公园或其他自然保护区。日本的自然公园“以保护优质自然风景地、促进其利用,有助于国民之保健、修养及教化为目的”[1];《德国自然保护法》规定,设立国家公园之目的是保护生态环境和野生生物、对民众宣传教育、不以营利为目的的旅游开发。[2] 我国2017年发布的《建立国家公园体制总体方案》规定:“国家公园的首要功能是重要自然生态系统的原真性、完整性保护,同时兼具科研、教育、游憩等综合功能。”三是特定的自然物。这主要是指因教学或科学研究之需要从生态系统中获取并以一定方式加以利用的自然物,包括生物和非生物。

(三)权利取得和行使的无偿性

由于教育和科研活动属于公益性事业,且对国家经济、文化、科技等都具有十分重要的意义,因此权利人取得和行使生态教育科研权是无偿的,即免费取得、免费行使。任何社会组织或个人都不得以任何理由向权利人收取或变相收取任何费用。即便是营利性的生态系统经营管理者,也应当对从事教学科研活动的社会组织免费开放。

(四)权利取得和行使程序的多样化

由于不同的教学、科研活动所需要的自然条件和可能产生的生态影响皆不尽相同,因此生态教学科研权的取得、行使程序呈现多样化的特点,可分为三类:其一,无须专门的程序,即不需要申请批准;其二,须事先向相关管理机构报告,以便安排适当的时间和地点进行教学或科研活动;其三,须提前向相关管理机构提交申请,并经审批同意。

三、生态教学科研权的主要内容

1. 利用一定自然条件完成特定教学、科研活动的权利。基于此项权利,教学科研组织有权在自然环境或特定生态系统中组织完成教学、科研活动,有权依法采集野生植物或捕猎野生动物用于教学科研活动,有

---

〔1〕 郑文娟、李想:《日本国家公园体制发展、规划、管理及启示》,载《东北亚经济研究》2018年第3期。

〔2〕 田园:《让人回归和体验自然——德国国家公园扫描》,载《光明日报》2017年7月22日,第8版。

权在自然环境中实地利用特定自然物用于教学研究活动。

2. 排除他人非法妨碍、干涉的权利。教学科研组织有权采取必要措施,以合法的方式,排除他人对自己依法利用自然条件从事教学或科研活动的非法妨碍、干涉,也可以要求义务人直接排除,或请求国家机关强制排除非法妨碍或干涉。

3. 依法追究他人侵权责任的权利。教学科研组织在其生态科学科研权受到非法侵犯后,有权依法追究侵权人民事责任。侵权人可能承担的侵权责任主要包括:排除妨碍,适用于非法妨碍权利人行使生态科学科研权之行为;停止侵害,适用于正在进行的侵害生态科学科研权之行为,如非法干涉、借故拖延;赔偿损失,适用于侵害生态教学科研权且造成财产损失或精神损害之行为。

教育科研组织在行使其生态教学科研权的过程中,须履行必要的附随义务。主要包括:服从生态系统或自然物管理者的管理,遵守生态保护区内的秩序;不得破坏野生动植物或自然的地形地貌;不得污染自然水域;不得违规丢弃垃圾;如依法须申请并获得批准,须按照规定履行相关程序。

第四节 宁静权

长期在噪声污染下生活和工作对人们的身体和精神健康必然产生严重的副作用。因此,如何保障人们能够享受一直以来天然享受的那份宁静,恢复生活和工作本应有的声音环境,确立自然人的宁静权就是必要的有效的方式。

一、宁静权的内涵及特征

(一)什么是宁静权

所谓宁静权,是指自然人享有的在适宜健康的声环境即相对安静的环境中生活和工作,免受噪声干扰的权利。所谓适宜健康,是指有利于维护自然人的身体健康和精神健康。其目的在于保障自然人能够在安安、清静的声音环境下得到精神上的放松、休息、恢复，进而保障自然人之身体健康。

《民法典》第 288 条规定："不动产的相邻权利人应当按照有利生产、方便生活、团结互助、公平合理的原则，正确处理相邻关系。"所谓"有利生产、方便生活"，在逻辑上可以包含适宜生活、工作的声音环境。

《环境噪声污染防治法》第 61 条规定："受到环境噪声污染危害的单位和个人，有权要求加害人排除危害；造成损失的，依法赔偿损失。赔偿责任和赔偿金额的纠纷，可以根据当事人的请求，由生态环境主管部门或者其他环境噪声污染防治工作的监督管理部门、机构调解处理；调解不成的，当事人可以向人民法院起诉。当事人也可以直接向人民法院起诉。"

（二）宁静权的主要特征

1. 权利主体为自然人。依自然规律，能够感受声音并受到噪声污染直接侵害的主体只有自然人，也就是说只有自然人才可能为了维护自身身体和精神之健康，对相对安静的环境存在强烈的、正当的需求。社会组织无法直接感受噪声，因而客观上也不可能产生宁静之需求。

2. 权利客体为相对安静的声环境。权利人所需要亦为法律所保护的对象就是适宜于维护自然人身体和精神之健康的声环境。所谓相对安静，从理论上分析就是不得超出常人所能忍受噪声的限度，在生理学上最宜于自然人身体和精神之健康的声环境。司法实践中应当以法律规定的最高噪声标准为依据。

3. 权利性质主要为精神生态权，兼具人身生态权属性。自然人之所以需要相对安静的声环境，主要目的是能够得到精神上的放松、休息、恢复，此为精神利益。宁静权如果受到侵害，损害后果主要也是表现为痛苦、烦闷、不安等精神损害。但是，噪声污染的时间和严重性达到一定程度，也可能在生理上对自然人的身体健康造成伤害，故宁静权亦有人身生态权属性。

二、宁静权的主要内容

(一)享受安静声环境的权利

享受安静声环境的权利,是指自然人在适宜健康需要的安静声环境中进行正常生活和工作的权利。这是宁静权的核心内容,是维护自然人身心健康的必要条件,同时也是自然人的一项基本权利。所谓适宜健康需要的安静声环境,主要以各国法律规定的噪声标准为依据加以认定。享受安静声环境的权利是针对外来噪声污染而言的。对自身环境的噪声污染,须区别噪声产生的不同情况,主张其他相应的权利,如劳动环境权、家电产品责任追究权等。

(二)禁止他人侵害安静声环境的权利

自然人可以对任何非法侵害自己享受安静声环境权利的行为人,即非法制造各种噪声污染,导致自己无法在安静的声环境中维持正常生活和工作的行为人,主张排除噪声污染的请求权。自然人可以亲自采取措施消除噪声污染,请求行为人停止噪声污染,或者请求有关国家机关强制消除。

(三)依法追责的权利

自然人有权要求非法制造噪声污染、破坏安静声环境的行为人依法承担民事责任的权利。侵害宁静权的责任形式主要包括:停止侵害、排除妨碍、赔礼道歉和赔偿损失。侵害宁静权所造成的损害常表现为精神损害,因此赔偿损失一般是指精神损害赔偿;但如果侵害了身体健康,也应当对人身损害给予赔偿。侵害宁静权如果没有造成明显的损害,则未必需要承担赔偿损失的责任。

三、宁静权人的忍受义务

所谓忍受义务,是指自然人应当忍耐、承受一定限度内噪声污染的义务。宁静权并非绝对的,对合理限度内的噪声污染自然人不享有宁静权,无权要求他人承担侵权责任。法律规定的各类噪声的限制标准就是自然人应当忍受噪声污染的限度。

宁静权人承担忍受义务,主要基于如下理由:第一,绝对避免噪声污染是不可能的,完全禁止噪声将严重影响国民经济发展,最终当然也影响人们物质生活水平的保障和提高。第二,自然人在生理和精神上完全可以承受一定的噪声,损害可以忽略不计,自然人可以自行修复。

第八章　资源生态权

广义上的资源,是指一切可被人类开发和利用的物质、能量和信息的总称,是用以加工创造物质财富的具有一定量的积累的客观存在形态。《辞海》对资源的解释是:"生产资料或生活资源的来源。"[1]因此资源本质上就是生产要素的代名词。资源可分为自然资源和社会资源两大类。前者如阳光、空气、水、土地、森林、草原、动物、矿藏等;后者包括人力资源、信息资源以及经过劳动创造的各种物质财富等。因此经济学将资源划分为自然资源、人力资源和加工资源。但是,资源生态权中之资源仅指自然资源,此为狭义上的资源。

第一节　资源生态权概述

一、自然资源概述

(一)自然资源的内涵与特征

1. 自然资源的内涵

自然资源,亦称天然资源,是指天然存在的且在原始状态下就有利用价值的各种自然物。《辞海》对自然资源的定义为:"泛指天然存在的并有利用价值的自然物,如土地、矿藏、气候、水利、生物、森林、海洋、太

---

〔1〕 夏征农、陈至立主编:《辞海》(第6版缩印本),上海辞书出版社2010年版,第2540页。

阳能等资源。生产的原料来源和布局场所。"[1]联合国环境规划署的定义是:自然资源是指在一定的时间和技术条件下,能够产生经济价值,提高人类当前和未来福利的自然环境因素的总称。所谓利用价值,是指能够通过劳动加工生产出用于满足人们需要的物质性财产。

2. 自然资源的基本特征

(1)数量的有限性(稀缺性)。自然资源的数量相对于人的不断增长的需求总是处于稀缺状态,即相对地供不应求。稀缺性,是法律介入自然资源开发利用、分配与保护的客观条件。因为只有在自然资源稀缺时,才需要在人们之间进行分配,才需要强调节约、合理开发利用,才需要特别的保护。也正因如此,人们之间在自然资源方面的社会关系才需要法律维系其公平、正义。

(2)分布的不平衡性(区域性、地域性)。自然资源在数量、质量、类型等方面都存在显著的地域差异,并存在客观的分布规律。例如,我国淡水资源呈现东南丰沛、西北畸少的特点。某些可再生资源的分布具有明显的地域分异规律;不可再生的矿藏资源分布通常遵循地质规律。

(3)结构的整体性。各种自然资源之间包括不同地域、不同类型的自然资源,是相互联系、相互作用、相互依存、相互影响的,并形成统一的不可分割的生态系统。习近平总书记指出:"山水林田湖是一个生命共同体,人的命脉在田,田的命脉在水,水的命脉在山,山的命脉在土,土的命脉在树。用途管制和生态修复必须遵循自然规律","对山水林田湖进行统一保护、统一修复是十分必要的"。[2] 2018 年 5 月,习近平总书记在出席全国生态环境保护大会的讲话中进一步指出:山水林田湖草是生命共同体,要统筹兼顾、整体施策、多措并举,全方位、全地域、全过程开展生态文明建设。[3]

(4)状态的变化性。自然资源的数量、质量、类型总是处于变化之

---

〔1〕夏征农、陈至立主编:《辞海》(第 6 版缩印本),上海辞书出版社 2010 年版,第 2551 页。

〔2〕习近平:《习近平谈治理理政》,外文出版社 2014 年版,第 85 ~ 86 页。

〔3〕《习近平谈生态文明 10 大金句》,载《人民日报海外版》2018 年 5 月 23 日,第 5 版。

中,没有绝对不变的资源。在总体上,地球上的生物资源种类呈不断减少的趋势,有些生物甚至灭绝了,当然也有一些新生物物种产生;矿藏资源随着人们的开发利用会处于不断减少的状态。随着科技水平的提升,人们会发现一些新的自然资源,如太阳能、可燃冰等。

(5)可用性。所有的自然资源都具有利用价值,并且能够被人利用。通俗地说就是能够用于满足人们的某种物质或精神的需求。没有任何利用价值的自然物,是人们不需要的,因而不可能成为自然资源。从长远来看,任何自然物都是潜在的资源,即总有一天可以被利用。而且,大部分自然资源都具有多种功能和用途,其可用性是多方面的。但是,自然资源的可用性并非一成不变。

(6)价值的双重性。自然资源同时具有生态价值和经济价值,即生态性和资产性。生态价值或生态性,是指自然资源是生态系统的组成要素,是维持生态系统服务功能所不可缺少的自然因素,故人们对其具有生态利益。这是自然资源区别于财产的本质属性。经济价值即资产性是指,人们通过劳动可以将自然资源加工改造成物质财富即有形财产的属性。自然资源是生产资料和生活资料的来源,是劳动产品即资源产品的前身。这是自然资源区别于非资源类生态物的本质属性。自然资源是一种资产,又称生态资本;但是并非财产,自然资源只是可以用于获得财产的生态物。马克思在《资本论》中说:“劳动和土地,是财富两个原始的形成要素。”恩格斯进一步指出:劳动和自然界“是一切财富的源泉,自然界为劳动提供材料,劳动把材料转变为财富”[1]。可见,社会的劳动力、经济、技术等因素,如人力、人才、智力(信息、知识)等,是将资源转变为物质财富即从资源转变为资源产品从而实现资源经济价值的必要手段和工具。

(二)自然资源的类型

1. 按照资源增殖性能划分的类型

这是最主要的分类,可以分为两类,也有人分成三类。(1)可再生资源。这是指基于自然规律可以重新产生,因而能够多次甚至长期反复利

---

〔1〕《马克思恩格斯选集》(第4卷),人民出版社1995年版,第373页。

用的自然资源,包括两类:一是非生物可再生资源。这是指生物以外物质基于物理、化学、地质等规律而重复产生,因而能长期反复利用的自然资源,也称可再生资源,如气候资源(太阳光、风)、水资源、地热资源、海潮等。从长期看一般是不会耗竭的,故亦称不可耗竭资源。二是生物可再生资源。这是指生物基于生态系统规律可以自己繁殖、生长、增加,因而实现更新的自然资源,简称生物资源。但是其再生的速度、规模受自身繁殖能力和自然环境条件的制约。主要是生物资源,包括森林资源、野生动植物资源等,亦称为可更新资源。(2)不可再生资源。这是指形成周期漫长甚至不可再生,因而经开发利用后数量必然越来越少的自然资源,也称可耗竭资源。主要是地质资源和半地质资源。前者如矿产资源中的金属矿、非金属矿、核燃料、化石燃料等;后者如土地资源。

2. 按表面形态划分的类型

按表现形态,自然资源可以分为如下三大类:(1)非生物资源,指不具有生命形态的各种自然资源,主要包括土地、水、矿藏资源、气候资源等。(2)生物资源,指各种具有生命形态的资源,主要是植物资源、动物资源、微生物资源等。(3)生态系统资源,即由生物和非生物共同组成的资源,其特点是同时包含生物与非生物,但在性质和功能上又无法单独归属于生物资源或非资源。

3. 按使用目的划分的类型

按照自然资源的使用目的,可分为如下类型:(1)农业资源,指可用于生产各种农业产品的自然资源。(2)能源资源,指可开发为能源的自然资源,是指在一定社会经济技术条件下可为人们提供能量的物质和自然过程。(3)药物资源,指可开发利用为各种药品的自然资源,主要是草药,以及能够加工提炼为西药的资源。(4)工业资源,指可作为工业产品原材料的各种自然资源,包括生物和非生物的资源。(5)生态旅游资源,指具有观赏价值、可用于开发生态旅游的各种自然资源。(6)海洋资源,指海洋生物、海洋能源、海洋矿产及海洋化学资源等的总称。(7)森林资源,指林地及其生长的各种生物所组成的森林生态系统。

二、资源生态权的概念与特征

(一)什么是资源生态权

资源生态权,是指自然人、法人或非法人组织、国家对各类资源生态物即自然资源享有的资产所有权,以及对自然资源进行开发利用的权利;或者说人们从生态系统获取生产资料和生活资料原材料的权利,即人们对自然资源进行劳动加工以获取物质财富的权利。

资源生态权的宗旨是保障人们能够获得必要的自然资源用以加工创造物质财富,以满足自己的物质需求,并保证人们对物质财富的需求不会因为生态系统的破坏、污染而无法得到实质性的满足或受到严重妨碍。

(二)资源生态权的主要特征

与人身生态权、精神生态权比较,资源生态权具有明显的特殊性。

1. 权利主体最广泛。资源生态权的权利主体既包括自然人,也包括法人及非法人组织、国家等。因为,财产尤其有形财产即物质财富是民事主体进行民事活动的物质基础,而自然资源则是民事主体所拥有的物质财富的主要来源,所以所有民事主体皆应享有资源生态权。没有资源生态权就不可能获取物质财富,因而也就缺乏参加民事活动的物质条件。但是,人身生态权、精神生态权的权利主体仅限于自然人。

2. 客体仅限于自然资源。客体包括可以通过劳动加工制造为资源产品的生态物,具有潜在财产价值的自然物,可以创造物质财富的生态物。但是不同的自然资源加工创造为物质财富所要求的技术条件、实施过程、实现方式等,是各不相同的。大体上可分为三类情形:有些自然资源仅需简单的劳动即可利用或交换,如采集野生植物食用或出售;有些自然资源需要初级加工生产才能转化为资源产品即劳动产品,如矿藏资源经开发后成为矿产品;有些自然资源则需要深度的加工制造,如多道生产环节、使用复杂技术等,才能转化为可利用的物质财富,如飞机机身及零配件、航空母舰船体及相关配套设备等。

3. 所保障的利益为物质性生态利益。资源生态权所保障的生态利益既不是人身生态利益,亦非精神生态利益,而是物质性生态利益,即资源生态利益。也就是保障人们能够从生态系统获得充足、合格的资源生态物，用以加工制造各种物质财富，从而满足人们物质财富需求。

4. 其法律性质应为生态资产权。生态资产也可称为生态资本，是指可以创造经济效益即制造物质财富的各种自然物。生态资产只是资产的一类，此外还有各种社会资产。生态资产权是指自然人、法人或非法人组织、国家对生态资产依法享有的所有权和开发利用权。生态资产权并非财产权。财产权是指权利人依法对自己的财产享有的占有、使用、收益和处分的权利。生态资产权的核心在于合理的开发利用及相应的收益，对生态资产无权垄断性占有，不能随意支配处置，也不能完全自由的交换，须遵守生态规律、保障生态公共利益。财产权虽然也有使用、收益的内容，但占有和处分是其必要内容。通常占有是使用、收益的前提，而对财产的处分则是财产权的核心和灵魂。财产权一般也是自由流通、转让的，商品交换在法律上就是财产权的交换。

5. 其实现方式一般为资源所有权与资源开发利用权依法分离。即资源所有权人通常不直接行使资源开发利用权，而是依法定程序将资源开发利用权出让给法人或非法人组织、自然人。资源开发利用权派生于资源所有权。其根本原因就是自然资源同时具有生态价值和经济价值，也兼具公共利益与私人利益的属性。国家或集体组织享有自然资源的所有权，可以从根本上保障自然资源的公益属性和生态价值；但是，民事主体的生存与发展都需要利用自然资源的经济价值，故由普通民事主体享有资源的开发利用权可以实现资源的经济价值，保障其私益属性。

三、资源生态权的性质

关于资源生态权的称谓和性质，学术界一直存在不同的意见，且迄今为止没有达成一致。主要有如下观点：自然资源物权说、准物权说、特许物权说、自然资源资产产权说以及资源生态权说。

（一）自然资源物权说

1. 自然资源物权的内涵

自然资源物权，是指自然资源的所有权人或他物权人为满足其经济利益需求，依法或依合同享有的对自然资源的所有权以及进行开发利用的权利。目前我国《民法典》即在物权编规定了自然资源类权利。但是由于资源物权与传统民法中的财产物权存在本质差异,因而很难自圆其说,故持有该观点的学者在将资源生态权归于物权的同时,也不得不强调资源物权不同于财产物权的属性。

2. 自然资源物权的主要特征

自然资源物权属于一个社会或国家的基础物权,其特殊性主要表现在:(1)自然资源物权是一种受严格限制的物权。主要是自然资源具有社会性和公共性,承载了社会公益。(2)自然资源物权是一种特殊的用益物权。保证资源合理开发和可持续利用是主要目的之一。资源物权的取得大多与行政许可相联系,并且资源物权的确立,更为强调对资源的有节制的利用。(3)自然资源物权是社会性权利。最终目的是增进社会公共利益与公众福利,实现资源的可持续性利用和社会的可持续发展。(4)自然资源物权的客体为自然资源。不仅具有经济属性,还具有生态属性,而且"更主要是生态利益"。(5)资源物权包括开发、保护、改善和管理的权能。

(二)准物权说

1. 什么是准物权

准物权,又称"特别物权",是指民事主体依法对传统物权客体以外的某些有体物享有的权利。在某些国家和地区中,它仅指由特别法规定,且准用民法物权规则的有体财产权,如渔业权、矿业权等。因其具有物权的一些法律特征但又不同于物权,故有学者建议称其为准物权。

2. 准物权的主要特征

通常认为,准物权具有如下特征:(1)客体为物权客体之外的其他物,即资源类的生态物,即自然资源。(2)准物权具有与物权相类似的属性。二者都属于绝对权、对世权,都具有保护上的绝对性、效力上的优先性和排他性等共同特性。(3)准物权是自然资源所有权派生出来的。准物权不是自然资源的所有权。(4)准物权不是物权。由于准物权的客体生态物具有生态价值,承载着生态公共利益,所以准物权不具有完全按照意思自治原则直接支配生态物的属性,准物权不应当是支配权。

3. 准物权的性质

关于准物权的性质,主要有三种观点:(1)公权说。其理由主要是准物权之客体为自然资源,具有明显的公益属性。例如,日本的美浓部达吉博士及其他一些公法学者认为水权属于公权。(2)私权说。多数学者赞成私权说。其核心理由在于:一般民事主体亦可享有此类权利,同时亦须承担相关义务。例如,中国台湾地区将渔业权视为私权,《日本渔业法》第23条将渔业权规定为物权,俄罗斯联邦水体所有权分为国家所有权、水体地方所有权和水体私人所有权。(3)折中说。即准物权兼具私权与公权的性质,是具有公权属性的私权。

(三)特许物权说

1. 什么是特许物权

特许物权,是指经过行政特别许可而开发、利用特定自然资源,并获得资源产品收益的权利。它是基于开发、利用土地之外的自然资源而享有的权利,故我国学者也将其称为自然资源使用权。

2. 特许物权的主要特征

特许物权的特殊性主要体现在:(1)权利客体是自然资源,即生态物,而不是财产物。其最大的特点就是兼具经济价值和生态价值。(2)权利行使方式是对自然资源的获取和开发行为。特许物权人对自然资源并不享有物权意义上的占有控制权,开发和利用自然资源才是其根本目的。(3)一般不具有排他性效力。相同种类的特许物权可以同时存在于同一自然资源上,如对同一水资源同时赋予若干主体享有取水权。(4)取得方式为行政许可,即须经自然资源行政主管部门的行政许可方可取得。(5)设立目的兼顾私人利益和社会公共利益。

3. 特许物权的性质

关于特许物权的法律性质存在很大争议,主要有两种观点:一是独立权利说,主张特许物权不属于用益物权,也不是物权,而是一种独立的权利;二是用益物权说,主张特许物权属于物权,且为用益物权。

(四)自然资源资产产权说

1. 什么是自然资源资产产权

2013年11月,党的十八届三中全会首次提出要健全自然资源资产产权制度。2019年4月发布的《关于统筹推进自然资源资产产权制度改革的指导意见》明确提出,要推动自然资源资产所有权与使用权分离,加快构建分类科学的自然资源资产产权体系。

产权是经济所有制关系的法律表现形式。产权的核心内涵是指财产所有权,即所有权人依法对自己的合法财产享有的占有、使用、收益和处分的权利。产权也包括由财产所有权派生而来的其他财产权,如用益物权、债权等。《辞海》对产权的解释是“财产的所有权”[1]。因此,自然资源资产产权应当是指主体依法对自然资源享有的所有权以及由自然资源所有权派生出来的对自然资源享有的开发利用权。之所以称其为资产产权,主要是希望区别于传统的物权、债权、股权、知识产权等财产权。

2. 自然资源资产产权的主要特征

自然资源资产产权具有如下主要特征:(1)所有权与开发利用权通常分属不同的主体。我国自然资源所有权只能由国家或集体组织享有,但是,自然人、法人及非法人组织可以依法享有自然资源的开发利用权。(2)客体为自然资源,或称自然资源资产,区别于传统的财产。(3)权利性质为产权。在权能上包括占有权、使用权、收益权和支配权、处分权。

(五)资源生态权说

如前所述,资源生态权是指自然人、法人或非法人组织、国家对各类资源生态物即自然资源享有的资产所有权,以及对自然资源进行开发利用的权利。本书认为,采用“资源生态权”这一范畴概括人们对自然资源的权利,是最为适宜、恰当和科学的选择。

第一,人们对自然资源的权利不宜归属于物权。无论是自然资源物权、准物权还是特许物权,都有将自然资源权混为物权的嫌疑。因为,物权是支配权,其核心就是主体可以自主地处置权利客体;然而自然资源的权利主体不可能也不应当任意自主地处置其权利客体,自然资源因其具有的生态价值而必然具有共享性、公益性,因其作为生态系统的一部分而必然具有整体性。对自然资源的权利如果定性为支配权,将对保护自然资源及其涉及的公共利益产生严重的消极影响,也必然与节约资

---

[1] 夏征农、陈至立主编:《辞海》(第6版缩印本),上海辞书出版社2010年版,第194页。

源、合理开发利用资源等基本规则产生冲突和矛盾。在生态文明时代，即便是传统的支配权，其支配的效力也因为其客体最终源于资源而受到一定的限制，这才是正确的发展方向；相反，如果将自然资源权利上升为支配权，显然有悖社会文明发展的趋势。此外，物权作为支配权，前提是物的特定化，无特定化就不可能实施支配；自然资源在开发利用前是整体物、自然物、生态系统之物，难以特定化，只有在开发利用后才能将所开发利用的资源转化为资源产品，从资源整体中分离出来，从而实现特定化，此时方具备支配的条件，但资源产品已经不是资源，而是财产物。

第二，自然资源权利不宜直接定性为财产权。资产产权说虽然试图通过强调“资产”性，以区别于传统的财产权，然而产权的内涵与本质已经基本定论，只要属于产权，就必然具有产权的一般属性。将自然资源权利定性为产权同样存在不可克服的内在矛盾。首先，自然资源只是潜在的财产，即可以通过劳动、经由加工制造，最后形成财产，但是资源毕竟不是直接、现实的财产，未经劳动即无一般的价值凝结。其次，在市场经济条件下，财产是市场交易的对象，是商品，但是自然资源基于其公益性、共享性、整体性等生态物属性，不宜成为自由交易的对象，至少不能与普通的商品混为一谈。最后，如果将自然资源作为财产，必然忽略其生态价值，转而追求其经济效益的最大化，即经济价值的最大化，这对自然资源的可持续利用、生态系统的动态平衡与良性循环、生态系统服务功能的保护都将造成灾难性的破坏后果。

但是，资产与传统的财产虽有共同属性，却也有极其重要的区别。资产源于会计术语，《企业会计制度》对资产的定义是：“资产是指过去的交易、事项形成的资源，该资源预期会给企业带来经济效益。”由此可见，资产有两项基本属性：其一，资产是已经存在的资源；其二，资产可以产生经济效益。正是基于上述两项属性，可以将自然资源称为资产。财产是民事主体可以占有、使用、支配、处分的物质财富，包括有形财产和无形财产，是所有权的客体；财产权（property right）简称产权，就是指具有金钱价值的权利集合体，即可以获得对价而让与。德姆塞茨在其《关于产权的理论》中提出，产权能帮助一个人形成他与其他人进行交易时的合理预期，故其是一种人与人之间的关系，而非人与物之间的关系。因此，资产具有为主体带来财产的潜在可能，但资产还不是财产。

四、资源生态权的类型

（一）依据权利性质划分的类型

依据权利的法律性质和内容，资源生态权可以分为两个方面的权利：自然资源所有权和自然资源开发利用权。

1. 自然资源所有权

关于自然资源所有权的内涵，目前学术界基本上套用了民法上关于财产所有权的规定，即主张自然资源所有权是指权利主体依法对自然资源享有的占有、使用、收益和处分的权利。除了客体进行了相应的改变，在权能上与财产所有权完全一样。这一观点值得商榷，因为自然资源与财产具有本质上的差异，故权利主体对自然资源的所有权权能也不宜完全等同于财产所有权。

（1）民事主体能否占有自然资源

财产所有权中之占有是指民事主体对不动产或者动产加以实际控制的权能，占有权就是在事实上控制客体的权利。事实控制是指主体通过运用某种技术、方法实施对物的独占，排除他人的控制。占有权是所有权的基本权能，没有占有权，其他三项权能的行使都会受到影响。只有真正确实地拥有占有权，收益、使用和处分才能更好地行使。名义控制一般是指所有人通过一定法律行为对物行使所有权的权能，本质上是一种法律上的控制，而非对物进行技术、方法上的控制。专有技术即实际控制，专利技术则为名义控制。

自然资源所有权人不能对其自然资源进行事实控制，所有权人无法通过某种技术或方法实现在客观上对某自然资源的独占。其一，自然资源为天然物而非加工物，其存在、发展遵循自然规律，人力难以掌控，强行控制终遭自然规律的惩罚；其二，自然资源为整体物，存在于自然界和生态系统之中，客观上难以占有，只有通过劳动加工改造为资源产品即特定化的物之后，方可实施占有；其三，自然资源为共享物、公益物，若被某一个主体事实上独占、控制，将妨碍有共享需求的人实现共享。

因此，本书认为，对自然资源来说，所有权人只是享有法律上的占有、控制权，即权利人只能在法律上对自然资源实施占有、控制，而非客观上。如同知识产权人对其专利技术、著作或注册商标等享有的在法律上的独占权。

(2)民事主体对自然资源是使用还是利用

财产所有权中之使用是指按照物的性能和用途对其加以利用;使用权就是依法对物加以利用,以满足人们的生活、生产需要的权利。但是,“使用”一词并不能准确地反映人们对自然资源的需求,也不能科学概括民事主体将自然资源用于满足自身需求这一过程或行为的本质及其基本属性。本书认为,民事主体将自然资源用于满足自身需求的行为在本质上是“利用”或“开发利用”。财产使用与资源利用的区别至少有以下方面:其一,利用自然资源通常以开发为前提条件;其二,利用自然资源须遵守自然资源存在、演变的客观规律;其三,利用自然资源须合理,并履行保护义务。

(3)民事主体获取自然资源的收益以劳动为前提

财产所有权中的收益权,是指所有权人或使用权人通过该财产获得经济利益的权利。收益是指通过该财产获得的天然或法定的孳息。任何财产皆具有获取收益之现实可能性,一般只要通过市场交易即可实现,无须再实施劳动加工;当然也可以对财产进行深加工,如此则可获得更大的收益。

但是,自然资源的经济利益是潜在的,必须通过劳动将资源转化为资源产品,其经济价值方能得以实现。因此自然资源的财产性收益无法直接得到,只能以劳动为媒介间接获取。自然资源所有权人通过出让自然资源开发利用权而获得收益,表面上似乎并未经由劳动,但本质上是来自于开发利用所能获得的收益,即通过劳动将资源转化为资源产品后所能获得的收益,故这并不能改变自然资源经济收益的间接性和潜在性。

(4)民事主体对自然资源的处置受到法律的严格限制

财产所有权中的处分权是指所有权人依法在法律上或事实上对其财产实施最终处置即处分行为的权利,这是所有权的核心权能,是财产所有人最基本的权利。所谓处分行为即最终处置,是指设立、变更或终止以财产为标的的民事法律关系的行为,包括转让、出租、出借或者消费、分割、毁灭、丢弃等。通常认为处分行为包括物权行为及准物权行为。

但是,无论是自然资源所有权人还是依法取得自然资源开发利用权的权利人,都不能完全按照自己的意愿对自然资源进行处置,各国法律通常规定了严格的限制性规范。这至少表现在如下方面:其一,民事主体对自然资源原则上不得实施不利性处置,即禁止以造成资源损害的方式处置,如抛弃、毁灭。其二,权利人不得以明显造成自然资源浪费的方式实施处置,包括最大限度地提高资源的开发利用效率、减少资源消耗,甚至间接的资源浪费也被禁止。例如,2010 年曾有中国旅客在德国饭馆用餐时因剩下饭菜过多而被罚款。[1] 其三,自然资源权利人可以通过保护、改善、修复等方式实施增益性处置,从这一意义上分析,自然资源所有权应当包含保护、改善、修复之权能。

因此,如果必须使用"自然资源所有权"这一概念,那么它应当是指民事主体依法对自然资源实施法律上的控制,以及进行开发利用或保护、改善、修复的权利。其权能可以概括为三个方面:一是对资源实施法律上的控制,包括法律上的处分,主要目的是明晰法律上的归属;二是对资源进行开发利用,或者出让此项权能;三是对资源实施保护、改善、修复等增益性措施。其中,第一项权能是核心,在法律上最关键,只能由所有权人享有;第二项权能对实际满足人们的需求最重要,对生态系统的影响也最大,通常需要许可且有偿取得,或者法律授权无偿获得;第三项权能除所有权或开发利用权的权利人可行使外,其他任何民事主体,且原则上无须许可或特别授权,亦可行使。

自然资源所有权具有如下主要特征:其一,主体的公共性。依据我国《宪法》和《民法典》之规定,自然资源所有权实行公有制,即自然资源所有权只能属于国家或者集体经济组织。其二,客体的生态性。自然资源不仅具有间接、潜在的经济价值,还具有生态价值和生态属性,是生态物和生态系统的一部分。其三,权能的分离性。一般情况下,自然资源所有权人掌握对资源的法律控制权,自然资源开发利用权则出让给法人、自然人等普通民事主体享有和行使,即自然资源开发利用权由自然资源所有权依法分离、派生而来,且此种分离为自然资源所有权权能存在的常态。其四,公益性和共享性。自然资源关系到每一个民事主体的

---

[1] 张弓:《钱是你的,资源是大家的》,载《宁波日报》2011 年 3 月 16 日,第 A7 版。

利益,故每一个民事主体都应当有权分享自然资源所具有生态价值和经济价值,这也是民事主体获取物质利益所需要的物质基础。

2. 自然资源开发利用权

(1) 自然资源开发利用权的内涵

自然资源开发利用权,是指民事主体依法通过劳动对自然资源进行加工制造,以获取资源产品,满足自身物质利益需求的权利。狭义上的资源生态权仅指自然资源开发利用权。自然资源开发利用权的目的,概括地说就是获取资源产品,满足物质利益需求,但是可区分为两类。一是获取资源产品并将其交付市场交易,从而得到经济收益,此为营利性目的;二是获取资源产品,以满足自身生活或生产需要,如农民取沙建房自住、挖井取水自用、采集野菜自用等,此为非营利性或称消费性目的。

所谓开发利用自然资源,本质上是指通过一定的劳动生产活动,将自然资源加工改造为资源产品。自然资源与资源产品在法律性质上是二类不同的物。前者系生态物,即生态系统的一部分;后者系财产物,是可以交换的商品。对生态物之权利为生态权,对财产物之权利为物权。

(2) 自然资源开发利用权的主要特征

与自然资源所有权比较,资源开发利用权主要有如下特点:其一,主体广泛,可以是任何民事主体;其二,开发利用权由所有权分离、派生而来,受所有权制约;其三,开发利用权生态规律制约,并非对财产一样可以任意支配、处置;其四,开发利用权受生态保护法律的限制较多。

(3) 自然资源开发利用权的取得方式

我国自然资源开发利用权的取得主要有如下方式:一是许可取得,即民事主体向法定国家机关提出申请,并依法被授予自然资源开发利用权。二是转让取得,亦称有偿取得,即民事主体通过买卖、出租、承包等市场交易形式,取得自然资源开发利用权。我国自然资源有偿使用主要采取两种形式,即收税和收费。2019 年通过的《资源税法》规定:开发应税资源的单位和个人,应当缴纳资源税,主要适用于各类矿藏资源。自然资源费主要包括开发使用费、生态补偿费、保护管理费和惩罚性收费。三是法律授权取得,即民事主体依法直接取得自然资源开发利用权,一般限非营利目的。

（二）依据自然资源性质划分的类型

1. 非生物可再生资源权

非生物可再生资源权，是指自然人、法人或非法人组织、国家依法对各种非生物类可再生资源享有的资产所有权，以及对其进行开发利用以满足自身物质利益需求的权利；人们对可再生资源进行劳动加工以获取物质财富的权利。

非生物可再生资源权的主要特征有：客体为非生物资源，可以重复产生；主体可以对客体反复进行利用；权利通常不会因客体耗竭而终止。非生物可再生资源权主要包括：水资源所有权及其开发利用权、气候资源所有权及其开发利用权、电信资源所有权及其开发利用权、生态系统资源所有权及其利用权等。

2. 生物资源权

生物资源权，是指自然人、法人或非法人组织、国家依法对各种生物资源享有的资产所有权，以及对其进行开发利用以满足自身物质利益需求的权利，即人们对可更新资源进行劳动加工以获取物质财富的权利。与非生物可再生资源权的区别主要在于客体，前者为生物资源，后者为非生物资源，但二者同属可再生资源权。

生物资源权的主要特征有：

其一，客体为生物资源。生物是生态系统中的关键因素，生物与非生物相互作用、相互联系才形成了生态系统。生物产生、演变的规律不同于非生物所具有的物理、化学、地理、地质等规律。因此，人们对生物资源的保护、养育、开发利用，不仅应当遵守非生物的存在、发展规律，更应当严格遵守生物自身产生、演变的规律。

其二，可持续性。按照生物学规律，各种生物资源都是可以再生的，在合理、适度利用的前提下，生物资源可以不断地通过繁殖而更新，包括数量增加、品质改良等。因此从生物整体来看，生物资源权可以持续存在，可以不因客体耗竭而导致权利终止。

其三，可耗竭性。生物资源虽然可以再生，但其可持续性是有条件的。如果人们过度或不当利用生物资源，极有可能破坏生态系统，导致生物物种的退化甚至灭绝。因此，生物资源权完全可能因为客体的耗竭而终止,故生物资源权的设置、行使须遵守生物自身的规律。

依据权利的不同性质和内容,生物资源权可以划分为:生物资源所有权与生物资源开发利用权。按照民法的一般理论和规则,生物资源所有权是生物资源开发利用权的母权,前者是后者的基础和依据,可以适当制约后者;而生物资源开发利用权是由生物资源所有权依法派生、分离出来的权利,是实现生物所有权的一种方式。

依据生物资源的不同类型,生物资源权可以划分为:野生动物资源所有权及其开发利用权,如野生动物狩猎权;野生植物所有权及其开发利用权,如野生植物采集权等;森林资源所有权及其开发利用权,如林木采伐权、森林碳汇权;生态旅游资源开发利用权,如湿地开发利用权;草原所有权及其开发利用权,如草原放牧权;生态系统容量利用权,如交易性排污权。

3. 不可再生资源权

不可再生资源权,是指自然人、法人或非法人组织、国家依法对不可再生资源享有的资产所有权,以及对其进行开发利用以满足自身物质利益需求的权利,即人们对不可再生资源进行劳动加工以获取物质财富的权利。

不可再生资源生态权的基本属性包括:客体为非生物资源,而且在相当长的时期内不可能重新产生,随着不断地利用其总体数量会越来越少,甚至枯竭。一般认为,土地资源、矿藏资源、海域与海岛资源,共同构成一个国家之国土资源,此类资源具有整体性、区域性、有限性和变动性等特点。

不可再生资源权主要包括:土地资源权,即土地资源所有权及其开发利用权;矿藏资源权,即矿藏资源所有权及其开发利用权;海域资源权,即海域所有权及其使用权;海岛资源权,即海岛资源所有权及其开发利用权。

第二节 非生物可再生资源权

非生物可再生资源权,是指以非生物资源为客体的可再生资源生态权。主要包括:水资源所有权及其开发利用权、气候资源所有权及其开发利用权、电信资源所有权及其开发利用权、生态系统资源所有权及其利用权等。其主要特征是:客体为非生物类物质,可以重复产生;主体可以对客体反复进行利用;权利通常不会因客体耗竭而终止。

一、水资源权

(一)水资源权概述

1. 什么是水资源

我国《水法》第2条第2款列举式地规定:“本法所称水资源,包括地表水和地下水。”《辞海》关于水资源的定义是:广义上是“指地球上所有的气态、液态、固态天然水”;狭义上是“指人类可利用的水资源,即某一地区逐年可以恢复和更新的淡水资源,包括河川径流和浅层地下水等”[1]。广义的水资源包括海水资源和雨水资源,但目前所谓的水资源是一般是从狭义上理解的,即仅指人们可以利用的地表和地下的淡水资源,包括水力资源即水能资源。我国《宪法》和《民法典》使用了“水流”的概念,严格地说,“水资源”概念更为准确、科学。

2. 水资源权的内涵及特征

水资源权,也可称为资源性水权,是指自然人、法人或非法人组织、国家对各类水资源依法享有的所有权,以及对水资源进行开发利用的权利。水资源权主要具有如下特征:(1)主体的广泛性,所有自然人、法人或非法人组织皆有利用水资源的权利;(2)客体的有限性、不均衡性和不稳定性,即水资源的总量是有限的、稀缺的,水资源在不同地区的分布

---

[1] 夏征农、陈至立主编:《辞海》(第6版缩印本),上海辞书出版社2010年版,第1163页。

是不均衡的，水资源在同一地区的不同时期数量是变化的、不确定的；(3)公益性，即水资源及其权利关系到社会的公共利益，甚至关系到国家和民族的根本利益。

有学者提出了水权的概念。“水权是水资源的非所有人依照法律的规定或合同的约定所享有的对水资源的使用或收益权。故此，水资源所有权乃为水权之母，水权系由水资源所有权派生而来。”[1] 水权是指水资源所有权和各种水资源开发利用权利的总称，如“水权是指水资源稀缺条件下人们对有关水资源的权利的总和其最终可归结为水资源的所有权、经营权和使用权”[2]。本书认为，水资源权较水权更为科学、合理，从关于水权的各种定义可知，水权本质上就是对水资源的权利，其性质应为资源生态权。

(二)水资源所有权

所谓水资源所有权，是指民事主体依法对水资源进行法律上的控制，以及进行开发利用或保护、改善、修复的权利。依据我国法律规定，水资源所有权属于国家。《宪法》第 9 条和《民法典》第 247 条规定，水流属于国家所有。《水法》第 3 条规定：“水资源属于国家所有。水资源的所有权由国务院代表国家行使。”

国家作为水资源所有权人，有权出让水资源的开发利用权，并向受让人收取水资源开发利用的费用。因此，国家对水资源依法实行取水许可制度和有偿使用制度(《水法》第 7 条)。国家也有权利对水资源实施保护、改善或修复。《水法》第 13 条规定：“国务院有关部门按照职责分工，负责水资源开发、利用、节约和保护的有关工作。县级以上地方人民政府有关部门按照职责分工，负责本行政区域内水资源开发、利用、节约和保护的有关工作。”

从世界各国的立法规定来看，水资源所有权归属的立法模式主要有两种：一是将水资源所有权隶属于土地所有权，若土地为私人所有，则水资源所有权亦为私人享有，因此水资源所有权主体多为公私并存；二是

---

〔1〕 裴丽萍：《水权制度初论》，载《中国法学》2001 年第 2 期。

〔2〕 姜文来：《水权及其作用探讨》，载《中国水利》2000 年第 12 期。

独立的水资源公有制，即水资源所有权的主体为国家。

（三）水资源开发利用权

水资源开发利用权，是指民事主体依法通过劳动对水资源进行加工制造，以获取资源产品，满足自身物质利益需求的权利。自然人、法人或非法人组织等民事主体可以依法享有和行使水资源的开发利用权。

依据用水之目的，水资源开发利用权可以分为两类：生产经营性利用权和公益性利用权。前者是指民事主体从水资源所有权人获得的利用开发水资源获得一定经济收益的权利。后者是指因公益目的需要而使用水资源的权利，主要包括因防火、抢险、救灾、治病疗养、卫生、体育、文化、教育、科研、公共管理、国防军事等公益性活动而使用水资源的权利。

依据权利之内容和水资源利用的方式等，水资源开发利用权主要包括取水权、渔业权、水能权、漂流权等。

1. 取水权

（1）什么是取水权

《民法典》第 329 条明确规定了"取水权"。所谓取水权，是指权利人利用取水工程或者设施直接从江河、湖泊或地下取用水资源的权利。取水权是专为民事主体必须改变自然状态下的水的空间位置才可以对水进行利用而设立的，如农业灌溉、工业用水、生活用水、餐饮等服务业用水、水产品生产用水等。有人认为，取水权是指"用水人使用水并且获得利益的法律根据或者说资格"。[1] 此种观点似乎混淆了取水与用水两个不同的概念，取水权的特殊之处在于先要完成取水，然后才能对水进行利用；而用水未必需要。

（2）取水权的主要特征

取水权具有如下主要特征：第一，主体广泛，几乎所有的民事主体，包括自然人、法人或非法人组织，都需要取水权。第二，客体为水资源。其具有不特定性，一般为液态，具有流动性，难以特定化，通常只有在取

---

〔1〕 崔建远：《水权转让的法律分析》，载《清华大学学报（哲学社会科学版）》2002 年第 5 期。

水完成后才能特定化。但可事先确定一定数量、一定地域或一定范围的水资源,作为潜在的客体。第三,须实施取水之行为,即运用一定的工程、设备、设施和技术方法等,将水体从自然状态下分离出来,并运送到特定地点,即水体须完成空间上的乾坤大挪移。第四,间接取水也应为取水的情形之一,在城市,生产经营或居民生活用水通常来自自来水,其取水过程系由经营自来水的公司代为完成。

(3)取水权的取得方式

民事主体获得取水权的方式主要两种:其一,以营利为目的的,通常须经行政许可且有偿,才能取得。《水法》第48条规定:直接从江河、湖泊或者地下取用水资源的单位和个人,应当按照国家取水许可制度和水资源有偿使用制度的规定,向水行政主管部门或者流域管理机构申请领取取水许可证,并缴纳水资源费,取得取水权。其二,法律授权取得,即无须许可,也无须付费。《水法》第48条还规定:家庭生活和零星散养、圈养畜禽饮用等少量取水的,不适用许可制度和有偿使用制度。

(4)取水权的主要内容

一般认为,取水权主要包括汲水权、引水权、蓄水权、用水权和依法转让权。汲水权指按照取水许可证规定或法律认可的时间、地点、期限、数量、方式等,借助一定工具和设施抽取水的权利。引水权是指按照取水许可证规定或法律已认可的时间、地点、期限、数量、方式、渠道将水引入特定地点的权利。蓄水权是指在地上或地下修建蓄水装置存储水的权利。用水权是指直接利用水以满足权利人需要的权利,这是取水权的核心,也是其最终目的。用水权可分为家庭用水权、市政用水权、灌溉用水权、工业用水权、稀释用水权、娱乐用水权等。依法转让权是指取水权人对其取得的取水权可依法转让给他人的权利。根据《取水许可和水资源费征收管理条例》第27条之规定,取水权人通过技术革新等措施"节约水资源的,在取水许可的有效期和取水限额内,经原审批机关批准,可以依法有偿转让其节约的水资源,并到原审批机关办理取水权变更手续"。但是取水权的转让在法律上有严格限制,不得出租、抵押和全部转让,仅限节约部分且需要经原批准机关审查批准。

取水权人在行使其权利的同时,应当履行必要的义务:一是节约水资源的义务;二是保护水资源的义务;三是合理开发利用水资源的义务。

2. 渔业权

渔业权，是指自然人、法人或非法人组织依法利用一定的天然水域从事渔业生产经营活动的权利。我国渔业法所规定的渔业权，“是指自然人、法人或者其他组织依照法律规定，在一定水域从事养殖或者捕捞水生动植物的权利”〔1〕。渔业权中之水域一般包括淡水水域、海洋水域以及与水域连接之滩涂。渔业权分为养殖权和捕捞权。《民法典》第329条规定：“使用水域、滩涂从事养殖、捕捞的权利受法律保护。”

（1）养殖权

养殖权，是指自然人、法人或非法人组织依法利用特定的天然水域、滩涂从事鱼类或其他水生生物的人工养殖，并排除他人妨碍、侵害的权利。养殖权的主要内容包括：第一，在特定水域、滩涂从事养殖作业的权利，此为基础性权利；第二，禁止他人在该水域、滩涂从事养殖作业的权利，即对依法获得的特定水域、滩涂在养殖功能上享有排他性利用权；第三，禁止他人妨碍自己在特定水域、滩涂合法养殖的权利；第四，禁止他人破坏、损害自己用于养殖的设备、设施及其他生产资料的权利。但是第三人在对养殖权益不构成妨碍、侵害的前提下，也可以对养殖水域、滩涂进行利用，可简称无害化利用，如在水面通行、引出适量的水灌溉、捕获非养殖的水生生物。

养殖权的客体为依法可从事养殖作业的自然水域、滩涂。《渔业法》（2013年修订）第10条规定：“国家鼓励全民所有制单位、集体所有制单位和个人充分利用适于养殖的水域、滩涂，发展养殖业。”而且可作为养殖权客体之水域、滩涂，既涵盖了江河湖泊等淡水水域及其滩涂，也包括海洋水域及其滩涂。

养殖权的取得有两种方式，一是许可取得，二是承包取得。《渔业法》（2013年修订）第11条规定：单位和个人使用国家规划确定用于养殖业的全民所有的水域、滩涂的，使用者应当向县级以上地方人民政府渔业行政主管部门提出申请，由本级人民政府核发养殖证，许可其使用该水域、滩涂从事养殖生产。集体所有的或者全民所有由农业集体经济组织使用的水域、滩涂，可以由个人或者集体承包，从事养殖生产。因

〔1〕 崔建远：《关于渔业权的探讨》，载《吉林大学社会科学学报》2003年第3期。

此,利用全民所有水域、滩涂养殖的,养殖权须经行政许可方能取得;利用集体所有或全民所有但集体使用之水域、滩涂养殖的,可通过承包合同取得。

养殖权主体在行使其权利的过程中须切实履行生态保护的义务。我国《渔业法》第19、20条规定:从事养殖生产不得使用含有毒有害物质的饵料、饲料,因为有毒有害饵料、饲料会对养殖水域、滩涂的生态系统造成严重损害;养殖权人应当保护水域生态环境,科学确定养殖密度,合理投饵、施肥、使用药物,不得造成水域的环境污染。违反上述义务,须依法承担法律责任。

(2)捕捞权

捕捞权,是指自然人、法人或非法人组织依法在一定的天然水域对野生鱼类或其他水生生物进行捕捞作业的权利。捕捞权的主要内容包括:第一,在特定水域从事捕捞作业的权利,此为基础性权利;第二,禁止他人在该水域从事相同捕捞作业的权利,即对依法获得的特定水域享有排他性利用权;第三,禁止他人妨碍自己在特定水域进行捕捞的权利;第四,禁止他人破坏、损害自己的捕捞设备、设施及其他生产工具的权利。但是第三人在不对捕捞权益构成妨碍、侵害的前提下,也可以对捕捞水域进行利用,即无害化利用,如水面通行、引水灌溉、在不影响捕捞权人捕捞时捕捞权利人不捕捞的水生生物。

捕捞权既是对特定水域水资源的利用,也是对特定水域中野生水生生物资源的利用。因此捕捞权之客体是复合性的,同时包括特定水域之水资源以及该水域的野生水生生物资源。但是捕捞权客体不含滩涂。此外,捕捞权所涉水域可以是淡水水域,也可以海洋水域。捕捞权主要是对水生野生动物资源的利用,其性质与狩猎权更为接近。但由于捕捞权在传统上与养殖权合称渔业权,此外捕捞权除了利用水生野生动物资源,也包含对水资源和水生野生植物资源的利用,故综合考量,仍将其归于渔业权。

与养殖权同理,捕捞权人对捕获的野生生物资源产品享有所有权。捕捞权同样是捕捞权人取得捕捞产品所有权的依据,但是在法律上却不应当直接包含捕捞产品所有权。捕捞权与捕捞产品所有权是两项高度相关且不可分割的权利,但相互之间无隶属关系。

我国《渔业法》第22～25条规定了捕捞限额制度和捕捞许可证制度。所谓捕捞限额制度,是指国家根据捕捞量低于渔业资源增长量的原则,确定渔业资源的总可捕捞量,然后逐级分解下达,并落实到每一个捕捞权人。所谓捕捞许可证制度,是指从事捕捞作业的自然人或社会组织须依法申请、获得捕捞许可证,并严格按照捕捞许可证关于作业类型、场所、时限、渔具数量和捕捞限额的规定进行作业。

获得捕捞许可证必须具备下列条件:有渔业船舶检验证书;有渔业船舶登记证书;符合国务院渔业行政主管部门规定的其他条件。县级以上地方人民政府渔业行政主管部门批准发放的捕捞许可证,应当与上级人民政府渔业行政主管部门下达的捕捞限额指标相适应。此外,捕捞许可证不得买卖、出租和以其他形式转让,不得涂改、伪造、变造。

捕捞权的行使须遵守保护渔业资源的法律规范。其一,未经国务院渔业行政主管部门批准,不得在水产种质资源保护区内从事捕捞活动。其二,禁止使用炸鱼、毒鱼、电鱼等破坏渔业资源的方法进行捕捞;禁止制造、销售、使用禁用的渔具;禁止在禁渔区、禁渔期进行捕捞;禁止使用小于最小网目尺寸的网具进行捕捞;捕捞的渔获物中幼鱼不得超过规定的比例;在禁渔区或者禁渔期内禁止销售非法捕捞的渔获物。其三,禁止捕捞有重要经济价值的水生动物苗种,确有捕捞需要,须经国务院或省级人民政府渔业行政主管部门批准,并限指定区域、时间和数量。违反上述义务,须依法承担法律责任。

3. 水能权

(1)水能资源的界定

目前地方立法所称水能资源,一般是指存在于水体且可用于发电的能量资源,即等同水电资源,如《吉林省水能资源开发利用条例》第3条:"水能资源,是指蕴藏在水中,可以用于水力发电的能量资源"。此种定义虽从实用角度有其意义,但在学术角度却有明显漏洞,严格地说,"水能资源以动能、位能和压能等形式存在于水体中,是可提供动力的水资源"[1]。水力发电虽然是当代水能资源利用的主要途径,但水能资源利

[1] 李树槐:《水能资源开发利用权有偿使用相关政策探讨》,载《小水电》2015年第1期。

用显然不限于此，如水上航运、水车等就是自古就有的水能利用形式。

(2)什么是水能权

水能权，应当是指民事主体依法取得的对特定水域之水能资源进行开发利用的权利。目前学术界和立法上一般都是从利用水能资源发电的角度讨论水能开发利用权，即将水能开发利用权等同于水电开发利用权。严谨地说，这并不科学，水能开发利用权在逻辑上应当包含利用水能资源进行水电之外用途开发利用的权利，如水上航运。

水能权主要包括如下内容：其一，在特定水域利用水能资源进行特定生产经营活动的权利，此为核心权利，最常见的水能利用活动就是水力发电。其二，禁止他人妨碍、干预自己依法开发利用水能资源的权利，对相关非法干涉行为可以追究侵权责任。其三，依法转让水能权的权利，但应当向原批准机关申报并办理变更手续，权利人不得擅自转让水能权。

关于水能权的法律性质，有学者认为，水能开发利用权是经过特别行政许可产生的，表现为对水的能量资源的创造性开发行为，符合特许物权的一般特征，故是一种特许物权。[1] 对此，本书不能认同，水资源或水能虽为物质，但水能权却不应当属于物权。其一，水能权不具有排他性，此权可与养殖权、捕捞权、航运权等并存。其二，水能权不具有物权的可支配性，权利人只能利用水的动能、势能和压能等，但无法支配这些能量。故水能权应属资源生态权。

(3)水能权的取得

取得水能资源开发利用权须符合规定的程序和条件。首先，有意愿取得水能权的单位和个人须向行政主管部门提出申请；其次，须具备法律规定的条件；最后，须按照法定程序履行规定的手续，即经行政许可或通过竞争性方式取得。

水能资源开发利用权的取得应当遵循公开、公平、公正的原则，因此一般通过招标、拍卖等竞争性方式出让，民事主体以投标、竞买等方式取得。水能权应当实行有偿出让制度，即取得水能资源开发利用权的单位和个人，应当并应当按照出让合同的约定缴纳水能资源开发利用权有偿

---

〔1〕 王明远：《我国水能资源开发利用权制度研究》，载《中州学刊》2010年第2期。

出让金。这既是为了贯彻实施我国的自然资源有偿使用制度，也是将生态资本变现为经济利益的有效方式，此外还能鼓励权利人充分、高效地利用水能资源。

有偿出让水能资源开发利用权的年限一般为 50 年。出让期限届满，需要延续的，水能资源开发利用权人应当在出让期限届满前规定时间内向原出让机关提出申请，经批准后重新签订出让合同，续缴出让金。出让机关对延续申请未予批准的，应当书面告知申请人并说明理由。

4. 漂流权

漂流权，是指民事主体依法利用水流资源进行漂流项目经营的权利，亦可称为漂流经营权。其核心内容就是利用特定水域的水流资源开发经营旅游业务的权利；以及禁止他人非法干涉、妨碍自己在特定水域经营漂流项目的权利。严格地说，漂流权不具有垄断性即排他性，在同一水流，只要管理有序，可以同时允许数个主体经营漂流业务。

漂流权通常具有如下主要特征：(1)漂流权以营利为目的，不同于自然人个人从事漂流活动的权利，后者为亲水权之一种情形，亲水权以精神娱乐为目的。(2)漂流权的主体一般为依法经营旅游业务的企业法人，漂流为当代社会的水上旅游项目之一。(3)漂流权的客体为特定水域中的水流资源，在资源性质上应属水资源中水力资源的一种，所利用的能量是水的动能、浮力。(4)漂流权的设立是有限的，因为适合漂流的水流资源仅限江河之中的特定地段，水位落差不能太小也不可太大，其稀缺性十分明显。(5)漂流权的取得须经特定行政机关审批，并依法获得漂流许可证，按照规定缴纳水流资源使用费。

关于漂流权，目前法律上虽无明确规定，但是司法实践中已经出现了漂流权的法律纠纷。因此，有必要尽快在法律上确立和明晰漂流权。这既是规范水流资源开发利用的市场秩序、促进旅游业发展的需要，更是有效解决漂流权纠纷的法理基础、适应和服务司法实践需要的必要途径。

由于漂流权涉及旅游、交通、工商、水利、体育等行政部门，似乎每一个部门都有权管辖，但又缺乏明确的主管机关，因而实践中往往政出多门，不同的行政部分仅从自身角度批准漂流权申请，相互缺乏协调、统一，以致造成同一水流段的漂流权纠纷甚至冲突，既威胁游客安全，也扰乱漂流市场秩序。所以,亟须制定关于漂流权的专门法律规范,以明确漂流权的申请与审批程序、漂流许可证的颁发、漂流的主管机关、漂流权的有偿使用制度等事项。

二、气候资源权

(一)气候资源权概述

1. 什么是气候资源

气候资源,是指在特定的社会经济技术条件下人们可以利用的因气候变化而形成的各种资源,其具体形式主要是光能、热量、降雨、冰雪、风能等。《广西壮族自治区气候资源开发利用和保护管理办法》第 2 条第 2 款对气候资源的界定为:"能为人类生存和活动所利用的光能、热量、风能、云水和其他大气成分等自然资源。"气候资源是一种宝贵的自然资源,可以为社会的物质财富生产提供原材料和能源,是一种可再生资源,也是我国的十大自然资源之一。气候资源具有自然资源的一般属性,即自然性、社会性和潜在的经济价值性。

2. 气候资源权的内涵及特征

所谓气候资源权,是指自然人、法人等民事主体依法对气候资源享有的所有权以及开发利用权。因此在逻辑结构上,气候资源权利包含气候资源所有权和气候资源开发利用权。在法律上,气候资源权具有如下特征:

第一,气候资源权是一种新兴的权利。气候条件虽然自古以来甚至在人类诞生之前就已经存在,但是人们一直没有将其作为一种资源。古代社会在客观上也存在一些利用气候条件的情形,但整体上只是被动地利用气候条件,如"久旱逢甘雨",甚至很多时候沦为一种灾难。在本质上将气候资源理解为资源并对其开发利用加以规范,仅是当代社会的新生事物。

第二,气候资源权的确立、行使与科学技术水平密切相关。由于对气候资源的利用需要以特定的科学技术为条件,如光伏发电,社会的科技发展未达到相当程度,人们就难以利用气候条件,即气候条件难以成为资源。没有气候资源,自然就不可能产生气候资源权。目前应用气候资源最广泛的领域是农业、建筑业、交通运输、商业、旅游、医疗等。

第三，气候资源权具有不稳定性。这主要表现在权利主体可获得的利益是不稳定的，有利的气候条件是自然生产力，是资源；不利的气候条件则破坏生产力，是灾害。同样的气候条件在不同的时间、地点，其作用亦可能大相径庭，如雨水。当然如果利用恰当，气候资源亦可取之不尽。

第四，气候资源权不是支配权。权利主体虽可依靠一定的科学技术利用气候资源，但不可支配气候资源。气候资源权的不可支配性主要表现在：权利主体不能对气候资源实施占有，不能任意转移气候资源，无法决定气候资源的数量甚至无法准确预测，也无法将气候资源作为交易的对象。

第五，气候资源权尤其开发利用权与公共利益联系紧密。气候资源开发利用权的行使需要保护公共利益，气候资源应为公共财富，不适当开发利用所招致的生态灾难也会影响公众利益。2006 年我国正式将“合理开发利用气候资源”纳入《国民经济和社会发展第十一个五年规划》。

（二）气候资源所有权

气候资源所有权既有新颖性，也有特殊性。新颖性源于气候条件作为自然资源的历史太短，特殊性则是由于气候资源的不稳定性。因此学术界对此争议较大，主要观点可以归为三类：一是否认气候资源可以作为所有权客体，其理由主要是气候资源的不稳定性，传统的所有权客体当为特定化的物，而气候资源在数量上无法确定甚至无法预测，今天有明天可能无，今年多明年可能少。二是气候资源所有权归国家，其理由主要在于：我国自然资源所有权实行公有制，或归国家所有，或归集体所有，显然两种模式中气候资源国有制更有正当性。三是气候资源所有权归公众，其理由主要是气候资源关系到社会公众的利益，公众所有最有利于保护公共利益。

《黑龙江省气候资源探测与保护条例》规定，企业探测开发风能及太阳能资源必须经过气象部门批准，而且探测出来的资源属国家所有。这是我国首个规范气候资源利用的地方法规。但此举立即遭到反对，主要理由是：于法无据；违背公理认知，无助于太阳能风能等清洁能源的推广应用。[1]

但是，本书认为三种模式中，以气候资源国家所有权制最为适宜。第一，否认气候资源所有权的观点难以成立。理由如下：首先，自然资源所有权不同于物权上的传统所有权，其性质不是支配权，故其客体未必需要特定化。其次，客体数量的不确定性不应当在根本上妨碍资源所有权的确立。例如，矿藏资源所有权，虽可依靠科技勘查其储量、构成，但也并非十分精准；水资源所有权之客体其实也是流动的，且因蒸发而产生数量上的变化；无线电频谱资源亦有不稳定性，但其所有权已经确立。最后，既然承认气候资源的存在，就必须确认其在法律上的归属，实践中也必然存在实际的归属者有待法律的确认。第二，气候资源公众所有权的观点亦难成立。理由如下：其一，于法无据，目前我国法律并未规定公众所有权制度，外国民事立法亦极为罕见。其二，即便规定了公众所有权制度，也许最终还是需要国家代表公众行使气候资源所有权，因为国家存在的根本使命就是维护和实现公共利益，这也是各个国家机关的职责所在，而且在各种社会组织和机构中，只有国家才是最合适、最有公信力的。第三，气候资源所有权不应当归属于集体经济组织，更不应属于任何个人。气候资源是一个整体，而且对公众利益极为重要，若将其所有权归属于众多的集体组织甚至个人，不仅大大增加权利行使的成本，而且难以形成统一意志，客观上对保障公众对气候资源的权益十分不利。

（三）气候资源开发利用权

所谓气候资源开发利用权，是指民事主体依法享有的对特定气候资源进行探测、收集，并加工创造出物质财富的权利。目前对于气候资源的开发利用主要集中在风能和太阳能，因而关于气候资源开发利用的立法基本上也限于风能和太阳，如《可再生能源法》及地方性立法。

1. 气候资源开发利用权的取得

由于开发利用气候资源需要具备一定的技术、设备、资金，故实践中气候资源开发利用权的主体一般为企业，也包括相关的科研机构。但

---

〔1〕 张玉胜：《气候资源国有化的“三无”立法不要也罢》，载《环境保护》2012 年第 13 期。

是，气候资源所有权无论属于国家还是公众，企业等主体都不可能享有，故其应当按照法律规定的程序，才能取得气候资源的开发利用权。首先须所有权人同意转让其开发利用权，这在本质上只是一种交易行为；其次须气候资源主管部门同意，因为气候资源关乎社会的公共利益，不宜实行完全的自由交易，这在本质上是一种特许行为，因此气候资源开发利用权是一种特许经营权。依据目前立法，大多为行政审批制，即须经当地气象主管部门批准。

鉴于气候资源是可再生资源，且开发利用的主要目的在于生产新能源，在实践中应当属于鼓励、支持的对象；此外气候资源开发利用整体上还处于不成熟阶段。故其取得程序不宜过于严格，行政机关的特许程序应当多样化，并保证公开、公正。

2. 气候资源开发利用权的主要内容

气候资源开发利用权本质上是由气候资源所有权派生而来的权利，民事主体一旦依法取得了气候资源开发利用权，那就具体享有如下权利：(1)在规定的时间和地域，探测、收集特定气候资源的权利；(2)按照规定方式对特定气候资源进行加工、改造、转化的权利；(3)禁止他人妨碍、干涉自己依法探测、收集、利用特定气候资源的权利；(4)获得开发利用气候资源所得收益的权利，以及享有开发利用气候资源所得产品所有权的权利。同时自然也享有所在土地的使用权或所在海域的使用权等基础性权利。

此外，气候资源开发利用权主体也应当享有转让其开发利用权的权利。目前，风力发电经营特许权交易已经产生，相信随着立法和市场经济体制的进一步完善，还会有更多的气候资源开发利用权逐步进入交易市场。但是，出让气候资源开发利用权的目的在于真正实施开发利用，而不是在垄断控制了气候资源之后再待价而沽，因此气候资源开发利用权虽然原则上可以转让，但是宜设定一些基本规则和条件，如权利人失去开发利用的能力等，以防炒作、投机行为抬高气候资源的价格，最终妨碍气候资源的开发利用。

三、电信资源权

(一)电信资源权概述

1. 什么是电信资源

电信资源是现代社会产生的新型资源。根据《电信条例》第26条第2款之规定,电信资源是指“无线电频率、卫星轨道位置、电信网码号等用于实现电信功能且有限的资源”。所谓无线电频率也称无线电频谱,是指频率介于3赫兹和约300G赫之间,可以传输声音、图像等信息的电磁波。所谓卫星轨道位置,是指卫星发射后可以在不增加动力的情况下环绕地球飞行的轨道。所谓电信网码号资源,是指由数字、符号组成的用于实现电信功能的用户编号和网络编号(《电信网码号资源管理办法》第2条),包括固定电话网码号、移动通信网码号、数据通信网码号等。

电信资源具有如下主要特征:第一,用途仅限于实现电子通信,故以现代电子通信技术为前提。第二,电信资源是无形的资源,人体感觉器官无法直接感知其存在。第三,电信资源不会因为使用而耗竭、消亡,可以反复使用。第四,在特定时空领域内,电信资源的数量是有限的,具有稀缺性。第五,随着科技进步,电信资源的数量可以适当、有限地增加。

2. 电信资源权的内涵与特征

电信资源权,是指自然人、法人或非法人组织、国家依法享有的电信资源所有权以及由此派生而来的各种电信资源开发利用权。电信资源权是一种新兴的民事权利,伴随着现代通信技术的应用、普及而产生。

电信资源权具有如下主要特征:第一,电信资源权的根本目的在于保障人们利用电信资源传输信息的权利以及通信的安全,具有极强的公益性,不仅关乎每一个自然人、社会组织,也关乎国家的安全。第二,电信资源权的初始取得源于世界范围内的各国博弈,联合国专门设立了“世界电信联盟”,负责分配和管理全球无线电频谱与卫星轨道资源。第三,电信资源权具有高度的计划性和管理性。我国《电信条例》第26条第1款规定:“国家对电信资源统一规划、集中管理、合理分配,实行有偿使用制度。”第四,电信资源权本质上只是对电信资源的利用权,而非支配权。

3. 电信资源权的法律性质

电信资源权利的性质取决于对电信资源性质的认识。如果认定电信资源是自然资源，那么电信资源权利理应属于自然资源权利，即资源生态权，而非财产权，亦非物权。如果认为电信资源不是自然资源，而是人们创造的一种无体物、无形的物质性财产，那么电信资源权利似应为财产权或物权。目前多数人主张，电信资源应当属于自然资源。

赞成的学者认为，电信资源"是一种特殊的自然资源。说它是一种自然资源，是由于它具有一般资源的共同特性，像土地、水、矿山、森林一样"[1]；"无线电频谱资源是一种宝贵自然资源被人们越来越广泛深刻地认识到"[2]。有人提出，电信资源应当归于宪法中未列明的其他自然资源，即"等自然资源"，包括已发现的和未发现的资源，且电信资源应归国家所有。[3]

反对者认为，电信资源只是一种权利，"将无线电频谱资源等同于无线电波作为物权法的客体在物权法上是解释不通的，应将无线电频谱资源视为一种抽象的资源，赋予其对无线电频率使用权和分配权的含义"；无线电波"看不见摸不着甚至都无法感觉到，无线电波的有体性是值得怀疑的"；"其不具有特定性，人们不能对其进行存储，也不能将其转移，他人更不能消灭它的存在"。[4] 无线电频谱"就像时间、质量一样，是描述物质世界特性的一种参数"，"绝大部分是人为产生的无线电波"，"是人为资源"，"是在一定时空、一定频带内使用无线电波的权利"。[5]"在频谱拍卖制度发达的欧美国家，整个制度设计围绕着'权利'(right)，而非'物'(object)、'财产'(property)或者'资源'(re-

---

〔1〕 希玉久：《频谱定义及频谱资源的特性》，载《电子世界》2000 年第 4 期。

〔2〕 朱三保：《频谱资源的性质和地位及其有效利用》，载《中国无线电管理》1994 年第 3 期。

〔3〕 杨德风：《论无线电频谱资源的刑法保护》，载《中国无线电》2008 年第 2 期。

〔4〕 娄耀雄：《论无线电频谱使用权的准物权特征及面向技术进步的制度变革》，载《法律科学(西北政法大学学报)》2009 年第 5 期。

〔5〕 马方立：《无线电频谱资源的本质与属性探讨》，载谢飞波等主编：《2007 年全国无线电应用与管理学术会议论文集》，电子工业出版社 2007 年版。

source)”。[1]

电信资源属于自然资源,无论在法理上还是立法与司法实践中都是完全可以成立的。

第一,资源总体上只能分为自然资源、资本资源和人力资源三类,电信资源显然不能归于后两类,在逻辑上将其归于自然资源乃是顺理成章之事,在规律、属性等客观方面也与纯天然的自然资源完全相同。

第二,现代社会不可能要求所有的自然资源都具有完全的“天然性”,“纯粹的天然环境已经很少,环境或广义的自然环境应该包括天然环境和人为环境两个方面”[2];“不少自然资源,已有‘人为’成分,如人工林、人工草场、人工养殖场”,即便深埋地下的矿产资源和人迹罕至的原始森林,人类为了发现或保护这些资源也付出了大量的劳动,今天的土地资源绝大多数经历了无数代人的改造,它们都已不是纯天然的资源,“现代的自然资源或多或少都有人类劳动的印记。因而,我们在强调它的天然性的同时也应该承认它的社会性的特点”[3];“整个地球都或多或少地带有人类活动的印记,现在的自然资源中已经融进了不同程度的人类劳动结果,这是人类的社会属性决定的”[4]。因此,自然资源不应当完全“局限于天然的物质和能量。人类若下年的劳动已经使人类与自然的融合达到相当高的程度”,“自然资源法对‘自然资源’的认定也不应固守‘纯粹天然’,否则必然导致法律忽略对一些重要资源如人类自身培育的物种、对人类具有文化与历史审美意义的人文资源等的保护”。[5]

第三,国际立法和司法实践已将电信资源定性为自然资源,而非普通的财产或物。国际电信联盟在各项公约、规则中均确认了电信资源的自然资源性质。1973 年《国际电信公约》第 33 条(总第 154 款)规定,“在使用空间无线电业务的频带时,各会员应注意,无线电频率和地球同

---

〔1〕 娄耀雄:《论无线电频谱使用权的准物权特征及面向技术进步的制度变革》,载《法律科学(西北政法大学学报)》2009 年第 5 期。

〔2〕 蔡守秋主编:《环境资源法学》,人民法院出版社 2003 年版,第 2 页。

〔3〕 万年庆等:《对自然资源概念的再认识》,载《信阳师范学院学报(自然科学版)》2008 年第 4 期。

〔4〕 王景平:《论自然资源的含义和特征》,载《德州学院学报》2001 年第 2 期。

〔5〕 吴真:《自然资源法基本概念剖析》,载《中州学刊》2009 年第 6 期。

步卫星轨道是有限的自然资源,必须有效而节省地予以使用”;《国际电信联盟组织法》第44条(总第196款)以及《无线电规则》(2008年版)前言第3款都重申了上述规定,且《无线电规则》将此作为基本原则之一。境外司法实践也作了类似认定,美国最高法院在将公共信托原则的思想适用于有关电磁波案件时将电磁波称为“稀有资源”;并把“稀有性”作为一个基本而显著的特征;美国前总统布什也特别指出:“电磁波是重要而有限的资源”[1]。可见,将电信资源定性为自然资源符合目前世界立法和司法的实践现状。

（二）电信资源所有权

1. 电信资源所有权主体为国家。我国《民法典》第252条规定,“无线电频谱资源属于国家所有”;《电信网码号资源管理办法》第3条规定,“码号资源属于国家所有”;卫星轨道资源的所有权虽无明确规定属于国家,但是该资源直接由国际电信联盟分配给有关国家,而且我国的卫星均为国家所有,故卫星轨道资源所有权亦应属于国家。可见电信资源所有权的主体是国家。

但是与其他自然资源所有权不同,电信资源所有权的原始取得并非完全依据本国国内法,甚至主要不是依据国内法,而是按照《国际电信公约》取得的,无论是卫星轨道位置还是无线电频谱、电信网码号,各种电信资源所有权都程度不同地受相关国际法约束。此外各国虽是本国电信资源所有权的主体,但在所有权的享有和行使上须接受国际电信联盟的管理。

1932年,70多个国家的代表在西班牙马德里召开会议,制定了《国际电信公约》,并决定自1934年1月1日起成立“国际电信联盟”(International Telecommunication Union,ITU)。1947年10月15日国际电信联盟成为联合国的专门机构。管理国际无线电频谱和卫星轨道资源是国际电信联盟无线电通信部门(ITU－R)的核心工作;《国际电信联盟组织

[1] Red Lion Broadcasting n F. C. C., 395, U. S. 367, 376 (1969); F. C. C. V. League of Women Voters, 468, U. S. 364, 377 (1984); Bush, Presidential Memo on Spectrum Policy, available at http://www. whitehouse. gov/news/releases/2003/06/20030605 - 4. html. 转引自吴真:《试论公共信托原则》,载《社会科学战线》2008年第7期。

法》规定，国际电信联盟有责任对频谱和频率指配，以及卫星轨道位置和其它参数进行分配和登记，“以避免不同国家间的无线电电台出现有害干扰”。

2. 电信资源的显著公益性决定了国家所有权的正当性。电信资源采国家所有制，且国家为唯一的主体，具有十分明显的必要性和重要性。其正当性主要体现在两个方面。第一，电信资源具有极强的公益性。第二，我国是社会主义国家，公有制占主导地位，凡属重要的自然资源，原则上国家都应当享有所有权。

（三）电信资源开发利用权

电信资源开发利用权，是指电信资源运营商、用户等依法享有的运用特定电信资源经营通信业务或进行通信联络的权利。建立在电信资源系自然资源的共识基础上，电信资源开发利用权在性质上应当归属自然资源权利体系之中。电信资源开发利用权之主体主要是电信业务运营商、其他社会组织和自然人，但是卫星轨道资源例外。

依据电信资源的不同类型，可分为无线电信频谱资源开发利用权、卫星轨道资源开发利用权、电信网码号资源开发利用权。在我国，卫星轨道资源的开发利用权与其所有权一样属于国家；无线电频谱和电信网码号等资源的开发利用权主体原则可分为电信业务经营者和从事电信消费的用户，后者既包括自然人，也包括各种社会组织。电信消费的用户一般只是享有对电信网码号资源的利用权，无开发权；且对其他电信资源无开发利用权。

依据利用电信资源之目的，又可分为营利性电信资源开发利用权、公益性电信资源开发利用权、私益性电信资源利用权。营利性电信资源利用权则仅属电信业务经营者；公益性电信资源利用权的主体通常是各种公益类组织，包括从事农业、抢险、救灾、气象等公共服务的组织，以及教育、医疗、公共卫生等服务于公共利益的组织等；私益性电信资源利用权的主体主要是因生产、生活中的通信需要而利用电信资源的自然人和非公益类的社会组织。

1. 电信资源开发利用权的取得

所谓电信资源开发利用权的取得，是指一国境内各类民事主体依法获得电信资源开发利用权的过程。在电信资源所有权人的角度看,取得也就是电信资源开发利用权从所有权中的分离和出让。在一国内部,这是电信资源的第一次分配,能否公平、合理十分重要。通常各国法律会依据电信资源用户或使用目的的不同,规定不同的取得方式和条件,目前国际上电信资源的出让方式主要有行政分配和市场分配两种模式,分别适用于公益需求和商业需求。我国《电信条例》第 28 条第 2 款规定:"分配电信资源,可以采取指配的方式,也可以采用拍卖的方式。"何种情形下采取分配方式,何种情形下采取拍卖方式,法律并无明确规定。

(1)行政配置方式

行政配置方式,也称分配、指配,是指由电信主管部门依据其行政权力直接将电信资源开发利用权赋予电信业务经营者或其他社会组织,并同时决定电信资源的种类和数量。《电信网码号资源管理办法》第 5 条规定:"国家对码号资源的使用实行审批制度",未经电信主管部门批准,任何单位或者个人不得启用码号资源;第 6 条规定:码号资源管理应当遵循公开、公平、公正的原则,统一规划,集中管理,合理分配,有效利用。行政配置方式通常在电信业务发展初期较多采用,或者为了保障国防安全、公共服务等公共利益对电信资源之需求而适用。《电信条例》第 28 条第 1 款规定:电信主管部门在分配电信资源时应当考虑电信资源规划、用途和预期服务能力。

行政配置的方式优势在于能够充分保障公共利益对于电信资源的需求得到实现,但也存在明显的弊端,主要是无法调动主体合理利用电信资源的积极性,也无法使电信资源得到最有效的利用,更不能使电信资源的经济价值得到最充分的释放和展现,还极有可能因为分配不公平导致电信资源"贫富悬殊"、浪费与紧缺并存甚至权力寻租等腐败现象。所以,应当加强对电信资源分配的监督,提高分配的科学性,保障分配的公开性;经营性电信资源原则上不宜采用分配方式。

(2)市场配置方式

市场配置方式,是指由电信主管部门将特定种类和数量的电信资源通过拍卖、招标等竞争程序最终决定获得电信资源开发利用权主体的方式。通常适用于电信业务运营商取得经营性电信资源,或者私益性消费用户取得电信网码号资源利用权。"为了在频率资源的分配中最大限度地体现公平、公正、公开的原则,促进无线通信业务领域的市场竞争,许多国家便纷纷采取了拍卖和评选等以市场机制分配频率资源的方式”,“20 世纪 90 年代以来,新西兰、美国、澳大利亚等国对一些特定的无线电频段采取了以拍卖发放许可证的方式”,“英国、德国等欧洲国家在发放 3G 许可证时,纷纷采用了拍卖的方式”。[1]

市场配置方式主要包括招标、拍卖等,其共同特点是通过市场竞价的方式,由出价高者获得商用类电信资源的开发利用权。市场配置可以充分实现电信资源的经济价值,保障电信所有权人的财产利益,还可以通过交易的公开化,接受社会监督,避免或减少权钱交易;也能更有效地促使利用权主体尽可能节约利用资源,提高利用效率,改进利用技术。

但是,哪些资源可适用拍卖、招标等市场配置方式,应当经过反复、缜密的论证。“以英国为例,包括国防、卫星、水上、空间、应急、科学等多种应用未被纳入可拍卖的频谱范畴,比例占了所有频谱的 71%,而用于广播、商用(如集群业务等)、移动通信等频谱才可使用拍卖方式进行分配。”[2] 如果不具备市场竞争的基本条件,以服务公共利益为目的的电信资源消费、卫星轨道资源等,不宜采用市场竞争方式。

(3)电信资源的有偿利用制度

目前我国已经建立电信资源的有偿使用制度,但是目前主要适用于无线电频谱资源和电信网码号资源,卫星轨道资源并不适用。《电信条例》第 26 条明确要求,对电信资源“实行有偿使用制度”,第 27 条进一步规定:“电信业务经营者占有、使用电信资源,应当缴纳电信资源费。具体收费办法由国务院信息产业主管部门会同国务院财政部门、价格主管部门制定,报国务院批准后公布施行。《无线电管理条例》第 4 条规定了无线电频谱资源的“有偿使用”原则。《电信网码号资源管理办法》第 3 条明确要求:国家对码号资源实行有偿使用制度,具体收费标准和收费办法另行制定。

为有效地利用无线电频谱资源,《无线电管理收费规定》规定了全

---

〔1〕 徐玉:《全球商用无线电频率分配方式透视》,载《中国无线电管理》2001 年第 6 期。
〔2〕 陈翔等:《对我国未来开发频谱拍卖的建议》,载《中国无线电》2013 年第 1 期。

额、减半和免收三种频率占用费收费规则。用于国家公务、军事或战备、灾害救援等的,免收;用于卫生急救、气象服务、新闻、水上和航空无线电导航的专用电台及教育电视台,减半征收。

2. 电信资源开发利用权的主要内容

电信资源开发利用权人依法可以享有和行使如下具体权利:(1)运用电信资源进行信息传输之权利;(2)获得电信资源相关收益之权利;(3)禁止他人非法干涉自己利用电信资源之权利;(4)要求侵权人依法承担侵权责任之权利。

3. 电信资源开发利用权的期限

我国《无线电管理条例》第 19 条规定:"无线电频率使用许可的期限不得超过 10 年","无线电频率使用期限届满后需要继续使用的,应当在期限届满 30 个工作日前向作出许可决定的无线电管理机构提出延续申请"。《广播电视无线传输覆盖网管理办法》第 20、21 条也规定了不超过 10 年的许可期限。因此可以推断,我国频谱资源开发利用权的期限最长为 10 年。现有规定未能明确电信资源开发利用权的具体期限,而是赋予了相关管理部门决定期限长短之权力,似乎值得商榷。美国联邦通信委员会颁发给无线电台和电视台的广播执照有效期为 8 年[1]。此外,用于国防、军事、灾害救援、气象等公益目的的电信资源开发利用权则应无期限限制。

4. 电信资源开发利用权的相关义务

电信资源开发利用权主体在享有和行使其权利的过程中应当履行必要的义务,以保证其权利行使不会损害社会公共利益、国家利益和他人合法权益。依据相关法律,权利人承担的相关义务主要包括如下几个方面:(1)依法及时启用电信资源之义务;(2)不得擅自使用、转让、出租电信资源;(3)不得擅自改变电信资源的用途;(4)不得利用电信资源进行非法活动;(5)合理利用电信资源之义务。

---

〔1〕 参见[美]唐·R. 彭伯:《大众传媒法》(第 13 版),张金玺等译,中国人民大学出版社 2005 年版,第 555 页。

四、生态系统资源权

（一）生态系统资源权概述

1. 什么是生态系统

生态系统，通常是指生物与生物之间包括植物、动物和微生物群落，生物与无机物之间相互联系、相互作用、相互依存、相互制约而形成的自然统一体。如森林、草原、海洋、湿地、红树林、珊瑚等，都是相对独立的生态系统。人类也是生态系统的一分子。生态系统具有结构性、层次性、整体性等基本属性。

生态系统能够提供人们生存所必要的物质、能量和信息，能够吸收、净化人们生产或生活中排放的污染物，以及提供其他服务。并且，只要生态系统内部各要素之间能够维持在相对平衡的状态，生态系统就可以持续稳定地为人们提供各种生态服务。

2. 什么是生态系统资源

生态系统对人的价值不仅体现在生命健康和精神方面，也体现在物质利益上。所谓生态系统资源就是指人们能够加以利用并获得一定物质利益或其他利益的各种生态系统或生态系统功能。在广义上，森林、草原、海洋、湿地、红树林、珊瑚等资源都是生态系统资源；但狭义上的生态系统资源并不是指某个特定系统，而是指生态系统的一般资源价值。目前仅指生态系统容量，也称环境容量。通常所谓的生态系统资源即从狭义上理解和使用的。

生态系统资源虽然由生物和非生物共同组成，但在整体上生态系统并非生物，没有生命的基本属性，也不具有生物的一般规律，而且可以重复产生、重复利用的特点。故将其归于非生物可再生资源较为合理。

3. 什么是生态系统资源权

通过对生态系统、生态系统资源的理解与分析可知，所谓生态系统资源权，是指人们依法利用生态系统的特定功能以获取物质利益或其他利益，从而满足自身物质需求或其他需求的权利。在理论上，生态系统资源权包括生态系统资源所有权及其开发利用权；但具体而言，目前主要是指生态系统容量的所有权与利用权。

（二）生态系统资源所有权

各国法律通常都会规定各类具体生态系统的所有权主体，如美国“国家黄石公园”即为国家所有。不同的生态系统，所有权归属可能各有不同。依据我国法律，海洋、江河等生态系统只能归属国家所有；森林、草原等以国家所有权为主，兼有农村集体组织所有权。

但是，对于狭义上的生态系统资源即生态系统容量的所有权归属，似乎尚无法律加以明确规定。本书认为，结合我国法律和社会制度的特色，以及生态系统容量的特殊性，宜将其所有权统一归属国家。理由主要如下：第一，我国以公有制为主体，主要的自然资源所有权归国家所有，生态系统资源亦为自然资源；第二，生态系统容量具有极强的公益性，每一个自然人、社会组织都需要利用之，故不宜由某个社会组织享有所有权，尤其不能私有化；第三，生态系统是分层次的，每一个系统都是一个更大系统的组成部分即子系统，整个国家是一个统一的生态系统，不同层次之间相互依存、不可分割，国家生态系统的所有权只能归属国家，而国家生态系统的子系统所有权自然不宜归属国家以外的主体。

（三）生态系统容量利用权

1. 生态系统容量的内涵

生态系统容量，即指环境容量（environment capacity），又称环境负载容量、地球环境承载容量或负荷量，是指在保证人的生存和生态系统服务不受损害的前提下，一个生态系统能够容纳污染物的最大负荷量；或一个生态系统在维持生命个体的再生能力、适应能力和更新能力的前提下，能够承受生命体数量的最大限度。生态系统容量是由生态系统的自我免疫力、自我调节力、自我净化力所决定的。

环境容量是在环境管理中实行污染物浓度控制时发展而来的概念。污染物浓度控制虽然规定了排污人排放污染物的容许浓度标准，但没有规定排入环境中的污染物数量，也没有考虑环境净化和容纳的能力。最终导致在污染源集中的区域，尽管排污人排放污染物达到了浓度控制标准，但由于排放总量过大，仍会使环境受到严重污染。于是在环境管理中开始采用总量控制法，即将排入同一环境的污染物总量限制在一定数值之内。而确定总量控制指标的科学依据就是特定环境在其自我净化力范围内所能容纳的污染物总量，即环境容量。

环境容量一般分为绝对容量和年容量。绝对容量，是指某一环境所能容纳某种污染物的最大负荷量。年容量，是指某一环境在污染物的积累浓度不超过环境标准规定的最大允许值的情况下，每年所能容纳的某种污染物的最大负荷量。

2. 生态系统容量利用权的概念

所谓生态系统容量利用权，是指自然人或法人或非法人组织向特定生态系统排放一定污染物从而利用生态系统容量的权利。因为，排放的任何污染物都必然会启动生态系统的自我净化、调节和免疫的机制，即必然占用生态系统的容量。所以广义上的生态系统容量利用权，就是指自然人、法人或非法人组织依法享有的排放污染物的权利，即排污权。

由于每一个人自然人、社会组织的生存都是以消耗一定的物质、能量并排放一定的污染物为前提的，故任何一个民事主体在客观上都需要向生态系统排放污染物，也就是利用生态系统容量。从这个意义上看，生态系统容量利用权应当是人的自然权利，故本书将自然人基于生存需要的排污权归属于人身生态权。

但是狭义上的生态系统容量利用权，其性质属于资源生态权，故主要是指企业等生产经营者依法享有的按照规定的配额、标准、地点、种类、方式等要求排放污染物的权利。之所以将其归于资源生态权，理由至少有两个方面：一是此类排污之目的在于维系生产经营者的生产经营活动，即是营利性；二是此类排污权是可以交易的，企业可通过技术革新等减少排污量从而节约排污配额，并将其有偿转让给需要排污配额的企业。可见，对于企业等生产经营者而言，生态系统容量利用权也是获得经济收益的一种资源。

3. 生态系统容量利用权的主要内容

生态系统容量利用权的确立本质上源于生态系统容量的稀缺性。一方面，任何生态系统对污染物的容量都是有限的，因为生态系统的净化力、调节力、免疫力是有限的；但是社会的生产和生活所需要排放的污染物却远超过生态系统的客观容量。由此必然导致生态系统容量始终处于稀缺状态。另一方面，向生态系统排放一定的污染物又是企业等社会组织从事生产经营活动所必需的条件。因此,法律既要承认和保护企业等社会组织享有排污权,又须对其排污权的内容和行使加合理的规范。

企业等社会组织享有的生态系统容量利用权主要应当包含如下内容:第一,向特定生态系统排放一定污染物的权利。这是保障其生产经营活动的必要条件,因而也是维系国民经济发展所必需的,只要生产经营就必然排污,世界上不可能存在不排放任何污染物的生产经营活动。第二,将剩余排污配额依法转让给其他企业,并取得一定经济收益的权利。第三,排除他人非法妨碍、干涉自己合法排污的权利,既可请求国家机关予以排除,亦可依法自行排除。第四,对非法妨碍、干涉自己排污且造成损害的,有权要求侵权人承担赔偿损失的责任。

由于污染物的排放对生态系统保护具有十分重要的意义,因此企业等社会组织在行使其排污权的过程中,必须严格履行如下义务:其一,按照法律规定或排污许可主管部门同意的标准排污,包括规定的排污数量、种类、地点、方式、浓度等,享有排污权顾然可以排污,但并非等于任意排污。其二,排污行为不得侵害他人的正当权益,即不得滥用排污权。其三,依法需要取得排污许可证的,须按照规定申请并取得排污许可证。其四,依据《环境保护税法》(2018 年修订)之规定,排放大气污染物、水污染物、固体废物和噪声,且达到应税污染当量的,须按照规定标准和程序缴纳环保税。

第三节　生物资源权

生物资源权,是指以生物资源为客体的可再生资源生态权。生物资源与非生物可再生资源权的区别主要在于客体,前者为生物资源,后者为非生物资源,但二者同属可再生资源权。

一、生物资源权概述

(一)生物资源的概念及特征

1. 什么是生物资源

生物资源,是指地球生物圈中对人们的生产或生活具有一定经济价值的动物、植物、微生物有机体以及由它们所组成的生物群落。生物资源也被称为可更新资源。经典的生物资源是指当前已知且具有利用价值的生物体;但从广义上分析,一切对人们具有直接、间接或潜在的经济、科研价值的生命有机体,皆可称为生物资源,包括基因、物种以及生态系统三个层次。[1] 据 1992 年通过的联合国《生物多样性公约》第 2 条规定,生物资源是指对人类具有实际或潜在用途或价值的遗传资源、生物体或其部分、生物群体、或生态系统中任何其他生物组成部分。该公约具有法律约束力;生态系统是指植物、动物和微生物群落和它们的无生命环境作为一个生态单位交互作用形成的一个动态复合体。

在物种这一层次,生物资源可分为动物资源、植物资源和微生物资源三大类。动物资源包括陆栖野生动物资源、内陆渔业资源、海洋动物资源;植物资源包括森林资源、草地资源、野生植物资源和海洋植物资源;微生物资源包括细菌资源、真菌资源等。生物资源也可分为森林资源、草场资源、栽培作物资源、水产资源、驯化动物资源、野生动植物资源、遗传基因(种质)资源等。

2. 生物资源的主要特征

生物资源具有如下基本属性:

(1)可再生性。在自然和人为条件下,生物具有不断自然更新和人为繁殖的能力。再生性是生物资源的基本属性,只要合理利用,就可为人们提供无穷无尽的各种产品。因此,生物资源与非生物可再生资源一样,同属可再生资源。

(2)可耗竭性。生物资源受自然灾害和人为破坏,可能导致物种减少甚至灭绝。生物资源被破坏尤其被灭绝后难以自然恢复。故利用不

---

〔1〕 娄治平等:《生物多样性保护与生物资源永续利用》,载《中国科学院院刊》2012 年第 3 期。

当或过度,生物资源是可能耗竭的。

(3)多样性。生物资源的种类和功能均具有多样性和功能的多样性,故其用途也具有多样性。

(4)地域性。生物总是生长在其适宜生存的环境中,不同的地域所拥有的生物种类和数量具有较大差异。生物资源分布的地域性是开发利用生物资源的重要依据。

(5)未知性。很多生物还不知或不完全知道其价值,即使已经认识、开发的生物资源,也不是完全清楚其所有的价值,如银杏。

(6)时间性。不同生物种类,获取有用物质的时间不一样。"三月茵陈四月篙,五月六月当柴烧。"

(7)可驯化性。野生生物资源可以通过人为的引种、驯化而成为家养生物。生物的引种驯化,不仅可以解决野生生物资源获取的困难,而且可以拯救、保护濒危物种,扩大分布区,提高产量。

(8)不可逆性。生物资源属可更新自然资源,在天然或人工维护下可不断更新、繁衍和增殖;而在环境条件恶化、人为破坏、不当利用下,会退化、减少甚至耗竭、衰亡,且这一趋势达到临界点后通常具有不可逆性,如动物种群数量过低就难以维持种群繁衍。

(9)稳定性和变动性。生物资源均生存于特定生态系统之中,生态系统通常在较长时间内能保持能量流动和物质循环的平衡,并对外部干扰进行自我免疫、调节,从而维持生态系统的稳定性。但当干扰超过其所能忍受的极限时,生态系统无法自我免疫、调节,平衡就会被破坏,系统会崩溃,此为变动性。通常,生态系统的要素和结构越复杂,抗干扰能力越强,稳定性越大。反之亦然。

3. 生物资源的主要价值

中国是生物多样性最丰富的国家之一,有 3 万多种高等植物、6347 种脊椎动物和 599 类陆生生态系统类型。其中生物特有属种比例大,动植物区系起源古老,珍稀物种众多。因此我国拥有大量可利用的生物资源。生物资源的利用价值可以归纳为如下几个方面:(1)人们生活物资的主要来源;(2)人们生产物资的主要来源;(3)教育、科研的重要材料;(4)维持生态系统平衡。

总之,生物资源在人们的生产和生活中占有非常重要的地位,是维持人们生存所必不可少的。但是,生物资源的可再生性是不确定的。如果利用不当或过度,就必然导致生物资源数量减少、质量下降,甚至物种灭绝,这与非生物类可再生资源存在本质区别。如果能够合理、适度地利用,并进行科学的抚育管理,即可生生不息,不断繁殖更生。因此,如何根据生物资源的自身规律,合理利用和保护生物资源,实现可持续利用,是我们应当努力实现的目标。

(二)生物资源权的概念及类型

1. 什么是生物资源权

生物资源权,是指自然人、法人、国家等民事主体依法对某种生物资源享有的所有权或者开发利用权。生物资源权具有如下主要特征:

(1)客体为生物资源。生物是生态系统中的关键因素,生物与非生物相互作用、相互联系才形成了生态系统。生物产生、演变的规律不同于非生物所具有的物理、化学、地理、地质等规律。因此,人们对生物资源的保护、养育、开发利用,不仅应当遵守非生物的存在、发展规律,更应当严格遵守生物自身产生、演变的规律。

(2)可持续性。按照生物学规律,各种生物资源都是可以再生的,在合理、适度利用的前提下,生物资源可以不断地通过繁殖而更新,包括数量增加、品质改良等。因此从生物整体来看,生物资源权可以持续存在,可以不因客体耗竭而导致权利终止。

(3)可耗竭性。生物资源虽然可以再生,但其可持续性是有条件的。如果人们过度或不当利用生物资源,极有可能破坏生态系统,导致生物物种的退化甚至灭绝。因此,生物资源权完全可能因为客体的耗竭而终止,故生物资源权的设置、行使须遵守生物自身的规律。

2. 生物资源权的类型

依据权利的不同性质和内容,生物资源权可以划分为:生物资源所有权与生物资源开发利用权。按照民法的一般理论和规则,生物资源所有权是生物资源开发利用权的母权,前者是后者的基础和依据,可以适当制约后者;而生物资源开发利用权是由生物资源所有权依法派生、分离出来的权利,是实现生物所有权的一种方式。

依据生物资源的不同类型,生物资源权可以划分为:野生动物资源所有权及其开发利用权,如野生动物狩猎权;野生植物所有权及其开发利用权,如野生植物采集权等;森林资源所有权及其开发利用权,如林木采伐权、森林碳汇权;生态旅游资源开发利用权,如湿地开发利用权;草原所有权及其开发利用权,如草原放牧权;生态系统容量利用权,主要是指交易性排污权。

二、生物资源所有权

关于生物资源所有权,我国法律有些已经有了明确规定,但也有一些生物资源所有权归属在法律上不是十分清晰。

(一)生物资源所有权的主体

我国法律对生物资源所有权的主体规定了两种类型。

1. 二元制

国家和农村集体组织都享有同类生物资源的所有权。《宪法》第 9 条规定:矿藏、水流、森林、山岭、草原、荒地、滩涂等自然资源,都属于国家所有,即全民所有;由法律规定属于集体所有的森林和山岭、草原、荒地、滩涂除外。《民法典》第 250 条也作为类似规定:森林、山岭、草原、荒地、滩涂等自然资源,属于国家所有,但是法律规定属于集体所有的除外。《森林法》(2019 年修订)第 14 条规定:森林资源属于国家所有,由法律规定属于集体所有的除外。

2. 一元制

国家对某些生物资源独占性享有所有权,农村集体组织不享有所有权。《民法典》第 251 条规定:法律规定属于国家所有的野生动植物资源,属于国家所有。《野生动物保护法》(2018 年修订)第 3 条第 1 款规定:"野生动物资源属于国家所有。"

国家所有的生物资源所有权通常由国务院代表国家行使。国务院可以授权国务院自然资源主管部门统一行使国有生物资源所有权人的权利,并履行所有权人的义务。

(二)尚待明晰的生物资源所有权归属

1. 野生植物资源的所有权归属

我国《野生植物保护条例》未明确规定野生植物资源所有权的归

属。目前只能将野生植物作为一种从物，推断其所有权归属。森林、草原或其他土地的野生植物所有权归于该森林、草原或土地的所有权人，故其所有权主体包括国家和农村集体组织。在水域、海域生长的野生植物，归于该水域或海域的所有权人，因水流、海域所有权主体是国家，故其中的野生植物所有权也只能归国家。

2. 遗传资源的所有权归属

遗传资源也称基因资源、种质资源，是指含有人体、动物、植物或微生物的基因组、基因等具有遗传功能的器官、组织、细胞等遗传材料；或者说是生物体亲代传递给子代的遗传物质。中国世界上生物多样性最丰富的国家之一，因此拥有极其丰富的遗传资源。《生物多样性公约》称，遗传资源是指具有实际或潜在价值的遗传材料。

随着生物技术尤其基因工程技术的发展和普及，遗传资源的重要性与日俱升，在农业生产、生物保护、病虫害防治、医疗健康等领域得到了应用，在很多科学研究中也是不可缺少的材料。遗传资源也是国家的重要战略资源，保存、保护和合理利用遗传资源将成为未来维护国家安全、形成核心竞争力的坚实基础和有效保障。

因此，在国际上已经制定了相关的国际公约，如联合国的《生物多样性公约》。国内法律也有一些保护遗传资源的规定，如《基因工程安全管理办法》(1993 年)、《植物新品种保护条例》(1997 年)、《农业转基因生物安全管理条例》(2001 年)。但是，关于遗传资源保护的系统立法亟须加强，至于遗传资源所有权的归属，目前法律尚无明确规定。

按照民法所有权的一般原理，遗传资源是从各种生物体中分离出来的，其性质可视为从物，故其所有权可以推断为从属于母体即主物之所有权。享有生物资源所有权，同时就享有该生物资源原含遗传资源之所有权，生物资源与其遗传资源在所有权上归属于同一个主体。

3. 微生物资源能否成为所有权客体

微生物资源一般是指肉眼看不见或看不清楚的微小生物的总称，属于个体微小、构造简单的低等生物。其主要特征是：体积小、面积大、吸收多、转化快、生长旺、繁殖快、适应强、变异频、分布广、种类多。蘑菇和银耳等食、药用菌例外，系大型真菌。微生物是地球上最为丰富多样的生物资源，其种类仅次于昆虫，是生命世界里的第二大类群。

微生物的主要作用在于分解代谢，在物质循环中不可缺少；没有微生物，生物圈的物质能量循环将中断，生命将难以繁衍生息。微生物资源在人们的生活和工业、农业、医药等方面发挥着特殊作用。例如，病原微生物是导致诸多疾病的罪魁祸首；微生物与人们日常生活密切不可分，如酿酒、食品发酵等；微生物在医疗、生物技术等研究中也发挥着重要作用。

但是，迄今为止，各国法律尚未从资源的角度对微生物进行专门的规范，更未规定其所有权归属。目前一般是从保障生物安全的角度制定了一些法律文件，如国务院于 2004 年发布、2016 年修订的《病原微生物实验室生物安全管理条例》。但是，也许由于微生物资源的特殊性，尚难以成为民事主体享有的资源所有权之客体。例如，微生物资源的稀缺性不够明显，因其繁殖快、数量多；微生物作为种质资源进行保护存在较大难度，也缺乏必要性，因种类多、变异快；微生物作为在利用过程中不具有客观上的独占性，也无须在法律上独占，具备一定条件即会自行产生，故似无必要作为一种资源加以法律保护；微生物的经济价值主要是通过利用微生物作为原材料之一加工某种产品销售，如酒、火腿等，而非以微生物作为唯一原材料生产出售资源产品。

三、生物资源开发利用权

生物资源开发利用权，是指自然人、法人或非法人组织依法取得的对特定生物资源进行开发，以获取一定经济收益的权利。依据生物资源的不同类型，生物资源开发利用权主要包括：野生动物开发利用权，如野生动物狩猎权、人工繁育权；野生植物开发利用权，如野生植物采集权等；森林开发利用权，如林木采伐权、森林碳汇权、林下空间利用权；生物遗传资源开发利用权；草原开发利用权，如草原放牧权等。

（一）野生动物开发利用权

《野生动物保护法》（2018 年修订）第 2 条规定，该法所称野生动物，是指珍贵、濒危的陆生、水生野生动物和有重要生态、科学、社会价值的陆生野生动物；珍贵、濒危的水生野生动物以外的其他水生野生动物的保护，适用《渔业法》等有关法律的规定。因此，野生动物开发利用权主要是野生动物人工繁育权与狩猎权。水生动物的养殖权、捕捞权暂且归于水资源的开发利用权之中。

1. 野生动物狩猎权

2006 年 8 月 13 日，我国秋季国际狩猎野生动物额度拟在成都举行拍卖。这是原国家林业局首次通过拍卖的方式，对获得批准的狩猎野生动物种类、数量猎捕权进行转让。拟拍卖的狩猎额度涉及盘羊、羚牛、白唇鹿、岩羊、矮岩羊、马鹿等 14 种国家一、二级保护野生动物共 289 只（头），分布在四川、新疆、青海、甘肃、陕西、宁夏、内蒙古、湖南 8 个省和自治区。这次狩猎权拍卖最终因舆论的强烈质疑和反对而取消。

然而此次拍卖却引发了关于狩猎权的深度思考：什么是狩猎权？它是一种什么性质的权利？在我国民事权利体系中的地位如何？狩猎权具有哪些基本特征？其权利内容包括哪些？重点保护的野生动物能否被狩猎？等等。

（1）什么是狩猎权

狩猎，又称捕猎、打猎，是指使用套、夹、笼、网、窖、夹剪、压木、猎枪、猎犬等工具、方法捕杀或猎取陆生野生动物之行为。汉刘向《列女传·楚庄樊姬》："庄王即位，好狩猎。"

在民法上，狩猎行为是典型的先占行为。学界对"狩猎权"的界定存在较大分歧。有学者认为，狩猎权是指自然人或法人或非法人组织依法取得的对非国家重点保护野生动物进行追捕、猎杀、占有的权利。也有人主张，狩猎权是土地所有权人将其土地上的野生动物的捕获权授予他人而形成的一种私权利。综合而言，狩猎权，是指自然人或法人或非法人组织依法取得的运用一定工具捕杀或猎取特定的陆生野生动物，并取得捕获野生动物所有权或利用权的权利。

（2）狩猎权的主要特征

第一，权利主体主要是自然人，但也可包括法人或非法人组织。自然人从事狩猎活动自古有之，甚至在有些民族或地区自然人以此作为主要的谋生手段，故狩猎对于自然人而言早就是天然的权利。法人或非法人组织在现代社会也可能成为该权利的主体，主要是在一些公益性的狩猎活动中。

第二，权利客体为特定的陆生野生动物。客体的限定性表现在：首先,狩猎权之客体通常为陆生野生动物,水生野生动物中至少不包含鱼类,后者系捕捞权之客体;非鱼类水生野生动物统一归于捕捞权客体较为适宜。其次,国家重点保护野生动物原则上不得为狩猎权之客体。《野生动物保护法》(2018 年修订)第 21 条第 1 款明确规定:禁止猎捕、杀害国家重点保护野生动物;因公益性目的或其他特殊需要例外。

第三,权利须经行政许可而取得。依据《野生动物保护法》(2018 年修订)第 21 条第 2 款和第 22 条之规定,猎捕野生动物须相应主管部门的许可,并取得特许猎捕证或狩猎证。因科学研究、种群调控、疫源疫病监测或者其他特殊情况,需要猎捕国家一级保护野生动物的,应当向国务院野生动物保护主管部门申请特许猎捕证;需要猎捕国家二级保护野生动物的,应当向省、自治区、直辖市人民政府野生动物保护主管部门申请特许猎捕证;猎捕非国家重点保护野生动物的,应当依法取得县级以上地方人民政府野生动物保护主管部门核发的狩猎证,并且服从猎捕量限额管理。

第四,狩猎权之目的具有多样性。既可以是营利性的,即为了利用猎获物获得一定经济收益而从事狩猎活动,如用于动物园展览或出售猎获的野生动物;也可以是非营利性的,包括公益性目的,如科学研究、疫源疫病监测等,或者是娱乐休闲目的。

第五,狩猎权之法律性质具有双重性。从狩猎权之产生来看,本来主要是一种资源性生态权,即通过猎捕得到野生动物产品从而收获财产收益或者社会效益;但在现代社会狩猎也可以是为了娱乐休闲,故其又具有精神生态权之性质。

(3)狩猎权人的主要权利和义务

民事主体依法取得狩猎权后,即享有如下具体权利:其一,在规定地域对指定野生动物实施狩猎活动的权利;其二,对猎获的国家重点保护野生动物享有依法利用的权利,如用于科学研究、在经批准成立的野生动物园展览等;其三,对非重点保护野生动物依法享有猎获物所有权的权利,包括可出售所猎获的野生动物或其制品;其四,禁止他人非法妨碍、干涉自己合法行使狩猎权的权利,包括采取自力救济或者请求国家机关保护。

同时,狩猎权人也应当依法承担和履行必要的义务。依据《野生动物保护法》(2018 年修订)的规定,权利人负有如下主要义务:其一,依法行使狩猎权,即应当按照特许猎捕证、狩猎证规定的种类、数量、地点、工具、方法和期限进行猎捕;持枪猎捕的,应当依法取得公安机关核发的持枪证(第 23 条)。其二,不得使用法律禁止使用的工具或方法进行狩猎,包括禁止使用毒药、爆炸物、电击或者电子诱捕装置以及猎套、猎夹、地枪、排铳等工具进行猎捕;禁止使用夜间照明行猎、歼灭性围猎、捣毁巢穴、火攻、烟熏、网捕等方法进行猎捕;禁止使用县级以上地方人民政府规定的禁止使用工具或方法。但因科学研究确需网捕、电子诱捕的除外(第 24 条)。其三,禁止伪造、变造、买卖、转让、租借特许猎捕证、狩猎证、人工繁育许可证及专用标识(第 39 条)。此外还有《野生动物保护法》和其他法律法规规定的义务。

(4)确立狩猎权的正当性

在经历了 2003 年"非典",尤其是 2019 年年末开始的"新冠肺炎"在世界范围内大暴发后,有人提出全面禁止食用陆生野生动物,自然也包括禁止猎捕野生动物。似乎以营利为目的狩猎权已经没有存在的必要。但是本书认为,这一主张在理论上缺乏合理性,在实践中更没有可行性,全面禁止食用陆生野生动物完全没有必要,缺乏必要的基本理性,客观上也无实现之可能。

首先,保障公共卫生安全未必需要。目前尚无确切证据证明新冠病毒源于野生动物,即便有证据证明,人们接触野生动物的机会有很多,并非只有狩猎、食用一个途径,我们需要重视的是在各种接触野生动物的场合如何进行安全检疫、场所消毒、个人卫生等制度的完善和执法的严格。病毒无处不在,水生野生动物、家禽家畜同样携带,只要经过必要的检验检疫,病毒就是可防可控的。

其次,保护野生动物种群和生态平衡无此需要。非重点保护野生动物的狩猎、食用明显没有限制之必要。相反对于某些繁殖速度快、数量多的非重点保护野生动物,狩猎不仅必要,而且有利于维护野生动物种群之间的平衡。因为野生动物的种群数量应当保持相对稳定,才能维护生态系统的平衡,有些种群繁殖太快、数量过多,对生态系统反而不利,通过适度的狩猎可以相对控制这些种群的数量。此外,控制某些野生动物过度繁殖也有利于保护当地居民的人身或财产免遭野生动物侵害。

最后,全面禁止食用陆生野生动物在客观上不可能。非重点保护野生动物种类多,分布区域广,数量多甚至非常多,而且经常处于流动之中,要全面禁止民间的狩猎、食用行为,行政监管的人力、物力成本极高,操作难度极大,几乎是不可能完成的任务。

因此,对于禁止狩猎、食用陆生野生动物应当树立科学、理性的态度,区别对待,不可走极端、"一刀切"。对于濒危、珍稀即国家重点保护的陆生野生动物,必须严格禁止捕猎、食用、交易;对于有些种群数量多、繁殖容易且速度快的陆生野生动物,应当允许捕猎、食用、交易,但同时必须加强检验、检疫和卫生监管。应当承认和肯定,在不危害生物多样性和保证必要卫生检验检疫的前提,适当的狩猎活动对促进自然人的身体健康、精神愉悦是非常有利的,对实现野生动物资源的经济价值也是可行的,狩猎活动自古即有,而导致大规模传染病暴发和流行的现象极为罕见,没有必要因噎废食。

(5)狩猎权与土地所有权的关系

目前各国关于狩猎权与土地所有权的立法主要有两种模式。

狩猎权隶属于土地所有权模式。德国、美国等实行土地私有制的国家通常采用此模式,其法理基础在于土地之上的植物、动物从属于土地,故其权利也隶属于土地所有权。例如,《德国狩猎法》第 3 条第 1 款规定,狩猎权与土地所有权密不可分,不得当作一项限制物权进行设立,但是该法第 11 条又规定对其可以设置用益物权。在美国法上,狩猎权被认为是进入他人土地进行狩猎的权利。法官通常认为,狩猎权是一种受特定狩猎目的限制而存在于土地之上的权利,狩猎权的实现依赖于进入私人所有土地的权利,即须以土地所有权为基础。

狩猎权与土地所有权各自独立模式。其法理基础在于,土地之上的野生动物所有权独立于土地所有权,野生动物所有权归属国家。如《俄罗斯宪法》确定了野生动物及其生存的地区归国家所有,但根据某些联邦法律可以确定一些属联邦主体所有;根据该法第 72 条,动物保护和利用由国家和联邦主体负责。[1] 故土地所有权人不能对地上之野生动物

〔1〕 朱冬传:《俄罗斯重视立法保护野生动物》,载中国法院网 2013 年 4 月 23 日,https://www.chinacourt.org/article/detail/2013/04/id/950415.shtml。

享有任何权利。我国《野生动物保护法》也确立了野生动物资源国家所有制度。

2. 野生动物人工繁育权

野生动物人工繁育权，是指自然人、法人或非法人组织依法取得的对野生动物进行人工繁殖、饲养的权利，也称野生动物驯养权。人工繁育野生动物之目的多为公益性的，如用于科学研究、教学，或因该动物自然繁殖率过低而采用人工手段繁殖，以增加该动物种群数量。但是也有以营利性目的进行人工繁育的，即为了出售养殖的动物或动物制品，以获得经济收益。

野生动物人工繁育权的取得原则上实行许可证制度，即申请人须依法经省级政府野生动物保护主管部门批准并取得许可证。依据《野生动物保护法》（2018 年修订）第 25、26 条之规定，科学研究机构因物种保护目的人工繁育国家重点保护野生动物，不需要取得许可证，但为其他目的人工繁育国家重点保护野生动物实行许可制度，即须经省级人民政府野生动物保护主管部门批准，并取得人工繁育许可证；应当使用人工繁育子代种源，建立物种系谱、繁育档案和个体数据；确需采用野外种源的，须依法取得野生动物猎捕证；应当有利于物种保护及其科学研究，不得破坏野外种群资源；应当具有野生动物所必需的活动空间和生息繁衍、卫生健康条件，具备相应的场所、设施、技术，不得虐待野生动物。

但是，关于非国家重点保护野生动物的人工繁育权，《野生动物保护法》（2018 年修订）并未明确规定。本书认为，民事主体原则上均可以依法取得人工繁育权，但须符合当地地方性法规规定的条件和程序，并且不违背保护野生动物的根本宗旨。对国家一级重点保护野生动物，不得以营利为目的进行人工繁育；对于其他重点保护野生动物，经批准并取得许可证，方能以营利目的享有和行使人工繁育权；而对于非重点保护的野生动物似应不需要经许可，即可为营利目的享有和行使人工繁育权。实践中已经有人工繁育野猪、野鸡等，以及出售繁殖产品等事例。

（二）野生植物开发利用权

所谓野生植物，是指原生地天然生长的植物。野生植物是重要的自然资源和环境要素，是人们维持生存和生命健康所需食材、药材的重要来源，也是工业原材料的来源，对于维持生态平衡和发展经济具有重要作用。依据《野生植物保护条例》(2017 年修订)第 2 条之规定，受国家保护的野生植物是指原生地天然生长的珍贵植物和原生地天然生长并具有重要经济、科学研究、文化价值的濒危、稀有植物。

野生植物开发利用权，是指自然人、法人或非法人组织依法享有的利用特定野生植物获得一定经济收益，以满足自身需求的权利。其目的以获取经济收益为主，但也可能为了社会效益、精神效益；其客体系野生植物，在不同的时代、地域，能够成为权利客体的野生植物不尽相同。《野生植物保护条例》(2017 年修订)第 4 条规定："国家保护依法开发利用和经营管理野生植物资源的单位和个人的合法权益。"以野生植物的利用方式为依据，野生植物开发利用权可以分为野生植物采集权和野生植物移植权。

1. 野生植物采集权

所谓采集，是采摘、采挖、采割和搜集、收集之意。野生植物采集权是指自然人或法人或非法人组织依法享有的通过采摘、采挖、采割等方式搜集、收集特定野生植物，以获得一定经济收益或其他收益的权利。采集权之目的大多是将所采集的野生植物直接用于生活消费，或将其出售获得一定的经济收入。但在现代社会中，自然人采集野生植物有时也可能是为了追求精神享受，如为欣赏某种野生植物的美学价值而采集野花野草。

民事主体须依法取得野生植物采集权。采集国家保护的野生植物须向相应的主管部门申请并获得采集证。野生植物采集证是采集权的法定凭证。按照《野生植物保护条例》(2017 年修订)第 16 条之规定，因科学研究、人工培育、文化交流等特殊原因，确需采集国家一级保护野生植物的，应当按照管理权限向国家林业行政主管部门或其授权机构申请采集证；或者向采集地省级人民政府农业行政主管部门或其授权机构申请采集证；采集国家二级保护野生植物的，须经采集地县级人民政府野生植物行政主管部门签署意见，向省级人民政府野生植物行政主管部门或其授权机构申请采集证；采集城市园林或风景名胜区内的国家一级或者二级保护野生植物的，须先征得城市园林或者风景名胜区管理机构同意，然后再规定申请采集证；采集珍贵野生树木或者林区、草原野生植物的，依照森林法、草原法规定办理；野生植物行政主管部门发放采集证后,应当抄送环境保护主管部门备案。采集非国家保护的野生植物,目前我国法律没有要求经行政主管部门审批或取得采集证,故民事主体享有自由采集的权利。

采集权之客体为特定的野生植物。首先,法律禁止采集国家一级保护野生植物,故其原则上不得成为采集权客体;其次,森林、林木等野生植物已经设定为其他生物资源利用权之客体,如采伐权,亦不得为采集权之客体;最后,权利人一般都是有目的地采集某种或某几种植物,而非不特定的随意采集。

采集权人须依法行使其权利。《野生植物保护条例》(2017 年修订)第 7、17 条规定:采集国家重点保护野生植物的单位和个人,必须按照采集证规定的种类、数量、地点、期限和方法进行采集;采集权人及其他任何单位和个人皆有保护野生植物资源之义务,对他人侵占或者破坏野生植物及其生长环境的行为亦有权检举和控告。

2. 野生植物移植权

移植,即转移种植之意。野生植物移植权是指自然人或法人或非法人组织依法享有的对特定野生植物实施采挖并转移种植,以获得一定经济收益或其他收益的权利。移植权与采集权的本质在于须将野生植物异地种植,主要用于园林绿化,包括道路、公园、小区或办公区等,而非生活消费,故移植权的行使在多数情况下不会导致野生植物的灭失。移植权人可以是因自身的需要而采挖、移植,也可以为他人采挖、移植而获得一定经济收入。移植权之客体为野生植物,故自己种植的园林植物并非移植权客体,种植人出售种植园林植物之权利亦非移植权,而是园林种植物所有权之内容。

关于野生植物移植权原则上适用与野生植物采集权相同的规则。因为,第一,虽然移植多不会导致野生植物灭失,但由于各种原因仍有不少野生植物在移植过程中死亡;第二,野生植物在移植后即便成活了,其生态服务功能也会无一例外地严重下降;第三,移植对于原生态系统或多或少会产生破坏、损害,故应当严格控制、监管。《森林法》(2019 年修订)第 56 条第 4 款规定:采挖移植林木按照采伐林木管理;具体办法由国务院林业主管部门制定;第 40 条规定:国家保护古树名木和珍贵树木。禁止破坏古树名木和珍贵树木及其生存的自然环境。故古树名木和珍贵树木原则上不得移植。

(三)生物遗传资源开发利用权

1. 什么是生物遗传资源

生物遗传资源,也称基因资源,是指具有实用或潜在实用价值的任何含有遗传功能的材料,包括人类、动物、植物、微生物的DNA、基因、基因组、细胞、组织、器官等遗传材料及相关信息。《生物多样性公约》第2条规定:遗传资源是指具有实际或潜在价值的遗传材料。遗传材料是指来自植物、动物、微生物或其他来源的任何含有遗传功能单位的材料;遗传功能则是指能够将上一代生物特征遗传给下一代的功能,由生物的遗传基因决定。生物遗传资源在现代生物技术、基因工程技术、医疗卫生、农业种植养殖等领域的应用越来越广泛。

生物遗传资源的所有权通常属于对生物遗传资源之物质载体的所有权人,即享有遗传资源载体如生物体的所有权,就享有该载体上全部遗传资源的所有权。这也符合民法的所有权规则,遗传资源为从物,遗传资源载体为主物,从物之所有权隶属于主物,并随主物之转移而转移。非所有权人开发利用属于他人所有的生物遗传资源,均须事先告知并征得遗传资源所有权人的同意;所有权人有权自主决定同意或不同意;未经同意,他人不得获取、利用,擅自开发利用他人所有之遗传资源,既构成侵权。此所谓事先知情同意原则。

2. 生物遗传资源开发利用权的内涵及特征

生物遗传资源开发利用权,是指民事主体依法采集、保藏、利用他人所有之遗传资源时行科学研究、品种改良与开发、疾病治疗与预防等活动,并取得相关成果之产权,以满足自身需求的权利。为了规范和鼓励对人类遗传资源的有序开发利用,我国曾先后通过了《人类遗传资源管理暂行办法》(1998年)、《人类遗传资源管理条例》(2019年)。

生物遗传资源开发利用权主要有如下特征:其一,主体通常为具有较好生物技术条件的科研机构、高等学校、医疗机构、企业等,因为必要的生物技术条件包括仪器设备、生物研究能力等,是开发利用遗传资源的前提和基础。其二,客体为所有权归属他人的生物遗传资源,故生物遗传资源开发利用权系由所有权派生而来的权利,须经所有权人同意。

其三,开发利用之目的可以是公益性,如用于治疗或预防疾病;也可以是营利性,如利用遗传资源改良农作物品质、提高产量或开发生物药品等。

3. 生物遗传资源开发利用权的原则

依据相关国际公约和国内立法,生物遗传资源开发利用权的行使必须遵循一些基本原则。

(1)国家主权原则

由于各国拥有的生物遗传资源在数量和品种上差异较大,故跨国利用生物遗传资源的现象普遍存在。在国际法上,生物遗传资源实行属地所有,每一个国家皆对其境内的生物资源享有完全的主权,以及基于主权而生的管辖权和所有权。例如,大熊猫原产于中国,其遗传资源所有权即归属中国。

因此开发利用他国的生物遗传资源,须充分尊重所属国的国家主权。例如,我国《人类遗传资源管理条例》第 21 条规定:外国组织及外国组织、个人设立或者实际控制的机构(以下称外方单位)需要利用我国人类遗传资源开展科学研究活动的,应当遵守我国法律、行政法规和国家有关规定,并采取与我国科研机构、高等学校、医疗机构、企业(以下称中方单位)合作的方式进行。

(2)惠益分享原则

开发利用生物遗传资源所获得的各种收益,包括经济收益或其他收益,所有权人和开发利用权人均有权分享,而不能由开发利用权人独占利用生物遗传资源的所得收益。例如,某种野生水稻原产某国,后由某商业公司通过基因工程技术育成一种高产商品稻,该野生水稻原产国基于其对野生水稻资源的所有权,因而享有从野生水稻遗传资源的商业利用中分享经济惠益的权利。

惠益分享原则由《生物多样性公约》确立,最初主要适用于发达国家与发展国家之间的合作利用关系。该公约第 1 条规定,应当“公平合理分享由利用遗传资源而产生的惠益”;第 19 条第 2 款规定,提供遗传资源的缔约国特别是发展中国家,应当在公平的基础上优先取得基于其提供资源的生物技术所产生成果和惠益。《关于遗传资源的获取及以公平和公正方式分享因此种资源的利用而产生的惠益的波恩准则》和《有关获取和惠益分享的未尽事宜的进一步审查:用语、其他方法和履约措施》亦有专门规定。

惠益分享原则包括三个方面:研究过程的惠益分享,即允许生物遗传资源所有权主体以合作方身份参与遗传资源开发利用的研究和开发过程,使其得以学习和提高生物技术研发能力;研究成果的惠益分享,即生物遗传资源所有权主体公平分享生物遗传资源的研究成果,包括经济收益、品种、医药产品等,不能让开发利用权主体独占;技术资料的分享,即允许生物遗传资源所有权主体获得与生物遗传资源利用技术及成果相关的技术资源,在技术及成果转让中转让方应同时提供相关的技术资料和便利条件,使受让方能够清晰而完整地获得技术成果,并能真正实施该技术。

4. 生物遗传资源利用权的主要内容

生物遗传资源开发利用权人依法主要享有如下具体权利:

(1)采集、保藏生物遗传资源的权利。经遗传资源所有权人同意,他人即可对获准同意的遗传资源进行采集、保藏。这是开发利用遗传资源的第一个环节,也是必不可少的阶段。

(2)利用遗传资源进行科学研究或商业性开发的权利。即有权将获准同意的遗传资源作为研究的对象或生产的原材料,以获取所需要的生物技术,或者用于改良某种生物的品质、性能,制造某种生物技术产品等。其目的可以是公益性,也可以是营利性的。

(3)与遗传资源所有权人分享收益的权利。通过出售利用遗传资源制造的生物技术产品如生物药品,或者实施相关生物技术、转让其知识产权,可以获得经济收益,某些技术或产品甚至具有较大的社会公益。通过对遗传资源的研究,也可以获得与遗传资源相关的知识、发现相关的规律、提升相关的技术。作为开发利用权主体,有权享受上述各种收益,但须与所有权人依法律或合同分享。

(四)森林资源开发利用权

人们利用森林资源的主要方式是种植或采伐林木,以获取经济收益。实践中也产生了一些新型的利用方式,如通过植树造林获得森林碳汇,并转让;利用下空间种植作用等。故森林资源开发利用权主要包括林地承包经营权、林木采伐权、森林碳汇权、林下空间利用权(林地利用权）。此外，森林资源中的野生动物、植物利用权通常归于野生动物或植物资源开发利用权，并独立成类；林地承包经营权则更适合归于土地承包经营权。

1. 林木采伐权

森林资源主要是林木资源，甚至在狭义上就是指树木资源，因此采伐林木用于满足人们需求，是利用森林资源的主要方式。因此林木采伐权是森林资源开发利用权的主要类型。《森林法》（2019 年修订）第 14 条规定："森林资源属于国家所有，由法律规定属于集体所有的除外。"

林木采伐权，是指自然人、法人或非法人组织依法享有的采伐林木并获得所采伐林木之所有权的权利。[1] 林木采伐权是森林资源所有权的内容之一，故所有权人可以自己行使，也可许可他人行使。为了保护林木资源，中国实行林木采伐许可制。《森林法》（2019 年修订）第 56 条规定：采伐林地上的林木应当申请采伐许可证，并按照采伐许可证的规定进行采伐；采伐自然保护区以外的竹林，农村居民采伐自留地和房前屋后个人所有的零星林木，不需要申请采伐许可证；非林地上的农田防护林、防风固沙林、护路林、护岸护堤林和城镇林木等的更新采伐，由有关主管部门按照有关规定管理。但是采伐自己所有的或者其依法经营的用材林、经济林、防护林、薪炭林、特种用途林，仍须向申请林木采伐许可证。

《森林法》（2019 年修订）第 55 条规定：采伐森林、林木应当遵守下列规定：公益林只能进行抚育、更新和低质低效林改造性质的采伐，因科研或者实验、防治林业有害生物、建设护林防火设施、营造生物防火隔离带、遭受自然灾害等需要采伐的除外；商品林应当根据不同情况，采取不同采伐方式，严格控制皆伐面积，伐育同步规划实施；自然保护区的林木，禁止采伐，因防治林业有害生物、森林防火、维护主要保护对象生存环境、遭受自然灾害等特殊情况必须采伐的和实验区的竹林除外。

林木采伐权的内容主要包括：有权按照采伐许可证规定的范围、数量、年限、地点、树种等采伐林木，并取得所采伐林木的所有权；有权依法

---

[1] 中国社会科学院法学研究所法律辞典编委会：《法律辞典》，法律出版社 2003 年版，第 895 页。

出售其采伐林木或者直接用于生产,加工制造、出售林木产品;有权排斥他人对自己采伐林木活动的干涉、妨碍,必要时追究侵权人的法律责任。

依据《森林法》之规定,林木采伐权人必须履行法律规定的义务。其一,应当按照有关规定完成更新造林,更新造林的面积不得少于采伐的面积,且应达到相关技术规程规定的标准。其二,必须按照许可证规定的要求采伐林木,不得实施掠夺性的采伐。其三,禁止伪造、变造、买卖、租借采伐许可证。

2. 森林碳汇权

森林碳汇(forest carbon sinks)也有人称林业碳汇,有时简称碳汇,源于2005年2月16日正式生效的《联合国气候变化框架公约京都议定书》。一般是指"减少温室气体(主要是二氧化碳)在空气中浓度的能力、过程、活动或机制。通过植树造林、森林管理、植被恢复等措施,利用植物光合作用吸收大气中的二氧化碳,并将其固定在植被或土壤中"[1]。

依据《京都议定书》之规定,碳排放交易是一个可交易的配额制度,以议定书附件B所列承诺的减排和限排承诺计算的配额为基础,通过节能、造林等措施拥有剩余排放配额的国家可以出售给需要排放配额的国家。在此基础上,各国形成了国内法上的碳排放权交易制度,需要排放温室气体却又没有排放额度的企业可以向碳排放权人购买排放额度。2014年12月,国家发展和改革委员会颁布了《碳排放权交易管理暂行办法》。此项制度的主要意义在于在总体上限制温室气体排放量的增加,并逐步实现减少排放。

综合森林碳汇和碳排放权交易的内涵,森林碳汇权应当是指企业或其他民事主体通过植树造林、森林管理等措施有效减少了温室气体排放从而依法获得的一定额度的碳排放权。该项权利虽然并非严格意义上的生物资源权利,但因其通过植树造林、森林管理而产生,森林资源实乃权利之基础和源泉,故将其归入森林资源利用权,是合乎逻辑的。但是《森林法》(2019年修订)并未对此加以明确规定。

森林碳汇权具有如下主要特征:第一,主体限于通过植树造林、森林

---

〔1〕 陈至立主编:《辞海》(第7版彩图本),上海辞书出版社2020年版,第4254页。

管理等措施有效减少了温室气体排放从而依法获得一定碳排放额度的人,并非任何人皆可为权利人。第二,权利客体为一定数量的温室气体排放额度,此项配额系按照权利人创造的森林生态效益和相关法律规范计算所得。第三,权利之宗旨就是通过碳汇权交易,最终控制并减少温室气体的排放量。第四,权利之法益既有生态利益,也有经济利益,即权利人通过植树造林、森林管理创造生态效益,进而通过交易获得经济收益。

森林碳汇权的具体内容主要包括:其一,依法通过增加森林减排生态效益而获得一定数量温室气体排放额度的权利,或者说对其创造的森林碳汇享有所有权;其二,将其森林碳汇即所获得的温室气体排放额度依法转让给需要排放额度的受让人;其三,通过转让森林碳汇获得一定经济收益的权利;其四,禁止他人非法干涉、妨碍其拥有、转让森林碳汇,并获得相应经济收益的权利,既可自力救济,也可请求国家机关保护;其五,在侵权人给自己造成损害时,要求其赔偿损失的权利。

3. 林下空间利用权

森林是一个巨大的、立体的、生物多样性极其丰富的生态系统,人们除了直接利用森林中的林木满足自身需求外,还可以在不破坏森林的整体生态效益的前提下,对林地及其地上空间进行合理的、多样化的利用。如在林下种植适宜的经济作物、草药、园林植物、食用菌,或者适度规模的养殖等。因此,林地以及地上空间也是森林资源的一部分。

所谓林下空间利用权,是指人们在确保森林生态效益不受损害即不砍伐林木的条件下,依法利用林地及其地上空间从事适宜的种植、养殖活动,以获得一定经济收益或其他收益的权利。但是,目前我国《森林法》规定的林地使用权主要是林地经营权,以及因工程建设需要临时占用林地的权利,林地经营权须主要用于营造林木,可见它与林下空间利用权具有本质区别。因此严格意义上说,《森林法》尚未明确规定林下空间利用权,但实践中广泛存在。

《森林法》(2019 年修订)第 37、38 条规定:因矿藏勘查、开采以及其他各类工程建设确需占用林地的,应当经县级以上人民政府林业主管部门审核同意,依法办理建设用地审批手续,且须缴纳森林植被恢复费;需要临时使用林地的,应当经县级以上人民政府林业主管部门批准,且期限一般不超过2年，期满后1年内，用地单位或者个人应当恢复植被和林业生产条件。参照上述规定，取得林下空间利用权须经县级以上人民政府林业主管部门批准，且不得超过批准的期限，一般宜最长5年，期满可重新申请。

林下空间利用权主体依法享有如下主要权利：第一，利用经批准的林下空间从事种植、养殖等生产经营活动的权利；第二，获得种植或养殖活动所得产品之所有权的权利；第三，出售种植或养殖产品并享受所得收益的权利；第四，禁止他人非法干涉、妨碍自己在批准的林下空间从事种植或养殖活动的权利，可自力保护或请求国家机关保护；第五，对侵害自己权利并造成损害的行为人，要求其赔偿损失的权利。

但是，为了保护森林资源，林下空间利用权人须严格履行如下义务：第一，必须在批准的地点和范围内从事相关生产经营活动；第二，不得砍伐林木，更不得破坏森林；第三，所从事的生产经营活动不得对森林或其中的林木有明显的负面影响；第四，不得在林下进行任何工程建设，更不得修建永久性建筑物；第五，期满后应当恢复林下空间的原状。

（五）草原资源开发利用权

1. 什么是草原资源开发利用权

《草原法》（2013年修订）规定：草原"是指天然草原和人工草地"（第2条）；草原属于国家所有，由法律规定属于集体所有的除外；任何单位或者个人不得侵占、买卖或者以其他形式非法转让草原（第9条）。人们利用草原的方式主要是：通过放牧或割草的手段从草原上获得畜产品或牧草的生产过程；也可包括从草原上采集工业原料、药材以及狩猎、旅游等内容。割草就是在天然草原或人工草地收割新鲜牧草用于喂养家畜，或将收割的牧草加工调制成可以贮存的青贮草、半干贮草或干草，用于将来饲养家畜。割草原只是草原利用的补充手段，但现代集约化农场已开始完全采用收割的鲜草饲喂家畜。

因此，所谓草原资源开发利用权，是指牧民、畜牧业企业或其他组织依法享有的在天然草原或人工草地上放牧、割草或采集其他植物，或从事狩猎、旅游等活动的权利。具体来说与草原资源有关的开发利用权主要包括草原承包经营权、草原放牧权以及草原采集权、草原狩猎权、草原旅游权等。由于草原承包经营已经归属农村土地承包经营;草原割草、采药等宜归于采集权,草原狩猎当属狩猎权的内容,草原旅游则可在生态旅游资源权中阐述,故在此仅述放牧权。

2. 草原放牧权

放牧就是将人工管护下的马牛羊等家畜驱放在草原上采食牧草,并将其转化成畜产品的一种饲养方式。或以放牧为主、舍饲为辅,或以舍饲为主、放牧为辅,是一种集约化、高效率的放牧饲养制度。草原放牧权,简称放牧权,在法律上源于西方国家,英文为"grazing rights"。在英国法律体系中属于土地的共同使用权。有学者统计了不同的土地共同使用权出现的频次,排序第一为放牧权,共用 2144 块土地,遥遥领先于其他用途的土地共用权,如排序第二为采木权仅 960 块土地。放牧的畜禽种类主要为牛、羊、马。[1]

草原放牧权是指牧民或畜牧企业依法享有的将其饲养的家畜驱放于共同使用的草原,供其自由采食牧草的权利。因此,作为放牧权客体的草地,所有权属于他人,放牧人通常与其他人共同享有利用该草地放牧的权利,故并非独占性利用。如果基于合同,一方在另一方所有的草地上放牧,此项权利应为债权,而非放牧权。

放牧权人通常享有如下主要权利:一是在共用草地上驱放家畜采食牧草的权利;二是阻止包括共用人或其他任何人过度放牧的权利,如放牧超过了规定数量或放牧无权放牧的畜种等;三是禁止他人非法干涉、妨碍自己在共用草地放牧的权利;四是对非法干涉、妨碍自己放牧且造成损害的行为人,要求其赔偿损失的权利。但是权利人不得妨碍其他享有放牧权的人放牧;不得超过规定数量放牧;不得放牧禁止放牧的畜种;不得破坏草原及其生态系统。放牧权人负有保护草地及其牧草的义务。

我国法律目前尚未明确规定此项权利,而是主要规定了草原承包经营权。但是有学者提出,草原是共享性公共资源,不宜将草原整体承包或私有化,但可将承担草原生产功能的放牧权在严格监管和明确之后承包,从而建立全新的放牧权制,[2]即明确规定或约定牧民或畜牧企业在

---

〔1〕 胡怀国:《英国共用土地的利用方式及其时代变迁》,载《学术研究》2018 年第 11 期。
〔2〕 杨理:《基于市场经济的草权制度改革研究》,载《农业经济问题》2011 年第 10 期。

特定草原可以放牧的权利，以及放牧的数量、品种及其义务，实现放牧权与草原保护的协调统一，保障草原资源的可持续利用。

第四节　不可再生资源权

不可再生资源生态权的基本属性包括：客体为非生物资源，而且在相当长的时期内不可能重新产生，随着不断地利用其总体数量会越来越少，甚至枯竭。一般认为，土地资源、矿藏资源、海域与海岛资源，共同构成一个国家之国土资源，此类资源具有整体性、区域性、有限性和变动性等特点。

不可再生资源权主要包括：土地资源权，即土地资源所有权及其开发利用权；矿藏资源权，即矿藏资源所有权及其开发利用权；海域资源权，即海域所有权及其使用权；海岛资源权，即海岛资源所有权及其开发利用权。

一、土地资源权

（一）土地资源权概述

1. 什么是土地资源

土地资源，有时简称土地，是指在一定社会经济技术条件下可以被人类利用的土地，是由地形、气候、土壤、植被、岩石和水文等因素组成的自然综合体。现代社会的土地资源大部分经历了生产劳动的改造，而非纯天然的资源，故土地资源既具有自然属性，也具有社会属性。

土地资源可按如下标准进行分类：(1)按地形，可分为高原、山地、丘陵、平原、盆地。这体现了土地利用的自然基础，如山地宜发展林牧业，平原、盆地宜发展耕作业。(2)按土地利用类型，可分为已利用土地，如现有耕地；宜开发利用土地，如宜垦宜林或宜牧荒地、沼泽滩涂水域等；暂时难利用土地，如戈壁、沙漠、高寒山地等。(3)按土地利用位置，可分为地上空间、地表土壤和地下空间。这是随着现代建筑技术的发展和土地利用的拓展而产生的新类型。

我国的土地资源具有四个基本特点:(1)绝对数量大,人均占有少。我国陆地面积 960 万平方公里,海域面积 473 万平方公里,陆地面积居世界第 3 位,但按人均土地仅居第 11 位。(2)类型复杂多样,耕地比重小。沙质荒漠、戈壁占 12% 以上,耕地仅略多于 10% 。(3)各地土地利用的用途、效果等差异明显。(4)地区分布不均。包括土地资源类型分布不均,如耕地集中在东部,草原多分布在内蒙古高原等;人均占有土地资源分布不均。

目前最重要也是利用最多的土地资源是土壤资源。土壤资源是指具有农、林牧业生产性能的土壤类型的总称,属于地表资源。它是人们赖以生存的最基本和最重要的自然资源。土壤资源的基本属性如下:具有一定的生产力,即可以生产农、林、牧等产品;具有可更耕性和可培育性,人们可以利用应用先进技术促使土壤肥力提升,但过度或不当生产也可导致土壤肥力和生产力下降甚至衰竭;具有地域上的差异性和时间上的季节性变化;具有位置的固定性、面积的有限性、功能的不可替代性。土壤资源的合理利用与保护是发展农业、保持良性生态循环的基础和前提。

2. 土地资源权的内涵及特征

所谓土地资源权,是指自然人、法人或非法人组织依法享有的通过一定方式在生产或生活中对某种土地资源加以利用,以获取经济收益,满足主体自身需求的权利。土地资源权主要包括土地资源的所有权,以及基于所有权而产生的各种开发利用权,如耕地承包经营权、草原承包经营权、林地承包经营权和建设用地使用权。土地资源权具有如下主要特征:

其一,主体的广泛性。每一个民事主体都需要以不同方式利用土地资源,包括国家、自然人、法人及其他社会组织,这是生存之前提条件。通俗地说,任何人在空间上皆需立锥之地,甚至任何实体物都必须占用一定的空间。因此,土地资源权是每一个民事主体都应当享有的权利。

其二,客体的极端重要性。如《辞海》所说,土地是“大自然所赋予人们的,以陆地、水域等形式存在的资源。它既为人类提供活动基地,又为人类提供劳动手段和劳动对象,是生产活动不可缺少的物质条件"[1]。在自然资源体系中,水、森林、草原、生物与非生物等其他资源都高度依赖着土地资源,在某种意义上土地资源是资源之资源,故被称为"财富之母"。土地资源在自然资源体系中具有基础性作用,对于人们的生产和生活极其重要且不可替代,所以自古以来国家都特别重视对土地资源的监管、保护。

其三,法律管制的分类性。《土地管理法》(2019 年修订)第 4 条明确提出,国家实行土地用途管制制度,即按照土地用途,将土地分为农用地、建设用地和未利用地,分别实施不同的管制制度。分类管制的根本目的就是保护耕地,即确保耕地保有量和基本农田面积,严格限制农用地转为建设用地,控制建设用地总量。

其四,资源权与财产权的高度融合性。一方面,土地资源作为最重要的自然资源,具有资源的所有基本属性,因而无疑具有资源生态权的性质。另一方面,土地资源也是人类开发利用最早的资源,时至今日未经人类劳动改造即纯属天然的土地已经十分罕见。所以土地资源虽然仍保留着鲜明的自然性特征,但也深深地烙上了社会的印记,即具有显著的社会性。与其他自然资源权相比,土地资源权具有更为突出和直接的财产权价值。甚至在民法上早就作为最重要的物权或财产权,反而忽略了其资源权的属性。

(二)土地资源所有权

关于土地资源的所有权归属,不同国家基于各自的社会经济制度,在法律上的规定也不尽相同。大体可分为两类:一是土地资源公有制模式,主要是社会主义国家法律采用;二是土地资源私有制模式,主要是资本主义国家法律采用。但是即便是在私有制模式下,土地资源也并非完全属于私人所有,或多或少会有一些重要的或公共的土地资源仍会由国家享有所有权。

我国是社会主义国家,土地资源所有权采公有制模式,即国家所有和集体所有相结合,以国家所有为主。我国《宪法》第 10 条规定:城市的

---

[1] 陈至立主编:《辞海》(第 7 版彩图本),上海辞书出版社 2020 年版,第 4405 页。

土地属于国家所有；农村和城市郊区的土地，除由法律规定属于国家所有的以外，属于集体所有；宅基地和自留地、自留山，也属于集体所有。以宪法为依据，《土地管理法》(2019年修订)第2条第1款规定了我国的土地资源所有权模式：中华人民共和国实行土地的社会主义公有制，即全民所有制和劳动群众集体所有制。《土地管理法》(2019年修订)第9条和《民法典》第249、260条均规定了与《宪法》第10条相似的内容。

因此，我国法律上的土地资源所有权主体就是两类：一是国家，依据《土地管理法》(2019年修订)第2条第2款：国家所有土地的所有权由国务院代表国家行使。二是集体组织，结合我国的实际情况，具体应为农村集体经济组织，因为城市土地为国家所有；此外《土地管理法》(2019年修订)第11条明确了代表农村集体组织具体行使土地所有权的主体，即土地依法属于村农民集体所有的，由村集体经济组织或村民委员会经营、管理；土地分属于村内两个以上农村集体经济组织的农民集体所有的，由村内集体经济组织或村民小组经营、管理；属于乡(镇)农民集体所有的，由乡(镇)农村集体经济组织经营、管理。

(三)土地资源开发利用权

所谓土地资源开发利用权，是指自然人、法人或非法人组织依法享有的，利用他人所有土地从事某种生产经营活动，以获得劳动产品或经济收入的权利。土地资源开发利用权具有如下主要属性：由土地资源所有权派生而来的，其取得须经所有权人同意；其主体包括自然人、法人或非法人组织，国家一般不亲自行使土地资源的开发利用权；其目的就是通过对土地的劳动改造实现土地资源的增值，即获得劳动产品或经济收入。

我国法律已经规定的土地资源开发利用权，主要是土地承包经营权和建设用地使用权两类。其主要区别在于：一是开发利用之目的不同，前者主要是用于种植业、林业、牧业等生产经营；后者主要用于各类工程建设。二是取得权利之方式不同，前者依据承包合同取得；后者多通过招标、拍卖等竞争性出让而取得。三是权利之功能不同，前者之主体一般是农民、牧民等，此项权利对主体具有重要的社会保障功能；后者之主体主要是企业等法人组织，权利对于主体无社会保障功能。但目前宅基地使用权较为特殊。

1. 土地承包经营权

《民法典》物权编在第三分编专门设置了第十一章“土地承包经营权”。该法第330条规定，农村集体经济组织实行家庭承包经营为基础、统分结合的双层经营体制；农民集体所有和国家所有由农民集体使用的耕地、林地、草地以及其他用于农业的土地，依法实行土地承包经营制度。

(1)什么是土地承包经营权

依据《民法典》第331条，所谓土地承包经营权，是指农村集体经济成员或其他主体依法享有的，通过占有、使用其承包经营的耕地、林地、草地上从事农业生产，并获得劳动收益的权利。

土地承包经营权具有如下主要特征：其一，主体一般是农村集体经济组织的成员，即农户。《农村土地承包法》(2018年修订)第3条第2款规定：农村土地承包采取农村集体经济组织内部的家庭承包方式，不宜采取家庭承包方式的荒山、荒沟、荒丘、荒滩等农村土地，可以采取招标、拍卖、公开协商等方式承包。农村土地也可以发包给集体经济组织以外的人。其二，客体是农用地，即“直接用于农业生产的土地，包括耕地、林地、草地、农田水利用地、养殖水面等”(2019年《土地管理法》第4条第3款)，主要是农民集体所有的土地，以及国家所有依法由农民集体使用的土地，故此项权利也称农村土地承包经营权。其三，用途仅限农业生产经营，包括种植业、林业、畜牧业，不得用于非农业的目的。其四，该项权利本质上是对土地表面的利用，即对土壤的肥力或生产力的利用。

(2)土地承包经营权的组成

2014年中共中央、国务院发布的《关于全面深化农村改革加快推进农业现代化的若干意见》明确提出了农村土地“三权分置”的改革方向，即土地的所有权、承包权、经营权三权分设，在落实农村土地集体所有权的基础上，稳定农户承包权、放活土地经营权，重点放活经营权，促进农村土地经营权的流转和规模化经营。《农村土地承包法》(2018年修订)确认了三权分置制度，第9条规定：承包方承包土地后，享有土地承包经营权，可以自己经营，也可以保留土地承包权，流转其承包地的土地经营权，由他人经营。因此，土地承包经营权在结构上包含两个部分，一是承包权,二是经营权。

但是关于土地承包权的内涵,目前学术界未达成一致意见。主要有三种观点:一是纯承包资格说,即农村集体经济组织成员的承包资格,属成员权;二是承包资格兼转让剩余权利说,即承包资格和转让经营权的权利;三是等同土地承包经营权说,即土地经营权转让之后对土地承包经营权的便宜称谓。[1] 本书认为,合理上述各种观点之精髓,综合性界定土地承包权,也许更符合我国实际情况和法律规定,最为合理。故土地承包权可定义为:农村集体经济组织成员凭成员资格依法享有的决定自己行使农村集体土地的农业生产经营权还是将农业生产经营权转让他人的权利。

土地经营权,是指民事主体依法受让的在他人承包之农村土地上进行农业生产的权利。当然,农村集体经济组织成员也可以不转让土地的经营权,由自己享有和行使。与承包权的主要区别在于:设立目的不同,经营权的宗旨是促进流转和规模化经营,承包权是保障农民的生存需要;主体范围不同,农村集体经济组织成员凭其成员资格即可与其他成员一样平等取得土地承包权和经营权,但经营权主体可以是农村集体经济组织成员,也可是集体组织外的自然人、法人等;是否可流转不同,经营权可流转,承包权不能流转,即经营权可从承包经营权主体分离出来并转让给其他主体,但承包权不能与承包经营权分离。承包权与经营权的关系,类似于将承包经营权分离出来之后的土地所有权与土地承包经营权的关系。

(3)土地承包经营权的类型

我国《民法典》和《农村土地承包法》规定的土地承包经营权主要是耕地、林地和草地的承包经营权。农村水塘、水库等水域的承包经营,亦可参照适用土地承包经营权的规定。

耕地承包经营权,是指农村集体经济组织成员或其他主体依法享有的,通过占有、使用集体所有或国家所有依法由农民集体使用的特定耕地从事种植业生产,并获得种植产品所有权的权利。我国土地承包经营

---

[1] 宋志红:《论〈农村土地承包法〉中的土地承包权》,载《吉林大学社会科学学报》2020年第1期。

权的最初实践就肇始于耕地的承包经营。种植业生产主要是指种植水稻、小麦、玉米等粮食作物,以及棉花、蔬菜、花卉等农作物。耕地承包经营权的期限为30年。《民法典》第244条规定:“国家对耕地实行特殊保护,严格限制农用地转为建设用地,控制建设用地总量。不得违反法律规定的权限和程序征收集体所有的土地。”《土地管理法》(2019年修订)规定:十分珍惜、合理利用土地和切实保护耕地是我国的基本国策(第3条);国家保护耕地,严格控制耕地转为非耕地;国家实行占用耕地补偿制度,即按照“占多少,垦多少”的原则,由占用人负责开垦与所占用耕地的数量和质量相当的耕地;没有条件开垦或开垦耕地不符合要求的,应当按照规定缴纳耕地开垦费,专用于开垦新耕地(第30条)。

林地承包经营权,是指农村集体经济组织成员或其他主体依法享有的,通过占有、使用集体所有或国家所有依法由农民集体使用的特定林地从事林业生产,并获得承包林地上的林木所有权的权利。林业生产主要是指在林地上种植各种林木,而林木就是主要的林产品。林地承包经营权的期限为30年至70年。

草地承包经营权,是指农村集体经济组织成员或其他主体依法在约定草地上进行畜牧业生产经营活动,并取得相关畜牧产品所有权的权利。《草原法》(2013年修订)第13、14条规定:集体所有草原或依法确定给集体经济组织使用的国家所有草原,可由本集体经济组织内的家庭或联户承包经营;由本集体经济组织以外的单位或个人承包经营的,须经本集体经济组织内部的2/3以上多数成员同意,并报乡(镇)人民政府批准。草地承包经营权的期限为30年至50年。

(4)土地承包经营权的主要内容

《农村土地承包法》(2018年修订)第15条规定了发包方的义务,第17条直接规定了承包方的权利。由于发包方的义务本质上也就是承包方的权利。故综合上述规定,承包方享有的权利主要包括如下几个方面:

第一,自主生产经营权。即利用承包地从事种植业、林业或畜牧业等农业生产活动的权利;自主组织承包地上的生产经营活动以及自主处置承包地产品的权利,即有权拒绝他人包括发包方非法干涉、妨碍自己的生产经营活动。

第二,获取收益与流转权。包括:获得承包地上农产品所有权以及其他收益的权利;以及依法流转的权利,如依法互换、转让土地承包经营权的权利,依法流转土地经营权的权利。

第三,要求履行权。即要求发包方履行承包合同义务的权利,包括有权拒绝发包方非法变更、解除承包合同;有权要求发包方依照承包合同约定提供生产、技术、信息等服务等,以及要求发包方按照县、乡(镇)土地利用总体规划,组织完成本集体经济组织内的农业基础设施建设。

第四,获得救济权。主要包括:承包地被依法征收、征用、占用的,有权依法获得相应的补偿,有权禁止他人侵害自己的承包收益,有权依法追究侵权人的侵权责任等。

(5)土地承包经营权的相关义务

《农村土地承包法》(2018 年修订)第 14 条规定了发包方的权利,第 18 条集中规定了承包方的义务。由于发包方之权利有时就是承包方之义务。故综合上述规定,承包方应当履行的主要义务包括:按照承包合同的约定,维持土地的农业用途,未经依法批准不得用于非农建设;依法保护和合理利用土地资源,不得损害承包地和农业资源,更不得给土地造成永久性损害;法律、行政法规规定的其他义务。

此外,《森林法》(2019 年修订)规定了林地承包经营权人的特殊义务:如林业经营者应当履行保护、培育森林资源的义务,保证国有森林资源稳定增长,提高森林生态功能。《草原法》规定了草地承包经营权人的特殊义务,如保护、建设草原的义务,至少保障草原等级不下降;按照承包合同约定用途合理利用草原的义务。

2. 建设用地使用权

广义上即学理上的建设用地使用权应当是指民事主体依法享有的在他人所有的土地上建造建筑物、构筑物及其附属设施,以满足主体获得物质利益或其他利益的权利。但是狭义上即立法上的建设用地使用权是指民事主体依法享有的在国家所有的土地上建造建筑物、构筑物及其附属设施,并获得相应收益的权利,其客体仅限于国有土地。我国《民法典》物权编第十二章规定的建设用地使用权即是狭义上的。该权利的客体为建设用地,即"建造建筑物、构筑物的土地,包括城乡住宅和公共设施用地、工矿用地、交通水利设施用地、旅游用地、军事设施用地等"

（2019 年《土地管理法》第 4 条第 3 款）。

我国目前的城乡二元化体制是导致建设用地使用权二元化的根本原因。因此依据所有权归属的不同，建设用地使用权可以分为城市建设用地使用权，即狭义的建设用地使用权，以及农村建设用地使用权。后者包括《民法典》物权编第十三章规定的宅基地使用权，即农村集体组织成员依法享有的在集体所有土地上建造住宅及其附属设施的权利，该权利之功能主要是保障农民的居住需求。

传统的建设用地使用权实为地表利用权，即主要是利用土地表面的承载力，在地表建造建筑物、构筑物及其附属设施。随着科技水平的提高和经济社会发展的需求，人们对土地的利用走向立体化，即可以在地上或地下建造建筑物、构筑物及其附属设施。因此根据所利用土地的位置，建设用地使用权可分为地表利用权、地上利用权和地下利用权。《民法典》第 345 条明确肯定，建设用地使用权可以在土地的地表、地上或者地下分别设立。地上利用权是指民事主体利用土地上面的空间建造建筑物、构筑物及其附属设施的权利，也称地上空间利用权，如城市的高架快速路。地下利用权是指民事主体利用土地下面的空间建造建筑物、构筑物及其附属设施的权利，也称地下空间利用权，如隧道、地铁等。但是，地上利用权和地下利用权原则上应当在不妨碍地表利用权的前提下才能设立的，确有必要设立且有妨碍或损害的，应当赔偿地表利用权人的损失。

依据建设用地的不同用途，可分为住宅建设用地使用权和非住宅建设用地使用权。《民法典》第 359 条规定：住宅建设用地使用权期限届满的，自动续期，续期费用的缴纳或减免，依照法律、行政法规的规定办理；非住宅建设用地使用权期限届满后的续期，依照法律规定办理，该土地上的不动产归属优先适用约定；没有约定或约定不明确的，依照法律、行政法规的规定办理。

无论何种建设用地使用权，其核心内容都是权利人有权在特定土地上建造某种建筑物、构筑物及其附属设施，如住房、办公楼、道路、桥梁等，此外还包括取得所建造建筑物、构筑物及其附属设施所有权的权利，排除他人对土地利用的非法干涉、妨碍的权利等。取得此项权利除了须征得所有权人同意外，通常还须自然资源主管部门的批准。

建设用地使用权的设立和行使须遵守绿色原则的要求，履行相关的生态保护义务。《民法典》规定：设立建设用地使用权应当符合节约资源、保护生态环境的要求，遵守法律、行政法规关于土地用途的规定（第346条）；权利人应当合理利用土地，不得改变土地用途；需要改变土地用途的，应当依法经自然资源主管部门批准（第350条）。《土地管理法》亦有类似要求，而且国家严格控制农用地转为建设用地。

二、矿藏资源权

（一）矿藏资源权概述

1. 什么是矿藏资源

矿藏资源是指经过地质成矿作用而形成的，埋藏于地下或显露于地表，并具有开发利用价值的矿物或有用元素的集合体。《矿产资源法实施细则》第2条规定：矿藏资源“是指由地质作用形成的，具有利用价值的，呈固态、液态、气态的自然资源”。矿藏资源是典型的不可再生资源，且储量有限。世界已知矿藏有160多种，其中80多种应用较广泛。我国《宪法》《民法典》均使用了“矿藏”一词，但《矿产资源法》却使用了“矿产资源”，似为不妥。其一，“产”有产品、产出之意，故矿产似应为已经开采之的矿藏资源产品，这与自然状态下的矿藏资源有本质不同；其二，宪法为根本法，民法典亦为上位法，下位法须遵从之。

按照矿藏资源的主要特点和用途，通常分为如下三类：可以从中提取金属元素的金属矿藏，如铁矿、铜矿、铅矿、锌矿、铅锌矿等；可以从中提取非金属原料或直接利用的非金属矿藏，如硫铁矿、磷块岩、金刚石、石灰岩、地下水等；可以从中提取或直接作为燃料使用的能源矿藏，如煤、油页岩、石油、天然气、地热水等。

2. 矿藏资源权的内涵与特征

矿藏资源权是指自然人、法人或非法人组织依法享有的对矿藏资源享有的各种权利的统称，主要包括矿藏资源所有权和矿藏资源开发利用权。矿藏资源权通常具有如下主要特征：

（1）法律性质应为资源生态权

由于矿藏资源通常深埋地下，其与生态系统的关系似乎并不紧密，至少人们对此形成清晰、科学的认识具有较大难度，不同于生物、水、土地等自然资源与生态系统的联系较为直接、明显,因而也更容易发现和认识。长期以来人们往往只是简单地将矿藏资源作为一种财产、一种物,甚至直接称其为矿产,在法律上的表现就是矿藏资源权归于物权,赋予权利人直接支配、处置矿藏资源的权利,将矿藏资源与矿产品混为一谈。然而事实上矿藏资源也是生态系统的重要组成部分,矿藏资源的开采、利用对生态系统的平衡、生物多样性等有重大影响,矿藏资源的可持续利用更关系到国家和人们的长远利益、根本利益。因此,应当将矿藏资源权定性为生态权,即资源生态权,而非物权或财产权;在设立和行使矿藏资源权的时候,必须遵守生态系统的客观规律,切实保护人们的生态利益和生态系统的服务功能。

(2)权利取得方式为法律规定或行政许可

由于矿藏资源对于国民经济发展和居民生活都是十分重要,且又属不可再生资源,为保障其可持续利用,其开发利用必须适度、有序、高效地进行,故法律依据不同类型分别规定了矿藏资源权的取得方式。矿藏资源所有权实行法定取得,即由法律直接规定所有权的归属;而矿藏资源的开发利用权则须经行政许可。《矿产资源法》(2009 年修正)第 3 条第 3 款规定:勘查、开采矿藏资源须依法分别申请、经批准取得探矿权、采矿权,并办理登记;合法取得的探矿权和采矿权不受侵犯。

(3)权利主体须符合法定条件

矿藏资源权的主体除所有权人由法律直接确认外,开发利用权人须达到相关法律规定的各项具体条件。《矿产资源法》(2009 年修正)第 3 条第 4 款要求,从事矿产资源勘查和开采的,必须符合规定的资质条件;该法第 15 条进一步规定:设立矿山企业,必须符合国家规定的资质条件,并依照法律和国家有关规定,由审批机关对其矿区范围、矿山设计或者开采方案、生产技术条件、安全措施和环境保护措施等进行审查;审查合格的,方予批准。《矿产资源法实施细则》第 11 ~ 14 条则明确了须具备的具体条件。要求探矿权和采矿权的主体具备必要的资质条件,有利于保障矿藏资源开发利用的合理性、科学性。

(4)实行有偿利用原则

为了促使自然人、法人或非法人组织高效、节约利用矿藏资源,除所有权外,开发利用权原则上必须有偿取得。《矿产资源法》(2009 年修正)第5条规定:国家实行探矿权、采矿权有偿取得的制度;但是,对有偿利用的费用可以根据不同情况实施减、免;开采矿产资源必须按照国家有关规定缴纳资源税和资源补偿费。我国自然资源有偿利用制度在矿藏资源权中率先得到实施。

(5)权利可因客体枯竭而消灭

由于矿藏资源不仅不可再生,而且因持续的开采和利用终有一天会枯竭,既然客体不复存在,建立在该客体之上的权利自然也就在法律上消灭。"皮之不存,毛将焉附。"因此,客体枯竭是导致矿藏资源权消灭的重要原因。这或许是矿藏资源权区别于土地资源权、海域资源权等不可再生资源权的重要属性。

(二)*矿藏资源所有权*

矿藏资源所有权,是指民事主体依法享有的对特定矿藏资源在法律上实施占有、控制的权利,以及进行开发利用的权利。但是所有权人常常并不亲自对其所有的矿藏资源进行开发利用,而是将实际开发利用权出让给他人享有和行使,故狭义上的矿藏资源所有权仅指所有权人依法享有的对其矿藏资源在法律上实施占有、控制的权利。

世界各国关于矿藏资源所有权的立法模式主要可分为两种:一是国家所有或者以国家所有为主。矿藏资源国家所有有利于维护与此密切相关的社会公共利益。二是私人所有或者国家所有和私人所有并存,一些资本主义国家采此模式,但矿藏资源完全私有化的国家极少。"在大多数国家,资源的产权是属于政府的,包括所有存在于地上和地下的有价值的岩石、矿产、原油和天然气","主要矿业大国都不同程度的选择保留对矿产资源的所有权",如加拿大矿藏资源所有权归联邦或省政府;在澳大利亚,"皇室拥有所有的矿产资源",除非已经颁发所有权证,金、银专属皇室所有;南非法律规定,矿藏资源是南非人民的遗产,即公共所有,因此国家只是监护人;但是在美国,"矿产资源属于原始的地面所有个人或机构"。[1]

---

〔1〕 WANG Jinqiao:《国内外矿产资源所有权的变迁和归属》,载《中国矿业》2017年第S2期。

我国实施矿藏资源国家完全所有。《宪法》第 9 条和《民法典》第 247 条均规定：矿藏资源属于国家所有。《矿产资源法》（2009 年修正）第 3 条也确认了矿藏资源的国家所有权，并明确由国务院行使国家对矿藏资源的所有权；地表或者地下的矿藏资源的国家所有权，不因其所依附的土地的所有权或者使用权的不同而改变。这一模式充分体现了我国社会主义制度的性质，也符合我国人口大国、资源紧缺的实际情况，有利于维护国家和人民的根本利益。

矿藏资源国家所有制也是我国自古以来的法治传统。关于矿冶法的记载，始见于西周《周礼·地官》，当时已设专司矿冶管理事务的官吏，禁止私营矿业。《管子》记载齐设有铁官，对矿冶、制盐实行官营政策，若私商开采，利润“民得其七，君得其三”。在中国漫长的封建社会里，几乎都是实行矿冶官营、禁止或限制私营的政策，国家对土地、矿藏拥有根本意义上的处分权。私人未经官府许可采矿的，处以重刑。如明律规定，“凡盗掘金、银、铜、锡、水银等项矿砂，每金砂一斤折钞二十贯，银砂一斤折钞四贯，铜、锡、水银等砂一斤折钞一贯，俱比照盗无人看守物准窃盗论”。1907 年颁布的《大清矿务章程》是我国历史上第一部近似现代意义上的矿业法典，明确规定了矿藏资源属国家所有，“各国通例地腹皆为国家所有。凡五金之属及一切贵重矿质非官不得开采”。1930 年颁布的《中华民国矿业法》宣称，矿藏资源“均为国有。非依本法取得矿业权，不得探采”。

（三）矿藏资源开发利用权

矿藏资源开发利用权，是指自然人、法人或非法人组织依法取得的对特定矿藏资源进行勘查、开采，以满足自身物质利益需求的权利。目前，我国矿藏资源开发利用权的出让原则上采用招标、拍卖等竞争性方式，即通过市场机制决定行政许可；只有符合法定的特殊情形，才经由自然资源主管部门审批同意获得许可。此外，矿藏资源开发利用权应当有偿取得。《民法典》第 329 条规定：依法取得的探矿权、采矿权受法律保护，《矿产资源法》等法律也规定上述两项权利，因此矿藏资源开发利用权主要就是指探矿权和采矿权。

1. 探矿权

《矿产资源法实施细则》第6条明确了探矿权的含义，即指在依法取得的勘查许可证规定的范围内，勘查矿藏资源的权利。有人提出，探矿权是指民事主体依法享有的矿产资源勘查成果的人身权和财产权，客体就是勘查成果，即探矿权人在从事矿产资源勘查科学研究领域内的创造性劳动成果。本书认为，此观点混淆了探矿权与探矿成果权两个不同概念，探矿权在取得探矿成果之前就已存在，且是其必要前提，因此探矿权不同于探矿成果权，后者作为知识产权中的科学发现权似能成立，但探矿权似应属于资源类生态权。

探矿权人依法享有下列权利：按照勘查许可证规定的区域、期限、工作对象进行勘查；在勘查作业区及相邻区域架设供电、供水、通讯管线，但是不得影响或者损害原有的供电、供水设施和通讯管线；在勘查作业区及相邻区域通行；根据工程需要临时使用土地；优先取得勘查作业区内新发现矿种的探矿权；优先取得勘查作业区内矿产资源的采矿权；自行销售勘查中按照批准的工程设计施工回收的矿产品，但是国务院规定由指定单位统一收购的矿产品除外。探矿权人行使上述权利时，依法须经批准或履行其他手续的，从其规定。探矿权人对于他人非法干涉、妨碍自己从事探矿活动的，可以依法采取救济措施；遭受损害的，可以要求侵权人赔偿损失。

探矿权人在行使权利的同时应当履行下列义务：在规定的期限内开始施工，并在勘查许可证规定的期限内完成勘查工作；向勘查登记管理机关报告开工等情况；按照探矿工程设计施工，不得擅自进行采矿活动；在查明主要矿种的同时，对共生、伴生矿产资源进行综合勘查、综合评价；编写矿产资源勘查报告，提交有关部门审批；按照国务院有关规定汇交矿产资源勘查成果档案资料；遵守有关法律、法规关于劳动安全、土地复垦和环境保护的规定；勘查作业完毕，及时封、填探矿作业遗留的井、硐或者采取其他措施，消除安全隐患。探矿权人不得破坏矿藏资源。

2. 采矿权

《矿产资源法实施细则》第6条对采矿权的含义进行了界定，即指在依法取得的采矿许可证规定的范围内，开采矿藏资源和获得所开采矿产品所有权的权利。采矿权的客体同时包括矿藏资源和矿产品。由于客体的复合性,采矿权在法律性质上也具有明显的复合性,即资源权与财产权的复合。采矿权人对矿藏资源实施开采的权利主要是资源性生态权,而对矿产品的所有权则属于财产权的范畴。

采矿权人依法享有下列权利:按照采矿许可证规定的开采范围和期限从事开采活动;自行销售矿产品,但是国务院规定由指定的单位统一收购的矿产品除外;在矿区范围内建设采矿所需的生产和生活设施;根据生产建设的需要依法取得土地使用权。采矿权人行使上述权利时,依法须经批准或履行其他手续的,从其规定。采矿权人对于他人非法干涉、妨碍自己从事采矿活动的,可以依法采取救济措施;遭受损害的,可以要求侵权人赔偿损失。

采矿权人在行使权利的同时应当履行下列义务:按照许可的期限、地点、范围、种类进行矿山建设以及开采活动;有效保护、合理开采、综合利用矿藏资源;依法缴纳资源税、资源补偿费;遵守国家有关劳动安全、水土保持、土地复垦和环境保护的法律、法规;接受自然资源主管部门和有关主管部门的监督管理,按照规定填报矿藏储量表和矿藏资源开发利用情况统计报告。此外,采矿权人在采矿许可证有效期满或者在有效期内停办矿山而矿藏资源尚未采完的,必须采取措施将资源保持在能够继续开采的状态,并履行其他法定义务。

三、海域与海岛资源权

海域与海岛是两种联系密切的资源,在资源属性上可归于海洋资源。在与海洋资源相关的权利中,海洋渔业权包括海洋养殖权、海洋捕捞权,与淡水水域之养殖权、捕捞权,具有相同性质,海洋野生动物植物资源的权利可归于捕捞权;海洋矿藏资源权则归于矿藏资源权。上述资源权已经阐述于前,不再赘述。此处仅讨论海域资源权与海岛资源权。

(一)海域资源权

1. 海域资源权概述

海域是一个国家的蓝色国土,在陆域日益匮乏的情况下,海域资源的重要性呈现方兴未艾之势。我国拥有渤海、黄海、东海和南海四大海域,其中南海面积最大,约有 356 万平方公里,相当于 16 个广东省的面积,超过其他三大海面积之和的2倍。

海域资源权,是指自然人、法人或非法人组织依法享有的对特定海域实施占有、管控、处置,或者为了获得一定的经济利益而进行开发利用的权利。海域资源权之客体为海域,依据《海域使用管理法》之规定,所谓海域是指中华人民共和国内水、领海的水面、水体、海床和底土;而海域中之内水则是指中华人民共和国领海基线向陆地一侧至海岸线的海域。海域资源权之内容可分为两个方面:一是海域资源所有权;二是海域资源使用权即开发利用权。

2. 海域资源所有权

海域资源所有权,是指自然人、法人或非法人组织依法享有的对特定海域实施占有、管控、处置的权利。由于海域资源的特殊性,所有权人对海域的占有和处置本质上局限于法律层面,而非事实场面。原因主要包括:一则海域的面积和体积都极为庞大,且海水通常处于流动状态;二则海域的深度异乎寻常,至少以目前的技术、设备等条件,任何主体都无法常态性地控制海床、底土,甚至有些地方还无法企及。因此,任何主体都无法对海域进行事实上的占有或处置,这是海域的客观属性决定的。

由于海域资源在现代社会对于国民经济和社会发展的重要性与日俱增,在自然资源中的地位也不断攀升,故我国法律规定海域资源实行国家专属所有制,即国家是海域资源所有权的唯一主体。《民法典》第247条规定:海域属于国家所有。《海域使用管理法》第3条规定:海域属于国家所有,国务院代表国家行使海域所有权;任何单位或者个人不得侵占、买卖或者以其他形式非法转让海域。因此,任何其他主体若要开发利用海域资源,就必须事先得到所有权人即国家的同意。但是我国《宪法》第9条仅规定了矿藏、水流、森林、山岭、草原、荒地、滩涂等自然资源的国家所有权,没有明确海域的国家所有权,实为一大遗憾,也反映了以前对海域资源的忽视,将来修改宪法时应当予以改正。

3. 海域开发利用权

(1)什么是海域开发利用权

海域开发利用权目前在立法上被称为海域使用权。《民法典》第328条规定,依法取得的海域使用权受法律保护;《海域使用管理法》第3条规定:单位和个人使用海域,必须依法取得海域使用权。由于使用权是用益物权的一种类型，而海域开发利用权虽与传统民法的用益物权有相似之处，如均为所有权派生而来，但亦存在一些重要差异，如海域系自然资源，并非财产或劳动产品。故称其为开发利用权或许更准确一些。

所谓海域开发利用权，是指自然人、法人或非法人组织依法取得的利用特定海域从事生产经营活动，以获得经济收益或其他收益的权利。海域开发利用权是随着海洋资源开发活动的日益频繁而产生的。海域开发利用权的主要内容包括：其一，按照批准之目的利用特定海域的权利；其二，取得开发利用海域所得产品之所有权的权利；其三，禁止他人妨碍自己用海的权利，但在不损害权利人权益的前提下，允许他人利用同一海域；其四，禁止他人破坏、损害用海设备设施的权利。《海域使用管理法》第 27 条第 2、3 款规定：海域开发利用权可以依法转让或继承；在相互不产生妨碍的前提下，海域开发利用权可按照海面、海洋水体、海床、海洋底土，分别设立，以实现对海域的立体化利用。

海域开发利用权与渔业权存在紧密联系，二者均以水域为客体，且水域均为国家所有；均可将水域用养殖或捕捞。但是海域开发利用权与渔业权的区别也十分明显，二者为不同类型的自然资源利用权。第一，主体范围不同，海域开发利用权主体的范围较广，包括营利性和非营利性社会组织，也包括矿业、工程建设等行业的社会组织；渔业权主体一般仅有从事渔业生产的自然人或法人、非法人组织。第二，客体不同，海域开发利用权之客体仅为海域；渔业权之客体则包括淡水水域以及滩涂。第三，目的不尽相同，海域开发利用权之目的除养殖、捕捞外，还包括采矿探矿、海洋工程以及一些海上公益用途等；渔业权之目的只是养殖或捕捞等渔业生产。从逻辑上分析，海域开发利用权与渔业权属交叉概念，且交叉部分仅为海洋渔业权，其他部分则只能属于海域开发利用权或渔业权之一，如淡水水域之渔业权仅为渔业权的内容，渔业以外用海权则仅为海域开发利用权之内容。

(2)海域开发利用权的主要特征

海域开发利用权具有如下主要特征：第一，海域开发利用权由海域所有权派生而来，海域所有权由国家享有。第二，用海目的及主体类型多样化。依据用海目的的不同，海域开发利用权可以分为：养殖用海权，其主体为渔民或渔业合作组织；探矿采矿用海权，其主体须具有从事采矿或探矿作业的资质;公益用海权,如海底电缆用海权、海底管线用海权等;建设工程用海权,如港口、修造船厂等工程项目的用海权,其主体为建设单位或项目经营单位。第三,客体为特定的海域,即海域开发利用权的行使范围仅限经登记或批准的海域。第四,海域开发利用权实行登记制度。《海域使用管理法》第6、19条规定:国家建立海域使用权登记制度,依法登记的海域使用权受法律保护;国务院批准用海的,由国务院海洋行政主管部门登记造册;地方人民政府批准用海的,由地方人民政府登记造册。

(3)海域开发利用权的取得及期限

依据《海域使用管理法》之规定,海域开发利用权的取得主要有三种方式。一是行政许可方式。海域使用申请经依法批准后,海洋行政主管部门登记造册,向海域使用申请人颁发海域使用权证书;海域使用申请人自领取海域使用权证书之日起,取得海域开发利用权。二是竞争性方式。通过招标或者拍卖的方式取得;中标人或者买受人自领取海域使用权证书之日起,取得海域开发利用权。三是承包取得。已经由农村集体经济组织或者村民委员会经营、管理的养殖用海,符合海洋功能区划的,经当地县级人民政府核准,可以将海域开发利用权确定给该农村集体经济组织或者村民委员会,由本集体经济组织成员承包,用于养殖生产。

《海域使用管理法》第25条按照不同的用途,规定了海域开发利用权的最高期限,分别为:养殖用海15年;拆船用海20年;旅游、娱乐用海25年;盐业、矿业用海30年;公益事业用海40年;港口、修造船厂等建设工程用海50年。

(4)海域开发利用权的性质

不少学者主张,海域开发利用权为用益物权。例如,崔建远认为,海域使用权以特定的海域为客体,与养殖权、捕捞权接近,养殖权、捕捞权属于准物权,但是海域使用权属于典型物权,而非准物权。[1] 其理由主要有:海域使用管理法是全国人大常委会通过的法律;海域使用权实行登记制度;海域使用权人依法使用海域并获得收益的权利受法律保护,

---

〔1〕 崔建远:《海域使用权制度及其反思》,载《政法论坛》2004年第6期。

他人不得侵犯;海域使用权具有排他性。《民法典》也是在用益物权部分规定了海域使用权。

但是上述观点和理由难以成立。第一,全国人大常委会通过的法律并非判断是否物权的依据,《渔业法》同为全国人大常委会通过,何以渔业权为准物权?第二,登记并非物权的充分条件,即登记的权利可以不是物权;登记亦非物权的必要条件,即不登记亦可是物权,尤其用益物权。我国《民法典》第208、209条仅规定,不动产物权的设立、变更、转让和消灭,应当按照法律规定登记;经依法登记,发生效力。第三,任何权利都受法律保护,他人皆不得侵犯。此非物权的充分条件。第四,排他性虽然是物权的一个特征,然而得出海域使用权具有排他性的依据竟然是:《海域使用管理法》第23条规定的"海域使用权人对不妨害其依法使用海域的非排他性用海活动,不得阻挠"。这似乎有点让人啼笑皆非。因为该条规定恰恰表明,海域使用权并不具备绝对的排他性,他人在不妨害海域使用权的条件下可以使用同一海域,且海域使用权人不得阻挠。此外,既然承认渔业权为准物权,那么如果海域使用权人将海域用于养殖,此时既是养殖权也是海域使用权,难道其权利性质既是物权又是准物权?这似乎有点自相矛盾。

本书认为,海域开发利用权不宜定性为物权,自然也不是用益物权;海域开发利用权系资源类生态权。主要理由如下:海域本身是自然资源,而非财产意义上的物,即非劳动产品;权利主体无法对海域进行事实上的占有、处置等支配性行为;海域的经济价值只是潜在的,须经开发利用才能实现;海域的开发利用不具有严格真正的排他性,海域开发利用权可以立体化设立,甚至不同的海域开发利用权可以设置于同一海域客体,如在海洋水体上可以同时设立捕捞权和航行权;在养殖用海上可设风能或太阳能利用权。

(5)海域开发利用权人的主要义务

依据《海域使用管理法》第23条之规定:海域开发利用权人在享有和行使海域开发利用权的同时,须依法保护所使用海域的生态环境和生物多样性,不得污染海洋环境或破坏海洋生态系统;此外须合理使用海域,不得闲置,也不得阻挠他人对同一海域的无害利用。

此外,《海域使用管理法》第33条规定:国家实行海域有偿使用制度。因此,单位和个人使用海域用于生产经营活动,以营利为目的,皆应按照规定缴纳海域使用金。但是下列用海,免缴海域使用金:军事用海;公务船舶专用码头用海;非经营性的航道、锚地等交通基础设施用海;教学、科研、防灾减灾、海难搜救打捞等非经营性公益事业用海。下列用海,经有批准权的人民政府财政部门和海洋行政主管部门审查批准,可以减缴或者免缴海域使用金:公用设施用海;国家重大建设项目用海;养殖用海。

(二)海岛资源权

1. 海岛资源权概述

(1)海岛的含义

关于海岛的概念,可以从不同角度理解。汉语中的海岛,是指被海水环绕的小片陆地。地质学上的海岛,是指散布于海洋中面积不小于500平方米的小块陆地。按照不同的标准,可以将海岛分为不同的类型,如按面积大小可分为特大岛、大岛、中岛和小岛。

但是,关于海岛的法学定义一直以来分歧不断。目前普遍适用1982年《联合国海洋法公约》第121条对海岛的界定:"岛屿是四面环水并在高潮时高于水面的自然形成的陆地区域。"我国《海岛保护法》所规定的海岛,"是指四面环海水并在高潮时高于水面的自然形成的陆地区域,包括有居民海岛和无居民海岛"。

(2)什么是海岛资源权

海岛资源具有重要的经济价值、生态价值和国土与国防价值。海岛是人们开发海洋资源的重要基地和前进支点,是第二海洋经济区,对国民经济发展和居民生活意义重大;海岛是国家生态系统的重要组成部分,对保障生态安全极为必要;海岛在国土划界和国防安全上也具有特殊作用和地位。

海岛资源权,是指自然人、法人或非法人组织依法享有的对特定海岛进行占有、管制、处置或开发利用的权利。依据权利之内容,可分为海岛资源所有权和海岛资源开发利用权;依据海岛之类型,可分为有居民海岛资源权与无居民海岛资源权。

海岛资源权的客体为海岛,这似乎不会产生争议。但是,其客体是否必须是一个海岛的整体,还是亦可为海岛的某一部分？尚待商榷。本书倾向于认为,海岛资源权之客体应为特定的海岛整体,而非部分;如果分割为不同的部分作为资源权的客体,那么此种权利也就不是海岛资源权。例如,海岛上的某块土地单独设立所有权或开发利用权,其性质更接近于土地资源权。此外,虽然在理论上海岛资源权的客体可以包括各种类型的海岛,但是一般有居民海岛尤其是特大岛和大岛,不太可能将整个岛作为一个民事权利的客体,因此实践中海岛资源权的客体通常只限于无居民海岛。

海岛资源权的法律性质应为资源类生态权。因为,海岛在价值上具有明显的多元性,既具有突出的生态价值、国防和主权价值,也具有经济价值;而且海岛的生态价值或国防、主权价值是通常是高于经济价值的。正因为如此,关于海岛的立法名为《海岛保护法》,并非《海岛法》。故不应将海岛等同于一般意义上的物权之物,海岛资源权也不宜定性为普通的物权。

在资源生态权中,海岛资源权主要是指无居民海岛甚至包括有居民的小岛,似应归于海洋资源权。无居民海岛本身虽非海域、非海洋水体,但是海岛四面环海,在地理上与海洋已经融为一体,在生态上属于海洋生态系统,其生存与演变深受海洋影响。在权利的设立与行使、资源的保护与利用、权利的内容与权利人的义务等诸多方面,无居民海岛资源权与海洋资源权均有相同或相似的属性。

2. 海岛资源所有权

所谓海岛资源所有权,是指自然人、法人或非法人组织依法享有的对特定海岛进行占有、管制、处置的权利。在我国法律上,海岛资源所有权是指国家或农村集体组织依法对海岛享有的占有、管制、处置的权利。关于海岛资源的所有权归属,目前我国法律分别对有居民海岛与无居民海岛规定了种不同的模式。

对有居民海岛的所有权,法律无明确规定,本书认为可适用关于农村土地、滩涂所有权的规定。已经明确属于农村集体所有的,其所有权人为农村集体经济组织;其他海岛部分的所有权则属于国家。据自然资源部 2018 年发布的《2017 年海岛统计调查公报》显示,我国共有海岛 1.1 万余个,截至 2017 年年底,已查明有淡水供应的海岛 665 个,其中有居民海岛 452 个,约占有居民海岛总数的 92.4%;无居民海岛 213 个,约占无居民海岛总数的 1.9%。

对无居民海岛,我国法律明确规定其所有权只能属于国家。《民法典》第 248 条和《海岛保护法》第 4 条均规定:无居民海岛属于国家所有,国务院代表国家行使无居民海岛所有权。我国海岛的 94% 为无居民海岛。或许考虑到两个方面的原因,法律才规定了无居民海岛只能专属国家所有。其一,无居民海岛在事实上不属于任何集体组织所有;其二,无居民海岛具有特殊的生态价值或主权、国防价值。

3. 海岛资源开发利用权

在理论上,海岛资源开发利用权是指对特定的海岛进行开发利用,以获得经济收益、生态效益或其他效益的权利,也可称为海岛开发利用权。但是,由于海岛资源具有较为特殊的属性,不同类型的海岛在自然属性、经济价值、生态价值、主权和国防价值等各方面差异较大。因此,海岛资源的开发利用应当从海岛的实际情况出发。

有居民海岛与一般的陆地具有更多的共性,因而一般不会将其作为一个统一的客体,对其设置开发利用权。特大岛和大岛虽被称为岛,但与大陆基本相同,如我国的台湾岛、海南岛。有居民海岛在自然资源权利的设立、配置、类型、客体等方面,与一般陆地无异;而且既然有居民,在客观上就难以在整个海岛上设置开发利用权。所以,海岛资源开发利用权的客体通常不是有居民海岛,尤其不可能是特大岛和大岛。对此,应当区别海岛的开发利用与海岛开发利用权,前者是指所有在海岛上进行的开发利用活动;后者仅指以海岛为统一客体进行开发利用的权利。

无居民海岛则与海洋存在更紧密的联系,在生态结构上明显属于海洋生态系统,因而更多地具有海洋资源的属性。而且无居民海岛面积较小,且无人居民,将其整体性地作为一个客体设置开发利用,在客观上是可行的;此外无居民海岛具有极其重要的生态价值或主权、国防价值,分割不利于保护海岛,因而对海岛整体设置权利,也是必要的。因此,海岛资源开发利用权也可称为无居民海岛开发利用权,其客体通常只限于无居民海岛。2011 年 4 月,国家海洋局公布首批"开发利用无居民海岛名录",涉及辽宁、山东、广东等 8 个省区共计 176 个无居民海岛。

根据《海岛保护法》第 30 条的规定:取得无居民海岛开发利用权应

当向省、自治区、直辖市人民政府海洋主管部门提出申请,并提交项目论证报告、开发利用具体方案等申请文件,由海洋主管部门组织有关部门和专家审查,提出审查意见,报省、自治区、直辖市人民政府审批。经批准同意的,无居民海岛开发利用权人主要享有如下权利:对获得批准的无居民海岛依法自主进行开发利用,以获得权利人所追求之经济利益或其他利益,这是基础性权利;禁止他人干涉、妨碍自己开发利用特定海岛的权利;要求侵害自己权利且造成损害的行为人赔偿损失的权利等。

无居民海岛开发利用权的行使必须严格遵守生态保护优先的原则。因为,无居民海岛大多面积狭小,地域结构简单,环境相对封闭,其生态系统构成单一,生物多样性小,稳定性差,极容易遭受破坏,甚至可能因为自然或人为的原因导致海岛消失。《海岛保护法》规定:开发利用无居民海岛应当遵守可利用无居民海岛保护和利用规划,采取严格的生态保护措施,避免造成海岛及其周边海域生态系统破坏。

此外,《海岛保护法》第31～35条还规定了无居民海岛利用权人的主要义务:依法缴纳使用金,因国防、公务、教学、防灾减灾、非经营性公用基础设施建设和基础测绘、气象观测等公益事业使用无居民海岛的除外;利用过程中产生的废水应当按照规定进行处理和排放,固体废物应当按照规定进行无害化处理、处置,禁止弃置或向周边海域倾倒;经批准建造建筑物或设施的,应当按照海岛保护和利用规划限制建筑物、设施的建设总量、高度以及与海岸线的距离,使其与周围植被和景观相协调;在依法确定开展旅游活动的无居民海岛及其周边海域,不得建造居民定居场所,不得从事生产性养殖活动;已经存在的生产性养殖应当确定合理的污染防治措施。

第九章　生态民事义务概述

生存民事权利与生态民事义务是不可分割的,二者同为生态民事法律关系的内容。生态民事义务是实现生态民事权利的必要手段,也是对生态民事权利的适当限制。任何生态民事主体都应当在享有生态民事权利的同时,承担和履行基本的生态民事义务。

第一节　生态民事义务的界定

一、民事义务的概念与特征

生态民法学上的生态民事义务在法律性质上应当属于民事义务。

(一)民事义务的概念

民事义务是与民事权利相对应的,与民事权利的概念一样,关于民事义务的含义也存在多种观点。

1. 手段说。其认为义务是指民事法律规定或当事人依法约定的,义务人为或不为一定行为,以实现权利人之利益的法律手段,如魏振瀛的《民法》。

2. 必要性说。其认为义务是民事主体为实现其他民事主体的某种利益而依法为一定行为的必要性,如佟柔的《中国民法学·民法总则》。

3. 限制说。其认为义务是民事主体为了实现其他民事主体的权利而使自己受到限制的状态或范围,如彭万林的《民法学》。

4. 约束说。其认为民事义务是指民事主体依据民法所承受的,为了实现权利人的利益而在民事活动中为一定行为的约束。这是法律对主体的一种要求,如江平的《民法学》、余能斌和马俊驹的《现代民法学》。

这种观点更为合理一些。

（二）民事义务的主要特征

1. 利他性。民事义务的义务人为或不为一定行为为了实现权利人的法定利益。设立和履行一定的民事义务，目的在于实现权利人之权利和利益。

2. 限定性。民事义务之义务人为了实现权利人的利益而应当为或不为的行为，是有范围的，不是无限的。民事义务的范围是由相对应的民事权利所决定的，原则是以民事权利的权能和利益范围为限。所有权的义务人所承担的义务只是不作为的义务，而没有以作为的方式协助权利人实现利益的义务。

3. 约束性。民事义务对义务人而言，是有强制约束力，义务人必须履行自己的义务，不能依自己的意思变更或解除。不履行自己的义务，就要承担相应的民事责任。

二、生态民事义务的内涵

与生态民事义务相关的概念还有环境义务、环境法律义务、公法上的生态义务。为了更加准确理解生态民事义务，有必要对此先行了解。

（一）环境义务

邹瑜等主编的《法学大辞典》指出：环境义务是指依照国际法、国内法的规定，国际组织、国家、企业事业单位、公民等主体必须承担的保护与改善环境、防治污染和其他公害的责任；依主体之不同，环境义务主要分为国家环境义务、法人环境义务和个人环境义务。[1] 简言之，环境义务是法律主体依法承担的保护与改善环境、防治污染及公害的义务。但此环境义务既包含公法上之生态民事义务，也可以涵盖私法上之生态民事义务。

（二）环境法律义务

曹炜认为，环境法律义务“是指法律主体在环境法律关系之中应当

---

〔1〕 邹瑜等主编：《法学大辞典》，中国政法大学出版社 1991 年版，第 12 页。

承担的法律义务”，而法律义务乃是法律主体按照法定或约定的行为模式应当做出的行为，若不按照行为模式做出行为，主体就必须承担相应的法律责任。[1] 但是此观点与关于义务的一般界定极其类似，没有揭示其本质属性、即与普通义务之本质区别、真正体现生态民事义务特殊性的属性。

(三)公法上的生态义务

延军平、任志艳提出：生态民事义务就是国家为了生态环境的持久安全，尽快实现生态文明，根据生态建设需要制定的生态建设法规，要求公民必须承担一定的生态安全责任。即强制要求公民承担一定的生态建设义务，明确相应的保护区域，确保生态成果的可持续性。[2] 该定义不妥之处十分明显。其一，将生态民事义务之主体局限于公民，外延太窄，尤其是忽略了生态民事义务的重要主体即企业等生产经营者。其二，将生态民事义务解释为生态安全责任或生态建设义务，内容模糊且片面，如生态建设义务究竟是指什么？包括哪些内容？

此外，该定义中的生态民事义务本质上是公法关系中的义务。

(四)私法上的生态民事义务

生态民法学上之生态民事义务，是指生态法律主体依法承受的，为了节约资源、保护与改善生态环境、防治污染及其他公害而在其生产经营、生活消费或其他运营活动中应当为或者不为一定行为的法律约束。此即生态民事义务。其逻辑关系应当是：法律义务包含了生态义务，生态义务又涵盖了公法生态义务和生态民事义务。

三、生态民事义务的基本特征

(一)全面性或者普遍性

生态民事义务是一种全民义务，即所有社会成员包括自然人及家庭、法人等社会组织、国家等，都应当承担和履行必要的生态民事义务。

---

[1] 曹炜：《环境法律义务探析》，载《法学》2016 年第 2 期。

[2] 延军平、任志艳：《实行生态民事义务制度的必要性与可能途径》，载《陕西师范大学学报(哲学社会科学版)》2010 年第 4 期。

（二）以生态系统为客体

生态民事义务所针对的客体是生态系统，任何生态民事义务的履行都必然首先使生态系统受益，包括改善、修复或使其免受污染、破坏等，具体表现为生态系统品质得到提升，生态服务功能得到强化，生物多样性得到增加，生态系统污染减轻或消除等，并通过生态系统受益进而使人即主体受益。

（三）法律的强制性与道德的自觉性相融合

生态民事义务既是法律义务，也是伦理道德上的义务。而且首先确立为道德义务，之后才确立为法律义务。

（四）法律性质的综合性

积极义务与消极义务相统一，绝对义务与相对义务相统一，公法义务与私法义务相统一。

（五）利益的复杂性

各种性质的利益相互交织、渗透，既有一致和统一，又有冲突和矛盾。公共利益与私人利益，长期利益与短期利益，局部利益与整体利益，人身利益、财产利益与生态利益等，相互之间的关系莫不如此。

（六）高度的正当性和必要性

有学者提出，关于环境法律义务的内涵应当掌握和关注环境法律义务具有高度的正当性与必为性，其履行更为灵活多变。[1]

生态民事义务的高度应然性即高度的正当性和必要性，源于生态利益的特殊性。生态民事义务是维护和实现生态利益的必要手段，而生态利益既是民事主体的私益，也关系到全体社会成员甚至整个国家的根本利益，因此通过履行生态民事义务进而保护和实现生态利益至关重要，与纯为实现私人利益的传统民事义务相比，就显得更加具有正当性和必要性。

---

〔1〕 曹炜：《环境法律义务探析》，载《法学》2016年第2期。

第二节　生态民事义务的性质与功能

一、生态民事义务的法律性质

生态民事义务的法律性质，是指生态民事义务应当归属基本义务还是非基本义务，即普通义务。

（一）什么基本义务

基本义务是指宪法和法律规定的，对于维护社会公共利益具有特别重要的意义，社会成员应当普遍履行的义务。

基本义务是普通义务的法律基础，是保护和实现国家核心利益所必需的。基本义务具有以下特点：(1)应当在宪法中加以规定；(2)具有优先的制度保障或法律保障；(3)与基本权利构成统一的整体。

依据《宪法》规定，我国公民的基本义务包括以下几个方面：(1)维护国家的统一和全国各民族的团结；(2)遵守宪法和法律，保守国家秘密，爱护公共财产，遵守劳动纪律，遵守公共秩序，尊重社会公德；(3)维护国家的安全、荣誉和利益；(4)保卫祖国，抵抗侵略，依照法律服兵役和参加民兵组织；(5)依照法律纳税；(6)其他义务。

（二）生态民事义务纳入基本义务的正当性和可行性

由于生态民事义务的重要性，将其纳入基本义务是必要的。(1)生态利益是保障每一个自然人生命健康等最重要人身利益的前提。(2)生态安全是国家安全的重要组成部分。(3)生态利益关系到国家、社会组织和自然人的长远利益和根本利益。当然并非任何生态民事义务都是基本义务，作为基本义务的生态民事义务是指所有至少大多数生态民事主体应当承担和履行的义务。

将生态民事义务纳入基本义务也是完全可行的。其可能的路径包括：(1)可作为维护国家安全之义务的一部分。生态民事义务是维护生态安全的必要手段，生态安全是国家安全的重要内容。维护国家安全是目前的基本义务之一。(2)可作为维护国家利益之义务的一部分。生态利益也是国家利益的重要内容,而生态民事义务自然是维护生态利益的必要方式。维护国家利益已经是基本义务之一。(3)可作为其他义务。我国《宪法》规定的基本义务第六项为"其他义务",这就为吸纳和确立新型的基本义务提供了现成的法律基础。

二、生态民事义务的主要功能

生态民事义务之功能即生态民事义务的主要作用、意义。有学者主张,在促进生态文明建设的生态法律制度中,生态民事义务具有全局影响,是最基础、最实用、最重要的途径。[1]

(一)实现生态权益之必要手段

任何民事主体享有之生态权利与生态利益,只有在社会绝大多数的民事主体能够切实履行各自的生态民事义务后才能得到实现。生态民事义务是实现生态权益的基础和前提,因而也是必要的手段。例如,清洁空气权之实现,有赖于全体自然人、法人及其他社会组织不污染空气,此为消极义务之履行。

(二)保障国家生态安全之需要

现代社会的国家安全除了传统的军事安全、政治安全、经济安全之外,还包括生态安全。每一个国家都必须严格保护其领土内的生态安全,即生态系统之安全,包括生态系统的平衡、健康和生态服务功能。相对而言,在当代国际关系中战争的威胁和可能性在减少,然而生态污染和破坏的威胁、危机却在加剧,生态安全越来越引起世界各国的关注。

为了减轻、消除生态污染和破坏,保护和提升生态系统的安全,除了国家必须发挥主导性作用外,法人及其他社会组织、自然人等全体社会成员都应当积极地为保护和改善生态系统、防治生态污染和破坏贡献自己的力量,履行必要的义务。而且此种义务不能仅限于道德义务,还应当上升为法律义务,即生态民事义务。因为,生态利益系国家的核心利

---

〔1〕 延军平:《西北经济发展与生态环境重建研究》,中国社会科学出版社2008年版,第205~210页。

益、根本利益,不可替代、不可复制,有必要强制性地要求全体社会成员分担生态保护的义务。

(三)促进生态文明建设之需要

生态文明建设是我国新的发展战略,在五位一体总体布局中具有特别重要的意义。但是生态文明建设不可能一蹴而就,美丽中国更不可能凭空从天而降,生态文明建设不是也不能成为抽象的口号。生态文明建设是一个巨大、复杂的系统工程,必须充分调动全体社会成员的积极性,充分发挥每一个社会成员的正能量,方能成就。生态文明必将人人受益,但首先应当人人尽力而为。

(四)贯彻实施绿色原则和全民环保义务之需要

我国《环境保护法》第6条规定:"一切单位和个人都有保护环境的义务。"《民法典》第9条规定:"民事主体从事民事活动,应当有利于节约资源、保护生态环境。"

上述规定都是关于生态民事义务的一般性规定。贯彻实施这些规定就需要建立健全我国的生态民事义务法治体系,一方面应当将生态民事义务分解、落实到各类主体,并将各种类型的生态民事义务具体化,使其具备充分的可行性;另一方面应当完善生态民事义务的履行机制,包括履行的方式方法、程序、配套制度等。

第三节 生态民事义务的依据

确立民事主体的生态民事义务具有充分的正当性和必要性,即具有充足的依据,包括理论依据和法律依据。

一、生态民事义务的理论依据

民事主体应当承担生态民事义务的主要理论依据包括企业社会责任理论、公平原则、绿色原则等。

(一)企业社会责任理论

企业社会责任理论问世于20世纪20年代的美国。1916年学者克拉克在《改变中的经济责任的基础》一文中首次提出了这一概念:“社会责任中有很大一部分是企业的责任”,企业应当将社会责任作为一项“经济原则”,并将该原则植根于“商业伦理之中”。[1] 但是迄今为止,学术界关于企业社会责任的内涵并未达成一致意见。“一个比较成熟的观点认为:企业社会责任是一个企业为现存的社会环境应当承担的义务”。[2] 而且有学者主张,从法的强制性角度出发,企业社会责任不宜涵盖道德规范上的社会义务,因为企业社会责任的实现不能只是借助于自律、完善公司内部治理机制等手段,更须依靠私法上的民事责任机制,即企业社会责任应当通过立法转化为企业在生产经营活动中采取积极措施避免损害社会利益之法定义务,此为一般注意义务,且具有运用民事手段强制履行之可能。[3]

尽管对企业社会责任的理论探讨和争议一直在持续之中,但毫无疑问,它已经广泛而又深刻地影响着以公司为代表的众多企业的经营管理理念、内部治理机制以及相关立法。甚至企业社会责任成了攸关企业生存和发展、并被普遍接受的现代管理理论之一;90%的世界500强企业都将社会责任作为自身发展目标的基本要素,并在其年度报告中加以突出体现。[4] 因此,社会责任对于企业早就不限于道德规范,更是一种法律规范、法定义务。而企业社会责任的核心内容和焦点就主要集中在保障企业员工的基本待遇,以及保护生态环境、节约能源与资源等生态民事义务。由此可见,企业等生产经营者的生态民事义务是其应当承担的社会责任之一。

---

〔1〕 沈洪涛、沈艺峰:《公司社会责任思想起源与演变》,上海人民出版社2007年版,第2页。

〔2〕 秦颖、高厚礼:《西方企业社会责任理论的产生与发展》,载《江汉论坛》2001年第7期。

〔3〕 左传卫:《公司社会责任理论述评》,载《湖南社会科学》2010年第4期。

〔4〕 章辉美、张坤:《企业社会责任理论的演化与发展趋势》,载《学习与探索》2012年第11期。

（二）公平原则（生态公正原则）

一直以来，法律都被视为维护和促进正义的基本工具和手段。正义是法律的宗旨、实质，也是法律的普适价值和根本目标。分配正义乃是正义的主要内容之一，法律正是通过将指导分配正义的原则制度化、规范化，并“具体化权利、权力、义务和责任，实现对资源、社会合作的利益和负担进行权威性的、公正的分配”[1]。分配正义本质上就是公平。

为了实现法律所追求的正义与公平，各国民法典通常都规定了公平原则。我国《民法典》第6条规定：“民事主体从事民事活动，应当遵循公平原则，合理确定各方的权利和义务。”民法公平原则的根本宗旨就在于保障民事主体之间在权利和义务上的衡平性、统一性和一致性，包括当事人之间权利义务的对等性，当事人一方的权利与其义务的相称性。当然，公平也是各个部门法或者整个法律体系所应捍卫之价值。环境资源法的生态公正原则也有类似的要求，二者有异曲同工之妙。

民事主体在其民事活动中不断地从生态系统获取着生存发展所需要的物质、能量和信息，即享有和行使着各种生态权利和生态利益，因此基于生态权利与生态民事义务的一致性、统一性，民事主体就理应承担和履行必要的生态民事义务，以保护生态系统，实现自然资源的可持续利用。在享有生态权益的同时负担必要的生态民事义务，这既是公平原则、生态公正原则之要求，也是公平原则、生态公正原则之体现，更是保护民事主体自身生态利益之需要。如果所有民事在享受了生态权益后却将保护生态环境之义务交由他人或国家承担，显然有失公平，最终必将损害整个生态系统，进而导致民事主体自身的生态权益无法实现。2013年4月习近平总书记在海南考察时指出：“良好生态环境是最公平的公共产品，是最普惠的民生福祉。”[2]

（三）绿色原则

在人类饱受了工业文明所带来的环境污染和生态破坏之害后，工业发达国家率先开始了沉重而又深刻的反思，尤其以《人类环境宣言》为

---

〔1〕 张文显主编：《法理学》，法律出版社1997年版，第325页。

〔2〕 《良好生态环境是最普惠的民生福祉》，载《光明日报》2014年11月7日，第1版。

标志，世界开始迈入了生态文明时代。从此，各国的政治、经济、法律、文化等领域都在努力适应生态文明的理念、原则、目标等，生态化已然成为一种世界趋势和潮流。我国于2012年在党的十八大报告中首次将生态文明建设纳入五位一体的总布局，党中央对生态文明建设极为重视。2013年5月24日习近平总书记在主持十八届中央政治局第六次集体学习时指出："生态环境保护是功在当代、利在千秋的事业"，"保护生态环境就是保护生产力"，"只有实行最严格的制度、最严密的法治，才能为生态文明建设提供可靠保障"。[1] 国家主席习近平在联合国日内瓦总部发表的题为"共同构建人类命运共同体"的演讲时强调："我们应该遵循天人合一、道法自然的理念，寻求永续发展之路"，"我们要倡导绿色、低碳、循环、可持续的生产生活方式"。[2]

在浩浩荡荡的生态化大潮中，各国法律为了更好地适应生态文明时代的客观需要，也开始了全面的生态化。正是为了适应生态文明时代绿色发展、构建绿色生产生活方式的需要，我国《民法典》第9条规定了绿色原则，即"民事主体从事民事活动，应当有利于节约资源、保护生态环境"。这是我国民法典生态化的历史性标志和成就。绿色原则的本质和宗旨就是民事主体节约资源、保护生态环境之义务，即对所有民事主体赋予了生态民事义务。这是在自然资源越来越稀缺、生态环境质量越来越下降的现实面前，为了更好地保护社会公共利益即生态利益，确有必要对民事主体的权利行使、义务履行和责任承担施加生态保护之要求。

按照《民法典》绿色原则之要求，所有民事主体都应当在其民事活动中尽可能地节约资源，保护生态环境，此为普遍的义务。为了贯彻和落实生态保护原则，首先有必要在立法上进一步明确和细化各类民事主体所负之生态民事义务，包括不同民事活动的生态民事义务；其次必须规定有效的保障机制，监督并促使民事主体积极履行其所负之生态民事义务。总而言之，履行生态民事义务是生态保护原则的核心内涵和根本宗旨，也是生态文明建设的题中应有之义。

---

〔1〕 习近平：《习近平谈治国理政》，外文出版社2014年版，第208~210页。

〔2〕 习近平：《习近平谈治国理政》（第2卷），外文出版社2017年版，第544页。

二、生态民事义务的法律依据

（一）宪法依据

如前所述，生态民事义务应当是自然人、法人及其他社会组织的基本义务，故宪法应当加以规定。事实上不少国家宪法在规定每一个人享有生态权利的同时，也明确指出，每一个有保护生态环境的义务。

例如，1982 年《土耳其宪法》第 56 条第 1～2 款规定："每个人都有在健康和谐的环境中生活的权利。改善环境、防止环境污染是国家的责任和公民的义务。"美国《宾夕法尼亚州宪法》第 1 条第 27 款规定："人们有权享受清洁的空气、纯净的水，以及保护环境自然的、景观的、历史的和美学的价值。"

我国《宪法》没有直接、明确、系统地规定公民、社会组织的生态民事义务，但是规定了一些包含生态民事义务内容的条款。主要有：《宪法》第 9 条第 1 款确认了自然资源的所有权归属，即"矿藏、水流、森林、山岭、草原、荒地、滩涂等自然资源，都属于国家所有，即全民所有；由法律规定属于集体所有的森林和山岭、草原、荒地、滩涂除外。"该条第 2 款则包含社会组织和自然人的生态民事义务，即"国家保障自然资源的合理利用，保护珍贵的动物和植物。禁止任何组织或者个人用任何手段侵占或者破坏自然资源。""禁止任何组织或者个人用任何手段侵占或者破坏自然资源"，本质上赋予了社会组织和自然人不得以任何手段侵占或破坏自然资源的禁止性义务。《宪法》第 26 条规定：国家保护和改善生活环境和生态环境，防止污染和其他公害。本条主要是肯定了国家保护和改善生态环境、防治污染等公害的义务。但是国家的生态民事义务同时包含公法上之义务和私法上之义务。《宪法》第 51 条规定：中华人民共和国公民在行使自由和权利的时候，不得损害国家的、社会的、集体的利益和其他公民的合法的自由和权利。本条规定公民行使权利不得损害国家、社会、集体利益和他人合法权益，在逻辑上应当包含公民行使权利不得损害他人生态权利和生态利益之内容。此项义务亦为禁止性义务，即禁止滥用权利损害他人生态权益之义务。《宪法》第 54 条规定：中华人民共和国公民有维护祖国的安全、荣誉和利益的义务，不得有危害祖国的安全、荣誉和利益的行为。本条规定之公民维护祖国安全、利益之义务,理应包含维护国家生态安全和生态利益之义务,因为生态安全是国家安全的重要组成部分,生态利益也是国家利益的必要内容。

综上所述,依据我国《宪法》的相关规定,自然人和法人等社会组织负有以下生态民事义务:不得以任何手段侵占或破坏自然资源,不得滥用权利损害他人生态权益,此两项为禁止性义务、不作为义务、消极义务;维护国家生态安全和生态利益之义务,国家保护和改善生态环境、防治污染等公害之义务,此两项为命令性义务、积极义务、作为义务。

(二)民法依据

当代各国制定或修订的民法典或多或少地都会规定民事主体在其民事活动中应当履行的生态民事义务。

《阿根廷民法典》第 2618 条规定:"因活动的开展导致烟雾、热度、气味、亮度、噪音、振动或类似损害产生,从而对邻人不动产造成的损害,在虑及当地条件后,即使已经取得行政许可,也不应超过正常的能忍受的程度。法官可以根据具体情况,命令赔偿损害或停止此类妨害。在适用本规定时,法官应遵从生产的需要以及正常使用所有权所应有的尊重;同时,也应考虑利用所有权的优先顺序。此项诉讼应依简易程序为之。"[1]

2003 年 1 月生效的《巴西民法典》第 1228 条第 1 款规定:"所有权的行使应符合其经济和社会目的,并且还应根据特别法的规定以保存动植物群、自然美、生态平衡以及历史和艺术遗产的方式行使,同时应避免污染空气和水。"[2]

2005 年的《越南民法典》第 10 条确定了"设立、履行民事权利义务不得侵害国家利益、公共利益、他人的合法权利和利益"的原则,该条不得侵害公共利益即包含不得侵害生态利益之要求。第 263 条规定了所有权人保护环境的义务:"所有权人在使用、保管或抛弃自己的财产时,应当遵守环境保护法律的规定;造成环境污染的,应当停止污染行为,采

---

〔1〕《阿根廷共和国民法典》,徐涤宇译,法律出版社 2007 年版,第 556 ~ 557 页。

〔2〕《巴西新民法典》,齐云译,徐国栋校,中国法制出版社 2009 年版,第 183 ~ 184 页。

取各种措施消除污染后果,并赔偿损害。”[1]

我国《民法典》第9条绿色原则明确规定了民事主体的生态民事义务。《民法典》第3条规定:民事主体的人身权利、财产权利以及其他合法权益受法律保护,任何组织或者个人不得侵犯。该条之“其他合法权益”可以包含生态权益,故基于扩大解释的角度,应当理解为本条确立了一项生态民事义务,即不得侵害他人生态公益。《民法典》第132条规定:民事主体不得滥用民事权利损害国家利益、社会公共利益或者他人合法权益。该条之国家利益、社会公共利益和他人合法权益,均可包含生态权益,因为生态利益既是国家利益、公共利益,也是私人利益,故本条应当解释为确立了一项生态民事义务,即不得滥用权利损害国家或他人的生态权利和生态利益。《民法典》物权编第325条规定,国家实行自然资源有偿使用制度;第326条规定,用益物权人行使权利,应当遵守法律有关保护和合理开发利用资源、保护生态环境的规定。因此《民法典》确立了物权人有偿使用自然资源之义务、保护和合理开发利用自然资源之义务。《民法典》合同编第509条规定:当事人在履行合同过程中,应当避免浪费资源、污染环境和破坏生态。因此《民法典》赋予了合同当事人必要的生态义务。

(三)环境资源法依据

各国环境资源基本法都会规定自然人、社会组织和国家的一般性生态民事义务,而环境资源保护单行法通常会规定自然人、社会组织和国家在某一方面、某一领域承担的生态保护义务。例如,1969年通过的《美国国家环境政策法》第一篇第3条规定:“每个人都享有健康的环境,同时每个人也有责任对维护和改善环境做出贡献。”

我国《环境保护法》第6条规定:“一切单位和个人都有保护环境的义务。地方各级人民政府应当对本行政区域的环境质量负责。企业事业单位和其他生产经营者应当防止、减少环境污染和生态破坏,对所造成的损害依法承担责任。公民应当增强环境保护意识,采取低碳、节俭

---

[1] 《越南社会主义共和国民法典》(2005年版),吴远富译,厦门大学出版社2007年版,第3、66页。

的生活方式,自觉履行环境保护义务。”第30条规定了开发利用自然资源时的生态民事义务:“开发利用自然资源,应当合理开发,保护生物多样性,保障生态安全,依法制定有关生态保护和恢复治理方案并予以实施。引进外来物种以及研究、开发和利用生物技术,应当采取措施,防止对生物多样性的破坏。”第38条规定了公民的生态民事义务:“公民应当遵守环境保护法律法规,配合实施环境保护措施,按照规定对生活废弃物进行分类放置,减少日常生活对环境造成的损害。”第四章防治污染和其他公害比较系统地规定了生产经营者的生态民事义务,如第42条规定:“排放污染物的企业事业单位和其他生产经营者,应当采取措施,防治在生产建设或者其他活动中产生的废气、废水、废渣、医疗废物、粉尘、恶臭气体、放射性物质以及噪声、振动、光辐射、电磁辐射等对环境的污染和危害。排放污染物的企业事业单位,应当建立环境保护责任制度,明确单位负责人和相关人员的责任。”

我国环境资源保护单行法一般也规定了各自领域内的生态民事义务。例如,2018年《大气污染防治法》第7条规定:“企业事业单位和其他生产经营者应当采取有效措施,防止、减少大气污染,对所造成的损害依法承担责任。公民应当增强大气环境保护意识,采取低碳、节俭的生活方式,自觉履行大气环境保护义务。”2016年《水法》第6条规定:“国家鼓励单位和个人依法开发、利用水资源,并保护其合法权益。开发、利用水资源的单位和个人有依法保护水资源的义务”;第8条第3款规定:“单位和个人有节约用水的义务。”2016年修订的《海洋环境保护法》第4条规定:“一切单位和个人都有保护海洋环境的义务,并有权对污染损害海洋环境的单位和个人,以及海洋环境监督管理人员的违法失职行为进行监督和检举。”2018年《防沙治沙法》第6条规定:“使用土地的单位和个人,有防止该土地沙化的义务。使用已经沙化的土地的单位和个人,有治理该沙化土地的义务。”2009年《矿产资源法》第3条第2款规定:“国家保障矿产资源的合理开发利用。禁止任何组织或者个人用任何手段侵占或者破坏矿产资源。各级人民政府必须加强矿产资源的保护工作。”2018年《节约能源法》第9条规定:“任何单位和个人都应当依法履行节能义务,有权检举浪费能源的行为。”2009年《森林法》第11条规定,“植树造林、保护森林,是公民应尽的义务。各级人民政府应当组织全民义务植树，开展植树造林活动"，但是此义务似乎并非私法上之生态民事义务。

第四节　生态民事义务的类型

依据不同的标准，可以对生态民事义务进行不同的分类。分类有利于在整体上掌握生态民事义务，因为，基于同一标准而划分的不同类型生态民事义务，就形成了生态民事义务的体系。生态民事义务的分类主要有如下三种方法。

一、依据义务主体划分的生态民事义务类型

现代各国法律通常对所有的主体都赋予了生态义务，即全民环保义务，但是不同的主体，其承担的生态义务不尽相同。按照义务主体的不同，生态民事义务可分为自然人的义务、法人和非法人组织的义务、国家的义务。

（一）自然人的生态民事义务

自然人的生态民事义务，是指自然人在其民事活动中应当履行的节约资源、防治污染等公害、保护生态环境等生态民事义务。自然人的生态民事义务主要存在于日常生活消费之中，如适度消费、按照规定分类放置生活垃圾、参加旅游活动时保护野生动植物和自然环境；也存在于一些生产经营活动之中，如农户在从事农业生产中应当保护和合理利用耕地。

（二）法人和非法人组织的生态民事义务

法人和非法人组织的生态民事义务，是指法人以及其他具有民事主体资格的非法人组织在其民事活动中依法应当履行的各种生态民事义务。其中尤以企业法人等生产经营者的生态民事义务更为重要，非营利性的法人和非法人组织依法也应当履行必要的生态民事义务，但主要是节约能源资源、依法排放污水、依法处置各种废弃物等。生产经营者能

否切实有效、全面充分地履行自己的生态民事义务,对生态系统保护至为关键。企业等生产经营者不能以浪费资源、破坏环境的方式从事生产经营活动,其生态民事义务可概括为如下几个方面。

1. 建设项目的环境影响评价与三同时义务

环境影响评价义务,是指新、改、扩建有可能对环境造成影响的建设项目,在开工前必须委托专业机构进行环境影响评价,并经环保部门批准同意后方可建设。三同时义务,是指新、改、扩建项目污染防治设施(包括污水、废气、噪声、固体废物污染防治设施)必须与主体工程同时设计、同时施工、同时投产使用;编制环境影响报告书、环境影响报告表的建设项目,其配套建设的环境保护设施经验收合格,方可投入生产或者使用;未经验收或者验收不合格的,不得投入生产或者使用。

2. 依法排污义务

我国实行排污许可管理制度,实行排污许可管理的企业事业单位和其他生产经营者,首先,应当依法取得排污许可证;未取得排污许可证的,不得排放污染物。其次,应当按照许可证规定的排污要求排放污染物。最后,排放污染物应当符合规定标准,包括排放水污染物、大气污染物和噪声污染等,均须稳定符合排放标准;对废弃物应当尽可能实现无害化处理。

3. 依法处置危险有毒废物义务

一是危险有毒废物须按特性进行分类收集、贮存,不得擅自倾倒、堆放、丢弃、遗撒;二是收集、贮存场所,必须采取防扬散、防流失、防渗漏或者其他防止污染环境的措施并设置危险有毒废物识别标志;三是加强对收集、贮存场所的管理和维护,保证其正常运行和使用;四是转移危险废物的,必须按照国家有关规定填写危险废物转移联单,未经批准的,不得转移。

4. 依法缴纳环境保护税或排污费

直接向环境排放应税污染物的单位,应当向税务机关办理纳税申报,并缴纳环境保护税。未缴纳环境保护税的排污企业事业单位和其他生产经营者,应当按照国家有关规定缴纳排污费。

5. 依法公开企业环境信息

重点排污单位应当如实向社会公开其主要污染物的名称、排放方式、排放浓度和总量、超标排放情况,以及防治污染设施的建设和运行情况。并接受社会监督义务。

6. 其他生态义务

例如，制定突发环境污染事件应急预案，配备必要的应急处置物资，做好应急演练工作；依法实施清洁生产，尽可能生产绿色产品，实行绿色包装、绿色认证，提供满足市场需要的绿色产品或服务。

（三）国家的生态民事义务

国家是特殊的民事主体，也是重要的生态主体。依据我国《宪法》和《民法典》之规定，国家对自然资源享有所有权，对重要自然资源更是享有专属性所有权。国家承担生态民事义务具有充足的理由，主要表现在：第一，基于生态权利与生态民事义务的一致性和对等性，国家在享有生态权利的同时理应承担必要的生态民事义务。第二，国家具有民事主体的身份，既然是民事主体，就应当与其他民事主体一样平等履行我国民法规定的民事主体应当节约资源、保护生态环境等义务。第三，国家以民事主体身份从事大量民事活动，这些民事活动既有承担生态民事义务之必要，也具备履行生态民事义务之现实条件。

国家作为生态民事主体主要应当承担以下生态民事义务：(1)绿色采购义务，即在商品买卖活动中，国家应当尽可能采购生态产品、生态服务。(2)绿色建设工程义务，即在公共基础设施建设中，国家应当遵守生态保护规划，尽可能使用有利生态保护的材料、设备、技术等，减少对生态系统的污染和破坏。(3)节约资源义务，即在公务活动中，应当尽可能节约使用办公用房、办公设备和设施、办公用品、公务用车等，包括用房面积、更新频率、使用数量、产品等级各个方面，原则上禁止使用奢侈、豪华产品和一次性用品。(4)生态补偿义务，即对自然人、法人或其他社会组织自愿或依法无偿提供的生态服务、做出的生态贡献或牺牲，应当依法给予合理的生态补偿。(5)修复生态系统义务，即在污染或破坏生态系统的责任人不明或无责任人时，国家应当修复受损害的生态系统。(6)追究生态民事责任义务，即对严重损害生态利益的行为人，应当依法追究行为人的生态民事责任。

当然国家还负有公法上的生态义务，如对社会成员可能影响生态环境的行为依法实施监管的义务，运用公权力依法保护生态系统的义务，对违反法律法规的污染环境、破坏生态系统的行为依法进行处罚的义务等。在此不予详述。

二、依据民事法律关系性质划分的类型

(一)人身关系中的生态民事义务

1. 人格权关系中的生态民事义务

这是指自然人在履行对他人人格权的义务时,同时应当履行不得妨碍、侵害他人人身生态权的义务,包括不得污染、破坏生态系统,妨害他人的清洁空气权、清洁饮用水权等与自然人生命健康密切相关的权利。此类义务主要是消极义务、不作为义务。

2. 婚姻家庭关系中的生态民事义务

这是指婚姻家庭成员在家事活动中应当承担的生态民事义务。其内容主要是在家庭消费中的节约资源义务、绿色消费义务、生活垃圾分类义务等。此类义务之主体,严格地说应当是家庭,而非自然人个人。因为很多消费品是供家庭成员集体使用的,生活垃圾也是共同产生的。

《民法典》第1043条规定:"家庭应当树立优良家风,弘扬家庭美德,重视家庭文明建设。"该条之"家风""家庭美德""家庭文明"应当包括节约资源、保护生态等基本要求。第1156条规定:遗产分割应当有利于生产和生活需要,不损害遗产的效用;不宜分割的遗产,可以采取折价、适当补偿或者共有等方法处理。该条之宗旨就是节约资源、避免浪费。但是应当承认,目前关于家庭生态义务的规定比较匮乏。

(二)财产关系中的生态民事义务

1. 物权关系中的生态民事义务

物权关系中的生态民事义务,是指由物权关系主体承担和履行的以保护生态环境、尊重他人生态权、维护生态利益为宗旨的民事义务。《民法典》主要从如下几个方面规定了物权人的生态义务:(1)保护和节约自然资源的义务,如第286条规定:业主应当遵守法律、法规以及管理规约,相关行为应当符合节约资源、保护生态环境的要求。(2)尊重他人生态权利的义务,如第290条规定:不动产权利人应当为相邻权利人用水、排水提供必要的便利,对自然流水的利用,应当在不动产的相邻权利人

之间合理分配，对自然流水的排放，应当尊重自然流向。第 293 条规定：建造建筑物，不得违反国家有关工程建设标准，不得妨碍相邻建筑物的通风、采光和日照。(3)禁止非法排污的义务，如第 294 条规定：不动产权利人不得违反国家规定弃置固体废物，排放大气污染物、水污染物、土壤污染物、噪声、光辐射、电磁辐射等有害物质。(4)为他人行使自然资源权利提供便利的义务，如第 291 条规定：不动产权利人对相邻权利人因通行等必须利用其土地的，应当提供必要的便利。(5)合理利用自然资源的义务，如第 326 条规定：用益物权人行使权利，应当遵守法律有关保护和合理开发利用资源、保护生态环境的规定。

此外，房屋使用权人应依法在指定地点且分类放置、回收垃圾，不得随意丢弃；不得制造噪声等；依法排放废气、废水；依法缴纳污水处理费等生态性收费。依法排污，即须按照法律规定的排放标准、地点、数量、类型排放或堆置各类废弃物；土地、草原、森林、水域等所有权人或用益物权人须依法保护其土地上的野生动植物，不得非法损害或捕猎野生动物，不得非法破坏或采集野生植物等；物权人不得损害他人之物、不得妨碍他人行使物权等，此类义务既是普通的民事义务，也是生态民事义务，因为，损害他人之物，或者妨碍物权人行使物权，都会造成资源浪费，有违节约资源之要求。

《越南民法典》第 249 条第 2 款规定了“抛弃所有权”时的生态民事义务：“若财产因所有权人抛弃所有权，将会对社会秩序与安全造成危害或造成环境污染，则所有权的抛弃必须遵守法律规定。”第 263 条规定了所有权人保护环境的义务，“所有权人在使用、保管或抛弃自己的财产时，应当遵守环境保护法律的规定；造成环境污染的，应当停止污染行为，采取各种措施消除污染后果，并赔偿损害”。第 270 条规定了“所有权人排放污水的义务”。第 707 条规定：“土地使用权承租方的义务”包括“遵守保护环境的各项规定；不得损害周围土地使用人的合法权利和利益”。[1]

---

〔1〕《越南社会主义共和国民法典》(2005 年)，吴远富译，厦门大学出版社 2007 年版，第 63、66、68、175 页。

2. 合同关系中的生态民事义务

合同关系中的生态民事义务，是指由债权关系主体包括债权人和债务人承担和履行的以节约资源、保护生态为宗旨的义务。其内容主要是两个方面：一是履行合同应当有利于节约资源；二是履行合同不得污染破坏生态环境。例如，《民法典》规定：当事人在履行合同过程中，应当避免浪费资源、污染环境和破坏生态（第509条）；债权债务终止后，当事人应当遵循诚信等原则，根据交易习惯履行旧物回收等义务（第558条）；当事人对包装方式没有约定或约定不明确，依法也不能确定；且没有通用方式的，应当采取足以保护标的物且有利于节约资源、保护生态环境的包装方式（第619条）；承揽人不得擅自更换定作人提供的材料，不得更换不需要修理的零部件（第775条）；对物业服务区域内违反有关治安、环保、消防等法律法规的行为，物业服务人应当及时采取合理措施制止、向有关行政主管部门报告并协助处理（第942条）。此外，如在维修合同中，修理人不得过度修理；在医疗服务合同中，医院不得过度治疗；在建设工程施工合同、加工承揽合同中，施工人、承揽人应当尽可能使用新型环保材料；等等。

3. 知识产权关系中的生态民事义务

知识产权主要是一种财产权，知识产权关系的主体主要是知识产权权利人，但也包括义务人，依法应当履行必要的生态民事义务。其主体主要是。其内容主要是在获得和行使知识产权的过程中，应当采取措施保护生态系统，预防生态风险，应当有利于保护生态系统。例如：生态保护技术的专利权人在必要时接受强制实施专利的义务；生态保护技术专利权人在他人依强制许可规定实施专利技术时，不得阻止；此外还涉及在绿色标识如绿色产品、环保标志的申请、使用过程中的义务。

我国《生物安全法》规定：从事生物技术研究、开发与应用活动，不得危及公众健康、损害生物资源、破坏生态系统和生物多样性等危害生物安全，应当符合伦理原则（第34条）；应当对本单位生物技术研究、开发与应用的安全负责，采取生物安全风险防控措施，制定生物安全培训、跟踪检查、定期报告等工作制度，强化过程管理（第35条）；从事高风险、中风险生物技术研究、开发活动，应当进行风险评估，制订风险防控计划和生物安全事件应急预案，降低研究、开发活动实施的风险（第38条）。

三、依据义务内容划分的生态民事义务类型

在逻辑上，也可以依据民事主体所承担生态义务的不同内容进行分类。所谓生态民事义务的内容是指生态民事主体依法承担的应当为一定行为或不为一定行为，或者不得为一定行为的基本要求。明确生态民事义务的主要内容，既能够更加深入、具体地认识和理解生态民事义务，更有利于生态民事主体实际履行其所承担的生态民事义务。《内罗毕宣言》第9条提出：在促进环境保护工作中，必须每个人负起责任并参与工作。即所有主体皆有生态保护之义务。虽然不同的生态主体，其具体的生态民事义务内容不尽相同，如生态民事义务中有些内容是属于全民义务，即所有主体皆须承担和履行；有些则仅为部分主体的义务。

《环境保护法》（2014年）对生态义务有较为系统的规定，尤其第三章保护和改善环境和第四章防治污染和其他公害，正是依据义务的内容、性质对生态义务进行了比较完整的规定。但是，《环境保护法》对生态义务的分类在逻辑结构和完整性上仍有待完善，主要表现在：

第一，严重忽略了节约资源义务。第三章和第四章较为全面地规定了预防生态损害义务和改善生态系统义务，但是对节约资源义务的规定却寥寥无几，仅在第一章总则部分第6条关于全民环保义务的规定中，在第4款简单要求公民“采取低碳、节俭的生活方式”。节约资源义务对于我国生态保护和国民经济发展具有极为重要的意义，而且该法在第4条保护环境基本国策的第2款专门提出了“节约和循环利用资源”的要求，并与“保护和改善环境”并列。但是该法却并未对节约资源义务加以详细规定，更谈不上与“保护和改善环境”并列为独立的一章。由此，《环境保护法》对节约资源义务的疏忽大意可见一斑，无论原因如何，皆难掩其失也。

第二，将保护义务独立于防治污染和公害义务之外，于理不合。第三章“保护与改善环境”在内容上似乎包括保护义务和改善义务，而第四章为“防治污染和其他公害”，防治生态损害自然也是对生态环境的保护，而且是更为基础和根本的保护，确立预防为主原则即此义。防治污染、公害和保护环境的最终目的都是预防生态损害的发生，即避免生态系统受到人为损害，故保护义务与防治污染、公害合为一章更合乎

逻辑。

第三,将保护环境与改善环境、防治污染和公害并列殊为不妥。因为,《环境保护法》第4条第1款首先明确了“保护环境是国家的基本国策”,此处之“保护环境”理应包含防治污染和公害、节约资源、改善生态系统三个方面的内容,即保护环境是防治污染和公害、节约资源、改善生态系统的上位概念,相互之间是包含与被包含的关系。然而《环境保护法》第四章保护和改善环境事实上却将保护环境与防治污染和公害、节约资源、改善生态系统置于并列关系,这与第4条第1款之“保护环境”存在明显的逻辑紊乱。

所以,不宜完全照搬《环境保护法》关于生态义务的分类。依据义务性质和内容将其划分为节约资源义务、预防生态风险义务、改善生态系统义务三大类型,是比较恰当的。由于生态民事义务的性质和内容直接决定了生态民事主体履行义务的基本要求,故其在生态民事义务中具有特别重要的地位,对于绿色原则的贯彻实施具有关键性意义,故另加详述。

第十章　节约资源义务

节约是中华民族的传统美德，在当代社会资源越来越稀缺、资源消耗所导致的环境污染和生态破坏越来越严重的背景下，节约的重要性与日俱增。节约无疑是缓解资源危机、减少资源消耗的有效途径。因此，节约由道德义务上升为法律义务的正当性也越发突显。

第一节　节约资源义务概述

一、节约资源的内涵

（一）节约资源义务中的节约

在汉语中，节约即“节俭、节省”[1]之意。如《后汉书·宣秉传》：“秉性节约，常服布被，蔬食瓦器”；《汉书·辛庆忌传》：“庆忌居处恭俭，食欲被服尤节约”；《宋书·五行志三》：“今宜罢散民役，务从节约，清扫所灾之处，不敢於此有所营造。”

节约本来只是人们在受到自身经济条件、行为习惯和家庭教育等因素综合影响下所选择的一种生活方式，通常与奢侈、浪费等生活方式相对应。一直以来，一个人在生活中是否节约，似乎仅关乎其本人，也全由每一个人自己独立自主地决定，他人无权干涉。但是随着资源稀缺程度的不断上升，节约逐渐地不再纯粹只是涉及私人利益。为了保障经济和社会的可持续发展和资源的可持续利用，国家开始在某些领域通过法律

---

〔1〕 陈至立主编：《辞海》（第7版彩图本），上海辞书出版社2020年版，第2132页。

的强制、激励或倡导作用，推广厉行节约的生活方式。节约虽然只是人们的生活方式，却与公共利益有着越来越密切的关系，对于经济社会发展也具有越来越重要的意义。

节约资源义务中的“节约”是指生态民事主体应当尽可能减少资源的消耗量，尽可能提高资源的开发效率和使用效益，以最少的自然资源消耗量获得最大的经济效益和社会效益，实现资源效益的最大化和最优化。

(二)节约资源义务中的资源

《辞海》没有收录通常意义上的“资源”一词，仅有作为县名的“资源”。但在“资源配置”一词解释道：“资源包括自然资源、经济资源和人力资源。”[1]资的本义为“财物；费用”；源之本义为“水流所从出”，如源远流长、饮水思源，“引申为事物的来源”。[2] 因此，综合“资”“源”二字的含义似可认为：资源是指人们享用之财物的来源，即人们可以用来加工制造各种生产资料和生活资源的物质。

众所周知，自然是人们一切物质财富的最终来源，甚至可以说人们享用的所有财物都源于自然界。自然界的各种天然物是人们劳动改造的原始对象，即人们加工制造各种物质财富的原材料。因此，最核心、最原始、最重要的资源是自然资源。但是，节约资源中的资源不宜仅局限于自然资源，还应当包括所有作为民事法律关系客体的物，包括各种加工物、能源物等。因为，物虽非自然资源，却直接、间接地源于自然资源，故节约加工物同样有助于实现节约自然资源之目的。绿色原则要求“节约资源”的本意是保护自然资源，实现自然资源的可持续利用。如果只是强调节约自然资源却可以浪费各种加工物，那么最终必然导致对自然资源的浪费，这显然背离了“节约资源”的初衷。

因此，对“节约资源”中资源的内涵应当从广义上理解，资源在逻辑可以涵盖所有的作为民事客体的物。首先，资源主要是指各类自然资源，但又不能仅限于自然资源。资源应当包括各种加工物，生活用品和

---

[1] 陈至立主编：《辞海》(第7版彩图本)，上海辞书出版社2020年版，第5880页。
[2] 陈至立主编：《辞海》(第7版彩图本)，上海辞书出版社2020年版，第5432、5874页。

生产资料，如土地、食物、衣服、家电、生产工具等。加工物虽然不是自然资源，但是却是直接或间接地使用自然资源作为原材料制造而成的，节约使用加工物最终必将实现节约使用自然资源之目的，反之浪费加工物也必将最终导致对自然资源的浪费。

其次，“节约资源”中的资源还应当包括各种能源物。《节约能源法》(2018 年修订)第 2 条对能源的定义也贯彻和体现了这一逻辑。该条规定：能源“是指煤炭、石油、天然气、生物质能和电力、热力以及其他直接或者通过加工、转换而取得有用能的各种资源”。由此可见，能源属于资源。实践中虽也有将资源与能源并列之说，但是似乎仅为突出能源之重要性，应无能源独立于资源之意，且在客观上和逻辑上也不可能实现此独立。

二、节约资源义务的内涵与特征

节约资源是解决资源供需矛盾的有效办法之一，《民法典》和其他相关法律确立节约资源义务的目的，就是通过赋予各类民事主体节约资源义务，从而促使其承担和发挥引导资源合理和有效利用的功能，“以使互不相侵而保障物质之安全利用”[1]。

(一)什么是节约资源义务

所谓节约资源义务，简称节约义务，目前法律上并未对其内涵进行明确的界定。《节约能源法》(2018 年修订)第 3 条将“节约能源”解释为：“加强用能管理，采取技术上可行、经济上合理以及环境和社会可以承受的措施，从能源生产到消费的各个环节，降低消耗、减少损失和污染物排放、制止浪费，有效、合理地利用能源。”

参照《节约能源法》对节约能源的界定可以初步认为，节约资源义务是指生态民事主体依法应当在利用或开发自然资源的过程中采取一切合理、必要的措施，包括先进的技术、设备、工艺，以及综合开发、循环利用等，尽可能提升资源的开发、利用效率；通过树立正确的人生观和价值观，在不降低基本生活品质的前提下，尽可能减少资源的消耗量。概

---

〔1〕 史尚宽：《物权法论》，中国政法大学出版社 2000 年版，第 1 页。

括而言,就是以最少的资源消耗,获取最大的经济效益和社会效益,实现资源效益的最优化和最大化。但是节约资源义务究竟是积极义务、作为义务还是消极义务、不作为义务,要视节约资源行为的具体情况而定,不可一概而论。

(二)节约资源义务的主要特征

1. 性质的基本性

依据重要性和地位的不同,义务可以区分为基本义务和普通义务。节约资源义务无论在法律上还是社会的现实需要上,皆应为生态民事主体的基本义务。我国《宪法》明确规定:"国家厉行节约,反对浪费"(第14条第2款);"国家保障自然资源的合理利用"(第9条第2款);"一切使用土地的组织和个人必须合理地利用土地"(第10条第4款)。《节约能源法》(2018年修订)明确规定了"节约资源是我国的基本国策",《民法典》在总则编第9条的绿色原则中专门规定了"节约资源"的内容。《环境保护法》第4条在确认"保护环境是国家的基本国策"后规定:国家采取有利于节约和循环利用资源、保护和改善环境、促进人与自然和谐的经济、技术政策和措施,使经济社会发展与环境保护相协调。因此,节约资源无疑是我国推动经济和社会发展的基本国策,而在法律上反映和实施这一基本国策的节约资源义务理应是基本义务,否则无法恰当体现节约资源的应有地位,更难以适任贯彻基本国策的使命。

2. 主体的普遍性

节约资源义务系普遍性义务或称全民义务,即所有生态民事主体依法都应当承担和履行此项义务。《环境保护法》第4条规定,国家采取有利于节约和循环利用资源。第6条规定,一切单位和个人都有保护环境的义务;企业事业单位和其他生产经营者应当防止、减少环境污染和生态破坏;公民应当采取低碳、节俭的生活方式,自觉履行环境保护义务。"采取低碳、节俭的生活方式",即节约资源义务;企业事业单位减少污染和破坏,也包含节约资源义务。《节约能源法》第9条规定:"任何单位和个人都应当依法履行节能义务,有权检举浪费能源的行为。"《循环经济促进法》(2018年修订)第10条亦明确提出:公民应当增强节约资源和保护环境意识,合理消费,节约资源;国家鼓励和引导公民使用节能、节水、节材和有利于保护环境的产品及再生产品，减少废物的产生量和排放量。

3. 强烈的伦理性

节约主要是一种生活方式，一种行为习惯，其实施程度和方式一直都是取决于行为人的人生观、价值观等主观意识，主要受伦理道德规范的制约，即依靠行为人的认识和意愿并由其自愿实施。因此，虽然目前我国制定和实施了不少关于节约资源的法律、法规、规章和规范性文件，但是大多缺乏可操作性和强制性，甚至混同于道德意义上的义务，其伦理属性非常显著。

4. 浓厚的传统性

勤俭节约是中华民族的传统美德，是中国人民世代相传的宝贵精神财富。古代先贤历来对勤俭节约极为重视，不仅被视为修养道德、安居乐业之根本，而且也是廉洁从政、治国兴邦之基石，相关警世格言屡见不鲜。例如，“君子以俭德辟难”（《周易·否》）；“克勤于邦，克俭于家”（《尚书"大禹谟》）；“俭，德之共也；侈，恶之大也”（《左传·庄公二十四年》）；“民生在勤，勤则不匮”（《左传·宣公十二年》）；“俭节则昌，淫佚则亡”（《墨子·辞过》）；“历览前贤国与家，成由勤俭破由奢”（李商隐《咏史》）；“由俭入奢易，由奢入俭难”（司马光《训俭示康》）；“取之有度，用之有节，则常足”（《资治通鉴》卷二百三十四）；“惟俭可以助廉，惟恕可以成德”（《宋史·范纯仁列传》）；“一粥一饭，当思来之不易；半丝半缕，恒念物力维艰”（朱柏庐《治家格言》）。时至今日，社会的物质生活水平虽有极大地提高，但面对资源日益匮乏、供需矛盾越发剧烈的现实，人们无疑应当继承和发扬节约这一传统美德，并持之以恒。勤俭节约不仅是一种素养、美德，更应当上升为一种法律义务。

三、确立节约资源义务的必要性

确立民事主体的节约资源义务，就是全面建设资源节约型社会，形成资源节约的生产方式和生活方式。在生产、流通、消费等领域，通过采取法律、经济和行政等综合性措施，提高资源利用效率，以最少的资源消耗获得最大的经济和社会收益，保障经济社会可持续发展的社会。资源节约型社会“能实现资源有效配置、高效利用，经济社会协调发展，人与自然和谐相处的社会。生态文明的一种标志。建设资源节约型社会的核心是正确处理人与自然的关系,实现经济社会和生态的可持续发展。"[1]节约资源义务对于我国经济和社会的可持续发展,对于居民生活水平的保障和提升,都具有显著的必要性、极强的重要性、极端的紧迫性,其意义不可限量。

(一)节约资源是我国的基本国策

所谓基本国策,是指一个国家为解决因基本国情而发生的影响经济和社会发展的全局性、长期性、战略性问题,通过适当方式提出和实施的根本性、系统性的政策和方针,是国家赖以生存发展的基本准则和保障。节约资源是我国的基本国策之一。

首先,21世纪以来,我国党和国家领导人对节约高度重视,反复强调节约资源的重要性,并多次明确肯定节约资源作为基本国策的地位。1999年,江泽民在中央人口、资源、环境工作座谈会上指出:促进中国经济和社会的可持续发展,必须在保持经济增长的同时,控制人口增长,保护自然资源,保持良好的生态环境。这是根据中国国情和长远发展的战略目标而确定的基本国策,肯定了"保护自然资源"系基本国策。[2]2003年,朱镕基在第十届全国人民代表大会第一次会议的政府工作报告中指出:保护环境和保护资源,是我们的基本国策。绝不能以牺牲环境和浪费资源为代价求得一时的经济发展。我们始终把实施可持续发展战略放在十分突出的位置,大幅度增加投入,从源头抓起,坚持标本兼治,由此资源保护的基本国策进一步完善为"资源保护和合理利用"。

2005年,在建设节约型社会展览会上胡锦涛强调,节约资源是中国的一项基本国策;节约土地、能源、淡水、矿产资源,对实现经济社会可持续发展具有重大意义;我们要从贯彻落实科学发展观的高度,充分认识节约能源资源的极端重要性和紧迫性,加快推进建设节约型社会的各项工作。另外,2005年6月27日,胡锦涛在主持中共中央政治局第23次集体学习时强调,"节约能源资源,走科技含量高、经济效益好、资源消耗

〔1〕 陈至立主编:《辞海》(第7版彩图本),上海辞书出版社2020年版,第5880页。
〔2〕 刘振英等:《中央人口资源环境工作座谈会举行江泽民发表重要讲话李鹏朱镕基李瑞环胡锦涛尉健行李岚清等出席》,载《人民日报》1999年3月14日,第1版。

低、环境污染少、人力资源优势得到充分发挥的路子，是坚持和落实科学发展观的必然要求，也是关系中国经济社会可持续发展全局的重大问题”[1]。

2013年习近平总书记在主持十八届中央政治局第六次集体学习时指出：“节约资源是保护生态环境的根本之策。要大力节约集约利用资源，推动资源利用方式根本转变，加强全过程节约管理，大幅降低能源、水、土地消耗强度，要大力发展循环经济，促进生产、流通、消费过程的减量化、再利用、资源化。”[2]此后习近平又多次强调了节约资源能源的重要性，如：“推进资源全面节约和循环利用，实施国家节水行动，降低能耗、物耗，实现生产系统和生活系统循环链接。倡导简约适度、绿色低碳的生活方式，反对奢侈浪费和不合理消费，开展创建节约型机关、绿色家庭、绿色学校、绿色社区和绿色出行等行动。”[3]

其次，中央决策和国家规划已经将节约资源提升到基本国策的地位。例如，党的十九届四中全会通过的中共中央《关于坚持和完善中国特色社会主义制度　推进国家治理体系和治理能力现代化若干重大问题的决定》指出，生态文明建设是关系中华民族永续发展的千年大计；必须坚持节约资源和保护环境的基本国策；全面建立资源高效利用制度；普遍实行垃圾分类和资源化利用制度；推进能源革命，构建清洁低碳、安全高效的能源体系。[4]

2005年党的十六届五中全会《关于制定国民经济和社会发展第十一个五年规划的建议》提出：“要把节约资源作为基本国策，发展循环经济，保护生态环境，加快建设资源节约型、环境友好型社会，促进经济发展与人口、资源、环境相协调。”2006年《国民经济和社会发展第十一个五年规划纲要》采纳了上述建议，不仅将“把节约资源作为基本国策”，而且在其确定的发展目标中有四项属于节约资源领域：资源利用效率显

---

[1] 闻育旻：《胡锦涛：能源是关系中国经济全局的重大战略问题》，载中国新闻网，http://www.chinanews.com/news/2005/2005-06-28/26/592360.shtml。

[2] 习近平：《习近平谈治国理政》，外文出版社2014年版，第209页。

[3] 习近平：《决胜全面建成小康社会，夺取新时代中国特色社会主义伟大胜利》，人民出版社2017年版，第50~51页。

[4] 《中共十九届四中全会在京举行》，载《人民日报》2019年11月1日，第1版。

著提高,单位国内生产总值能源消耗降低20%左右,单位工业增加值用水量降低30%,农业灌溉用水有效利用系数提高到0.5,工业固体废物综合利用率提高到60%。2007年党的十七大报告首次正式提出:“坚持节约资源和保护环境的基本国策,关系人民群众切身利益和中华民族生存发展。必须把建设资源节约型、环境友好型社会放在工业化、现代化发展战略的突出位置,落实到每个单位、每个家庭。”

最后,我国法律直接或规定了节约资源作为基本国策的性质。1982年《宪法》第9条规定:“国家保障自然资源的合理利用”,“禁止任何组织或者个人用任何手段侵占或者破坏自然资源”;第14条则明确规定,“国家厉行节约,反对浪费”。《节约能源法》第4条首次在法律上明确肯定:“节约资源是中国的基本国策。国家实施节约与开发并举、把节约放在首位的能源发展战略”;该法还要求“国务院和县级以上地方各级人民政府应当将节能工作纳入国民经济和社会发展规划、年度计划,并组织编制和实施节能中长期专项规划、年度节能计划”。

(二)节约资源是我国国民经济和社会发展的需要

其一,这是由基本国情决定的。我国人口众多、人均拥有资源相对不足、环境承载能力较弱,随着人口的增长和生活水平的提高,资源的供需矛盾将更加突出,尤其是能源、淡水、耕地等资源的紧缺,在相当长的时期内都必然是影响我国经济发展和居民生活的困难。节约资源是缓解供需矛盾的有效对策。

其二,促进生态文明建设的必然要求。生态文明建设本质上就是正确处理经济发展、资源开发利用、生态保护的关系,在保护生态环境的前提下实现经济较快发展,促进人与自然和谐相处而保护生态环境、实现人与自然和谐相处,就必须尽量减少资源的消耗。

其三,全面建设小康社会的重要保障。小康社会不仅是指人们的物质生活水平得到较大提升,也应当包括人们能够享受的生态服务水平的明显提升。提高人民生活水平和生活质量的重要内容之一,就是人们能够喝干净的水、呼吸清洁的空气、在良好的环境中生产和生活。因此在满足人们物质需求的同时,倡导适度、节俭的绿色消费模式,既是生态保护之本义,也是提高人们生活水平之需要。

其四,保障国家安全的重要举措。解决我国的资源短缺问题,应当将着眼点和立足点放在国内。重要资源的进口过多、对国外市场依赖程度过大,不仅耗费大量资金,更会对国家安全构成威胁,因为过度依赖进口可能在关键时刻导致我国经济甚至国家安全受制于人,被人掐脖锁喉。节约资源可以有效减少对进口外国资源的依赖。

其五,转变经济增长方式的内在需要。我国经济一直采用着粗放式增长方式,其明显弊端就是高消耗、高污染,大量消耗能源和资源。倡导资源节约型生产方式,有利于逐步淘汰高消耗、高污染技术、工艺和设备,并形成有利于资源可持续利用和生态保护的新型经济增长动力和产业。

(三)节约资源是履行国际法义务的需要

节约资源在关于环境资源保护的国际公约中早已提出。1982 年联合国环境与发展大会通过的《内罗毕宣言》第 4 条明确指出,“对于环境的威胁,因为贫穷和挥霍浪费变得更为严重:这两者都会导致人们过度地开发其环境”,即浪费是导致世界问题的主要原因之一。1992 年在巴西里约热内卢通过的《里约热内卢环境与发展宣言》在原则八中提出:为了实现持续发展和提高所有人的生活质量,各国应减少和消除不能持续的生产和消费模式。因此,为了履行我国在上述国际公约中的义务,我国法律有必要确立节约资源义务。

(四)节约资源义务是生态系统规律的客观要求

节约资源在生态学上的意义主要表现在两个方面:一是可以减少从生态系统获取物质和能量的数量,从而增加资源的存量,增强资源的可持续性,有利于实现可持续发展;二是通过减少使用资源进而减少污染物的产生和排放,降低对生态系统的污染和破坏。因此,为了保证生态系统自身能够始终具有足够的自调节能力,维持生态系统的平衡和服务功能,有必要尽可能节约资源。

第二节 节约资源义务的主要内容

我国目前已经通过了不少关于节约资源义务的专门立法,包括法律、法规、规章或规范性文件等。位阶最高的相关立法就是全国人大常委会先后于1997年、2008年通过的《节约能源法》和《循环经济促进法》(均在2018年最新修订)。其他主要是部门规章等规范性文件,以时间为顺序包括:1988年建设部发布了《城市节约用水管理规定》;1992年、1996年,机电部、煤炭部分别发布了关于节约能源监测管理的部门规章;2005年、2008年国务院先后颁布了《关于做好建设节约型社会近期重点工作的通知》《关于促进节约集约用地的通知》;2008年交通运输部发布了《公路、水路交通实施〈中华人民共和国节约能源法〉办法》;2013年中共中央、国务院颁布了《党政机关厉行节约反对浪费条例》(以下简称《节约条例》);2014年,原国土资源部发布了《节约集约利用土地规定》(2019年修订);2014年,中共中央办公厅、国务院办公厅发布了《关于厉行节约反对食品浪费的意见》;商务部、中央文明办发布了《关于推动餐饮行业深入开展"厉行勤俭节约反对餐饮浪费"工作的通知》。此外,1993年青岛市人大常委会通过了《青岛市资源节约条例》,虽为地方性法规,但却是全国第一部关于资源节约的专门、系统立法。此外,其他法律法规规章中也包含一些关于节约资源义务的具体条款。

一、节约资源义务的一般内容

依据关于节约资源的专门立法,结合其他法律法规中关于节约资源的规定,并合理吸收我国节约、节俭的传统道德规范,似可从两个层次理解节约资源义务的内容。在狭义上,节约资源就是尽可能减少资源的利用,故节约资源义务的直接或首要内容应当是适度利用资源;但在广义上,节约资源还应当包括合理开发利用资源。关于后一义务,不仅宪法有明确依据:"保障自然资源的合理利用""一切使用土地的组织和个人必须合理地利用土地",而且部门法亦有相应依据,《民法典》第326条明确规定,“用益物权人行使权利,应当遵守法律有关保护和合理开发利用资源、保护生态环境的规定”,可见“合理开发利用资源”早已是民事主体的法定义务。因此合理开发利用资源实际上又包含合理开发资源与合理利用资源。节约资源义务的一般内容可概括为如下几个方面。

(一)适度利用资源

节约资源的直接含义就是尽可能减少资源的利用,故节约资源义务的首要内容应当是指适度利用资源,也就是适度消耗,即民事主体在其民事活动中合理地控制、减少消耗资源的数量。这是节约资源义务的最直接内容。但是如何衡量适度与否?似乎并无具体标准。本书认为,适度应当是指在满足民事主体对资源的必要需求的基础上,尽可能减少资源的消耗,避免浪费。必要需求是指民事主体为维持其生存包括基本的生活和生产经营活动所不可缺少的资源需求。从主体的角度,适度利用资源主要体现在三个方面。

1. 自然人适度利用资源

这主要是指生活消费中的资源节约,故此处的自然人既包含个人,也包括个人所组成的家庭。因为,生活消费在大多数情况下是以家庭的名义实施的。《环境保护法》第4条在宏观上规定了自然人适度利用资源的义务,即“采取低碳、节俭的生活方式”。自然人适度利用资源,主要体现在两个方面:一是避免过度消费。避免对自然人生存或生活基本不必要甚至对身体健康有害的消费,如暴饮暴食、衣服等用品大量闲置。二是尽量减少奢侈性消费。为提升生活品质而使用高档消费品,固然亦属每个人之权利,但现实生活中始终仅有少数人具有实现之条件,因而部分人过多消费奢侈品就是过多地消耗了资源,这在本质上也违背了生态公平之原则。此外,在资源如此紧缺的社会背景下,为了维护多数人的生态公共利益,对某些人消费奢侈品的权利给予适当限制,是必要的、正当的。

2. 企业等生产经营者适度利用资源

在各类主体中,企业等生产经营者因生产活动而消耗的资源量在社会的资源消耗总量中是比例最大的,因此企业等主体如果能够适当控制和减少资源消耗的数量,必会产生巨大的效应,收获显著的资源节约效果。因此,企业等生产经营者应当最大限度地降低生产活动消耗的能源和原材料。生产经营者减少资源消耗的基本途径包括:一是积极采用低消耗的设备、工艺、技术,淘汰高消耗的设备、工艺、技术;二是改革管理机制,提高管理水平,减少资源浪费。《环境保护法》第40条要求:企业应当优先使用清洁能源,采用资源利用率高、污染物排放量少的工艺、设备以及废弃物综合利用技术和污染物无害化处理技术,减少污染物的产生。该条是对企业节约资源义务的概括规定。

3. 非营利性社会组织适度利用资源

此外的非营利性社会组织主要是指《节约条例》中的党政机关,包括党的机关、人大机关、行政机关、政协机关、审判机关、检察机关,以及工会、共青团、妇联等人民团体和参照公务员法管理的事业单位。主要是各级各类的机关法人,以及经费主要由国家预算提供经费和财产的事业法人、社会团体法人等,可统称为公立性非营利组织。公立性非营利组织应当坚持从严从简,勤俭办一切事业,降低公务活动成本;坚持总量控制,科学设定相关标准,严格控制经费支出总额,加强厉行节约绩效考评;从实际出发安排公务活动,取消不必要的公务活动,保证正常公务活动;坚持公开透明,除涉及国家秘密事项外,公务活动中的资金、资产、资源使用等情况应予公开,接受各方面监督;建立健全厉行节约反对浪费工作长效机制。

(二)合理开发资源

所谓合理开发资源,应当是指在充分尊重自然资源客观规律的基础上,采用最先进的技术、工艺、设备等,高效、充分、有序、适度地开发自然资源,亦可称科学开发资源。节约资源不能仅限于资源利用环节,而应当从资源开发环节就高度重视节约。因为,合理地开发资源也可以使人们相对地减少资源的消耗量,因而具有显著的资源节约效果。合理开发资源主要包括两个方面的基本要求。

1. 高效、充分地开发资源

所谓高效、充分地开发资源,是指民事主体在开发自然资源时,应当尽一切努力创新并实际应用当时当地最先进的技术、工艺、设备及其他一切可能的措施、方法,最大限度地提高资源开发的效率。实现资源开发效率的最优化和最大化,以最少的自然资源,最大限度地增加资源产品的数量,提高资源产品的质量。充分主要是要求对所开发资源,尽可能将其可利用元素一次性地全部开发,即综合开发。因为一旦开发,其剩余资源很难实施再次开发,或者再次开发的成本通常都极高。高效、充分地开发资源,可以使人们在整体上减少资源开发的数量。因为,同样的自然资源,如果采用不同的技术、工艺、设备等,所得到的资源产品无论数量还是质量,可能存在天壤之别。

2. 遵守自然规律,适度、有序地开发资源

遵守自然资源规律,是指民事主体在行使资源开发权时应当主动掌握、严格遵守并积极运用自然资源所固有的客观属性。自然规律存在和表现于自然资源的产生或繁衍、存在与演变、联系与作用、结构与功能等方面;规律是不以人的意志为转移的,违背规律的资源开发活动,不仅会对资源造成不应有的损害,而且最终将受到规律的惩罚,进而影响和妨碍资源开发行为的正常进行。适度、有序地开发资源,是指在遵守自然资源规律的前提下,为了实现社会的资源需求与资源供给的基本平衡和稳定,合理控制在单位时间内开发资源的数量、规模,为未来保留必要的资源储量。具体而言,对于可再生资源,原则上开发的速度和数量应当不超过资源再生的速度和数量,防止竭泽而渔;对于不可再生资源,原则上应当制定合理的短、中、长期开发规划,循序渐进地开发,既要考虑满足当代人的资源需求,亦须为后代人保留必要的资源,切忌为了短期经济效益牺牲中长期的资源借给,应当“细水长流”。适度、有序地开发资源的根本目的是实现资源的可持续利用。

(三)合理利用资源

合理利用资源亦为科学利用资源,是指在消耗资源数量确定的条件下,采取一切必要且可能的措施,使资源利用的效益最大化和最优化。即以最少的资源消耗获取最大的效益,或者说最大限度地提高资源利用的效益。此处的效益应当包括经济效益和社会效益两个方面,不能片面地理解经济效益。合理利用资源可以从两个角度理解。

1. 高效利用资源

所谓高效利用资源,主要是强调民事主体在每一次资源利用中,应

当最大限度地提升利用效率，即单次资源利用效益的最大化和最优化。高效应当包含两个方面的内容：一是在消耗资源量确定的前提下，单次利用资源所创造的经济效益最大；二是单次利用资源所发生的生态成本最大限度地减量化，主要是所产生的废弃物、污染或其他生态损害最少。此项义务的主要承担者应当是以企业为核心的生产经营者。提高资源利用效率主要应当依靠科学技术，即尽可能采用先进的技术、工艺和设备等；此外也应当努力提高管理水平，完善管理机制。

2. 充分利用资源

所谓充分利用资源，是指民事主体应当完全、彻底地利用每一份资源中的全部可利用价值。对每一份资源都实现最大限度的利用，以实现“物尽其用”。为了穷尽利用资源的全部价值，主要应当对资源进行循环利用或者说综合利用。资源能否循环利用主要取决于两个因素：一是资源本身的客观属性，从理论上看，不存在绝对不可利用之物质，各种废弃物也是物质，故任何资源都是可以循环利用的。二是循环利用技术，一定时期无法利用只是人们对资源的各种规律还缺乏全面、深入的认识，因而尚未找到循环利用的技术、方法等。资源循环利用既包括天然资源，如矿藏、植物、动物等的综合利用，也包括各种资源利用后的废弃物，如废气、废液、废渣的综合利用。

《循环经济促进法》(2018 年修正)第 2 条规定，本法所称循环经济，是指在生产、流通和消费等过程中进行的减量化、再利用、资源化活动的总称，这可以作为对循环利用的解释。减量化，是指在生产、流通和消费等过程中减少资源消耗和废物产生。再利用，是指将废物直接作为产品或者经修复、翻新、再制造后继续作为产品使用，或者将废物的全部或者部分作为其他产品的部件予以使用。资源化，是指将废物直接作为原料进行利用或者对废物进行再生利用。1998 年，国家经贸委、国家税务总局发布了《资源综合利用认定管理办法》，专门适用于申请享受资源综合利用税收优惠政策的企业或者资源综合利用产品、项目的认定。《循环经济促进法》比较系统地规定了各类主体在资源循环利用中的法定义务。

其一为资源消耗和废弃物减量化义务。主要包括：禁止生产、进口、销售列入淘汰名录的设备、材料和产品，禁止使用列入淘汰名录的技术、工艺、设备和材料;应当优先选择采用易回收、易拆解、易降解、无毒无害或者低毒低害的材料和设计方案;不得设计使用国家禁止使用的有毒有害物质;防止过度包装造成资源浪费和环境污染;应当采用先进或者适用的节水技术、工艺和设备,制订并实施节水计划,配备和使用合格的用水计量器具;电力、石油加工、化工、钢铁、有色金属和建材等企业必须在规定范围和期限内,以洁净煤、石油焦、天然气等清洁能源替代燃料油,停止使用不符合国家规定的燃油发电机组和燃油锅炉,内燃机和机动车制造企业应当采用节油技术,减少石油产品消耗量;开采矿产资源应当统筹采用合理的开采顺序、方法和选矿工艺,对具有工业价值的共生和伴生矿实行综合开采、合理利用,防止资源损失和生态破坏;建筑设计、建设、施工等单位应当按采用节能、节水、节地、节材的技术工艺和小型、轻型、再生产品;禁止损毁耕地烧砖;禁止违规生产、销售和使用黏土砖;国家机关及使用财政性资金的其他组织应当厉行节约、杜绝浪费,带头使用节能、节水、节地、节材和有利于保护环境的产品、设备和设施,节约使用办公用品;餐饮、娱乐、宾馆等服务性企业应当采用节能、节水、节材和有利于保护环境的产品,减少使用或者不使用浪费资源、污染环境的产品。

其二为废弃物再利用和资源化义务。主要包括:按照规定对生产过程中产生的粉煤灰、煤矸石、尾矿、废石、废料、废气等工业废物进行综合利用;采用先进技术、工艺和设备,对生产过程中产生的废水进行再生利用;采用先进或者适用的回收技术、工艺和设备,对生产过程中产生的余热、余压等进行综合利用;建设单位应当对工程施工中产生的建筑废物进行综合利用;县级以上人民政府应当统筹规划建设城乡生活垃圾分类收集和资源化利用设施,建立和完善分类收集和资源化利用体系,提高生活垃圾资源化率,应当支持企业建设污泥资源化利用和处置设施,提高污泥综合利用水平,防止产生再次污染。

二、党政机关的节约资源义务

在由国家预算提供经费和财产的所有公立性非营利社会组织中,甚至在各类承担节约资源义务的主体中,党政机关始终具有特殊的地位,因而其承担和履行节约资源义务的状况,具有极其重要的意义。

(一)党政机关节约资源义务的重要性

1. 党政机关最容易产生资源浪费现象

原因主要在于:第一,党政机关掌握着各种国家权力,在行使权力的过程中,极有可能利用权力尤其是资源配置权给自己过量分配资源,在利用资源时就难免出现严重的资源浪费;第二,党政机关享用的资源皆系公共资源,因而在利用过程中极有可能出现“公地悲剧”,使用人只想享用资源给自己的惠益却忽略了对资源的保护和合理利用;第三,对党政机关浪费资源现象实施监督的难度极大,公众、社会舆论的监督权在法律上不明晰,在实践中可操作性很差,常常主要依靠党政机关的内部监督。

2. 党政机关最应当节约资源

这是由党政机关的性质和国有资源的性质所决定的。首先,我国是社会主义国家,党政机关的一切权力本质上都属于人民,行使国家权力的宗旨就是为人民服务,节约资源就是维护人民利益的需要。其次,国有资源的所有权属于国家,《宪法》第6、7条规定,“社会主义公有制,即全民所有制和劳动群众集体所有制”,“国有经济,即社会主义全民所有制经济”。因此国家所有即全民所有,党政机关浪费国有资源也就是浪费全民所有的资源,这就违背了党政机关的使命。

3. 党政机关节约资源具有极强的引导作用

党政机关拥有数量庞大的各种资源,若其能真正履行节约资源义务,不仅可以显著地减少资源消耗量和污染排放量,而且可以在全社会产生极大的示范效应,极大地带动和引领社会各界节约资源,可谓功德无量。

为此,中共中央、国务院在1997年联合颁布了《关于党政机关厉行节约制止奢侈浪费行为的若干规定》;2013年,为了有效推进厉行节约反对浪费工作的制度化、规范化、程序化,从源头上狠刹奢侈浪费之风,中共中央、国务院又联合颁布了《节约条例》。该条例对党政机关经费管理、国内差旅、因公临时出国(境)、公务接待、公务用车、会议活动、办公用房等进行了集中、全面的规范,对节约资源的宣传教育、监督检查、责任追究等提出了明确要求,是一部厉行节约反对浪费的综合性、基础性法规，是党政机关做好节约工作、防止浪费行为的总依据和总遵循。

（二）党政机关节约资源义务的主要内容

1. 节约经费开支

党政机关在公务活动中应当严格遵守经费开支范围和开支标准，不得报销任何超范围、超标准以及与相关公务活动无关的费用。党政机关采购货物、工程和服务，应当严格执行经费预算和资产配置标准，合理确定采购需求，不得超标准采购，不得超出办公需要采购服务；不得违反规定以任何方式和理由指定或者变相指定品牌、型号、产地。

2. 节约差旅费用

在国内差旅中，首先，党政机关应当从严控制国内差旅人数和天数，严禁无明确公务目的的差旅活动，严禁以公务差旅为名变相旅游，严禁异地部门间无实质内容的学习交流和考察调研。其次，国内差旅人员应当严格按规定乘坐交通工具、住宿、就餐，差旅人员不得向接待单位提出正常公务活动以外的要求，不得接受礼金、礼品和土特产品等。在出国差旅中，一是不得安排照顾性、无实质内容的一般性出访，不得安排考察性出访以及无实质内容的调研、会议、培训等活动。严禁以各种名义变相公款出国旅游。二是应当按规定标准安排交通工具和食宿，不得违反规定乘坐民航包机，不得乘坐私人、企业和外国航空公司包机，不得安排超标准住房和用车，不得擅自增加出访国家或者地区，不得擅自绕道旅行，不得擅自延长在国外停留时间，不得与我国驻外机构和其他中资机构、企业之间用公款互赠礼品、纪念品，不得用公款相互宴请。三是不得接受超标准接待和高消费娱乐，不得接受礼金、贵重礼品、有价证券、支付凭证等。

3. 节约公务接待

此项义务包括：首先，严格控制公务接待对象，对无公函的公务活动不予接待，严禁将非公务活动纳入接待范围。其次，应当严格执行国内公务接待标准，包括住房标准和用餐标准，不得在接待费中列支应当由接待对象承担的费用，不得以举办会议、培训等名义列支、转移、隐匿接待费开支。再次，在招商引资等活动的接待，应当严禁超规格、超标准接待，严禁扩大接待范围、增加接待项目，严禁以招商引资等名义变相安排公务接待。最后,建立接待资源共享机制,健全服务经营机制,降低服务经营成本,不得以任何名义新建、改建、扩建所属宾馆、招待所等具有接待功能的设施或者场所。

4. 节约公务用车

党政机关应当合理有效配置公务用车资源。主要包括:从严配备实行定向化保障的公务用车,不得以特殊用途等理由变相超编制、超标准配备公务用车,不得以任何方式换用、借用、占用下属单位或者其他单位和个人的车辆,不得接受企事业单位和个人赠送的车辆;不得擅自扩大专车配备范围或者变相配备专车;从严控制执法执勤用车的配备范围、编制和标准,机关内部管理和后勤岗位以及机关所属事业单位一律不得配备。此外,公务用车采购应当选用国产汽车,优先选用新能源汽车;公务用车应当严格按照规定年限更新,不得因领导干部职务晋升、调任等原因提前更新。

5. 节约举办会议

节约办会义务主要包括如下内容:第一,应当精简会议,严格执行会议费开支范围和标准;会议不得安排宴请,不得组织旅游以及与会议无关的参观活动,不得以任何名义发放纪念品;未经批准以及超范围、超标准开支的会议费用,一律不予报销;严禁违规使用会议费购置办公设备,严禁列支公务接待费等与会议无关的任何费用,严禁套取会议资金。第二,应当严格控制公费培训的数量、时间、规模,不得以培训名义召开会议。严格控制培训经费支出范围,严禁在培训经费中列支公务接待费、会议费等与培训无关的任何费用;严禁以培训名义进行公款宴请、公款旅游活动。第三,不得擅自以公祭、历史文化、特色物产、单位成立、行政区划变更、工程奠基或者竣工等名义举办或者委托、指派其他单位举办各类节会、庆典活动,不得举办论坛、博览会、展会活动。严禁使用财政性资金举办营业性文艺晚会。从严控制举办大型综合性运动会和各类赛会。

6. 节约办公用房

节约用房义务主要包括:首先,党政机关办公用房建设项目应当按照朴素、实用、安全、节能原则,严格执行办公用房建设标准、单位综合造价标准和公共建筑节能设计标准,符合土地利用和城市规划要求,严禁配套建设大型广场、公园等设施。其次，严格按照有关标准和本单位“三定”方案，从严核定、使用办公用房，不得超标准、超规模配备办公用房。最后，领导干部不得长期租用宾馆、酒店房间作为办公用房；配置使用的办公用房，在退休或者调离时应当及时腾退并由原单位收回。

7. 节约能源和办公用品

此项义务至少包括如下内容：第一，应当提高能源、水、粮食、办公家具、办公设备、办公用品等的利用效率和效益，统筹利用土地，杜绝浪费行为。第二，推广应用新能源、可再生能源和节能技术产品，淘汰高耗能设施设备。第三，严格执行办公家具、设备和其他办公用品的更新规定，已到更新年限尚能继续使用的，不得报废处置；对非涉密的废旧物品进行集中回收处理，促进循环利用。第四，政务信息系统建设应当统筹规划，统一组织实施，防止重复建设和频繁升级；建立健全共享共用机制，加强资源整合，降低软件开发、系统维护和升级等费用，防止资源浪费。第五，积极利用信息化手段，推行无纸化办公，减少一次性办公用品消耗。

第三节　节约资源义务的保障机制

我国自然资源总量大、种类较全，但是人均占有量少、分布不均衡，而且资源利用效率低、浪费严重。《2006 中国可持续发展战略报告》对世界 59 个主要国家的资源绩效水平进行了排序，中国资源绩效仅排第 54 位，是资源利用绩效最差的国家之一。中国长期以来的经济增长方式是“高资源消耗、高环境污染、低经济产出”，因此转变经济增长方式具有极大的重要性和紧迫性。节约资源主要内容之一，为了促使各类主体更好地履行节约资源义务，建立健全保障机制是十分必要的。

一、党政领导干部考核制度

在一个国家中，各类主体能否真正履行节约资源义务，首先取决于党政机关，而党政机关又取决于领导干部。因此，将履行节约资源义务的情况纳入各级党政领导干部的考核指标，并实行一票否决制和责任追究制，势必有效地引领其他各类主体积极履行节约资源义务。《节约能源法》已经规定，应当将节能目标完成情况纳入地方人民政府及其负责人考核评价的内容。

二、宏观调控制度

借助于各种宏观调控措施，可以有效地激励各类主体履行节约资源义务。这主要包括：税收机制，如消费税；价格机制，如阶梯水价、阶梯电价、自然资源有偿使用制度；财政机制，如 2007 年国务院发布的《主要污染物总量减排考核办法》规定，考核通过的，加大对该地区污染治理和环保能力建设的支持力度，考核未通过的，暂停该地区所有新增主要污染物排放建设项目的环评审批和项目核准获批准、暂停安排中央环保专项资金。目前已经有了很多相关的规定，如《循环经济促进法》在第五章专门规定了鼓励资源循环利用的各种措施，如第 44 条规定："国家对促进循环经济发展的产业活动给予税收优惠，并运用税收等措施鼓励进口先进的节能、节水、节材等技术、设备和产品，限制在生产过程中耗能高、污染重的产品的出口。"

三、监督制度

为了促使各类主体常态化地履行节约资源义务，应当建立健全相应的监督制度，主要包括行政机关的监督检查、资源领域的审批机制、资源淘汰机制等，以及各级人大的预算审批机制、社会舆论和公众参与的监督机制等。

《节约条例》规定：为了督促党政机关切实履行节约资源义务，各级党委和政府应当建立厉行节约反对浪费的监督检查机制，明确监督检查的主体、职责、内容、方法、程序等，加强经常性督促检查，针对突出问题开展重点检查、暗访等专项活动。纪检监察机关应当加强对厉行节约反对浪费工作的监督检查，受理群众举报和有关部门移送的案件线索，及时查处违纪违法问题。应当建立健全厉行节约反对浪费信息公开制度。

四、追责制度

法律责任是保障法律义务得到履行的根本之计。因此,任何人如果违反了法律明确规定的节约资源义务,就应当依法承担相应的法律责任。目前我国相关立法已经制定了不少责任条款。例如,《循环经济促进法》第53条规定:违反本法规定,矿山企业未达到经依法审查确定的开采回采率、采矿贫化率、选矿回收率、矿山水循环利用率和土地复垦率等指标的,由县级以上人民政府地质矿产主管部门责令限期改正,处5万元以上50万元以下的罚款;逾期不改正的,由采矿许可证颁发机关依法吊销采矿许可证。但是目前仍有很多节约资源义务的规定并没有相应地明确违反义务的责任,有待立法进一步完善。

第十一章　预防生态风险义务

在生态学上，生态风险是指生态系统遭受系统外自然或人工因素损害的可能性。生态风险一旦发生，就可能对生态系统的结构、服务功能或者生态系统要素等造成损害，甚至是不可逆转的，最终将危及生态系统的安全和健康，妨碍生态系统向人们提供生态服务。因此，为了保护生态系统，应当最大限度地避免生态风险的发生，尤其是人为原因所导致的生态风险。

第一节　预防生态风险义务概述

一、预防生态风险义务的界定

预防生态风险义务，或称预防生态损害义务，简称预防义务，是指生态民事主体在其生产经营活动、日常生活消费和其他民事活动中，应当事先采取合理、充分、有效的措施，防止生态损害的发生，最大限度地避免生态风险的发生，在生态风险发生之后采取必要措施最大限度地防止生态损害的扩大。预防生态风险义务系普遍性义务或称全民义务。

依据不同的标准，预防生态风险义务可分为不同的类型。按照生态风险的不同性质，可分为预防生态污染义务和预防生态破坏义务两类情形。按照预防的目的，则包括预防生态风险发生和预防生态损害后果加重两种。按照义务的性质，也应当区分为两类，一是积极义务、作为义务、命令性义务，如《民法典》第 558 条规定，债权债务终止后，当事人应当遵循诚信等原则，根据交易习惯履行旧物回收义务；二是消极义务、不作为义务、禁止性义务，如不得非法排放污染物。后者亦称禁止生态损害义务,是指生态主体依法承担的在其生产经营活动、日常生活消费和其他民事活动中,不得非法造成生态损害,也不得妨碍或阻止他人履行生态民事义务。

二、预防生态风险义务的依据

(一)预防生态风险义务的法理依据

自然人、法人和非法人组织在其实施的各种民事活动中应当履行预防生态风险的义务,这无论在法理上还是法律上都具有充足的依据,其合理性、必要性、正当性毋庸置疑。预防为主原则是生态民事主体承担预防生态风险义务的最直接也是最主要的法理基础。这是世界各国在长期的污染防治、生态保护实践中总结出来的宝贵经验。因为,有效的预防可以"事半功倍",而事后的治理则常常"事倍功半";先污染后治理的发展之路曾经让不少发达国家付出了惨痛的代价。

所谓预防,是指主体依靠科技力量和管理机制,事先采取必要措施,最大限度地防止生态污染或破坏的发生;或者在已经发生时最大限度地减少、降低生态损害后果。所谓生态风险,是指生态系统因外来因素遭受损害或损害威胁的可能性,指在一定区域内,具有不确定性的事故或灾害可能对生态系统及其要素产生的作用,以及此种作用可能导致生态系统结构、功能的损伤,从而危及生态系统安全和健康,也可称为生态损害风险。生态风险具有明显的不确定性和损害威胁性。预防为主就是指保护生态系统应当立足于预防,即事先采取一切必要和可能的措施防止生态污染或破坏的发生,应当将预防生态风险发生作为根本之计。

因此,所谓预防为主原则,是指自然人、法人和非法人组织对于在生产、生活中可能发生的生态损害风险,应当立足于事先采取必要措施,最大限度地防止生态污染、破坏的发生;在生态风险事故已经发生时最大限度地减少、降低生态损害后果。预防为主原则也称为风险预防原则,或者预防为主、综合治理原则。预防为主原则的宗旨就是最大限度地避免或减少生态风险的发生,或者减轻生态损害的结果。

对生态损害之所以必须立足于预防,其客观原因主要有:第一,生态风险具有不确定性,加之科技水平的限制,人们事先很难全面预测和认识某种行为的生态损害风险,即可能发生的生态污染或破坏及其危害性。但是如果污染或破坏一旦发生,其危害后果常常不堪设想,因此即便通常认为没有生态损害风险的行为也应采取必要的预防。第二,生态污染或破坏造成的损害结果大多具有明显的滞后性,需要透过广大的空间和长久的时间,经过多种因素的复合累积后才逐渐形成或扩大,故应提前采取必要的措施,防患于未然。第三,由于生态污染或破坏造成的损害通常十分复杂,系由众多排污行为或资源开发利用行为共同造成,故须事先全面分析各种影响生态系统因素交织在一起所可能导致的整体后果,并在此基础上采取综合性预防措施。第四,生态风险事故一旦发生,其结果将是不可逆转的,在相当长的时期内生态系统及其功能都无法恢复的。

预防为主原则在联合国关于环境资源保护的公约中已经有了明确规定。《人类环境宣言》原则四提出,人类负有特殊的责任保护和妥善管理由于各种不利的因素而现在受到严重危害的野生生物后嗣及其产地,在计划发展经济时必须注意保护自然界,其中包括野生生物。原则二十四提出,必须通过多边或双边的安排或其他合适途径的合作,在正当地考虑所有国家的主权和利益的情况下,防止、消灭或减少和有效地控制各方面的行动所造成的对环境的有害影响。联合国环境与发展大会于 1982 年通过的《内罗毕宣言》第 9 条指出:与其花很多钱、费很多力气在环境破坏之后亡羊补牢,不如预防其破坏。预防性行动应包括对所有可能影响环境的活动进行妥善的规划。此外,还应通过宣传、教育和训练,提高公众和政界人士对环境重要性的认识。1992 年通过的《联合国里约环境与发展宣言》原则十五提出:为了保护环境,各国应按照本国的能力,广泛适用预防措施。遇有严重或不可逆转损害的威胁时,不得以缺乏科学充分确定证据为理由,延迟采取符合成本效益的措施防止环境恶化。

各国或地区在环境资源保护立法中通常都规定了预防为主原则。例如,《美国国家环境政策法》和其他环境法律法规、判例,确认和体现了科学发展经济、科学保护环境、公众参与、环境责任、风险与损害预防、权益平衡与制约等原则。1999 年修订的《加拿大环境保护法》明确规定了风险预防、污染者付费、污染预防和保护环境与人类健康四个原则。欧盟条例、指令、建议等规范性文件和判例,在区域层次上确立或体现了综合性考虑原则、风险预防与损害预防的原则、源头整治的原则、污染者付费原则等。1998年《法国环境法典》规定了预防为主、预防和纠正并举、谁污染谁治理、公众参与四项基本原则。1993年《日本环境基本法》也明确了科学发展经济、科学保护环境、公众参与、环境责任、风险与损害预防等原则。我国《环境保护法》第5条对此有明确规定。

（二）预防生态风险义务的法律依据

由于预防生态风险的极端重要性，我国一直以来都高度重视预防生态风险的立法，基本形成了较为完善的法律体系。预防生态风险义务的法律渊源大体上可以将其分为四类：一是《宪法》《民法典》等法律；二是综合性环境资源法律；三是污染防治法律法规；四是自然资源和生态系统保护法律法规。

1.《宪法》《民法典》等法律

《宪法》关于预防生态风险义务的规定无疑是最根本的法律依据，主要体现在：第9条第2款规定，“保护珍贵的动物和植物。禁止任何组织或者个人用任何手段侵占或者破坏自然资源”；第26条规定，“国家保护和改善生活环境和生态环境，防治污染和其他公害。”上述规定确立了预防生态风险作为宪法义务的地位。为了贯彻和落实宪法规定的防治污染和公害的宪法义务，相关的部门法应当在其调整范围内将其具体化，形成可操作的义务性规范。当然，即便没有部门法规定，每一个主体仍须遵守宪法规定，在各类主体的生产或生活中，预防生态风险也是一项义务。

《民法典》第9条绿色原则要求民事主体“保护生态环境”，本质上亦为预防义务之规定。因为，“保护”之本义主要就是使受保护对象免受外来之侵害，故“保护生态环境”即要求民事主体采取可能、必要的措施，防止生态系统遭受人为或其他损害。此外《民法典》分编亦包含不少要求民事主体预防生态风险的义务性规范，如第294条规定，“不动产权利人不得违反国家规定弃置固体废物，排放大气污染物、水污染物、土壤污染物、噪声、光辐射、电磁辐射等有害物质”；第509条第3款规定，当事人在履行合同过程中应当避免污染环境和破坏生态。

2. 综合性环境资源法律

主要体现于《环境保护法》和《清洁生产促进法》之规定。《环境保护法》作为我国环境资源法的基本法，重点明确了预防生态风险义务。首先，总则第6条第3款明确要求:“企业事业单位和其他生产经营者应当防止、减少环境污染和生态破坏”。其次，《环境保护法》专设第四章“防治污染和其他公害”，集中、系统地规定了各类主体在预防生态风险方面的义务。

《清洁生产促进法》(2012年修正)在第1条明确了立法目的之一就是“减少和避免污染物的产生”，也就是预防生态风险。该法第三章清洁生产的实施集中规定企业等生产经营者在减少和避免污染物产生方面的主要义务，如第25条规定，“矿产资源的勘查、开采，应当采用有利于合理利用资源、保护环境和防止污染的勘查、开采方法和工艺技术，提高资源利用水平”，采用有利于“保护环境和防止污染”的方法和工艺技术，即为预防生态风险义务。

3. 污染防治法律法规

我国制定和实施的预防生态污染的专门法律、法规和规章中集中规定了预防污染的义务。相关立法主要包括:《海洋环境保护法》，1982年全国人大常委会通过，2013年、2016年、2017年三次修正;《水污染防治法》，1984年全国人大常委会通过，1996年、2017年两次修正;《大气污染防治法》，1987年全国人大常委会通过，1995年、2018年两次修正;《固体废物污染环境防治法》，1995年全国人大常委会通过，此后经2004年第一次修订，2013年、2015年、2016年三次修正，2020年第二次修订;《环境噪声污染防治法》，1996年全国人大常委会通过，2018年修正;《放射性污染防治法》，2003年全国人大常委会通过;《土壤污染防治法》，2018年全国人大常委会通过。相关的行政法规和规章如:《畜禽规模养殖污染防治条例》(2013年发布)，《淮河流域水污染防治暂行条例》(1995年发布，2011年修订)，《饮用水水源保护区污染防治管理规定》(1989年发布，2010年修正)等。此类法律法规规章主要是从不同的角度规定了不同主体的预防生态污染风险的义务。

4. 自然资源和生态系统保护法律法规

我国制定和实施的一系列关于生态系统和自然资源保护的专门法

律、法规和规章集中规定了预防生态破坏义务。全国人大常委会先后通过的相关立法主要包括:《森林法》,1984 年制定,1998 年、2009 年两次修正,2019 年修订;《草原法》,1985 年制定,2002 年修订,2009 年、2013 年两次修正;《土地管理法》,1986 年制定,1988 年、2004 年、2019 年三次修正;《渔业法》,1986 年,2000 年、2004 年、2009 年、2013 年四次修正;《矿产资源法》,1986 年制定,1996 年、2009 年两次修正;《水法》,1988 年制定,2002 年修订,2009 年、2016 年两次修正;《野生动物保护法》,1988 年制定,2004 年、2009 年、2016 年、2018 年四次修正;《水土保持法》,1991 年制定,2010 年修订;《煤炭法》,1996 年制定,2009 年、2011 年、2013 年、2016 年四次修正;《可再生能源法》,2005 年制定,2009 年修正;《深海海底区域资源勘探开发法》,2016 年制定。相关的行政法规如:《野生植物保护条例》(1996 年制定,2017 年修订),《自然保护区条例》(1994 年制定,2011 年、2017 年两次修订),《矿产资源法实施细则》(1994 年制定),《人类遗传资源管理条例》(2019 年制定),《对外合作开采海洋石油资源条例》(1982 年制定,2001 年、2011 年 1 月、2011 年 9 月、2013 年四次修订)。此类法律法规规章主要是从不同的角度规定了不同主体的预防生态破坏风险的义务。

三、预防生态风险义务的一般内容

(一)保障预防生态风险制度的建立和实施

1. 依法进行生态风险评估

任何可能存在生态风险的规划和建设项目,均须事先经合格主体对其风险发生概率、风险类别、风险发生可能导致的后果等,进行科学评估,并以评估结果为依据决定该项目能否实施,以及实施后应当采取如此防范措施。我国环境资源法上规定的环境影响评价即是生态风险评估,"是指对规划和建设项目实施后可能造成的环境影响进行分析、预测和评估,提出预防或者减轻不良环境影响的对策和措施,进行跟踪监测的方法与制度"[《环境影响评价法》(2018 年修订)]。依据《环境保护法》《环境影响评价法》之规定,编制有关开发利用规划,建设对环境有影响的项目,应当依法进行环境影响评价;未依法进行环境影响评价的开发利用规划,不得组织实施;未依法进行环境影响评价的建设项目,不得开工建设。

2. 建立健全必要的风险防范规章制度

这是防范生态风险的制度保障，且该项义务的主体主要是企业事业单位。无论防范生态风险的设施设备、技术工艺如何先进，无论人员、资金、物资如何充足，没有完善的防范生态风险制度，也难以充分发挥防范风险的作用，甚至基本上形同虚设。《环境保护法》要求：排放污染物的企业事业单位，应当建立环境保护责任制度，明确单位负责人和相关人员的责任；重点排污单位应当按照国家有关规定和监测规范安装使用监测设备，保证监测设备正常运行，保存原始监测记录（第 42 条）；企业事业单位应当按照国家有关规定制定突发环境事件应急预案，报环境保护主管部门和有关部门备案（第 47 条）。

（二）保证必要的预防生态风险的物质技术条件

1. 采用先进有效的预防污染设施、设备、工艺、技术

这是防范生态风险的科技保障，依靠先进的科技防范生态风险可以取得事半功倍之效果。环境资源法的“三同时”制度就是对风险防范设施的直接要求，是此项义务的典型体现。所谓三同时，是指“建设项目中防治污染的设施，应当与主体工程同时设计、同时施工、同时投产使用。防治污染的设施应当符合经批准的环境影响评价文件的要求，不得擅自拆除或者闲置”（《环境保护法》第 41 条）。

《环境保护法》还明确规定了各类主体预防污染的义务。例如：排放污染物的企业事业单位和其他生产经营者应当采取措施，防治在生产建设或者其他活动中产生的废气、废水、废渣、医疗废物、粉尘、恶臭气体、放射性物质以及噪声、振动、光辐射、电磁辐射等对环境的污染和危害（第 42 条）；生产、储存、运输、销售、使用、处置化学物品和含有放射性物质的物品，应当遵守国家有关规定，防止污染环境（第 48 条）；施用农药、化肥等农业投入品及进行灌溉应当采取措施，防止重金属和其他有毒有害物质污染环境；从事畜禽养殖和屠宰的单位和个人应当采取措施，对畜禽粪便、尸体和污水等废弃物进行科学处置，防止污染环境（第 49 条）。

2. 配备必要的人员、资金和物资

风险防范需要起码的工作人员，且须经培训合格，具备相应的知识和技能。此外还须准备充足的风险防范资金和物资。这是物质保障，所谓“巧妇难为无米之炊”，除先进的科技外，必要的财物也是避免在风险防范中出现心有余而力不足现象的主要条件。

（三）最大限度地控制生态风险发生后的损害结果

完善的预防措施、先进的预防设施设备和技术、充足的人财物等，可以显著地减少甚至在某些情况下杜绝生态风险的发生，但是不可能绝对避免风险。因为，任何预防都不可能尽善尽美地杜绝一切漏洞，何况自然原因或人为过失也可能导致生态风险发生，从而造成程度和类型不一的生态损害结果。

因此，在生态风险不可避免地将发生甚至已经发生的情形下，遭受生态风险的主体和其他相关主体即有义务采取一切必要且可能的措施，最大限度地控制生态损害。所谓控制生态损害，首先是指防止其进一步加剧、恶化，如损害范围扩大、损害结果加重等；其次是指逐步地缓解、消除生态风险；最后应当是治理污染，减轻甚至消除损害后果。《环境保护法》第 47 条规定：在发生或者可能发生突发环境事件时，企业事业单位应当立即采取措施处理，及时通报可能受到危害的单位和居民，并向环境保护主管部门和有关部门报告。

第二节　预防生态污染义务

生态污染目前通称为环境污染。在生产和生活中排放的各种污染一直是生态系统面临的最大威胁，也是应当有效防范的最主要的生态风险。因此，预防生态污染是预防生态风险的最重要途径，也是各类民事主体必须承担和履行的主要生态义务。此项义务通常为积极义务，按照现行法律的相关规定，预防生态污染义务主要包括：依法排放污染物、依法处置废弃物等。

一、依法排放污染物

无论自然人还是法人、非法人组织,只要生存和发展就必然从生态系统输入并消耗物质和能量,而消耗了物质和能量就必然向生态系统输出即排放污染物。这是生态系统固有的物质输入输出规律和能量转化规律所决定的。但是,为了保证排污量不超过生态系统的自我净化能力,从而使环境容量能够可持续地利用,各类主体皆须依法排放污染物。该项义务的目的主要是控制和减少污染物的排放,立足于在整体上预防生态系统容量超负荷的风险。

(一)污染物的概念及分类

污染物泛指一切能够导致生态系统污染的物质。污染物或源于自然界的释放,或通过人的生产、生活而产生。污染物进入生态系统后会干扰生态系统或其要素的性能、生态价值,直接或间接地导致生态品质的恶化。污染物依其来源、性质、组成及其污染的主要对象可有多种分类。按性质可分为:化学、物理和生物污染物。按环境要素可分为:大气、水体和土壤污染物。按形态可分为:废气、废水、固体废弃物以及噪声、电磁辐射等。

(二)依法排放污染物的一般要求

依法排放污染物也就是不得非法排污。其基本要求包括:实行排污许可管理的企业事业单位和其他生产经营者应当按照排污许可证的要求排放污染物;未取得排污许可证的,不得排放污染物;排放污染物的量应当符合国家和地方制定的排放标准,不得超标排放;排放污染物的种类、时间、地点、方式等应当符合法律或排污许可证的相关规定,不得在禁止排放的时间或地点排放,不得排放禁止排放的污染物,不得以禁止的方式排放。《环境保护法》规定:严禁通过暗管、渗井、渗坑、灌注或者篡改、伪造监测数据,或者不正常运行防治污染设施等逃避监管的方式违法排放污染物;禁止将不符合农用标准和环境保护标准的固体废物、废水施入农田。

二、依法贮存、回收和处置固体废物

自然人、法人和非法人组织在其生产和生活中不可避免地会产生各种固体废物。所谓固体废物，是指在生产、生活和其他活动中产生的丧失原有利用价值或者虽未丧失利用价值但被抛弃或者放弃的固态、半固态和置于容器中的气态的物品、物质以及法律、行政法规规定纳入固体废物管理的物品、物质。经无害化加工处理，且符合强制性国家产品质量标准，不会危害公众健康和生态安全，或者据固体废物鉴别标准和鉴别程序认定为不属于固体废物的除外。固体废物对生态系统的污染是多方面的，既可污染大气、水体，也可污染土壤等。为了保护和改善生态环境，防治固体废物污染环境，保障公众健康，维护生态安全，推进生态文明建设，促进经济社会可持续发展，1995 年全国人大常委会通过了《固体废物污染环境防治法》。

固体废物不能等同于污染物。科学、合理、依法地处置废弃物，可以将其对生态系统的负面影响降到最小、最轻，甚至变废为利；然若处置不当，则不仅无法收获其利，反而可能扩大废弃物对生态系统的损害，如因本可利用的废弃物未利用而增加垃圾和资源消耗的数量等。依法处置废弃物既是预防生态污染的需要，也能减少资源消耗，预防生态破坏。依据生态文明的基本理念，以及环境资源法的保护优先、预防为主、综合治理等原则和民法典的绿色原则，废弃物的处置应当按照最有利于生态保护的方式进行，即变废为宝、化害为利，最大化其利，最少化其害。《固体废物污染环境防治法》(2020 年修订)第 4、5 条规定："固体废物污染环境防治坚持减量化、资源化和无害化的原则"，任何单位和个人都应当采取措施，减少固体废物的产生量，促进固体废物的综合利用，降低固体废物的危害性；固体废物污染环境防治坚持污染担责的原则，产生、收集、贮存、运输、利用、处置固体废物的单位和个人，应当采取措施，防止或者减少固体废物对环境的污染，对所造成的环境污染依法承担责任。因此，所有产生固体废物的人都是依法处置固体废物的义务主体。《固体废物污染环境防治法》将固体废物分为工业固体废物，生活垃圾，建筑垃圾、农业固体废物等、危险废物，因此，该项义务可分为预防固体废物污染破坏生态系统的一般义务和预防各类固体废物污染的特定义务。

（一）依法贮存、回收和处置固体废物的一般义务

所谓一般义务，是指固体废物的产生者在固体废物的贮存、利用和处置时均应承担和履行之义务。贮存，是指将固体废物临时置于特定设施或者场所中的活动。利用，是指从固体废物中提取物质作为原材料或者燃料的活动。处置，是指将固体废物焚烧和用其他改变固体废物的物理、化学、生物特性的方法，达到减少已产生的固体废物数量、缩小固体废物体积、减少或者消除其危险成分的活动，或者将固体废物最终置于符合环境保护规定要求的填埋场的活动。依据《固体废物污染环境防治法》之规定，一般义务主要包括如下内容。

1. 依法建设固体废物相关项目

建设产生、贮存、利用、处置固体废物的项目，应当依法进行环境影响评价，并遵守国家有关建设项目环境保护管理的规定。建设项目需要配套建设的固体废物污染环境防治设施，应当与主体工程同时设计、同时施工、同时投入使用。建设项目的初步设计，应当按照环境保护设计规范的要求，将固体废物污染环境防治内容纳入环境影响评价文件，落实防治生态污染或破坏的措施。建设单位应当依法对配套建设的固体废物污染环境防治设施进行验收，编制验收报告，并向社会公开。

2. 依法处置固体废物

首先，收集、贮存、运输、利用、处置固体废物的单位和其他生产经营者，应当加强对相关设施、设备和场所的管理和维护，保证其正常运行和使用。其次，应当采取防扬散、防流失、防渗漏或者其他防止污染环境的措施，不得擅自倾倒、堆放、丢弃、遗撒固体废物；禁止任何单位或者个人向江河、湖泊、运河、渠道、水库及其最高水位线以下的滩地和岸坡以及法律法规规定的其他地点倾倒、堆放、贮存固体废物；在生态保护红线区域、永久基本农田集中区域和其他需要特别保护的区域内，禁止建设工业固体废物、危险废物集中贮存、利用、处置的设施、场所和生活垃圾填埋场。

3. 依法转移固体废物转移

将固体废物转移出本省、自治区、直辖市行政区域贮存、处置的，应当向移出地省级人民政府生态环境主管部门提出申请；经接受地省级人

民政府生态环境主管部门同意后,移出地生态环境主管部门在规定期限内批准转移的,方可转移;未经批准的,不得转移。禁止境外的固体废物进境倾倒、堆放、处置;逐步实现固体废物的零进口。

4. 接受公众监督

产生、收集、贮存、运输、利用、处置固体废物的单位,应当依法及时公开固体废物污染环境防治信息,主动接受社会监督。利用、处置固体废物的单位,应当依法向公众开放设施、场所,提高公众环境保护意识和参与程度。造成固体废物污染环境的单位和个人对举报人不得以解除、变更劳动合同或者其他方式对举报人进行打击报复。

(二)依法贮存、回收和处置工业固体废物

工业固体废物,是指在工业生产活动中产生的固体废物。原环境保护部于2013年发布了《一般工业固体废物贮存、处置场污染控制标准》,工业和信息化部于2018年发布了《工业固体废物资源综合利用评价管理暂行办法》《国家工业固体废物资源综合利用产品目录》。《固体废物污染环境防治法》(2020年修订)第三章明确了行政主管部门预防工业固体废物污染环境的职责:国务院生态环境主管部门及其他主管部门应当对工业固体废物危害和影响公众健康、生态环境的程度等作出界定,制定防治工业固体废物污染环境的技术政策,组织开发、推广先进的防治工业固体废物污染环境的生产工艺和设备;公布限期淘汰产生严重污染环境的工业固体废物的落后生产工艺、设备的名录;定期发布工业固体废物综合利用技术、工艺、设备和产品导向目录,组织开展工业固体废物资源综合利用评价;县级以上地方人民政府应当制定工业固体废物污染环境防治工作规划,组织建设工业固体废物集中处置等设施。

预防工业固体废物污染破坏生态系统的义务主体主要是产生工业固体废物的企业或其他单位。该义务的内容主要包括:不得生产、销售、进口或使用列入淘汰名录的设备、工艺;建立健全工业固体废物产生、收集、贮存、运输、利用、处置全过程的污染环境防治责任制度,如记录工业固体废物信息的管理台账,采取防治污染的措施;禁止向生活垃圾收集设施中投放工业固体废物。委托他人运输、利用、处置工业固体废物的,应当对受托方的主体资格和技术能力进行核实,依法签订书面合同约定污染防治要求;受托方应当履行污染防治义务。合理选择和利用原材料、能源和其他资源,采用先进的生产工艺和设备,减少工业固体废物的产生量,降低工业固体废物的危害性。依法取得排污许可证;并向所在地生态环境主管部门提供工业固体废物的有关资料以及减少工业固体废物产生、促进综合利用的具体措施。根据经济、技术条件对工业固体废物加以利用;对暂时不利用或者不能利用的,按照规定建设贮存设施、场所,安全分类存放,或采取无害化处置措施。单位终止的,应当在终止前对工业固体废物的贮存、处置的设施、场所采取污染防治措施,并对未处置工业固体废物作出妥善处置,防止污染环境;单位发生变更的,变更后的单位应当对未处置工业固体废物及其贮存、处置的设施、场所进行安全处置或者采取有效措施保证该设施、场所安全运行;变更前当事人可以对工业固体废物污染防治义务进行约定,但不得免除当事人的污染防治义务。矿山企业应当采取科学的开采方法和选矿工艺,减少尾矿、煤矸石、废石等矿业固体废物的产生量和贮存量;矿业固体废物贮存设施停止使用后,矿山企业应当按照规定封场,防止造成环境污染和生态破坏。

(三)依法实施生活垃圾分类回收处置

随着生活水平的不断提高,生活垃圾的数量和种类成倍增加,对生态系统的负面影响也越发严重。实施生活垃圾分类处置,对于促进垃圾的减量化、资源化、无害化,有效改善城乡环境,推动资源回收利用,都具有重要的意义。因此,当然世界大多数国家都在积极实施生活垃圾分类处置。发达国家于20世纪70年代开始实施城市生活垃圾分类收集,主要有三种模式:一是粗放型,以美国为代表。由居民与垃圾公司签订合同,公司负责分类回收垃圾,居民交纳一定费用。二是精细型,以日本为代表。日本制定了完备的生活垃圾回收处置的法律制度,对政府、事业者、地方团体、公民的责任义务、回收处理方式和回收注意事项进行了详细规定,并根据各种产品的性质分别制定了具体的回收制度。三是综合型,以德国为代表。德国各州的垃圾分类有各自的标准,德国还是欧洲唯一实行塑料瓶回收押金制度的国家。[1]

1. 生活垃圾处理的相关立法

预防生活垃圾污染破坏生态系统，除适用《固体废物污染环境防治法》外，相关的专门立法主要是行政法规和部门规章、地方性法规和政府规章。2017 年国务院办公厅转发了国家发展改革委、住房城乡建设部制定的《生活垃圾分类制度实施方案》；2007 年建设部发布了《城市生活垃圾管理办法》（2015 年修正）；2019 年住房和城乡建设部发布了《关于建立健全农村生活垃圾收集、转运和处置体系的指导意见》。关于生活垃圾分类管理的地方性法规有：《北京市生活垃圾管理条例》（2011 年北京市人大常委会通过，2019 年、2020 年修正）；《上海市生活垃圾管理条例》（2019 年上海市人大通过）；以及《成都市生活垃圾管理条例》《珠海经济特区生活垃圾分类管理条例》《大连市生活垃圾分类管理条例》《徐州市生活垃圾管理条例》《蚌埠市生活垃圾管理条例》《玉屏侗族自治县乡村生活垃圾和生活污水治理条例》等。此外，山西省、武汉市、乌鲁木齐市、呼和浩特市、合肥市、拉萨市、日喀则市、聊城市等地通过了关于生活垃圾分类处置的地方政府规章。

2. 生活垃圾的内涵

关于生活垃圾的界定，国家立法并未明确。《固体废物污染环境防治法》（2020 年修订）所称的生活垃圾，是指在日常生活中或者为日常生活提供服务的活动中产生的固体废物，以及法律、行政法规规定视为生活垃圾的固体废物。《北京市生活垃圾管理条例》第 2 条规定，生活垃圾是指“单位和个人在日常生活中或者为日常生活提供服务的活动中产生的固体废物，以及法律、行政法规规定视为生活垃圾的固体废物。建筑垃圾按照本条例规定进行管理。危险废物、医疗废物、废弃电器电子产品按照国家相关法律、法规和本市其他有关规定进行管理。”《上海市生活垃圾管理条例》第 2 条规定，生活垃圾是指“在日常生活中或者为日常生活提供服务的活动中产生的固体废弃物以及法律、行政法规规定视为生活垃圾的固体废弃物。”因此，生活垃圾具有如下基本特征：其一，为固体废弃物，不含液态、气态等非固体废弃物，如废水、废气；其二，为个人

---

〔1〕 许碧君：《城市垃圾分类进展概述》，载《环境卫生工程》2012 年第 4 期。

日常生活所产生，或者为日常生活服务的经营活动所产生，不含危险废弃物、医疗废弃物，或者工业、农业等非生活目的产生的废弃物。

3. 生活垃圾的分类

生活垃圾实行分类处置，是实现垃圾减量化、资源化和无害化的前提。关于生活垃圾如何分类，目前尚无统一标准。《生活垃圾分类制度实施方案》将生活垃圾分为三大类：一是有害垃圾，包括废电池（镉镍电池、氧化汞电池、铅蓄电池等），废荧光灯管（日光灯管、节能灯等），废温度计，废血压计，废药品及其包装物，废油漆、溶剂及其包装物，废杀虫剂、消毒剂及其包装物，废胶片及废相纸等；二是易腐垃圾，包括相关单位食堂、宾馆、饭店等产生的餐厨垃圾，农贸市场、农产品批发市场产生的蔬菜瓜果垃圾、腐肉、肉碎骨、蛋壳、畜禽产品内脏等；三是可回收物，包括废纸、废塑料、废金属、废包装物、废旧纺织物、废弃电器电子产品、废玻璃、废纸塑铝复合包装等。《北京市生活垃圾管理条例》将生活垃圾分为厨余垃圾、可回收物、有害垃圾、其他垃圾等四类。《上海市生活垃圾管理条例》规定的生活分类标准是：可回收物、有害垃圾、湿垃圾即易腐垃圾、干垃圾即其他垃圾。

4. 政府在生活垃圾分类回收处置中的义务

地方人民政府及相关主管部门在生活垃圾分类回收处理中具有相当重要的地位和作用。《环境保护法》第 37 条规定：地方各级人民政府应当采取措施，组织对生活废弃物的分类处置、回收利用。《固体废物污染环境防治法》明确了县级以上地方人民政府或环境卫生主管部门的生活垃圾分类管理职责，主要包括：建立分类投放、收集、运输、处理的生活垃圾管理系统，建立生活垃圾分类工作协调机制，组织开展生活垃圾分类宣传；有计划地改进燃料结构，发展清洁能源，减少燃料废渣等固体废物的产生量；加强产品生产和流通过程管理，避免过度包装，组织净菜上市，减少生活垃圾的产生量；统筹安排建设城乡生活垃圾收集、运输、处理设施，逐步建立和完善生活垃圾污染环境防治的社会服务体系以及城乡一体的生活垃圾管理系统；制定生活垃圾清扫、收集、贮存、运输和处理设施、场所建设运行规范，发布生活垃圾分类指导目录；组织对生活垃圾进行清扫、收集、运输和处理。

5. 生活垃圾产生者的义务

生活垃圾产生者，是指因日常生活或从事日常生活服务而产生生活垃圾的民事主体。其中主要包括自然人。《环境保护法》第38条规定：公民应当遵守环境保护法律法规，配合实施环境保护措施，按照规定对生活废弃物进行分类放置，减少日常生活对环境造成的损害。但是准确地说，该类主体应当为家庭而非个人。餐饮服务单位，即餐饮经营者、餐饮配送服务提供者和机关、部队、学校、企业事业等单位的集体食堂。日常生活用品的生产、运输、销售组织，如农贸市场管理组织、杂货店等。生活垃圾产生者是分类回收处置的首要义务人。

生活垃圾产生者的义务主要包括：依照规定对生活垃圾进行分类，在指定地点甚至包括指定时间，并在指定容器内投放生活垃圾。具体而言为：依法履行生活垃圾源头减量和分类投放义务；在指定地点分类投放生活垃圾；禁止随意倾倒、抛撒、堆放或者焚烧生活垃圾；按照规定标准交纳生活垃圾处理费，专项用于生活垃圾的收集、运输和处理等。产生、收集厨余垃圾的单位和其他生产经营者，应当将厨余垃圾交由具备相应资质条件的单位进行无害化处理；禁止畜禽养殖场、养殖小区利用未经无害化处理的厨余垃圾饲喂畜禽。

6. 生活垃圾回收处理者的义务

生活垃圾回收处理者是指负有收集、运输、处理生活垃圾的专业服务单位，主要是物业服务企业，取得从事生活垃圾经营性收集、运输许可的企业，承担环境卫生作业的事业单位，生活垃圾再利用的企业等。此类主体的义务主要包括：以合格的工具、设备、手段等，及时、充分地将生活垃圾分类进行收集、运输、处置或者再利用。例如，已经分类投放的生活垃圾，应当按照规定分类收集、分类运输、分类处理；清扫、收集、运输、处理生活垃圾应当遵守国家有关环境保护和环境卫生管理的规定，防止污染环境；从生活垃圾中分类并集中收集的有害垃圾，属于危险废物的，应当按照危险废物管理；从生活垃圾中回收的物质应当按照国家规定的用途、标准使用，不得用于生产可能危害人体健康的产品；生活垃圾处理单位应当按照国家有关规定，安装使用监测设备，实时监测污染物的排放情况，将污染排放数据实时公开，并与所在地生态环境主管部门的监控设备联网；建设生活垃圾处理设施、场所，应当符合国家规定标准；禁止擅自关闭、闲置或拆除生活垃圾处理设施、场所；确有必要关闭、闲置或拆除的，经相关行政主管部门核准后，应当采取防止污染环境的措施。

7. 公共设施设备场所管理单位的义务

有些生活垃圾存在于公共设施、设备、场所，相关管理者负有依法分类回收处理生活垃圾的义务。主要包括：从事公共交通运输的经营单位，应当及时清扫、收集运输过程中产生的生活垃圾；农贸市场、农产品批发市场等应当加强环境卫生管理，保持环境卫生清洁，对所产生的垃圾及时清扫、分类收集、妥善处理；城区、住宅区和村镇的开发建设单位，以及机场、码头、车站、公园、商场、体育场馆等公共设施、场所的经营管理单位，应当按照国家有关环境卫生的规定，配套建设生活垃圾收集设施。

（四）依法处置建筑垃圾和农业固体废物

1. 依法处置建筑垃圾

建筑垃圾，是指建设单位、施工单位新建、改建、扩建和拆除各类建筑物、构筑物、管网等，以及居民装饰装修房屋过程中产生的弃土、弃料和其他固体废物。2005 年建设部发布的《城市建筑垃圾管理规定》规定，建筑垃圾实行产生者处置的原则。建筑垃圾的产生者应当依法进行建筑垃圾的倾倒、运输、中转、回填、消纳、利用等处置活动。《固体废物污染环境防治法》（2020 年修订）要求县级以上地方人民政府或其环境卫生主管部门建立建筑垃圾分类处理制度，制定包括源头减量、分类处理、消纳设施和场所布局及建设等在内的建筑垃圾污染环境防治工作规划；推进建筑垃圾源头减量，建立建筑垃圾回收利用体系，推动建筑垃圾综合利用产品应用；建立建筑垃圾全过程管理制度，规范建筑垃圾产生、收集、贮存、运输、利用、处置行为，推进综合利用，加强建筑垃圾处置设施、场所建设，保障处置安全，防止污染环境。

依法处置建筑垃圾的义务主体主要是工程施工单位，义务内容主要包括：编制建筑垃圾处理方案，采取污染防治措施，并报县级以上地方人民政府环境卫生主管部门备案；应当及时清运工程施工过程中产生的建筑垃圾等固体废物，并按照环境卫生主管部门的规定进行利用或者处置；不得擅自倾倒、抛撒或者堆放工程施工过程中产生的建筑垃圾。

2. 依法处置农业固体废物

农业固体废物，是指在农业生产活动中产生的固体废物，包括秸秆、废弃农用薄膜、农药包装废弃物等。原环境保护部于2010年发布了《农业固体废物污染控制技术导则》。《固体废物污染环境防治法》(2020年修订)规定：县级以上人民政府农业农村主管部门负责指导农业固体废物回收利用体系建设，鼓励和引导有关单位和其他生产经营者依法收集、贮存、运输、利用、处置农业固体废物，加强监督管理，防止污染环境。

产生农业固体废物的单位和其他生产经营者，应当采取回收利用和其他防止污染环境的措施；从事畜禽规模养殖应当及时收集、贮存、利用或者处置养殖过程中产生的畜禽粪污等固体废物，避免造成环境污染；禁止在人口集中地区、机场周围、交通干线附近以及当地人民政府划定的其他区域露天焚烧秸秆。

(五)依法处置危险废物和其他废物

1. 依法处置危险废物

危险废物，是指列入国家危险废物名录或者根据国家规定的危险废物鉴别标准和鉴别方法认定的具有危险特性的固体废物。医疗废物按照国家危险废物名录管理。全国人大常委会于1991年批准我国加入了《控制危险废物越境转移及其处置巴塞尔公约》；2004年国务院颁布了《危险废物经营许可证管理办法》(2013年、2016年两次修订)。《固体废物污染环境防治法》第六章系统规定了依法处置危险废物的义务。

国务院生态环境主管部门及有关部门应当制定国家危险废物名录，规定统一的危险废物鉴别标准、鉴别方法、识别标志和鉴别单位管理要求。省级人民政府应当组织编制危险废物集中处置设施、场所的建设规划，合理布局。对危险废物的容器和包装物以及收集、贮存、运输、利用、处置危险废物的设施、场所，应当按照规定设置危险废物识别标志。

产生危险废物的单位应当履行如下主要义务：制订危险废物管理计划；建立危险废物管理台账，如实记录有关信息，并通过国家危险废物信息管理系统向所在地生态环境主管部门申报危险废物的种类、产生量、流向、贮存、处置等有关资料；按照国家有关规定和环境保护标准要求贮存、利用、处置危险废物，不得擅自倾倒、堆放。

从事收集、贮存、利用、处置危险废物经营活动的单位应当履行如下义务：按照规定申请取得许可证；禁止无许可证或者未按照许可证规定从事危险废物收集、贮存、利用、处置的经营活动；禁止将危险废物提供或委托给无许可证的单位或个人从事收集、贮存、利用、处置活动；依法制定意外事故的防范措施和应急预案，并向所在地生态环境主管部门和其他监管部门备案；按照危险废物特性分类进行收集、贮存，禁止混合收集、贮存、运输、处置性质不相容而未经安全处置的危险废物；贮存危险废物应当采取符合国家环保标准的防护措施，禁止将危险废物混入非危险废物中贮存；贮存危险废物不得超过一年，确需延长期限的须报经颁发许可证的生态环境主管部门批准；运输危险废物时应当采取防止污染环境的措施，禁止将危险废物与旅客在同一运输工具上载运。

转移危险废物的，应当按照国家有关规定填写、运行危险废物电子或者纸质转移联单。跨省级行政区域转移危险废物的，向移出地省级人民政府生态环境主管部门申请，经与接受地省级人民政府生态环境主管部门协商同意后，应当在规定期限内批准转移该危险废物；未经批准的，不得转移。禁止经中华人民共和国过境转移危险废物。

因发生事故或者其他突发性事件，造成危险废物严重污染环境的单位，应当立即采取有效措施消除或者减轻对环境的污染危害，及时通报可能受到污染危害的单位和居民，并向所在地生态环境主管部门和有关部门报告，接受调查处理；在发生或者有证据证明可能发生危险废物严重污染环境、威胁居民生命财产安全时，有关人民政府应当采取防止或者减轻危害的有效措施。

2. 依法处置其他固体废物

其他固体废物主要包括电器电子电池产品、废弃机动车船、一次性用品、产品包装物、污泥、实验室固体废物等。依据《固体废物污染环境防治法》(2020 年修订)的规定，电器电子、铅蓄电池、车用动力电池等产品的生产者应当按照规定以自建或者委托等方式建立与产品销售量相匹配的废旧产品回收体系，并向社会公开，实现有效回收和利用；禁止将废弃机动车船等交由不符合规定条件的企业或者个人回收、拆解；拆解、利用、处置废弃电器电子产品、废弃机动车船等，应当遵守有关法律法规的规定，采取防止污染环境的措施；生产经营者应当遵守限制商品过度包装的强制性标准,避免过度包装;生产、销售、进口强制回收产品和包装物的企业应当按照国家有关规定对该产品和包装物进行回收;生产、销售和使用一次性塑料制品应当遵守法律法规的相关禁止性或限制性规定;旅游、住宿等行业应当按照国家有关规定推行不主动提供一次性用品,机关、企业事业单位等的办公场所应当使用有利于保护环境的产品、设备和设施,减少使用一次性办公用品;处理污泥应当符合国家有关标准,禁止擅自倾倒、堆放、丢弃、遗撒城镇污水处理设施产生的污泥和处理后的污泥,禁止重金属或者其他有毒有害物质含量超标的污泥进入农用地;实验室及其设立单位应当依法收集、贮存、运输、利用、处置实验室固体废物。

第三节　预防生态破坏义务

所谓生态破坏(ecology destroying),即生态系统破坏,是指由于人为或自然的原因引起的生态系统的服务功能下降、品质退化、结构失衡等,并由此对人的生存发展和生态系统自身产生不利影响的现象。生态破坏主要包括:水土流失、沙漠化、荒漠化、森林锐减、土地退化、生物多样性减少以及水体富营养化、地下水漏斗、地面下沉等。预防生态破坏义务主要是针对人为破坏生态系统的行为,通常有:非法捕猎珍稀濒危动物、过度采挖珍稀濒危植物、乱砍滥伐林木、过度放牧、毁林造田、过度垦荒、围湖造田、不合理地引进物种等。所谓预防生态破坏义务可以从两个方面理解:一是禁止破坏义务,此为消极义务或称禁止性义务;二是依法采取必要措施,防止生态系统要素被他人或自然原因破坏,此为积极义务。

组成生态系统的要素主要是土地、水、大气、野生动物、野生植物,以及生物遗传资源等。为了维持生态系统的平衡与循环,保障其结构与功能的稳定性,使其能够持续地为人们提供各项生态服务,首先就应当切实保护生态系统的各项要素,使之免受严重的破坏和损害。《人类环境宣言》在原则二中提出:为了这一代和将来的世世代代的利益,地球上的自然资源,其中包括空气、水、土地、植物和动物,特别是自然生态类中具有代表性的标本,必须通过周密计划或适当管理加以保护。《内罗毕宣言》明确指出了生态破坏的严重性:森林的砍伐、土壤与水质的恶化和沙漠化已达到惊人的程度,并严重地危及世界大片土地的生活条件;大气变化、海洋和内陆水域的污染、滥用和随便处置有害物质以及动植物物种的灭绝,进一步严重威胁人类的环境;并且敦促世界各国政府和人民既要集体地也要单独地负起其历史责任,使我们这个小小的地球能够保证人人都能过着尊严的生活,代代相传下去。

依据《环境保护法》和其他相关法律法规,预防生态破坏义务可以概括为三个方面。

一、保护环境要素

通常所说的环境要素主要是指土壤、大气和水等无机物要素。这是维持生物生存的物质基础,也是生态系统的重要组成部分。

(一)保护土地资源

土地是生态系统的第一要素,是承载一切生物的物理空间,也是生物赖以生存的物质基础。《宪法》第10规定:“任何组织或者个人不得侵占、买卖或者以其他形式非法转让土地”,“一切使用土地的组织和个人必须合理地利用土地”。全国人大常委会于1986年通过了《土地管理法》,2019年第三次修正。《土地管理法》不仅在第3条规定了“十分珍惜、合理利用土地和切实保护耕地是我国的基本国策”;而且比较系统地规定了各类主体保护土地资源的义务,如“使用土地的单位和个人必须严格按照土地利用总体规划确定的用途使用土地”(第4条),“禁止占用耕地建窑、建坟或者擅自在耕地上建房、挖砂、采石、采矿、取土”,“禁止占用永久基本农田发展林果业和挖塘养鱼”(第37条),以及相关保障制度,如国家依法实行国有土地有偿使用制度、土地用途管制制度。

(二)保护水资源

水是一切生物生存发展皆不可缺少的物质条件,故为生物圈运行的物质基础。《宪法》第9条规定:国家保障自然资源的合理利用,禁止任何组织或者个人用任何手段侵占或者破坏自然资源。其中自然就包括水资源。全国人大常委会于1988年通过了《水法》,2016年第二次修正。《水法》集中规定了各类主体保护水资源的义务,如“开发、利用水资源的单位和个人有依法保护水资源的义务(第6条)”,“单位和个人有节约用水的义务(第8条)”,“国家建立饮用水水源保护区制度”(第33条),“禁止在饮用水水源保护区内设置排污口”(第34条),“单位和个人有保护水工程的义务,不得侵占、毁坏堤防、护岸、防汛、水文监测、水文地质监测等工程设施”(第41条)。

为了预防和治理水土流失,保护和合理利用水土资源,减轻水、旱、风沙灾害,改善生态环境,保障经济社会可持续发展,全国人大常委会于1991年通过了《水土保持法》,2010年修订,该法从水土保持的角度规定了保护水土资源的义务。例如,“任何单位和个人都有保护水土资源、预防和治理水土流失的义务”(第8条);水土流失严重、生态脆弱的地区,限制或者禁止可能造成水土流失的生产建设活动,在侵蚀沟的沟坡和沟岸、河流的两岸以及湖泊和水库的周边,土地所有权人、使用权人或者有关管理单位应当营造植物保护带,禁止开垦、开发植物保护带(第18条);在25度以上陡坡地禁止开垦种植农作物,种植经济林的应当科学选择树种,合理确定规模,采取水土保持措施,防止造成水土流失(第20条)。

二、保护生物物种及其遗传资源的多样性

依据《生物多样性公约》第2条的规定,“生物多样性”是指所有来源的形形色色生物体,这些来源除其他外包括陆地、海洋和其他水生生态系统及其所构成的生态综合体;这包括物种内部、物种之间和生态系统的多样性。因此,生物多样性通常包括遗传多样性、物种多样性和生态系统多样性三个组成部分。

1992年11月7日,全国人大常委会批准了我国于1992年6月11日在里约热内卢签署的《生物多样性公约》,因此保护生物多样性也是我国承担的国际法义务,有必要转化为国内法上的义务,以保证其落实。为此,我国《环境保护法》第30条要求,开发利用自然资源,应当合理开发,保护生物多样性,保障生态安全;引进外来物种以及研究、开发和利用生物技术,应当采取措施,防止对生物多样性的破坏。我国《生物安全

法》第60条第1款明确提出,国家加强对外来物种入侵的防范和应对,保护生物多样性。

(一)保护野生动植物

野生的动物和植物是生态系统中的生物因子,是维持生态系统循环和平衡的必要因素。此外,野生的动物和植物也是重要的自然资源,是人们物质财富的重要来源。因此,保护野生动植物既是保障生态服务功能的需要,又是保障自然资源的需要,故《宪法》第9条第2款明确要求:保护珍贵的动物和植物。

1. 保护野生动物

野生动物,是指珍贵、濒危的陆生、水生野生动物和有重要生态、科学、社会价值的陆生野生动物。依据《野生动物保护法》第6条的规定,保护野生动物之义务包括保护野生动物和保护野生动物栖息地两个方面;禁止违法猎捕野生动物、破坏野生动物栖息地。该法规定:禁止或者限制在相关自然保护区域内引入外来物种、营造单一纯林、过量施洒农药等人为干扰、威胁野生动物生息繁衍的行为(第12条);禁止以野生动物收容救护为名买卖野生动物及其制品(第15条);禁止猎捕、杀害国家重点保护野生动物(第21条);禁止为出售、购买、利用野生动物或其制品、禁用猎捕工具发布广告(第31条);禁止任何交易场所为违法出售、购买、利用野生动物及其制品或者禁止使用的猎捕工具提供交易服务(第32条)。

2. 保护野生植物

野生植物,是指原生地天然生长的珍贵植物和原生地天然生长并具有重要经济、科学研究、文化价值的濒危、稀有植物。《野生植物保护条例》第7条规定:任何单位和个人都有保护野生植物资源的义务,对侵占或者破坏野生植物及其生长环境的行为有权检举和控告。保护野生植物的义务主要包括保护野生植物和保护野生植物生长环境两个方面,因此,禁止任何单位和个人非法采集野生植物或者破坏野生植物的生长环境。该条例明确规定:禁止采集国家一级保护野生植物,确实需要采集的,应当按照管理权限向国务院林业行政主管部门或其授权机构申请采集证;采集国家二级保护野生植物的,向省级人民政府野生植物行政主管部门或其授权机构申请采集证(第16条);采集国家重点保护野生植物的单位和个人,必须按照采集证规定的种类、数量、地点、期限和方法进行采集(第17条);禁止出售、收购国家一级保护野生植物(第18条);禁止出口未定名的或者新发现并有重要价值的野生植物(第19条);外国人不得在中国境内采集或者收购国家重点保护野生植物(第21条)。

(二)保护生物遗传资源

生物遗传资源是生物物种繁衍的生物前提,因而是保护野生动植物物种和生物多样性的基础,也是保护人类生命健康的需要。因此保护生物遗传资源是相关自然人、法人或非法人组织的生态义务。广义的生物遗传资源也包括人类遗传资源。

关于人类遗传资源保护,《生物安全法》规定:采集、保藏、利用、对外提供我国人类遗传资源,应当符合伦理原则,不得危害公众健康、国家安全和社会公共利益(第55条)。下列涉及人类遗传资源的活动应当经国务院科学技术主管部门批准:采集我国重要遗传家系、特定地区人类遗传资源或者采集国务院科学技术主管部门规定的种类、数量的人类遗传资源;保藏我国人类遗传资源;利用我国人类遗传资源开展国际科学研究合作;将我国人类遗传资源材料运送、邮寄、携带出境;境外组织、个人及其设立或者实际控制的机构不得在我国境内采集、保藏我国人类遗传资源,不得向境外提供我国人类遗传资源(第56条)。

关于野生动植物遗传资源保护,《生物安全法》规定:境外组织、个人及其设立或者实际控制的机构获取和利用我国生物资源,应当依法取得批准(第58条);利用我国生物资源开展国际科学研究合作,应当依法取得批准,且保证中方单位及其研究人员全过程、实质性地参与研究,依法分享相关权益(第59条);任何单位和个人未经批准,不得擅自引进、释放或者丢弃外来物种(第60条)。

三、保护生态系统多样性

森林、草原、自然保护区、湿地、海洋等,是具有特殊生态功能的生态系统,对于维持生态服务功能和生态品质具有十分重要的作用。《环境保护法》第29条规定:国家在重点生态功能区、生态环境敏感区和脆弱区等区域划定生态保护红线,实行严格保护;各级人民政府对具有代表性的各种类型的自然生态系统区域,珍稀、濒危的野生动植物自然分布区域,重要的水源涵养区域,具有重大科学文化价值的地质构造、著名溶洞和化石分布区、冰川、火山、温泉等自然遗迹,以及人文遗迹、古树名木,应当采取措施予以保护,严禁破坏。因此,任何自然人、社会组织都负有保护重要生态功能区以及生态敏感区、脆弱区的义务,尤其是不得破坏上述生态系统的禁止性义务。此外,《森林法》《草原法》《水土保持法》《自然保护区条例》等也都规定了关于生态系统保护的义务。

(一)保护森林

《森林法》首先明确了"保护森林是公民应尽的义务"(第10条),并规定了保护森林的具体义务。主要包括禁止性义务,如第39条规定,禁止毁林开垦、采石、采砂、采土以及其他毁坏林木和林地的行为,禁止向林地排放重金属或者其他有毒有害物质含量超标的污水、污泥以及可能造成林地污染的清淤底泥、尾矿、矿渣等,禁止在幼林地砍柴、毁苗、放牧;禁止擅自移动或者损坏森林保护标志;第40条规定,国家保护古树名木和珍贵树木,禁止破坏古树名木和珍贵树木及其生存的自然环境;第55条规定,禁止采伐自然保护区的林木;第56条规定,禁止伪造、变造、买卖、租借采伐许可证。此外还包括命令性义务,如第55条规定,公益林只能进行抚育、更新和低质低效林改造性质的采伐;第56条规定,采伐林木应当申请采伐许可证,并按照采伐许可证规定进行采伐。

(二)保护草原

《草原法》规定了保护草原的主要义务。主体体现在:第33条规定,草原承包经营者应当合理利用草原,不得超过草原行政主管部门核定的载畜量,保持草畜平衡;第39条第2款规定,因建设征收、征用或者使用草原的,应当交纳草原植被恢复费,草原植被恢复费专用于恢复草原植被,任何单位和个人不得截留、挪用;第40条第2款规定,临时占用草原的期限不得超过二年且不得修建永久性建筑物、构筑物,占用期满,用地单位必须恢复草原植被并及时退还;第46条规定,禁止开垦草原;第52条规定,在草原上开展经营性旅游活动,应当符合有关草原保护、建设、利用规划，并事先征得县级以上地方人民政府草原行政主管部门的同意；第54条规定，禁止在草原上使用剧毒、高残留以及可能导致二次中毒的农药；第55条规定，除抢险救灾和牧民搬迁的机动车辆外，禁止机动车辆离开道路在草原上行驶，破坏草原植被。

（三）防止水土流失

《水土保持法》基于保护水土之目的，对保护森林、草原和一些重点区域也进行了规定。如第21、22条规定：禁止毁林、毁草开垦和采集发菜，禁止在水土流失重点预防区和重点治理区铲草皮、挖树兜或者滥挖虫草、甘草、麻黄等；林木采伐应当采用合理方式，严格控制皆伐；对水源涵养林、水土保持林、防风固沙林等防护林只能进行抚育和更新性质的采伐；对采伐区和集材道应当采取防止水土流失的措施，并在采伐后及时更新造林。

（四）保护国家公园等自然保护地

自然保护地，是指由各级政府依法划定或确认的重要自然生态系统、自然遗迹、自然景观，并对其承载的自然资源、生态功能和文化价值实施长期保护的陆域或海域。按照自然生态系统原真性、整体性、系统性及其内在规律，依据管理目标与效能并借鉴国际经验，将自然保护地按生态价值和保护强度高低依次分为国家公园、自然保护区和自然公园三类。

1. 国家公园

国家公园，是指以保护具有国家代表性的自然生态系统为主要目的，实现自然资源科学保护和合理利用的特定陆域或海域，是我国自然生态系统中最重要、自然景观最独特、自然遗产最精华、生物多样性最富集的部分，保护范围大，生态过程完整，具有全球价值、国家象征，国民认同度高。目前已开展三江源、大熊猫、东北虎豹、祁连山、海南热带雨林等10处国家公园体制试点。

2019年，中共中央办公厅、国务院办公厅发布了《关于建立以国家公园为主体的自然保护地体系的指导意见》，要求建立中国特色的以国家公园为主体的自然保护地体系，建立自然生态系统保护的新体制新机制新模式。2020年12月通过的《刑法修正案十一》第40条规定了对破坏自然保护地犯罪的量刑及处罚；2021年2月，最高人民法院和最高人民检察院《关于执行〈中华人民共和国刑法〉确定罪名的补充规定（七）》规定了破坏自然保护地罪的罪名。

2. 自然保护区

自然保护区，是指保护典型的自然生态系统、珍稀濒危野生动植物种的天然集中分布区、有特殊意义的自然遗迹的区域。其具有较大面积，确保主要保护对象安全，维持和恢复珍稀濒危野生动植物种群数量及赖以生存的栖息环境。

自然保护区包括：对有代表性的自然生态系统、珍稀濒危野生动植物物种的天然集中分布区、有特殊意义的自然遗迹等保护对象所在的陆地、陆地水体或者海域，以及依法划出一定面积予以特殊保护和管理的区域。因其具有重要的生态功能和价值，各国通常都会设立类似的制度，以实施特别保护。我国《自然保护区条例》系统规定了各类主体对自然保护区的主要义务。例如，禁止任何单位和个人进入自然保护区核心区，确有正当且必要的理由进入，须经自然保护区管理机构批准（第18、27条）；禁止在自然保护区内进行砍伐、放牧、狩猎、捕捞、采药、开垦、烧荒、开矿、采石、挖沙等活动（第26条）；禁止在缓冲区开展旅游和生产经营活动，确有正当且必要的理由进入，须经自然保护区管理机构批准（第28条）；严禁开设与自然保护区保护方向不一致的参观、旅游项目（第29条）；在核心区和缓冲区内不得建设任何生产设施，在实验区内不得建设污染环境、破坏资源或者景观的生产设施（第32条）；因发生事故或其他突然事件，造成或可能造成自然保护区污染、破坏的单位和个人，必须立即采取措施处理，及时通报可能受到危害的单位和居民，并向自然保护区管理机构、所在地生态环境和自然资源主管部门报告（第33条）。

3. 自然公园

自然公园，是指保护重要的自然生态系统、自然遗迹和自然景观，具有生态、观赏、文化和科学价值，可持续利用的区域。确保森林、海洋、湿地、水域、冰川、草原、生物等珍贵自然资源，以及所承载的景观、地质地貌和文化多样性得到有效保护。自然公园包括森林公园、地质公园、海洋公园、湿地公园、沙漠公园、草原公园等。

第四节 绿色消费和清洁生产

《联合国里约环境与发展宣言》原则八指出:为了实现可持续的发展,使所有人都具有较高的生活素质,各国应当减少和消除不能持续的生产和消费方式。所谓可持续的生产方式主要是指清洁生产或称绿色生产,可持续的消费方式主要是指绿色消费。绿色一词在现代得到广泛应用,如绿色交通、绝色建筑、绿色能源、绿色食品、绿色信贷等,本质上都与生态保护相关。为了促进清洁生产,提高资源利用效率,减少和避免污染物的产生,保护和改善环境,保障人体健康,促进经济与社会可持续发展,全国人大常委会于 2002 年通过了《清洁生产促进法》(2012 年修正)。因此在法律上,清洁生产和绿色消费不仅是一种生产、生活方式,也是自然人、法人和非法人组织等应当承担和履行的生态保护义务。绿色消费和清洁生产的功能既包括预防生态污染,也包括预防生态破坏。

一、绿色消费义务

(一)绿色消费义务的内涵

所谓绿色消费,是指以节约资源和保护环境为特征的消费行为,主要表现为崇尚勤俭节约,减少损失浪费,选择高效、环保的产品和服务,降低消费过程中的资源消耗和污染排放。但是,狭义上的绿色消费仅指"要求消费者不购买那些在生产、使用和处置过程造成环境污染和生态破坏的产品"[1]。绿色消费义务侧重于狭义上的界定,以与节约资源义务相区别。绿色消费之消费者既包括自然人,也包括法人和非法人,故绿色消费义务的主体不限于自然人。

《环境保护法》第 36 条规定,国家鼓励和引导公民、法人和其他组织使用有利于保护环境的产品和再生产品,减少废弃物的产生。该条款正

---

〔1〕 陈至立主编:《辞海》(第 7 版彩图本),上海辞书出版社 2020 年版,第 2832 页。

式确立了民事主体的绿色消费义务,《民法典》第 9 条规定的绿色原则可以间接地包含此义务。严格地说,该项义务包括两个方面的内容:一是绿色购买义务,即自然人、法人和非法人组织应当优先购买和使用无污染、低污染或低耗能的产品、服务;二是绿色使用义务,即自然人、法人和非法人组织应当尽可能对购买的产品进行循环使用,以实现物尽其用,从而有效减少废弃物的产生。

(二)绿色采购义务

绿色采购也应当纳入绿色消费义务的内容。所谓绿色采购,是指采购人在采购活动中,推广绿色低碳理念,充分考虑环境保护、资源节约、安全健康、循环低碳和回收促进,优先采购和使用节能、节水、节材等有利于环境保护的原材料、产品和服务的行为。依据采购人和采购资金的不同可分为政府采购、企业采购和其他采购。

1. 政府绿色采购

政府采购,是指各级国家机关、事业单位和团体组织,使用财政性资金采购依法制定的集中采购目录以内的或者采购限额标准以上的货物、工程和服务的行为;采购,是指以合同方式有偿取得货物、工程和服务的行为,包括购买、租赁、委托、雇用等。因此政府采购本质上是一种民事法律行为。《清洁生产法》第 16 条明确规定了各级人民政府的绿色采购义务,即各级人民政府应当优先采购节能、节水、废物再生利用等有利于环境与资源保护的产品。《政府采购法》(2014 年修订)第 9 条规定:政府采购应当有助于实现国家的经济和社会发展政策目标,其中包括保护环境;《政府采购法实施条例》第 6 条进一步明确:国务院财政部门应当根据国家的经济和社会发展政策,会同国务院有关部门制定政府采购政策,通过制定采购需求标准、预留采购份额、价格评审优惠、优先采购等措施,实现节约能源、保护环境。因此关于政府采购的专门立法也对政府采购中各方当事人包括国家机关、事业单位、社会团体等课予了绿色采购义务。

2. 企业绿色采购

企业采购,是指企业等生产经营者使用自有资金购买产品或服务的行为。《环境保护法》第 46 条指出:国家对严重污染环境的工艺、设备和产品实行淘汰制度；任何单位和个人不得生产、销售或者转移、使用严重污染环境的工艺、设备和产品；禁止引进不符合我国环境保护规定的技术、设备、材料和产品。该条本质上确立了企业的绿色采购义务，即企业不得购买严重污染环境工艺、设备和产品。商务部、原环境保护部、工业和信息化部于2014年联合发布了《企业绿色采购指南（试行）》，比较全面地规定企业的绿色采购义务，如第5条规定："企业在采购活动中应充分考虑环境效益，优先采购环境友好、节能低耗和易于资源综合利用的原材料、产品和服务，兼顾经济效益和环境效益。"该指南虽然基本上是鼓励性或引导性规范，无强制性效力，如"鼓励企业采购绿色产品""绿色原材料""绿色服务"，也列明了企业不宜采购的产品，但是该指南对于促进企业绿色采购仍具有重要意义。

二、清洁生产义务

（一）清洁生产义务的内涵

所谓清洁生产，是指不断采取改进设计、使用清洁的能源和原料、采用先进的工艺技术与设备、改善管理、综合利用等措施，从源头削减污染，提高资源利用效率，减少或者避免生产、服务和产品使用过程中污染物的产生和排放，以减轻或者消除对人类健康和环境的危害。《环境保护法》第40条要求：企业应当优先使用清洁能源，采用资源利用率高、污染物排放量少的工艺、设备以及废弃物综合利用技术和污染物无害化处理技术，减少污染物的产生。

（二）清洁生产义务的主要内容

由于清洁生产义务的主要承担者是企业等生产经营者，故《清洁生产促进法》在第三章"清洁生产的实施"专门规定了企业的相关义务，包括一般性义务和特殊义务。

一般性义务是所有企业皆应履行之义务，如企业在进行技术改造过程中，应当采取以下清洁生产措施：采用无毒、无害或者低毒、低害的原料，替代毒性大、危害严重的原料；采用资源利用率高、污染物产生量少的工艺和设备，替代资源利用率低、污染物产生量多的工艺和设备；对生产过程中产生的废物、废水和余热等进行综合利用或者循环使用；采用能够达到国家或者地方规定的污染物排放标准和污染物排放总量控制指标的污染防治技术;企业对产品的包装应当合理,包装的材质、结构和成本应当与内装产品的质量、规格和成本相适应,减少包装性废物的产生,不得进行过度包装;企业应当在经济技术可行的条件下对生产和服务过程中产生的废物、余热等自行回收利用或者转让给有条件的其他企业和个人利用。

特殊义务是指某些特别主体才需要履行的义务,如农业生产者应当科学地使用化肥、农药、农用薄膜和饲料添加剂,改进种植和养殖技术,实现农产品的优质、无害和农业生产废物的资源化,防止农业环境污染;禁止将有毒、有害废物用作肥料或者用于造田。餐饮、娱乐、宾馆等服务性企业应当采用节能、节水和其他有利于环境保护的技术和设备,减少使用或者不使用浪费资源、污染环境的消费品。建筑工程应当采用节能、节水等有利于环境与资源保护的建筑设计方案、建筑和装修材料、建筑构配件及设备;禁止生产、销售和使用有毒、有害物质超过国家标准的建筑和装修材料。矿产资源的勘查、开采,应当采用有利于合理利用资源、保护环境和防止污染的勘查、开采方法和工艺技术,提高资源利用水平。

第十二章　改善生态系统义务

节约资源义务和预防生态风险义务对于大幅减少资源消耗、最大限度地降低污染排放、尽可能避免生态破坏等,无疑是必要的,也是有效的。但是如果仅局限于上述两项义务,那么最佳的效果就是生态系统的品质和功能不再恶化,却难以在现有基础下得到明显的提升。鉴于我国生态环境质量的现状很不理想,因此有必要确立改善生态系统义务,即通过积极、主动、科学的措施,修复和提升生态系统的生态服务功能。

第一节　改善生态系统义务概述

一、改善生态系统义务的概念与分类

(一)改善生态系统义务的概念

从广义上分析,改善生态系统义务,是指生态主体依法承担的采取一切可能、适当、必要的人工修理、护理、辅助等措施,减轻或消除生态系统遭受的污染、破坏等损害,或者促使现有生态系统状态趋于好转,最终使生态系统之生态服务功能、生态品质、生态平衡得到最大限度恢复或改良的义务。

改善生态系统义务在性质上属于积极义务、作为义务、命令性义务。义务人依法须采取特定措施,实施某种积极行为,以促使生态系统品质和功能得到提升和改良。但是此项义务并非普遍性义务,通常仅有特定主体才须承担,故以法律明确规定了某类主体的改善义务为前提。

关于“改善生态系统”,通常之称谓是“改善生态环境”。但是本书认为,生态系统既然是生物与生物以及生物与环境之间相互联系和相互

作用而形成的自然统一体,那么其逻辑关系应当是:环境为生态系统的一部分,生态系统包含环境,“生态环境”一词有欠科学和严密。故将此项义务称为改善生态系统义务,更为科学。

为了准确、科学地理解和定位改善生态系统义务,有必要在理论上正确区分一些与其高度相似或密切相关的概念。

改善生态系统义务与保护生态系统义务具有十分密切的联系,《环境保护法》在第三章同时规定了“保护和改善生态环境”。但是二者的区别也是明显的。改善义务的核心目标是通过人为措施,使受损害生态系统或现有生态系统的生态品质、生态功能得到一定程度的恢复。而保护义务的核心目标则是通过人为措施,使现有生态系统免受不必要的损害或减少其受到的损害。

改善生态系统义务区别于修复生态系统义务。修复生态系统义务,是指生态主体依法承担的,借助人为干预使受损害生态系统的服务功能和品质得到最大限度恢复的义务。二者在目标、手段等方面具有共同性,即均追求生态系统品质和功能之改善,均使用人工干预措施。区别主要在于客体,修复义务仅针对因人为或自然原因受到损害的生态系统;改善义务之客体则包括未受外来损害,但生态品质差、服务功能弱因而需要改良其品质和功能的生态系统。在目标上也略有不同,修复义务之履行标准通常以生态系统受损前之状态为参照;而改善义务则无此参照,一般以技术可行性和经济承受力为依据确定履行标准。因此在逻辑上,改善生态系统义务包含修复生态系统义务。

改善生态系统义务不同于修复生态系统的法律责任。前者通常是生态主体因享有某种生态权利及其法益,基于生态权利与生态民事义务相一致原则,法律要求其履行的通过人工手段促使生态系统品质和功能得到最大限度改良之义务。后者则是指生态主体因实施生态违法行为而依法承受的采取人工手段使受损生态系统品质和功能得到最大限度恢复的强制性约束。二者虽然都以生态系统品质和功能得到提升为目标,但亦有重要区别。在构成要件上,前者不以违法行为和生态损害为要件,生态系统未受损害亦可能需要改善,即便行为人造成了污染或破坏,亦因合法行为所致,如行使采矿权之行为;后者则以行为人实施了违法行为且造成了生态系统损害为要件。在法律性质上,前者为法律依据公平、权利义务相一致等原则确立的强制性要求,无制裁性、惩罚性;后者则为不利性后果,具有制裁和惩罚之目的。

(二)改善生态系统义务的分类

依据义务主体的不同,改善生态系统义务可分为三大类:一是自然人或家庭之改善义务;二是企业等社会组织之改善义务,主要是以企业为核心的生产经营者承担之改善义务;三是政府代表国家履行之改善义务,或可称政府改善生态系统之职责。后两类主体之改善义务尤为重要。

依据义务客体的不同,改善生态系统义务可分为:改善生态系统要素的义务与改善生态系统整体的义务。生态系统要素包括环境要素、生物要素,故改善生态系统要素通常是指改善土壤、水、大气等无机物,即环境要素,以及改善改善生物多样性,如人工种植珍稀植物、放养鱼苗或其他动物等。改善生态系统整体通常是指改善特定区域的生态品质和功能,如改善生境即生物生存环境,治理沙漠、植树造林、退耕还林、退田还湖等。

依据义务内容的不同,改善生态系统义务可分为两类:修复生态损害义务与改良生态系统义务。修复受损生态系统义务,是指生态主体依法应当采取必要、有效的措施,最大限度地使受损生态系统的品质和功能得到恢复的义务。修复生态损害义务在法律性质上区别于生态修复责任。改良生态系统义务,是指生态主体依法应当采取必要、有效的措施,使原本生态品质较差、生态功能较弱的生态系统最大限度地走向好转的义务。

从广义上分析,治理污染也是对受损害生态系统的一种修复,因为治理污染的最终目的也是改善生态系统。但是,治理污染义务主要是指生态主体依法应当采取必要、有效的措施,最大限度地减少或消除污染物或污染物所致损害的义务。而严格意义上的修复仅是指针对因破坏行为而非污染所致损害实施的人力恢复活动。故本书更赞成从狭义上理解和界定改善生态系统义务。

二、改善生态系统义务的法律依据

(一)国际法依据

《人类环境宣言》高度重视改善生态系统,不仅在共同看法中指出:"保护和改善人类环境是关系到全世界各国人民的幸福和经济发展的重要问题,也是全世界各国人民的迫切希望和各国政府的责任",而且在多项原则中要求"改善环境"。例如,地球生产非常重要的再生资源的能力必须得到保持,而且在实际可能的情况下加以恢复或改善(原则三);应筹集资金来维护和改善环境(原则十二);为了实现更合理的资源管理从而改善环境,各国应该对其发展计划采取统一和协议的做法,以保证为了人民的利益,使发展与保护改善环境相一致(原则十三);实行合理的计划与协调发展需要和保护改善环境需要相一致(原则十四);有关保护和改善环境的国际问题应当由所有国家通过平等合作解决(原则二十四);各国应保证国际组织在保护和改善环境方面起协调的、有效的和能动的作用(原则二十五)。《内罗毕宣言》第8条要求:应特别注意技术革新在促进资源的代替、再循环和养护方面可以发挥的作用。因此,要求相关主体履行改善生态系统之义务,在国际法具有充分的依据。

(二)国内法依据

不仅如此,在国内法上关于改善生态系统义务的法律依据也是十分完备的。我国《宪法》序言明确提出,"推动物质文明、政治文明、精神文明、社会文明、生态文明协调发展,把我国建设成为富强民主文明和谐美丽的社会主义现代化强国"。而要实现"生态文明"和"美丽"中国的建设目标,自然就需要坚持不懈地改善生态系统。《宪法》第26条规定:"国家保护和改善生活环境和生态环境","国家组织和鼓励植树造林,保护林木"。这是改善生态系统义务的最高法律依据。

《环境保护法》《土地管理法》《水法》《森林法》《矿产资源法》《海洋环境保护法》《草原法》《防沙治沙法》《水土保持法》等法律及相关法规规章中,亦都有关于改善生态系统义务的规定。《环境保护法》甚至专设第三章"保护和改善环境",以对保护和改善生态系统义务加以集中规定,如该章第30条要求在开发利用自然资源时应当依法制定有关生态保护和恢复治理方案并予以实施,其中之“恢复治理”即为改善生态系统义务。

第二节　改善生态系统义务的一般内容

由于我国环境资源保护并未制定统一的法典,《环境保护法》虽然被认为是我国环境资源保护的基本法,但内容相对简单,因而环境资源法律体系主要还是采取了根据不同生态要素分别立法的模式。不同的单行法基于其不同的任务和目的,关于改善生态系统义务的具体规定也不尽相同,通常各单行法只是从不同的视角规定了某一方面的改善生态系统义务。故依据生态民事客体的不同类型分别阐述改善生态系统义务的内容更符合我国的生态保护立法模式。

一、改善生态系统要素义务

生态要素即生态系统要素,或称生态因子,是指构成生态系统所必需的各种组成元素,主要包括大气、土壤、水等无机物要素,以及野生动物、植物等生物要素。改善生态要素的质量就可以改善生态系统的质量,甚至在一定条件下只有改善生态要素的质量才能最终改善生态系统的质量。

(一)改善水土之义务

1. 改善土地质量义务

改善土地要素的义务主要就是土地复垦义务。所谓土地复垦,是指对因生产建设活动和自然灾害损毁的土地,采取整治措施,使其达到可供利用状态的活动。我国《土地管理法》(2019年)第40条第2款要求,应当根据土地利用总体规划,对破坏生态环境开垦、围垦的土地,有计划有步骤地退耕还林、还牧、还湖。改善土地资源的义务主体主要包括两类:

一是地方各级人民政府。《土地管理法》第42条规定：国家鼓励土地整理，县、乡二级人民政府应当组织农村集体经济组织，按照土地利用总体规划，综合整治农村环境，提高耕地质量，增加有效耕地面积，地方各级人民政府应当采取措施，改造中、低产田，整治闲散地和废弃地。《土地复垦条例》（2011年）第3条规定，由于历史原因无法确定土地复垦义务人的生产建设活动损毁的土地即历史遗留损毁土地，以及自然灾害损毁的土地，由县级以上人民政府负责组织复垦。

二是用地单位和个人。《土地管理法》第43条明确提出，因挖损、塌陷、压占等造成土地破坏，用地单位和个人应当按照国家有关规定负责复垦；没有条件复垦或者复垦不符合要求的，应当缴纳土地复垦费，专项用于土地复垦。《土地复垦条例》第3条进一步规定，生产建设活动损毁的土地，按照"谁损毁，谁复垦"的原则，由生产建设单位或者个人负责复垦。

改善土地质量义务也包括防止土地沙化、治理沙化土地的义务。《防沙治沙法》（2018年修正）规定：国务院和沙化土地所在地区的县级以上地方人民政府，应当将防沙治沙纳入国民经济和社会发展计划；沙化土地所在地区的地方各级人民政府，应当采取有效措施，预防土地沙化，治理沙化土地，保护和改善本行政区域的生态质量；沙化土地所在地区的地方各级人民政府，应当按照防沙治沙规划，组织有关部门、单位和个人，因地制宜地采取人工造林种草、飞机播种造林种草、封沙育林育草和合理调配生态用水等措施，恢复和增加植被，治理已经沙化的土地（第4、23条）。《防沙治沙法》也对单位和个人课予了防沙治沙义务。使用土地的单位和个人，有防止该土地沙化的义务；使用已经沙化的土地的单位和个人，有治理该沙化土地的义务。（第6条）使用已经沙化的土地，必须采取治理措施，改善土地质量；确实无能力完成治理任务的，可以委托他人治理或者与他人合作治理；采取退耕还林还草、植树种草或者封育措施治沙的土地使用权人和承包经营权人，按照国家有关规定，享受人民政府提供的政策优惠。（第25条）

2. 改善水体质量义务

水是生态系统的重要元素，更是生命之源，是生物维系生存之首要条件。为了保护水体质量、规范水资源利用，全国人大常委会分别通过了《水法》(2016年修正)和《水污染防治法》(2017年修正)。由于二者所规范的对象相同,故客观上均有利于保护水环境,提升水的品质。但是二部法律的目标和任务略有不同,《水法》主要是为了合理开发、利用、节约和保护水资源,防治水害,实现水资源的可持续利用;《水污染防治法》主要是为了保护和改善环境,防治水污染,保护水生态,保障饮用水安全,维护公众健康。因此,《水污染防治法》较少涉及改善水体质量义务的内容,仅在第17条提出了比较宏观的要求,即有关市、县级人民政府应当按照水污染防治规划确定的水环境质量改善目标的要求,制定限期达标规划,采取措施按期达标。

《水法》更多规定了改善水体质量的义务。该法第9条首先明确了国家为改善水体质量而应当采取的措施,包括保护植被,植树种草,涵养水源,防治水土流失和水体污染等。《水法》还规定:县级以上人民政府水行政主管部门、流域管理机构以及其他有关部门在制定水资源开发、利用规划和调度水资源时,应当注意维护水体的自然净化能力(第30条);从事水资源开发、利用、节约、保护和防治水害等水事活动,因违反规划造成江河和湖泊水域使用功能降低、地下水超采、地面沉降、水体污染的,应当承担治理责任;开采矿藏或者建设地下工程,因疏干排水导致地下水水位下降、水源枯竭或者地面塌陷,采矿单位或者建设单位应当采取补救措施(第31条);从事工程建设,占用农业灌溉水源、灌排工程设施,或者对原有灌溉用水、供水水源有不利影响的,建设单位应当采取相应的补救措施(第35条);已经围湖造地的,应当按照国家规定的防洪标准有计划地退地还湖(第40条)。上述规定之治理、补救、退地还湖等措施,在性质上均为修复水体义务。

3. 水土保持义务

所谓水土保持,是指对自然因素和人为活动造成水土流失所采取的预防和治理措施。水土流失是水、土地等生态要素同时遭受的一种损害;治理措施在性质上当属于修复。因此,采取有效措施预防和治理水土流失,应当是改善生态要素义务的一部分。全国人大常委会于1991年通过了《水土保持法》,2010年修订。该法比较系统地规定了水土保持义务的主体和内容。

《水土保持法》首先明确了政府在水土保持中应当履行的义务。主要包括:(1)制定和实施水土保持规划义务。县级以上人民政府应当加强对水土保持工作的统一领导,将水土保持工作纳入本级国民经济和社会发展规划,对水土保持规划确定的任务,安排专项资金,并组织实施。(第4条)(2)宣传教育义务。各级人民政府及其有关部门应当加强水土保持宣传和教育工作,普及水土保持科学知识,增强公众的水土保持意识。(第6条)(3)鼓励和扶持义务。国家鼓励和支持水土保持科技研究,提高水土保持科技水平,推广先进水土保持技术,培养水土保持科技人才;国家鼓励和支持社会力量参与水土保持工作,对水土保持工作中成绩显著的单位和个人,由县级以上人民政府给予表彰和奖励。(第7、9条)(4)预防水土流失义务。地方各级人民政府应当采取封育保护、自然修复等措施,组织单位和个人植树种草,扩大林草覆盖面积,涵养水源,预防和减轻水土流失。(第16条)(5)治理水土流失义务。国家加强水土流失重点预防区和重点治理区的坡耕地改梯田、淤地坝等水土保持重点工程建设,加强江河源头区、饮用水水源保护区和水源涵养区水土流失的预防和治理工作,加大生态修复力度;县级以上人民政府水行政主管部门应当加强对水土保持重点工程的建设管理,建立和完善运行管护制度(第30、31条);在水力侵蚀地区,地方各级人民政府及其有关部门应当组织单位和个人,因地制宜地采取工程措施、植物措施和保护性耕作等措施,进行坡耕地和沟道水土流失综合治理(第35条);在饮用水水源保护区,地方各级人民政府及其有关部门应当组织单位和个人,采取预防保护、自然修复和综合治理措施等(第36条)。此外还负有对水土保持进行监测和监督的义务。

《水土保持法》同时明确了单位和个人的水土保持义务,即任何单位和个人都有保护水土资源、预防和治理水土流失的义务(第8条),并且还规定了不同情形下的水土保持义务,如开办生产建设项目或者从事其他生产建设活动造成水土流失的,应当进行治理;不能恢复原有水土保持功能的,应当缴纳水土保持补偿费,专项用于水土流失预防和治理。(第32条)已在禁止开垦的陡坡地上开垦种植农作物的,应当按照国家有关规定退耕,植树种草;耕地短缺、退耕确有困难的,应当修建梯田或者采取其他水土保持措施;在禁止开垦坡度以下的坡耕地上开垦种植农作物的,应当根据不同情况,采取修建梯田、坡面水系整治、蓄水保土耕作或者退耕等措施。(第 37 条)对生产建设活动所占用土地的地表土应当采取水土保持措施;生产建设活动结束后,应当及时在取土场、开挖面和存放地的裸露土地上植树种草、恢复植被,对闭库的尾矿库进行复垦。(第 38 条)

(二)改善大气质量义务

改善大气质量主要是通过减少或禁止排放各种大气污染物而实现的,因此,防治大气污染义务与改善大气质量义务虽各有侧重,但通常是合二而一、异曲同工。全国人大常委会于 1987 年通过了《大气污染防治法》,并历经多次修改,现行《大气污染防治法》系 2018 年修正。该法第 2 条规定,防治大气污染应当以改善大气环境质量为目标,坚持源头治理,规划先行,转变经济发展方式,优化产业结构和布局,调整能源结构。

依据《大气污染防治法》之规定,县级以上人民政府应当将大气污染防治工作纳入国民经济和社会发展规划,加大对大气污染防治的财政投入;地方各级人民政府应当对本行政区域的大气环境质量负责,制定规划,采取措施,控制或者逐步削减大气污染物的排放量,使大气环境质量达到规定标准并逐步改善。(第 3 条)由此可见,采取有效措施改善本行政区域的大气环境质量,是地方各级人民政府的法定义务。但是,由于各地大气环境质量的状况以及导致大气环境质量下降的原因不尽相同,故各地应当结合本地实际,因地制宜地决定并实施改善大气环境质量的具体措施。

为了促使地方各级人民政府切实履行改善本行政区域大气环境质量的义务,《大气污染防治法》进一步规定,国务院生态环境主管部门应当会同其他有关部门,对各省、自治区、直辖市大气环境质量改善目标、大气污染防治重点任务完成情况进行考核;省级人民政府制定考核办法,对本行政区域内地方大气环境质量改善目标、大气污染防治重点任务完成情况实施考核;考核结果应当向社会公开。(第 4 条)

此外,各级人民政府在制定大气污染防治标准和限期达标规划、大气污染防治的监督管理、实施大气污染防治措施、重点区域大气污染的联合防治、重污染天气应对等过程中,也依法负有相应的义务。例如,《大气污染防治法》第 23 条第 2 款规定:县级以上地方人民政府生态环境主管部门负责组织建设与管理本行政区域大气环境质量和大气污染源监测网，开展大气环境质量和大气污染源监测，统一发布本行政区域大气环境质量状况信息。

《大气污染防治法》第7条确认了单位和个人改善大气环境质量的义务，即企业事业单位和其他生产经营者应当采取有效措施，防止、减少大气污染；公民应当增强大气环境保护意识，采取低碳、节俭的生活方式，自觉履行大气环境保护义务。此外，在第四章还规定了在燃煤和其他能源污染防治、工业污染防治、机动车船等污染防治、扬尘污染防治、农业和其他污染防治等单位和个人应当履行的各种义务。

（三）改善生物物种多样性义务

生物物种，是指生态系统中的各种野生动物、野生植物和微生物。这是生态系统中的生物要素，是生物多样性的主要内容。改善生物多样性主要是指改善野生生物的生存环境即生境，以及野生生物的种群数量。生物资源不仅是维系生态系统平衡所不可缺少的，是生态安全的保障；也是社会物质财富的重要来源，是人们生存的物质前提。然而近代社会以来，由于人为原因导致生物物种急剧减少，物种灭绝速度加快，对生态平衡和生态安全构成了直接威胁。为此，各国均制定了保护野生动植物的法律。

全国人大常委会于1988年通过了《野生动物保护法》，之后经历了2004年、2009年、2016年、2018年四次修改，至2020年年底已经启动第五次修改。1996年国务院颁布了《野生植物保护条例》，2017年修订。上述法律、行政法规集中规定了各类主体改善野生动植物生存状况的义务。

各级人民政府作为最重要的义务主体，理应应当采取各种措施改善野生动植物的生存状况。政府义务可以概括为几个方面。

1. 保护野生动植物及其生境的义务

此为改善生物要素义务的核心内容。《野生动物保护法》规定：国家保护野生动物及其栖息地；县级以上人民政府应当制定野生动物及其栖息地相关保护规划和措施，并将野生动物保护经费纳入预算（第5条）；对珍贵、濒危的野生动物实行重点保护，国务院和省级人民政府野生动物保护主管部门分别制定国家和地方重点保护野生动物名录(第10条);县级以上人民政府野生动植物保护主管部门应当定期组织或者委托有关科学研究机构对野生动物及其栖息地状况进行调查、监测和评估,建立健全野生动物及其栖息地档案(第11条)。《野生植物保护条例》规定:对珍稀野生植物实施重点保护,分别制定国家和地方的重点保护野生植物名录(第10条);在重点保护野生植物集中分布区建立自然保护区(第11条);野生植物行政主管部门及其他有关部门应当监视、监测环境对重点保护野生植物生长的影响,并采取措施,维护和改善其生长条件(第12条);野生植物行政主管部门应当定期组织重点保护野生植物资源调查,建立资源档案(第15条)。

2. 宣传教育义务

此为更好地履行核心义务所附加之义务。《野生动物保护法》第8条要求:各级人民政府应当加强野生动物保护的宣传教育和科学知识普及工作,鼓励和支持基层群众性自治组织、社会组织、企业事业单位、志愿者开展野生动物保护法律法规和保护知识的宣传活动;教育行政部门、学校应当对学生进行野生动物保护知识教育。《野生植物保护条例》第6条也规定了此类义务。

3. 紧急救助、拯救义务

重点保护野生动物或野生植物遭遇紧急危险时,采取必要措施进行抢救性保护。在重点保护野生动物受到自然灾害、重大环境污染事故等突发事件威胁时,当地人民政府应当及时采取应急救助措施;县级以上人民政府野生动物保护主管部门应当按照国家有关规定组织开展野生动物收容救护工作。(《野生动物保护法》第15条)野生植物行政主管部门和有关单位对生长受到威胁的重点保护野生植物应当采取拯救措施,保护或者恢复其生长环境,必要时应当建立繁育基地、种质资源库或者采取迁地保护措施。(《野生植物保护条例》第14条)

单位和个人也是重要的义务主体。依据《野生动物保护法》第6条和《野生植物保护条例》第7条的规定,任何组织和个人都有保护野生动物及其栖息地的义务和保护野生植物资源的义务。主要包括:不得猎捕、杀害国家重点保护野生动物,确需猎捕须获得特许猎捕证,并按照规定的种类、数量、地点、工具、方法和期限进行猎捕;在相关自然保护区域和禁猎(渔)区、禁猎(渔)期内,禁止猎捕以及其他妨碍野生动物生息繁衍的活动;禁止采集国家一级保护野生植物,采集重点野生保护植物应当获得采集证,并按照采集证规定的种类、数量、地点、期限和方法进行采集;禁止非法收购、出售国家重点保护野生动物或植物;不得破坏野生动物栖息地和野生植物生存环境。

二、改善生态系统义务

整个地球构成了一个统一的生物圈,也是一个巨大的生态系统。但在地球生物圈内又包含千姿百态的不同层次、不同类型的生态系统。生态系统的多样性也是生物多样性的重要内容,保护生态系统多样性是保护生物多样性的需要,也是保障和改善人们生存条件的需要。因为,多样性的生态系统是维系生态平衡和生态服务功能的前提,对于满足人们在生命健康、精神娱乐、物质财富等方面的需求不可或缺。在生态学上,重要的生态系统主要是森林、草原、海洋等,故改善生态系统多样性义务主要集中在这几个方面。

1. 改善森林生态系统义务

森林生态系统是森林生物与其环境之间、森林生物之间相互作用,并通过能量转换和物质循环形成紧密联系的统一体,是以乔木为主体的生物群落(包括植物、动物和微生物)及其非生物环境(光、热、水、气、土壤等)综合组成的生态系统。森林生态系统生物种类丰富,层次结构多样,食物链复杂,光合生产率高,生物生产能力强;具有调节气候、涵养水源、保持水土、防风固沙等方面的生态功能。因此,森林在生态系统改善中具有特别重要的意义。为了保护、培育和合理利用森林资源,加快国土绿化,保障森林生态安全,实现人与自然和谐共生,全国人大常委会于1984 年通过了《森林法》,此后经 1998 年、2009 年两次修正,2019 年最新修订。根据《森林法》,改善森林生态系统,不仅是各级人民政府的义务,也是单位和个人的义务。

《森林法》规定,各级人民政府在改善森林生态系统上的主要义务体现在如下方面:(1)保障财政投入。国家采取财政、税收、金融等方面的措施,支持森林资源保护发展,各级人民政府应当保障森林生态保护修复的投入,促进林业发展。(第 5 条)(2)建立自然保护地义务。国家在典型森林生态地区、珍贵动物和植物生长繁殖林区、天然热带雨林区和具有特殊保护价值的其他天然林区,建立以国家公园为主体的自然保护地体系;支持生态脆弱地区森林资源的保护修复。(第31条)(3)修复森林生态系统义务。包括:实行天然林全面保护,严格限制天然林采伐,加强天然林管护能力建设,保护和修复天然林资源。(第32条)采取以自然恢复为主、自然恢复和人工修复相结合的措施,科学保护修复森林生态系统,新造幼林地和其他应当封山育林的地方,由当地人民政府组织封山育林;对国务院确定的坡耕地、严重沙化耕地、严重石漠化耕地、严重污染耕地等需要生态修复的耕地,有计划地组织实施退耕还林还草;对自然因素等导致的荒废和受损山体、退化林地以及宜林荒山荒地荒滩,因地制宜实施森林生态修复工程,恢复植被。(第46条)

单位和个人也是改善森林生态系统的重要义务主体。《森林法》主要规定了如下几种义务:第一,每一个公民均应承担之义务,即"植树造林、保护森林"(第10条);第二,因矿藏勘查、开采以及其他各类工程建设而占用林地的,经县级以上人民政府林业主管部门审核批准后,占用林地的单位应当缴纳森林植被恢复费(第37条);第三,临时使用林地的,除须经县级以上人民政府林业主管部门批准外,使用期满后一年内,用地单位或者个人应当恢复植被和林业生产条件(第38条);第四,采伐林木的组织和个人应当按照有关规定完成更新造林。更新造林的面积不得少于采伐的面积,更新造林应当达到相关技术规程规定的标准(第61条)。

2. 改善海洋生态系统义务

海洋生态系是指海洋生物之间、海洋生物与其环境之间,通过能量流动和物质循环而形成的具有一定结构和功能的统一体。全球海洋是一个生态系统,其中包含不同等级的次级生态系统。次级海洋生态系统,按海区一般分为沿岸生态系、大洋生态系、上升流生态系等;按生物群落一般分为红树林生态系、珊瑚礁生态系、藻类生态系等。海洋生态系统是重要的食物、药品、能源来源和矿藏资源储藏地,与陆地生态系统也是相互联系和作用的。随着海洋开发利用活动的不断深入和普及,保护和改善海洋生态系统的必要性、迫切性越来越显著。为了保护和改善我国海洋生态系统,保护海洋资源,维护生态平衡,保障人体健康,促进经济和社会可持续发展,全国人大常委会于1982年通过了《海洋环境保护法》,此后经1999年修订和2013年、2016年、2017年三次修正。

《海洋环境保护法》规定:一切单位和个人都有保护海洋环境的义务(第4条),故所有的社会组织和自然人负有改善海洋生态系统的一般义务;而直接开发利用海洋资源及海岛资源的主体,还有义务采取严格的生态保护措施,不得破坏海域生态环境和海岛地形、岸滩、植被等(第26条)。

《海洋环境保护法》明确要求国务院海洋行政主管部门和沿海地方各级人民政府切实履行如下义务:国务院海洋行政主管部门组织全国海洋环境监测、监视网络,定期评价海洋环境质量,发布海洋巡航监视通报(第14条);沿海地方各级人民政府在本行政区域近岸海域的环境受到严重污染时,必须采取有效措施,解除或者减轻危害(第17条);国务院和沿海地方各级人民政府应当采取有效措施,保护红树林、珊瑚礁、滨海湿地、海岛、海湾、入海河口、重要渔业水域等具有典型性、代表性的海洋生态系统,珍稀、濒危海洋生物的天然集中分布区,具有重要经济价值的海洋生物生存区域及有重大科学文化价值的海洋自然历史遗迹和自然景观,对具有重要经济、社会价值的已遭到破坏的海洋生态,应当进行整治和恢复(第20条);根据保护海洋生态的需要,选划、建立海洋自然保护区(第21条);沿海地方各级人民政府应当结合当地自然环境的特点,建设海岸防护设施、沿海防护林、沿海城镇园林和绿地,对海岸侵蚀和海水入侵地区进行综合治理,禁止毁坏海岸防护设施、沿海防护林、沿海城镇园林和绿地(第27条)。

3. 改善草原生态系统义务

草原生态系统是草原地区各种生物之间、生物与非生物之间,通过物质循环与能量交换相互联系、相互作用而形成的有机统一体。草原生态系统在生物群落上以各种草本植物为主体,在结构、功能、生物多样性等方面具有与森林、海洋等生态系统完全不同的属性。草原生态系统不仅是重要的畜牧业生产基地,而且是不可或缺的生态屏障。为了保护、建设和合理利用草原,改善生态环境,维护生物多样性,发展现代畜牧业,促进经济和社会的可持续发展,全国人大常委会于1985年通过了《草原法》,此后经2002年第一次修订,2009年、2013年两次修正。

依据《草原法》规定，各级人民政府及其草原行政主管部门在改善草原生态系统上的义务主要包括如下方面：各级人民政府应当加强对草原保护、建设和利用的管理，将草原的保护、建设和利用纳入国民经济和社会发展计划，应当加强保护、建设和合理利用草原的宣传教育（第4条）；县级以上政府草原行政主管部门会同同级有关部门定期进行草原调查，依法对草原的面积、等级、产草量、载畜量等进行统计，定期发布草原统计资料（第22、24条）；县级以上政府草原行政主管部门对草原的面积、等级、植被构成、生产能力、自然灾害、生物灾害等草原基本状况实行动态监测，及时为本级政府和有关部门提供动态监测和预警信息服务（第25条）；对退化、沙化、盐碱化、石漠化和水土流失的草原，地方各级人民政府应当按照草原保护、建设、利用规划，划定治理区，组织专项治理（第31条）；县级以上人民政府应当根据草原保护、建设、利用规划，在本级国民经济和社会发展计划中安排资金用于草原改良、人工种草和草种生产（第32条）；对水土流失严重、有沙化趋势、需要改善生态环境的已垦草原应当有计划、有步骤地退耕还草，已造成沙化、盐碱化、石漠化的应当限期治理（第46条）；对严重退化、沙化、盐碱化、石漠化的草原和生态脆弱区的草原，实行禁牧、休牧制度（第47条）。

《草原法》明确规定：任何单位和个人都有遵守草原法律法规、保护草原的义务。（第5条）此为一般性义务。此外也包括具体的义务，如禁止在荒漠、半荒漠和严重退化、沙化、盐碱化、石漠化、水土流失的草原以及生态脆弱区的草原上采挖植物和从事破坏草原植被的其他活动（第49条）；因建设征收、征用或者使用草原的，应当交纳草原植被恢复费，用于恢复草原植被（第39条第2款）；经审核同意临时占用草原的，不得修建永久性建筑物、构筑物，占用期满后用地单位必须恢复草原植被并及时退还（第40条）；在草原上从事采土、采砂、采石等作业活动，应当依法办理有关手续，并采取保护草原植被的措施（第50条）；经依法批准在草原上开展经营性旅游活动的，不得破坏草原植被（第52条第2款）。

4. 修复因矿业活动受损生态系统之义务

开发利用矿藏资源，不仅是国民经济发展的需要，也是满足人们物质生活和精神生活需要、不断提高生活水平的需要。但是矿藏资源的勘查、开采通常都会对矿区所在生态系统造成一定程度的破坏，因此矿藏资源的探矿权人和采矿权人在结束勘查或开采活动后,须依法修复因其勘查或开采而受损害之生态系统。

《矿产资源法》(2009 年修正)第 32 条规定:开采矿产资源,必须遵守有关环境保护的法律规定,耕地、草原、林地因采矿受到破坏的,矿山企业应当因地制宜地采取复垦利用、植树种草或者其他利用措施。《矿产资源法实施细则》(1994 年)进一步明确要求,探矿权人在勘查作业结束后应当采取措施,防止水土流失,保护生态环境(第 22 条);矿山企业在关闭矿山报告获批后,应当按照批准的关闭矿山报告,完成有关水土保持、土地复垦和环境保护工作,或者缴清土地复垦和环境保护的有关费用(第 34 条)。

第三节　政府改善生态系统的特殊义务

政府的改善生态系统义务,是指各级人民政府应当承担和履行的改良或修复生态系统或生态要素的义务。政府改善生态系统之义务本质上是国家义务,即政府代表国家履行该义务。由于生态系统保护的特殊需要和性质,政府在生态系统改善中不仅必须负担必要的义务,而且应当始终居于主导地位,发挥主要作用。

一、政府承担改善生态系统义务的依据和条件

(一)政府承担改善生态系统义务之依据

1. 政府是公共利益的维护者

改善生态系统的根本目的在于优化生态品质,提升生态功能,最终让人们享受更多更好的生态利益。生态利益具有显著的整体性和共享性,是重要的社会公共利益。维护社会的公共利益正是政府应当努力完成的主要任务之一,也是人们之所以需要政府、纳税人之所以应当纳税的重要原因。因此要求政府履行改善生态系统之义务,符合其职能和使命。

2. 政府是公共财产的管理者

改善生态系统通常需要长期、稳定地投入大量的资金和其他财产,

没有必要的物质条件,就难以实施改善生态系统的具体措施。由于生态利益是重要的公共利益,既关系到国家的生态安全,也关系到国民的生命健康和生活幸福,故改善生态系统所需财物的重要来源应当是公共财产。而政府恰恰是国家公共财产的管理者,在国家应当改善生态系统时,其有义务保障所需之财物。

3. 政府是生态系统的所有权人代表

依据我国法律规定,国家是最重要的生态系统所有权主体,包括土地、水流、森林、草原、海洋、海岛、野生动物和植物等,甚至是某些生态要素和生态系统的唯一所有权人,如水流、矿藏、海域。而政府正是代表国家行使所有权的主体。从所有权角度分析,生态系统所有权人是改善生态系统的重要受益者,故其理应承担必要的改善义务。政府既然是国家所有权的代表人,也就是代表国家履行改善生态系统义务的主体。

综上所述,各级人民政府是公共权力的享有者和行使者、公共资源的管理者和使用者、公共服务的提供者、公共利益的维护者,集多种角色于一体。然无论基于何种角色,政府都理应承担和履行改善生态系统的义务。

(二)政府承担改善生态系统义务之条件

一般情形下,如果具备如下几个方面的条件,相关的人民政府就应当履行改善生态系统的义务,包括采取一切必要且有效的措施,修复受损害生态系统,或者对原始生态系统进行改良。

1. 无其他适格的主体

所谓无其他适格的主体,是指没有依法应当承担改善生态系统义务的主体,也没有依法应当承担生态修复责任的主体;或者虽然存在上述主体,但该主体客观上缺乏履行改善生态系统义务或承担生态修复责任的能力;或者相关义务人、责任人不明,无法确定。因此,只要存在法定的改善生态系统的义务人或责任人,且其具备改善之能力,就应当由义务人或责任人实施并完成改善生态系统的措施,即只要存在适格的主体,政府就不应当使用公共财产替相关义务人或责任人代为改善生态系统。

2. 确有改善之必要性

所谓改善之必要性,是指由于受损害生态系统或原始生态系统在生态服务中十分重要,但其现有生态品质和生态功能明显不能满足人们对生态服务的需求,只有对其进行重大的修复或改良,提升其生态品质和生态功能,方能保障生态系统为人们提供稳定、优质的生态服务。为了维持正常的生态服务,必须对受损害生态系统进行修复,或者对原始生态系统进行改良。如无此必要性,则亦无必须改善生态系统之义务。

3. 具备改善之可行性

所谓改善之可行性,是指对受损害生态系统进行修复,或者对原始生态系统进行改良,在当时当地的科学技术水平和经济承受力等条件下,是可以实现的。这主要包括两个方面:一是技术上的可行性,修复或改良生态系统应当遵守自然规律,运用适当的技术、设备、方法等。如果人们对需要修复或改良的生态系统属性及其规律缺乏足够深入、科学的认识,对如何修复或改良没有科学、合理的实施方案,则不具备改善生态系统之可行性。二是经济上的可行性,修复或改良生态系统需要投入一定数量的人员、实物和资金,甚至有时需要巨大的投入。如果相关人民政府在经济实力上确实差距很大,明显无力承受,则不宜要求其承担改善生态系统之义务。

二、政府改善生态系统义务的主要内容

《环境保护法》在总则第8条首先概括性地确立了政府改善生态系统的义务,即“各级人民政府应当加大保护和改善环境、防治污染和其他公害的财政投入,提高财政资金的使用效益”。《环境保护法》第三章“保护和改善环境”则集中规定了各级人民政府在改善生态系统中所担负的主要义务。

(一)改善环境质量

所谓环境质量,是指一定地域内生态系统整体或生态要素所能提供的生态服务适宜人们生存、繁衍和经济发展的程度,亦可称生态品质。环境质量是生态系统客观存在的本质属性和现实状态,可用定性和定量两种方法加以描述。依据不同的生态要素,环境质量可分为大气环境质量、水环境质量、土壤环境质量、生物环境质量等;依据生态系统的不同物质因素,环境质量可分为物理环境质量、化学环境质量及生物环境

质量。

环境质量的优劣直接关系到自然人的生存状况即生命和健康，也直接影响国家的经济发展。保障并不断改善环境质量，是维系基本生存的前提，也是提高人们生活水平的重要条件。因此《环境保护法》第28条规定：地方各级人民政府应当根据环境保护目标和治理任务，采取有效措施，改善环境质量；未达到国家环境质量标准的重点区域、流域的有关地方人民政府，应当制定限期达标规划，并采取措施按期达标。

此项义务之直接主体为地方各级人民政府。至于应当采取何种有效措施，须根据不同地域、不同时期的环境质量状况和不同的环境质量类型，运用最先进的科学技术，结合当地的经济发展水平等实际情况，合理加以确定，不宜一概而论。改善环境质量义务通常应具备如下条件：一是必要性，即环境质量状况未达到国家标准，或者不适宜人的生存、妨害人的身体健康；二是可行性，改善措施在技术上是可以操作的，在经济上是能够承受的。

（二）修复或改良生态系统及其要素

政府通常在如下情形下须担此义务：一是生态损害虽因违法行为而发生，但责任人无修复能力，或者责任人不明；二是生态损害因自然原因发生；三是生态系统或其要素未受外来损害，但其品质、功能不利于人们生存、繁衍和经济发展。上述情形下，要求其他生态主体承担改善义务缺乏正当性，而政府本就应当维护公共利益，故由政府担此义务最为合理。在前两种情形下，政府承担修复生态系统及其要素之义务，即生态修复义务；在最后一种情形下，政府承担改良生态系统及其要素之义务。

依据《环境保护法》第30、32、33条等的规定，各级人民政府修复生态系统及其要素的义务主要有：开发利用自然资源，应当合理开发，保护生物多样性，保障生态安全，依法制定和实施恢复治理方案；制定并实施关于大气、水、土壤等要素的修复制度；加强对农业环境保护，统筹治理土壤污染和土地沙化、盐渍化、贫瘠化、石漠化、地面沉降以及防治植被破坏、水土流失、水体富营养化、水源枯竭、种源灭绝等生态失调现象。

此外，其他环境资源法也分别从不同的领域规定了政府改善生态系统的义务。例如，《生物安全法》（2020年）第60条第2款在规定国务院有关部门应当加强对外来入侵物种的调查、监测、预警、控制、评估、清除的同时，明确了修复生物多样性的义务；《森林法》第 32 条规定了政府修复天然林资源的义务，该法第 46 条要求各级人民政府科学保护修复森林生态系统。

（三）提供扶持生态改善的公共服务

为了鼓励、支持自然人和社会组织积极参与生态系统的改善，各级人民政府应当提供必要的公共服务，主要是指改善生态系统所需之基础设施、资金等。例如，《环境保护法》规定：对保护和改善环境有显著成绩的单位和个人，由人民政府给予奖励（第 11 条）；国家建立、健全生态保护补偿制度，加大对生态保护地区的财政转移支付力度，有关地方人民政府应当落实生态保护补偿资金，确保其用于生态保护补偿（第 31 条）；县、乡人民政府应当提高农村环境保护公共服务水平，推动农村环境综合整治（第 33 条）。

目前关于各级人民政府改善生态系统义务的法律规定还很不完善，主要表现在：一是关于政府应当承担的改善生态系统义务不够全面，有些重要的改善义务没有纳入法律规定；二是政府承担改善生态系统义务的条件不明确，政府修复生态系统的职责与行为人修复生态环境的责任关系没有理顺；三是政府未履行改善生态系统义务或履行义务不合格的法律责任不明确。上述问题有待未来修改相关法律时加以完善。

第十三章　生态民事责任

生态民事责任是生态法律责任的一种类型。生态法律责任简称生态责任，是指自然人、法人和其他社会组织因为违反生态法义务而依法必须承担的不利性法律后果，或称法律制裁。法律规定生态责任的直接目的是以国家公权力为后盾，督促承担生态义务的人积极履行自己的生态义务，但其最终目的仍然是保障生态权利之实现。因此，生态法律责任是实现生态权利的最根本保障，没有明确而具体的生态责任，法律即使规定了生态义务，也无法保障义务人能够主动履行义务。生态责任制度之设置，乃为一种法律上的力，其目的是保障生态权利之实现，并以国家公权力保障生态义务之落实。[1] 根据法律性质的不同，生态法律责任可以分为生态民事责任、生态行政责任和生态刑事责任。

第一节　生态民事责任的界定及要件

一、生态民事责任的内涵与特征

（一）生态民事责任的内涵

关于生态民事责任，目前并无系统的立法。2014 年《环境保护法》第 64 条明确规定："因污染环境和破坏生态造成损害的，应当依照《中华人民共和国侵权责任法》的有关规定承担侵权责任。"因此《民法典》侵权责任篇的规定可以适用于生态民事责任，但因其在立法之初只是立足

〔1〕 郑少华：《生态主义法哲学》，法律出版社 2002 年版，第 184 页。

于侵害人身权和财产权的法律责任，故有些方面无法完全适用于侵害生态权益所应承担之生态民事责任。2015年中共中央办公厅和国务院办公厅联合发布的《生态环境损害赔偿制度改革试点方案》是关于生态民事责任的第一个规范性法律文件；2017年中共中央办公厅和国务院办公厅又联合发布了《生态环境损害赔偿制度改革方案》（以下简称《生态损害赔偿方案》）；2019年6月5日发布的最高人民法院《关于审理生态环境损害赔偿案件的若干规定（试行）》（2020年12月23日修正，以下简称《生态损害赔偿解释》）是关于生态民事责任的第一个司法解释。《生态损害赔偿方案》和《生态损害赔偿解释》虽然从形式上看只是对生态损害赔偿责任的规定，但实际上规定了生态修复责任等其他生态民事责任形式，因而是关于生态民事责任的比较完整、系统的法律文件。2020年通过的《民法典》确认并完善上述关于生态民事责任的规定。

关于生态民事责任的内涵，从广义上看，是指生态法律关系主体因违法实施污染环境或破坏生态的行为，导致他人人身、财产或生态损害，依法应承担的民事责任。从狭义上看，仅指生态法律关系主体因违法实施污染环境或破坏生态的行为，导致生态系统受到损害，依法应承担的民事责任。生态民法学采用狭义上的生态民事责任。

（二）生态民事责任的主要特征

1. 承担责任的方式不同。《民法典》规定的民事责任承担方式包括：停止侵害；排除妨碍；消除危险；返还财产；恢复原状；修理、重作、更换；继续履行；赔偿损失；支付违约金；消除影响、恢复名誉；赔礼道歉。其中仅有赔偿损失、停止侵害、排除妨碍、消除危险、赔礼道歉可以适用于生态民事责任，而生态修复责任只能适用于生态民事责任。返还财产，恢复原状，修理、重作、更换，继续履行，赔偿损失，支付违约金，消除影响、恢复名誉等仅适用传统民事责任。

2. 承担责任的行为。承担生态民事责任的行为是指违反相关法律法规之规定，污染环境或破坏生态之行为，侵害的客体是生态系统；而在传统民事责任中，导致承担责任的违法行为是侵害他人人身权或财产权之行为，侵害的客体是人身或财产。

3. 责任保障的权利和利益不同。传统民事责任以保护人身权及人身利益、财产权及财产利益为宗旨，而生态民事责任以保护生态权利和生态利益为宗旨。

4. 归责原则不同。传统民事责任以过错责任原则为归责原则，无过错责任是例外。而环境民事责任则主要是一种无过错责任。

二、生态民事责任的要件

（一）生态民事责任的归责原则

所谓归责原则，是指追究行为人法律责任时据以确定是否须以行为人主观过错为要件之根本依据和规则。《民法典》第 1229 条规定："因污染环境、破坏生态造成他人损害的，侵权人应当承担侵权责任"。《环境保护法》第 64 条规定，因生态损害须承担的生态民事责任适用侵权责任的有关规定。因此，生态民事责任适用无过错责任的归责原则，即不以过错为要件。

生态民事责任实行无过错责任原则，主要基于两个方面的原因。第一，侵害生态环境的行为通常比较复杂，甚至具有很强的专业性，即使侵害人存在过错，但要求生态权益受害人举证证明侵害人行为之过错却极为困难；若仅因受害人无法举证侵害人存在过错就不追究加害人之生态民事责任，明显违背公平正义原则，对受害人极不公平。第二，侵害生态环境的行为一般就是侵害人通过生态损害获得巨额利益的过程，因此因侵害人的获利行为而使受害人遭受损害，基于受益补偿的原理，由侵害人赔偿因其获利而使受害人蒙受之损失，对侵害人也属损益平衡，并不违背公平原则。

（二）生态民事责任的构成条件

最高人民法院《关于审理环境侵权责任纠纷案件适用法律若干问题的解释》第 6 条规定："被侵权人根据民法典第七编第七章的规定请求赔偿的，应当提供证明以下事实的证据材料：（一）侵权人排放了污染物或者破坏了生态；（二）被侵权人的损害；（三）侵权人排放的污染物或者其次生污染物、破坏生态行为与损害之间具有关联性。"《生态损害赔偿解释》第 6 条规定："原告主张被告承担生态环境损害赔偿责任的，应当就以下事实承担举证责任：（一）被告实施了污染环境、破坏生态的行为或者具有其他应当依法承担责任的情形;(二)生态环境受到损害,以及所需修复费用、损害赔偿等具体数额;(三)被告污染环境、破坏生态的行为与生态环境损害之间具有关联性。”综上所述,生态民事责任的构成要件应当为三项:

1. 违法行为

行为人须实施了违反环境资源保护法律或其他法律之规定,且依法应当承担民事责任的行为,即“被告实施了污染环境、破坏生态的行为或者具有其他应当依法承担责任的情形”。按照法律责任的一般原理,违法性是法律责任的前提性要件,没有违反法律规定的行为不应当承担法律责任。无违法行为无法律责任,有违法行为则有法律责任,这是现代法治社会的基本要求。

但是有人认为,行为的违法性不是生态民事责任的构成要件。因为,行为人即使达标排污,只要其排污行为导致了生态损害结果,也应当承担损害赔偿责任。主要理由是,《民法典》第 1229 条规定:“因污染环境、破坏生态造成他人损害的,侵权人应当承担侵权责任。”那么该条规定是否意味着不违法的行为也可能需要承担法律责任呢?

本书认为,上述理解并不正确。达标排放污染物虽然没有违反环境资源保护法的规定,但是达标排放污染物如果损害了他人人身、财产或生态权益的,那就能够合乎逻辑地得出如下结论:第一,排放污染物的指标过于宽松,不足以保护民事主体之合法权益,应当修改;第二,达标排放污染物的行为造成他人民事权益的损害,虽然没有违反环境资源法的规定,但应当违反了民事法律的规定,故仍系违法行为。因此,达标排污应当不需要承担环境资源法上的行政责任,更无须涉及刑事责任,但是如果损害了他人民事权益包括生态权益,则理应承担生态民事责任。更为重要的是,行为人无违法行为却要求其承担法律责任,即承受不利性法律后果、受到法律制裁,对行为人是不公平的,也违反法律责任的一般原理和现代法治保护人权之宗旨。

当然,达标排污却造成他人人身、财产或生态权益损害的现象应当极为少见,排放指标本身应当充分考虑了生态系统的容量、自我净化能力等,即通常只要是达标排放污染物应不至于造成合法权益之损害。

2. 生态损害

生态损害又称生态环境损害。《生态损害赔偿解释》第 6 条规定，“生态环境受到损害”是原告向法院提起诉讼必须举证证明的主要事实之一,因此生态损害是生态民事责任的构成要件之一,没有生态损害无须承担生态民事责任。

关于生态损害,原环境保护部 2014 年发布的《环境损害鉴定评估推荐方法(第Ⅱ版)》界定为:由于污染环境或破坏生态行为直接或间接地导致生态环境的物理、化学或生物特性的可观察的或可测量的不利改变,以及提供生态系统服务能力的破坏或损伤。《生态损害赔偿方案》将其定义为:因污染环境、破坏生态造成大气、地表水、地下水、土壤、森林等环境要素和植物、动物、微生物等生物要素的不利改变,以及上述要素构成的生态系统功能退化。其主要表现:生态因子包括无机物和生物因子发生不利改变;生态系统功能尤其是生态服务功能发生退化。

按照生态损害的性质,包括污染环境、破坏生态系统两个基本类型。污染环境通常是指由于行为人排放某种污染物,以致某种环境要素受到污染,且损害、降低该环境要素的品质和功能;污染环境的损害后果一般是生态因子包括无机物和生物因子发生某种不利改变。破坏生态系统简称破坏生态,一般是指由于行为人实施的某种破坏性行为,如毁林、非法捕捞等,以致生态系统的结构、生物多样性等被破坏;生态破坏的损害后果通常是生态系统功能尤其是生态服务功能发生退化功能等明显下降、弱化。

按照生态损害的发生状态,则包括已经造成的生态损害以及生态损害威胁。前者是指行为人之违法行为在客观上已经导致生态损害的发生;而生态损害威胁则是指行为人之违法行为已经使受法律保护的生态利益存在着实际发生损害的高度可能性,即有明显的生态损害危险、风险。

依据《生态损害赔偿解释》第 1 条和最高人民法院《关于审理生态环境损害赔偿案件的若干规定(试行)》第 1 条之规定,行为人须承担生态民事责任的生态损害事由,目前仅限于:(1)发生较大、重大、特别重大突发环境事件的;(2)在国家和省级主体功能区规划中划定的重点生态功能区、禁止开发区发生环境污染、生态破坏事件的;(3)发生其他严重影响生态环境后果的。要求生态损害达到严重程度行为人才承担生态民事责任,对违法行为人似乎太过宽松,对生态损害的追责却又过于严苛,不利于生态保护和生态文明建设;此外《民法典》第1229条之规定并未要求造成严重损害才承担侵权责任。

3. 因果关系

所谓因果关系,是指"污染环境、破坏生态的行为与生态环境损害之间具有关联性"。行为人实施的违反环境资源保护法律或其他法律之规定的行为在客观上是已经或可能发生的生态损害的原因。如果生态损害非因行为人之违法行为造成,则行为人无须为该生态损害承担法律责任,因果关系是任何法律责任都须具备的构成要件之一。

第二节 生态民事责任的追责与免责

一、生态民事责任的追责

所谓生态民事责任的追责,也称责任追究,是指因违法行为导致其生态权益受到损害的权利人或其授权的主体按照法定程序和方式要求造成生态损害之违法行为人依法承担生态民事责任的过程。追究违法行为人生态民事责任主要包括三个方面的问题:一是有权追究违法行为人生态民事责任的主体,即追责主体;二是追究违法行为人生态民事责任的基本程序;三是向谁追责,即责任主体?

(一)追责主体

生态民事责任的追责主体是指依法有权要求违法行为人承担生态民事责任的主体,也可称为请求权主体。《生态损害赔偿方案》使用了"赔偿权利人"的概念,严格地说并不准确。其一,"权利人"并非仅限于请求他人承担生态损害赔偿责任,也是其他生态民事责任的追责主体;其二,即便仅限于请求他人赔偿,"权利人"也应当受偿权利人或请求赔偿权利人。

(二)关于追责主体的现行规定

《生态损害赔偿解释》第1条规定,具有下列情形之一,省级、市地级人民政府及其指定的相关部门、机构,或者受国务院委托行使全民所有自然资源资产所有权的部门,因与造成生态环境损害的自然人、法人或者其他组织经磋商未达成一致或者无法进行磋商的,可以作为原告提起生态环境损害赔偿诉讼:(1)发生较大、重大、特别重大突发环境事件的;(2)在国家和省级主体功能区规划中划定的重点生态功能区、禁止开发区发生环境污染、生态破坏事件的;(3)发生其他严重影响生态环境后果的。前款规定的市地级人民政府包括设区的市,自治州、盟、地区,不设区的地级市,直辖市的区、县人民政府。

因此,我国目前依法享有向生态损害行为人追究生态民事责任之请求权的主体包括三类:(1)省级人民政府及其指定的相关部门、机构;(2)市地级人民政府及其指定的相关部门、机构,包括设区的市,自治州、盟、地区,不设区的地级市,直辖市的区、县人民政府;(3)受国务院委托行使全民所有自然资源资产所有权的部门。应当注意,对于上述主体而言,依法追究生态损害行为人的生态民事责任,也是法律上的职责、义务。

上述关于生态民事责任追责主体的规定存在着严重的缺陷,主要是主体范围太过狭小且明显的不合理,实践中也不利于生态环境保护。

其一,县级人民政府不享有请求权。一个市地级人民政府下辖数个县,一个县级人民政府管辖之地域范围相当广阔,完全依靠市地级人民政府行使生态民事责任的追责请求权,不现实,不必要,对及时追责、生态保护十分不利。

其二,社会组织没有请求权。农村集体组织享有部分自然资源的所有权,对于损害其享有所有权的自然资源之行为却不能要求生态损害行为人承担生态民事责任?生态保护公益组织有权提起环境民事公益诉讼,为什么无权要求生态损害行为人承担生态民事责任?

其三,自然人不享有请求权。其不合理性与自然人无权提起环境民事公益诉讼相同。一方面,自然人对生态系统也享有正当的权利,自然人的生态利益也需要保障;另一方面,生态损害行为事实上也会损害自然人的合法权益。因此,自然人应当有权自己却保护自己的生态权益,而不是完全依赖于政府的保护。从某种意义上来说,这种政府包办式的保护有点越俎代庖,对于整体的生态保护也并非最优化的制度设计。

（三）生态民事责任的追责方式

所谓追责方式，也可称为救济方式、追责程序，是指生态权益受到损害的权利人要求实施生态损害的行为人依法承担生态民事责任的方式。《生态损害赔偿方案》在第二部分“工作原则”之“主动磋商，司法保障”中规定：生态环境损害发生后，赔偿权利人应组织开展生态环境损害调查、鉴定评估、修复方案编制等工作，主动与赔偿义务人磋商。磋商未达成一致，赔偿权利人可依法提起诉讼。生态民事责任的追责方式主要是磋商和民事诉讼两种。

1. 磋商

所谓磋商，是指生态权利人自行与责任人协商，最终确定责任人承担生态民事责任之方式、责任内容、期限等。经调查发现生态环境损害需要修复或赔偿的，权利人根据生态环境损害鉴定评估报告，针对损害事实和程度、修复启动时间和期限、修复方式和期限，或者赔偿数额及支付方式等具体问题与责任人进行磋商，统筹考虑修复方案技术可行性、成本效益最优化、责任人赔偿能力、第三方治理可行性等情况，达成修复或赔偿协议。

对经磋商达成的修复或赔偿协议，可以依照民事诉讼法向人民法院申请司法确认。经司法确认的修复或赔偿协议，责任人不履行或不完全履行的，权利人及其指定的部门或机构可向人民法院申请强制执行。

而且，依据《生态损害赔偿解释》第 1 条之规定，我国实行磋商前置原则，即磋商是提起民事诉讼前的必经程序。生态权利人只有在与造成生态环境损害的责任人经磋商未达成一致或者无法进行磋商时，方可以原告身份提起生态环境损害赔偿诉讼。

2. 民事诉讼

依据《生态损害赔偿方案》的规定，磋商未达成一致或无法磋商的，权利人及其指定的部门或机构应当及时提起生态环境损害赔偿民事诉讼。此处所谓的权利人是指省级、市地级人民政府及其指定的相关部门、机构，或者受国务院委托行使全民所有自然资源资产所有权的部门。

（四）生态民事责任的担责主体

所谓担责主体，即被追责的主体、责任主体，是指依法具体承担生态民事责任的自然人或社会组织。享有请求权的主体首先应当明确向哪一个自然人或社会组织行使请求权,即要求哪一个主体承担生态民事责任。

按照一般规则,承担生态民事责任之主体自然是违反法律法规,造成生态环境损害的单位或个人。但是,现行民事法律和资源环境保护法律有相关免除或减轻生态民事责任规定的,按其规定。

二、生态民事责任的免责

所谓生态民事责任的免责,也称责任免除,是指违法行为人依法可以免于承担生态民事责任。其含义可以从两个层次理解。广义上的免责是绝对免责,即行为人之行为虽然导致了损害结果之发生,但无须任何人承担法律责任。狭义上的免责仅指相对免责,即导致损害结果发生之行为人无须承担法律责任。通常所谓的免责是指狭义免责。

(一)一般免责

依据《民法典》侵权责任篇的相关规定,由于以下原因导致生态损害,原则上可免于承担生态民事责任。

1. 生态损害因不可抗力而发生

不可抗力是指不能预见、不能避免且不能克服的客观情况。依据《民法典》第180条之规定:因不可抗力造成生态损害的,应当不承担民事责任;法律另有规定的,依照其规定。

2. 生态损害因第三人或受害人过错而发生

《民法典》第1175条规定:损害系因第三人造成,则第三人应当承担侵权责任。但是依据《民法典》第1233条规定,因第三人过错污染环境、破坏生态造成损害的,被侵权人可以向侵权人请求赔偿,也可以向第三人请求赔偿;侵权人赔偿后有权向第三人追偿。《民法典》第1174条规定:“损害是因受害人故意造成的,行为人不承担责任。”

3. 生态损害因正当防卫或紧急避险而造成

按照《民法典》第181条之规定,因正当防卫造成生态损害的,不承担民事责任。但是正当防卫超过必要限度,造成不应有的损害,正当防卫人应当适当承担民事责任。

按照《民法典》第 182 条之规定,因紧急避险造成生态损害的,由引起险情发生的人承担民事责任。危险由自然原因引起的,紧急避险人不承担民事责任,可以给予适当补偿。但是,紧急避险采取措施不当或者超过必要限度,造成不应有的损害,紧急避险人应当适当承担民事责任。

(二)特殊免责

所谓特殊免责事由主要是指由特别法规定的免责事由,目前主要是《海洋环境保护法》第 92 条规定的海洋生态损害的特殊免责事由。

1. 特殊免责事由。(1)因战争造成海洋生态损害;(2)因不可抗拒的自然灾害造成海洋生态损害;(3)因灯塔或助航设备的监管过错造成海洋生态损害,即负责灯塔或者其他助航设备的主管部门,在执行职责时的疏忽,或者其他过失行为导致海洋生态损害,可免于承担生态民事责任。

2. 适用前提。发生上述免责事由,还不能当然地免除责任。须符合以下条件:

第一,海洋生态损害完全由于免责事由造成,即免责事由是发生海洋生态损害的全部原因、充分原因,不含其他原因。仅是部分原因,不构成免责。

第二,经过及时采取合理措施,仍然不能避免对海洋环境造成污染损害。如果未采取任何措施防止污染损害的发生,或者采取措施明显不合理,以致海洋生态损害发生或扩大,造成污染损害的有关责任人不得免责。

第三节　生态民事责任的承担方式

生态民事责任的承担,是指对生态损害依法应当负有生态民事责任的行为人实际承担生态民事责任的具体要求和方法,即责任主体如何承担生态民事责任。《民法典》第 179 条规定了以下 11 种民事责任的承担方式:停止侵害;排除妨碍;消除危险;返还财产;恢复原状;修理、重作、更换;继续履行;赔偿损失;支付违约金;消除影响、恢复名誉;赔礼道歉。上述民事责任的承担方式,可以单独适用,也可以合并适用。但是并非每一种责任承担方式都可以适用于生态民事责任。

《生态损害赔偿解释》第 11 条规定:"被告违反法律法规污染环境、破坏生态的,人民法院应当根据原告的诉讼请求以及具体案情,合理判决被告承担修复生态环境、赔偿损失、停止侵害、排除妨碍、消除危险、赔礼道歉等民事责任。"因此,生态民事责任的承担方式包括:修复生态环境、赔偿损失、停止侵害、排除妨碍、消除危险、赔礼道歉等。其中,最常用也最有生态效益的责任承担方式是修复生态环境(生态修复)、赔偿生态损害。

一、修复生态环境

(一)修复生态环境的内涵

修复生态环境又可称生态修复责任。生态修复责任在《生态损害赔偿解释》中被称为"修复生态环境",是由生态、修复和责任三个概念组合而成的一个范畴。责任即法律责任、民事责任,无须赘述;但生态与修复则需要认真考究。

生态一词源于西方的生态学,作为其研究对象,通常是生态系统的简称。生态系统就是生物与生物、生物与环境相互作用、相互联系而形成的整体。英国植物学家阿瑟·坦斯利爵士(Sir Arthur Tansley)在 1935 年首次使用了 ecosystem(生态系统)这一概念,"以表示作为一个整体来考虑的生物与非生物成分",即生物与生物、生物与非生物相互作用形成的有序平衡及其有机整体;从生物尤其人类角度考虑,生态系统也就是自然的"生命支持系统"(life - support system),包含环境、生物、过程、资源以及它们之间为提供物理必需条件而发生的相互作用。[1]

修复在汉语中的本来语义应当是:人们借助人工的力量、方法对受损对象进行修理、整治以使其形状、功能、生存状态等回复到较好状态或是复原到受损前状态甚至更好状态的行为或过程。简言之,修复即修而

---

〔1〕［美］Eugene P. Odum:《生态学——科学与社会之间桥梁》,何文珊译,高等教育出版社 2017 年版,第 3410 页。

复之。需要强调的是，修复之“复”系褒义词，专指从受损状态得到康复或者说回复到较好状态，此种回复并非严格局限于复原，即完全回复到受损前状态，也可能是部分回复到受损前状态，甚至是回复到较受损前更好的状态。

结合生态与修复的基本含义，并考虑到人们修复生态系统的目的在于使受损或退化生态系统的健康得到恢复，尤其是生态服务功能，同时也体现在生态系统的生态价值、生态品质等指标上，生态修复的内涵应当是：人们借助人工的力量、方法，遵守并利用生态系统自身的运行规律，对受损或退化生态系统或其生态因子进行修理、整治，以使其结构、生态服务功能、生态价值、生态品质等回复到较好状态、复原到受损前状态甚至更好状态的行为或过程。

以生态修复之内涵为基础并结合法律责任的一般原理，可以得出如下结论：生态修复责任是指生态法律主体因实施了污染或破坏生态系统或其生态因子的违法行为而依法承受的，必须自行或委托他人运用人工手段，遵守并利用生态规律，对受损或退化生态系统或其生态因子进行修理、整治，以使其结构、生态服务功能、生态价值、生态品质等回复到较好状态的强制性、不利性法律后果。

（二）生态修复责任的适用条件

在所有生态民事责任的承担方式中，必须优先适用生态修复责任。即只要有可能适用生态修复责任就须适用之，因为该责任方式对于恢复、改善和保护生态环境的作用最直接、最快捷、最高效。《民法典》第1234条规定，违反国家规定造成生态环境损害，生态环境能够修复的，国家规定的机关或者法律规定的组织有权请求侵权人在合理期限内承担修复责任。侵权人在期限内未修复的，国家规定的机关或法律规定的组织可以自行或者委托他人进行修复，所需费用由侵权人承担。但是，究竟应当具备了哪些条件或者说在什么情形下就必须适用生态修复责任呢？这就是所谓适用条件。主要包括以下几个方面。

1. 生态修复之必要性

这是行为人承担生态修复责任的首要条件。行为人之违法行为不仅已经造成了生态损害即生态环境损害，无生态损害自然无须生态修复;而且,行为人造成的生态损害程度超出了生态系统的环境容量和自我调节能力,生态系统无法自行修复,也就是说,具有生态修复之必要性,非经修复生态系统无法恢复。

2. 生态修复之可行性

生态修复之可行性,主要是从两个方面考量:一是技术上可以实施修复,即在现有条件下,具备了比较成熟的修复技术,可以成功地将受损生态系统加以修复,使其生态服务功能、生态品质等得到明显的恢复,甚至恢复到或超过受损前之水平。二是环境条件允许,即生态修复区域具备的基础环境条件可以保证修复后的生态环境能够长期稳定维持恢复后的状态,而非短期的昙花一现。

3. 生态修复之合理性

生态修复之合理性也包括两个方面的因素。

第一,基本在责任人的经济承受力之内,即实施生态修复所需要投入的人力、物力和财力,对于责任主体来说,在经济上是可以承受的。超出责任人的实际承受能力,且无相关责任保障机制,或虽经适用责任保障在经济上也无法承受,则难以适用生态修复责任。

第二,经济投入的总量与生态修复成效的性价比基本合理。如果责任人之经济能力虽然可以承受,但投入之大与修复效益之小显著地不成比例,即性价比显著不合理,此时也不宜要求实施生态修复。依据生态保护优先原则,也为了更好地促进生态保护,性价比仅要求基本合理即可。

只要具备了上述条件,即应适用生态修复责任。

二、生态损害赔偿

(一)生态损害赔偿的概念

依据《生态损害赔偿方案》之规定,生态损害是指因污染环境、破坏生态造成大气、地表水、地下水、土壤、森林等环境要素和植物、动物、微生物等生物要素的不利改变,以及上述要素构成的生态系统功能退化。

生态损害赔偿责任是指行为人非法污染环境或破坏生态,造成生态损害又无法修复或无法及时、完全修复时,依法所应承担的以金钱赔偿生态损失的民事责任形式。

(二)生态损害赔偿责任的适用条件

1. 发生了损害生态环境之情形

依据《生态损害赔偿解释》第1条，行为人之违法行为须对生态环境造成了严重损害，才可以要求行为人承担生态修复责任。具体包括以下情形：发生较大、重大、特别重大突发环境事件的；在国家和省级主体功能区规划中划定的重点生态功能区、禁止开发区发生环境污染、生态破坏事件的；发生其他严重影响生态环境后果的。各地区可根据实际情况，综合考虑造成的环境污染、生态破坏程度以及社会影响等因素，明确具体情形。

本书认为，这一规定不符合损害担责原则，不利于促进生态保护。依据《民法典》第1229条之规定，只要因污染环境或破坏生态造成了生态损害，就应当承担侵权责任。因此，只要造成了较为明显的生态损害，可以评估，超出了生态系统自我净化能力，又无法适用生态修复责任，就应当适用生态损害赔偿。

2. 无法或无须完全生态修复

《生态损害赔偿解释》第12条规定：受损生态环境能够修复的，人民法院应当依法判决被告承担修复责任。《生态损害赔偿方案》规定：生态环境损害无法修复的，实施货币赔偿，用于替代修复。因此，能够适用生态修复责任的，不适用生态损害赔偿责任。但是在生态损害无法完全修复时，可能存在部分适用生态修复责任、部分适用生态损害责任的情形。

(三)生态损害的赔偿范围

所谓生态损害的赔偿范围，是指责任人应当对因其侵权行为造成的哪些生态损害及其他损害进行赔偿。按照《民法典》第1235条之规定，侵权人应当对如下几个方面的损害进行赔偿，国家规定的机关或者法律规定的组织也有权请求侵权人对相关损害进行赔偿。

1. 生态环境受到损害至修复完成期间服务功能丧失导致的损失

即在生态环境受到损害后至生态修复完成期间，生态系统服务功能丧失而导致的损失。但是，如果责任人依法未承担生态修复责任，则赔偿范围不宜包含此项损失。

2. 生态环境功能永久性损害造成的损失

在受损生态环境无法修复或者无法完全修复时，生态系统的服务功能将遭受永久性损害，由此造成的损失应当赔偿。但是，此项损失的具体数额须经合格评估，但是目前评估规则尚不十分科学、完善。

3. 生态环境损害调查、鉴定评估等费用

《生态损害赔偿解释》第 14 条规定，原告请求被告承担下列费用的，人民法院根据具体案情予以判决：为生态环境损害赔偿磋商和诉讼支出的调查、检验、鉴定、评估等费用；合理的律师费以及其他为诉讼支出的合理费用。

4. 清除污染、修复生态环境费用

在生态损害发生后，被侵权人在可能的条件下，应当及时采取救济措施，包括及时清除污染物，修复受损害生态环境。为清除污染或修复生态环境而支出的费用，由侵权人承担。如果侵权人自行完成清除污染物或修复生态环境，则此费用无须赔偿。

5. 防止损害的发生和扩大所支出的合理费用。

侵权人实施了侵害行为后，被侵权人应当及时采取必要的措施，最大限度地防止损害的发生；在损害不可避免的情形下，也应当尽最大的努力防止生态损害的扩大。为防止损害发生或扩大采取合理预防、处置措施而发生的应急处置费用，侵权人应当赔偿。

6. 惩罚性赔偿

《民法典》第 1232 条规定：侵权人违反法律规定故意污染环境、破坏生态造成严重后果的，被侵权人有权请求相应的惩罚性赔偿。但是，关于惩罚性赔偿是否适用于生态损害赔偿，目前学术界尚存争议，有学者持反对态度。例如，王利明教授认为，环境民事公益诉讼中不能主张惩罚性赔偿，环境修复责任与惩罚性赔偿也不能并用。[1] 但是，反对者的理由似乎并不充分。

---

〔1〕 王利明：《〈民法典〉中环境污染和生态破坏责任的亮点》，载《广东社会科学》2021 年第 1 期。

三、其他承担方式

除生态修复责任和生态损害赔偿责任外，其他责任承担方式主要包括：停止侵害、排除妨碍、消除危险、赔礼道歉等。

（一）停止侵害

停止侵害责任，是指当行为人正在实施损害生态环境之行为，或者其生态损害行为仍在持续之中，权利人可以自行要求行为人立即停止其侵害生态系统的行为；或者请求有关国家机关制止行为人之生态损害行为。

（二）排除妨碍

排除妨碍责任，是指权利人之生态权益受到不法阻碍或妨害时，有权请求加害人采取有效措施排除此种妨碍或请求人民法院强制排除，以保障权利正常行使的措施。排除妨碍责任的构成要件包括：

1. 存在妨碍他人生态权益的状态。妨碍状态多由行为造成，如违章建筑物妨碍相邻一方通风、采光；将有害液体泄露在他人使用的土地上等。也有自然原因形成的，如树根蔓延至相邻一方的土地。

2. 妨碍状态具有不正当性。妨碍状态具有不正当性是指没有法律根据，没有合同约定，缺乏合理性。但妨碍状态须已经超过了正常人能够忍受的合理限度，轻微的妨碍是社会生活中难免的，不承担排除妨碍责任。是否超过合理限度，应当结合当时当地人们一般的观念判断。

（三）消除危险

此处之危险是指造成生态损害的可能性。消除危险责任，是指当行为人的行为有造成生态损害之风险、威胁时，权利人可以请求行为人自行采取有效措施消除危险源或请求人民法院强制其消除，以防止生态损害后果的发生。

（四）赔礼道歉

本书认为，将赔礼道歉作为生态损害的责任承担方式基本上没有实际意义，也缺乏足够的合理性。因为，生态损害行为侵害的对象是生态利益，往往没有直接、具体的受害人，而赔礼道歉只能对受到直接侵害的自然人适用。那么在生态民事责任中,实施生态侵害的行为人究竟应当向谁赔礼道歉呢?什么单位或个人又有权接受侵害人的赔礼道歉呢?

(五)其他可能的承担方式

本书认为,应当根据行为人污染环境或破坏生态的具体情况,创新一些更具有实际生态意义或教育效果的责任承担方式。例如,对非法在禁渔区、禁渔期捕鱼的行为,可以责令其购买一定数量的同类水产品鱼苗放归自然;对乱扔垃圾的行为,可责令其打扫公共卫生;对超标排放噪声的行为,可在责令其在同样的噪声环境中体验一定的时间;对污染空气的行为人,可以强制行为人在特定地点体验恶臭或其他空气污染等。

第四节　生态民事责任的保障机制

所谓生态民事责任的保障,是指保证责任人有足够的经济力量承担民事责任,使受损生态系统能够得到最大限度的修复,或者生态损害赔偿金能够足额、及时支付的民事法律制度。其根本目的就是防止责任人缺乏实际的经济能力承担生态民事责任,保证责任人能够足额、及时地支付生态修复费用或生态损害赔偿金,主要适用于生态修复责任和生态损害赔偿责任。

生态民事责任的保障机制主要有两类:一是责任保险,包括强制性保险和自愿性保险;二是责任基金。

一、生态民事责任保险

(一)民事责任保险的一般含义及特征

民事责任保险简称责任保险,是指在被保险人依法应对第三者承担损害赔偿责任,且权利人提出了赔偿请求时,保险人依据保险合同承担赔偿责任的财产保险形式。责任保险作为一种保险形式发展较晚,始于19世纪后半叶,为保障灾害事故中的受害人能够得到赔偿而确立。

民事责任保险具有以下基本特点:

1. 以被保险人的法律风险为承保风险。保险事故之发生系因法律风险，而自然风险。

2. 以损害赔偿责任为保险标的。责任保险以被保险人对他人依法应负的民事赔偿责任为保险标的，保险合同中无保险金额，而规定赔偿限额。责任保险仅承保被保险人的过错或无过错侵权民事责任，对故意行为造成的损害不承担保险责任。除特别约定外，通常也不以合同违约责任为保险标的。

3. 以补偿第三方损失为保险目的。责任保险以被保险人在保险期内可能造成他人的利益损失为承保基础，其保险目的就是在保险事故发生后能够补偿因被保险人违法行为受到损害的第三方的利益损失。并非以补偿被保险人自身利益损失为目的。

4. 责任保险可独立承保也可附属承保。附属承保是作为其他保险的组成部分或附加部分承保，不作为主要险别单独承保，如汽车保险中的第三人责任险、船舶保险中的碰撞责任险等。独立承保是作为主要险别单独承保，如公众责任保险、产品责任保险、雇主责任保险、职业赔偿保险即职业责任保险等。

（二）生态民事责任保险的含义与特征

1. 生态民事责任保险的含义

生态民事责任保险，实践中通常被称为环境责任保险，又有“绿色保险”之称。一般认为环境责任保险是以被保险人因玷污或污染水、土地或空气，依法应承担的赔偿责任作为保险对象的保险。由此可见，目前实践中的生态民事责任限于环境污染的侵权责任保险，而且仅对突然的、意外的污染事故承担保险责任，故意的、恶意的污染视为除外责任。

环境责任保险是随着环境污染事故的频繁发生和公众环境权利意识的不断增强，由公众责任保险发展而来的。在以美国为首的工业发达国家，环境责任保险制度已经较为成熟，其主要作用在于：分散排污企业的生态民事责任风险；保护第三人的合法权益；减少政府应付环境污染损害赔偿的压力；强化了保险公司对企业保护环境、预防环境损害的监督管理。

2. 生态民事责任保险的主要特征

(1)兼具第三者责任险和自保险的双重性质。污染破坏环境的损害后果具有综合性和牵连性。不仅第三人会因被保险人的污染破坏行为而受到严重损失,而且被保险人的自有场地也会受到污染破坏并遭受损失,甚至相邻地区的人都将受到牵连。环境责任保险的主要目的是赔偿第三人损失,但是被保险人自有场地因自然灾害、意外事故受到污染侵害产生的抢救费用和治理责任也会作为保险标的,纳入保险赔偿范围。

(2)环境责任保险保护的对象除财产权、人身权外,还包括生态权即环境权,即同时承保生态权益受到的损失。环境污染往往造成受害者生命、健康和财产上的损失,即受害者的人身权、财产权受到侵害,传统民法仅从保护财产权、人身权出发促进生态保护,具有一定的局限性。将生态权与财产权、人身权并列作为环境责任保险的保护对象,可以弥补传统民法的缺陷,也有利于新型权利概念的生成,增强人们的生态权利意识,提高企业的环保责任感,有效保护各方的生态权益。

(3)环境责任保险合同遵循因果关系推定原则。最大诚信原则、可保险利益原则、近因(直接原因)原则和赔偿责任原则是传统保险合同的四大基本原则,环境责任保险合同必须遵循之,但在侵权责任的因果关系认定上,环境责任保险合同遵循因果关系推定原则。由于环境污染致害具有潜伏性、累积性、长期性、技术性等间接性特点,侵权行为与损害结果的因果链相当复杂,非通常手段所能确定,甚至以现有科技手段也难以作出说明,如果严格拘泥于传统的直接因果关系理论,势必封闭了对环境污染受害者的救济大门。于是因果关系推定原则应运而生,在环境责任保险中,环境污染受害者只要证明污染行为与损害结果之间存在某种程度上的盖然性(或然性),即可推定因果关系存在。通常只需证明:行为人排放的污染物到达损害发生地区而发生作用;该地区有多数同样的损害发生。除非保险人或被保险人有确凿证据证明因果关系不存在,否则就不能免除其赔偿责任。

(三)生态民事责任保险的主要立法模式

目前世界各国关于环境责任保险的立法模式主要有三种:

1. 强制责任保险与财务保证或担保相结合。例如,《德国环境责任法》第19条规定:“为了保证某些特别危险设备的经营人能够承担本法规定的赔偿责任,设备经营人必须与保险公司订立保险合同,约定一旦发生特定的损害,保险公司即予以赔偿。”

2. 以强制责任保险为原则。以美国为代表,美国针对有毒物质和废弃物的处理、处置可能引起的环境损害赔偿责任,一律实行强制责任保险制度。

3. 任意责任保险为主,强制责任保险为辅。以法国为代表,即主要由企业自愿选择是否投保环境责任保险,仅在少数行业要求必须投保环境责任保险。

(四)我国生态民事责任保险的实践及其完善

原环境保护部、原中国保险监督管理委员会2013年发布的《关于开展环境污染强制责任保险试点工作的指导意见》,规定了环境污染强制责任保险与环境污染自愿责任保险相结合的原则。2017年,原环境保护部、原中国保险监督管理委员会发布了关于《环境污染强制责任保险管理办法(征求意见稿)》公开征求意见的通知,但是迄今为止尚未通过。

1. 我国生态民事责任保险的试点实践

(1)环境污染强制责任保险的试点企业范围。主要包括以下几类:第一,涉重金属企业。重点防控的重金属污染物是:铅、汞、镉、铬和类金属砷等,兼顾镍、铜、锌、银、钒、锰、钴、铊、锑等其他重金属污染物。重金属污染防控的重点行业有:重有色金属矿(含伴生矿)采选业;重有色金属冶炼业;铅蓄电池制造业;皮革及其制品业;化学原料及化学制品制造业。上述行业内涉及重金属污染物产生和排放的企业,应当按照国务院有关规定,投保环境污染责任保险。第二,地方性法规、地方规章或规范性文件规定应当投保环境污染责任保险的企业,应当按地方规定投保环境污染责任保险。

(2)其他高环境风险企业实行自愿投保。鼓励下列高环境风险企业投保环境污染责任保险:石油天然气开采、石化、化工等行业企业;生产、储存、使用、经营和运输危险化学品的企业;产生、收集、贮存、运输、利用和处置危险废物的企业，以及存在较大环境风险的二噁英排放企业；环保部门确定的其他高环境风险企业。

2. 我国生态民事责任保险的完善对策

目前我国正在试点的环境污染责任强制保险制度存在以下主要问题，必须解决和完善。

（1）责任范围应当涵盖生态修复责任和生态损害赔偿责任。目前环境责任保险承保的责任范围主要限于人身和财产损失。保险条款载明的保险责任赔偿范围应当包括：第三方因污染损害遭受的人身伤亡或者财产损失；投保企业（被保险人）为了救治第三方的生命，避免或者减少第三方财产损失所发生的必要而且合理的施救费用。保险公司承保的生态损害赔偿责任仅包括：投保企业根据环保法律法规规定，为控制污染物扩散，或者清理污染物而支出的必要而且合理的清污费用。因此，必须尽快将生态修复责任的相关费用、生态损害赔偿的全部费用纳入承保的责任范围。

（2）扩大适用强制责任保险的行业范围。所有高生态损害风险行业的企业皆应投保环境责任强制险；具体包括：石油天然气开采、石化、化工等行业企业；生产、储存、使用、经营和运输危险化学品的企业；产生、收集、贮存、运输、利用和处置危险废物的企业，以及存在较大环境风险的二噁英排放企业；环保部门确定的其他高环境风险企业。

（3）扩大适用于因生态破坏而产生的生态民事责任。目前我国的环境责任保险限于因污染环境而产生的环境侵权责任，对于因生态破坏行为而产生的生态民事责任，包括生态修复责任和生态损害赔偿责任，没有纳入责任保险，这是明显的缺失。生态破坏是生态损害的重要情形之一，其生态损害后果的消除往往需要投入巨额的资金，由此产生的生态修复责任和生态损害赔偿责任也常常超出责任人的承受能力。因此，将其纳入强制责任保险非常必要，对于保护生态环境、促进生态文明建设，具有十分重要的意义。

二、生态民事责任基金

（一）生态民事责任基金的概念

生态民事责任基金，是指通过多种途径筹集资金建立特定的基金，专门用于支付生态修复责任所需费用或生态损害赔偿金的保障机制。建立相应的基金,也是生态民事责任的重要保障形式。

（二）生态民事责任基金的借鉴

1. 油污损害赔偿国际基金

1971 年 12 月 18 日,政府间海事协商组织在布鲁塞尔主持制定了《设立油污损害赔偿国际基金国际公约》(International Convention on the Establishment of an International Fund for Compensation for Oil Pollution Damage,Fund Convention),简称《基金公约》。该公约的目的是通过设立油污损害赔偿基金,建立一套赔偿和补偿制度,保证在油污损害发生,能够向油污损害受害人提供对其全部损失的赔偿,同时又解除船舶所有人的额外经济负担。油污损害赔偿国际基金的资金来源主要包括:社会捐赠、政府拨款、企业缴纳等。

2. 美国的超级基金

1980 年美国国会通过了《综合环境反应赔偿和责任法》(CERCLA),该法案因建立环保超级基金而闻名,故通常又被称为超级基金法。

(1)基金内容。超级基金主要用于治理全国范围内的闲置不用或被抛弃的危险废物处理场,并对危险物品泄漏作出紧急反应。该法案授权美国环保局(Environmental Protection Administration,EPA)敦促有责任各方予以清理,法案第 102 条授权环保局局长可以颁布规章,指定只要渗漏到环境中去就可能对公众健康、福利和环境造成"实质性危害"的物质为"危险性物质"。当事人无论有无过错,任何一方均有承担全部清理费用的义务。法案也允许 EPA 先行支付清理费用,然后再通过诉讼等方式向责任方索回。法案第 103 条要求危险物品的业主和股东通知 EPA,在他们那里发现的或者是从处理场地了解到的,怀疑的或者是有可能渗漏的危险物质的总量和类型,EPA 从中选出需要长期治理的地区,列入"国家优先名单",然后由 EPA 或委托私人机构分析该地区的危险程度,选择、设计清理方案,以进一步采取相应的清理行动。

(2)基金来源。超级基金的初始基金为 16 亿美元,来源有两个:13.8亿美元来自对生产石油和某些无机化学制品行业征收的专门税;

2.2 亿美元来自联邦财政。1996 年国会修改超级基金法时，将基金总数扩大到 85 亿美元。其中 25 亿美元来自年收入在 200 万美元以上企业的附加税；27.5 亿美元来自联邦普通税；3 亿美元来自基金利息；3 亿美元来自费用承担者追回的款项等。

（3）支付对象。超级基金主要用于支付以下的费用：其一，联邦政府和州政府实施的，针对那些不符合《全国应急计划》的废物处置进行的迁移和补救行为的全部费用；其二，任何个人实施的，针对那些不符合《全国应急计划》的废物处置进行的其他“必须”的责任费用；其三，因泄漏危险物质而造成的对“天然资源”的破坏等。

（4）承担根据。超级基金法的有关规定，只有当责任主体不能确定，或无力或不愿承担治理费用时，超级基金才可被用来支付治理费用。之后，超级基金将提起诉讼，向能找到的责任主体追索其所支付的治理费用。超级基金法第 107（a）条规定了治理费用的承担主体：其一，泄漏危险废物或有泄漏危险的设施的所有人或营运人；其二，危险废物处理时，处理设施的所有人或营运人；其三，危险物品的生产者以及对危险废物的处置、处理和运输做出安排的人；其四，由其选择危险废物处理场或设施的运输者。

（5）责任形式。以上责任主体对治理费用承担严格责任和连带责任，并且责任溯本追源。连带责任使超级基金或联邦政府可向任何一个能够找到的上述责任人追索全部治理费用。而且，这种责任事实上是一种无限责任，不会因为有责任方属于有限责任形式而受到限制，即如果有关责任方无力负担其依据该法应偿付的污染清理费用和损害赔偿费用，任何对其控股或参股的组织和个人均可成为责任的对象。而溯本追源，更使即使当初的丢弃是完全合法的，当前按照该法的标准可能构成环境污染，也可以认为丢弃的企业应负治理责任，同时也使当下的业主以及使用人负有治理的法定责任。在确定责任主体的同时，该法还规定了在发生不可抗力、战争或行动、第三方的作为以及以上三种原因混合的情况下，上述责任主体不承担治理费用，治理费用由超级基金支付。

我国目前尚未建立专门的生态修复责任基金或是生态损害赔偿基金，更没有统一的生态民事责任基金，学者们在积极地建言献策。本书认为，我国应当大胆尝试，初期可从生态损害风险高、责任保险需求大的领域或行业开始，建立某种生态修复责任基金或生态损害赔偿基金，以积累经验；长远目标可以考虑建立统一的覆盖各行业的生态修复与生态损害赔偿的专门基金。生态修复与赔偿基金应当只是相关责任保险的补充，即发生生态损害后，首先应当启动环境责任保险的理赔程序，尽可能通过环境责任保险支付生态修复费用或生态损害赔偿金；如果保险赔付仍然不足以支付全部的生态修复费用或生态损害赔偿金，方可按照规定从基金中支付。

后　记

拙著《生态民法学》终于完成，并得以顺利出版，似可聊以自慰。作为一名法学教育之耕耘者，在执教之初即从事民法学的教学与研究，虽难成大器，亦略有心得；后因学科发展需要兼而踏足生态法学（在环境与资源保护法学、环境法学、生态法学诸多称谓中，我更偏爱最后者），持之有年，从基本陌生到相对知之，苦而有乐。

得益于对民法学和生态法学皆有所涉猎，亦以为探究二者交叉领域之法律问题、法学理论或许具备一些便利条件，且可应社会生活和法学发展之趋势，故而乐意一试。自此，在民法学教学中尝试融入生态法之理念、原则、规则等，尤其关注民事主体之生态权利、生态义务与生态责任；而在环境与资源保护法学教学中亦会情不自禁地联想到民法之基本理论与调整机制，特别是平等主体之生态法律关系。徜徉于民法学与生态法学之间，聚焦于二者共同面临之生态法律问题及法学理论，锲而不舍，终有所获。

我以为，生态民法学是民法学与生态法学相互对接、交融、渗透而形成之交叉性法学理论，其性质类似法经济学、法社会学，但前者为法学内部学科间之交叉，而后者乃法学与非法学之间之交叉理论。在法学大家族中，民法向来被尊为德高望重的长者，生态法只是朝气蓬勃的新生儿，但历史的差距似乎并不妨碍二者缔结忘年之交，生态民法学即二者深厚友谊之见证。生态民法学既有利于民法学这一古老学科焕发新的生机，亦可促进生态法学更为顺利地走向成熟。

生态民法学亦是生态文明与法治文明深度融合之社会背景下的时代骄子。生态文明是人类历经农业文明、工业文明之后的理性选择，法治文明则是相较于人治、独裁等社会制度之最优治理模式，二者沿着不同的历史轨迹，于 20 世纪末与 21 世纪初，得以交相辉映。生态民法学是生态文明与法治文明共同孕育之结晶，亦必然促进二者之进步。

在生态民法学之轮廓渐渐清晰，结构大体成型，内容相对成熟之后，受益于海南大学法学院之开明及支持，我于2019年上学期斗胆尝试在海南大学法律硕士（非法学）专业首次开设了《生态民法学》选修课，次年扩及法学本科专业。经实际教学之检验、修正，生态民法学之体系更趋完善，内容更为丰富。

《生态民法学》得以成书出版，首先应当感谢海南大学法学院，没有学院领导的鼎力相助，既不可能开课讲授，更难以正式问世。其次应当感谢法律出版社的编辑们，没有他们的支持及辛苦付出，自然无法达成所愿。再次应当感谢本书参考文献的作者们，学界成果为本书提供了很多借鉴，恕不一一列出。最后我希望借此机会，对曾经以各种方式帮助过我的同仁们，表达诚挚的感谢。

生态民法学是一个新的尝试，加之自身才疏学浅，故本书之缺点、错误、遗漏在所难免，诚恳地欢迎各位的批评指正。

海南大学法学院　宁清同

2021年7月23日